工业和信息化“十三五”人才培养规划教材

黑马程序员 ◉ 编著

HTML+CSS+ JavaScript 网页制作案例教程

第2版

人民邮电出版社

北京

图书在版编目（CIP）数据

HTML+CSS+JavaScript网页制作案例教程 / 黑马程序员编著. -- 2版. -- 北京 : 人民邮电出版社, 2021.1（2024.6重印）
工业和信息化“十三五”人才培养规划教材
ISBN 978-7-115-54739-2

Ⅰ. ①H… Ⅱ. ①黑… Ⅲ. ①超文本标记语言－程序设计－高等学校－教材②网页制作工具－高等学校－教材③JAVA语言－程序设计－高等学校－教材 Ⅳ. ①TP312.8②TP393.092.2

中国版本图书馆CIP数据核字(2020)第158194号

内容提要

本书站在初学者的角度，以实用的案例、通俗易懂的语言详细介绍使用 HTML、CSS 和 JavaScript 进行网页制作的技巧。

本书共 10 章，结合 HTML、CSS 和 JavaScript 的基础知识及应用，提供了 34 个精选案例和 1 个综合实训项目。其中，第 1～3 章讲解了 HTML 和 CSS 的基础知识，包括 Web 基本概念、HTML 和 CSS 简介、Dreamweaver 工具的使用、HTML 文本和图像标签、CSS 选择器、CSS 样式、CSS 的继承性和优先等级。第 4～8 章分别讲解了盒子模型、列表和超链接、表格和表单、元素的浮动和定位、网页视听技术等。第 9 章讲解了 JavaScript 编程基础与事件处理。第 10 章为综合实训项目——好趣艺术，带领读者开发一个包含结构、样式和行为的网站首页面。

本书附有源代码、习题、教学课件等资源，还提供了在线答疑，用以帮助读者更好地学习本书。

本书既可作为高等教育本、专科院校相关专业的网页设计教材，也可供网页制作爱好者学习参考。

◆ 编　　著　黑马程序员
　责任编辑　范博涛
　责任印制　马振武
◆ 人民邮电出版社出版发行　　北京市丰台区成寿寺路 11 号
　邮编　100164　　电子邮件　315@ptpress.com.cn
　网址　https://www.ptpress.com.cn
　大厂回族自治县聚鑫印刷有限责任公司印刷
◆ 开本：787×1092　1/16
　印张：20.25　　　2021 年 1 月第 2 版
　字数：498 千字　　2024 年 6 月河北第11次印刷

定价：59.80 元

读者服务热线：(010)81055256　印装质量热线：(010)81055316
反盗版热线：(010)81055315
广告经营许可证：京东市监广登字 20170147 号

FOREWORD

序言

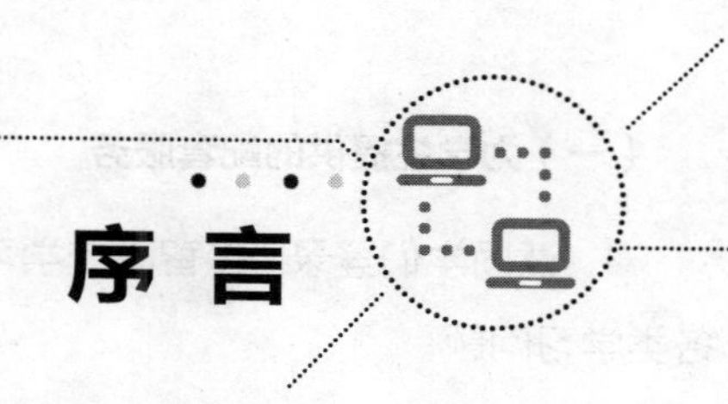

本书的创作公司——江苏传智播客教育科技股份有限公司（简称“传智教育”）作为我国第一个实现 A 股 IPO 上市的教育企业，是一家培养高精尖数字化专业人才的公司，主要培养人工智能、大数据、智能制造、软件开发、区块链、数据分析、网络营销、新媒体等领域的人才。传智教育自成立以来贯彻国家科技发展战略，讲授的内容涵盖了各种前沿技术，已向我国高科技企业输送数十万名技术人员，为企业数字化转型、升级提供了强有力的人才支撑。

传智教育的教师团队由一批来自互联网企业或研究机构，且拥有 10 年以上开发经验的 IT 从业人员组成，他们负责研究、开发教学模式和课程内容。传智教育具有完善的课程研发体系，一直走在整个行业的前列，在行业内树立了良好的口碑。传智教育在教育领域有 2 个子品牌：黑马程序员和院校邦。

一、黑马程序员——高端 IT 教育品牌

黑马程序员的学员多为大学毕业后想从事 IT 行业，但各方面的条件还达不到岗位要求的年轻人。黑马程序员的学员筛选制度非常严格，包括了严格的技术测试、自学能力测试、性格测试、压力测试、品德测试等。严格的筛选制度确保了学员质量，可在一定程度上降低企业的用人风险。

自黑马程序员成立以来，教学研发团队一直致力于打造精品课程资源，不断在产、学、研 3 个层面创新自己的执教理念与教学方针，并集中黑马程序员的优势力量，有针对性地出版了计算机系列教材百余种，制作教学视频数百套，发表各类技术文章数千篇。

二、院校邦——院校服务品牌

院校邦以“协万千院校育人、助天下英才圆梦”为核心理念，立足于中国职业教育改革，为高校提供健全的校企合作解决方案，通过原创教材、高校教辅平台、师资培训、院校公开课、实习实训、协同育人、专业共建、“传智杯”大赛等，形成了系统的高校合作模式。院校邦旨在帮助高校深化教学改革，实现高校人才培养与企业发展的合作共赢。

（一）为学生提供的配套服务

1. 请同学们登录“传智高校学习平台”，免费获取海量学习资源。该平台可以帮助同学们解决各类学习问题。

2. 针对学习过程中存在的压力过大等问题，院校邦为同学们量身打造了 IT 学习小助手——邦小苑，可为同学们提供教材配套学习资源。同学们快来关注“邦小苑”微信公众号。

（二）为教师提供的配套服务

1. 院校邦为其所有教材精心设计了“教案+授课资源+考试系统+题库+教学辅助案例”的系列教学资源。教师可登录“传智高校教辅平台”免费使用。

2. 针对教学过程中存在的授课压力过大等问题，教师可添加“码大牛” QQ（2770814393），或者添加“码大牛”微信（18910502673），获取最新的教学辅助资源。

前 言 PREFACE

HTML、CSS 和 JavaScript 是网页制作技术的核心和基础，也是每个网页制作者都应掌握的基本知识，它们在网页设计中不可或缺。本书是在第一版《HTML+CSS+JavaScript 网页制作案例教程》的基础上编写而成的，在优化原图书内容的同时，又新增或修改了以下内容。

（1）增加了 HTML5 部分基础标签和 CSS3 新属性的讲解和应用。

（2）增加了网页视听技术的应用，主要包括音频嵌入、视频嵌入和动画效果。

（3）调整了 JavaScript 部分知识点的顺序，更符合由浅入深、循序渐进的学习思路。

（4）更换了部分案例，增强了本书的实用性。

本书在编写的过程中，结合党的二十大精神进教材、进课堂、进头脑的要求，在给每个项目设计任务时优先考虑目前紧跟时代的技术话题，包括网页视听技术、身份验证、二维码名片等，让学生在学习新兴技术的同时了解网页技术新的应用，提升学生的认知和创新能力；在章节描述上加入素质教育的相关描述，引导学生树立正确的世界观、人生观和价值观，进一步提升学生的职业素养，落实德才兼备的高素质卓越工程师和高技能人才的培养要求。此外。编者依据书中的内容提供了线上学习的资源，体现了现代信息技术与教育教学的深度融合，进一步推动教育数字化发展。

◆ 为什么要学习本书

对于技术入门教程来说，最重要也是最难的事情就是将一些复杂、难以理解的思想和问题简单化，让初学者能够轻松理解并快速掌握。本书对每个知识点都进行了深入分析，并针对每个知识点精心设计了相关案例，然后模拟这些知识点在实际工作中的运用，真正做到了理论与实践相结合。

◆ 如何使用本书

本书共 10 章，系统讲解了 HTML、CSS 和 JavaScript 的相关知识，下面分别对每章进行简单的介绍。

- 第 1 章介绍网页制作的基础知识，包括网页名词解释、网页制作技术简介、Dreamweaver 工具的使用。学完本章，读者能够使用 Dreamweaver 工具创建一个简单的网页。
- 第 2 章介绍 HTML 的基础知识，包括 HTML 和 HTML5 的结构、文本控制标签、图像标签等。学完本章，读者能够使用 HTML 标签制作简单的图文网页。
- 第 3 章介绍 CSS 的基础知识，包括 CSS 的样式规则、引入方式、文本样式和高级特性。学完本章，读者能够使用 CSS 样式简单控制网页中的图文内容。
- 第 4～8 章是本书的核心部分，分别讲解了盒子模型、列表和超链接、表格和表单、元素的浮动和定位布局、网页视听技术。通过这部分内容的学习，读者能够搭建一个完整的网站，并在页面中应用一些绚丽的动画效果。

- 第 9 章介绍 JavaScript 的基础知识。本章是对前端高级知识的引入，为读者后续学习前端高级技术夯实基础。
- 第 10 章是一个综合实训项目，结合前面学习的基础知识，带领读者开发一个网站的首页面。读者应按照书中的思路和步骤动手实践，以便掌握开发一个网站项目的流程。

如果读者在学习的过程中遇到困难，建议不要纠结于某个地方，可以先往后学习。通过逐渐深入的学习，前面不懂或疑惑的知识点一般也就能理解了。为巩固学习成果，读者一定要多动手实践，如果在实践的过程中遇到问题，建议多思考，理清思路，认真分析问题发生的原因，并在问题解决后总结出经验。

◆ 致谢

本书的编写和整理工作由北京传智播客教育科技有限公司完成，主要参与人员有王哲、孟方思、张鹏、刘静、刘晓强、赵艳秋等，全体人员在近一年的编写过程中付出了很多辛勤的汗水，在此一并表示衷心的感谢。

◆ 意见反馈

尽管我们尽了最大的努力，但书中难免会有不妥之处，欢迎读者来信提出宝贵意见，我们将不胜感激。

来信请发送至电子邮箱 itcast_book@vip.sina.com。

黑马程序员
2023 年 5 月

目录

CONTENTS

第 1 章

网页那点事

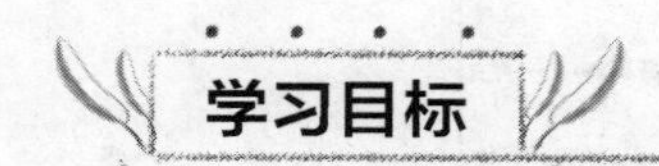

★ 了解 Web 标准，明确 HTML、CSS 和 JavaScript 的作用。

★ 熟悉 Dreamweaver 工具的基本操作，能够使用 Dreamweaver 创建简单的网页。

在学习网页制作之前，首先需要了解一些与网页相关的知识，为初学者学习后面章节的内容打下坚实的基础。本章将从网页概述、网页制作技术入门和 Dreamweaver 工具的使用等方面详细讲解网页的基础知识。

1.1　网页概述

说到网页大家并不陌生，我们上网时浏览新闻、查询信息、看视频等都是在浏览网页。网页可以看作承载各种网站应用和信息的容器，所有可视化的内容都会通过网页展示给用户。本节将详细介绍与网页相关的内容。

1.1.1　网页的组成

为了使初学者更好地认识网页，首先来看一下淘宝网网站。打开浏览器，在地址栏中输入淘宝网网址，按“Enter”键，此时浏览器中显示的页面即为淘宝网首页，如图 1-1 所示。

从图 1-1 可以看到，网页主要由文字、图像和超链接（超链接为单击可以跳转的网页元素）等元素构成。除了这些元素，网页中还可以包含音频、视频和动画等。

为了让初学者快速了解网页的构成，下面来看一下网页的源代码。按“F12”快捷键，浏览器中弹出的窗口显示了当前网页的源代码，具体如图 1-2 所示。

图 1-2 所示的淘宝网首页部分源代码是一个纯文本文件，仅包含一些特殊的符号和文本。而浏览网页时看到的图片、视频等，则是这些特殊的符号和文本组成的代码被浏览器渲染之后的结果。

除了首页外，淘宝网还包含多个子页面。例如，单击淘宝网首页的导航，会跳转到其他子页面，如聚划算、淘抢购、天猫超市等。多个页面通过链接集合在一起就形成了网站，在网站中，网页与网页之间可以通过链接互相访问。

图1–1　淘宝网首页

```
<title>淘宝网 - 淘！我喜欢</title>
<meta name="spm-id" content="a21bo">
<meta name="description" content="淘宝网 - 亚洲较大的网上交易平台，提供各类服饰、美容、家居、数码、话费/点卡充值…
服务，并由商家提供退货承诺、破损补寄等消费者保障服务，让你安心享受网上购物乐趣！">
<meta name="aplus-xplug" content="NONE">
<meta name="keyword" content="淘宝,掏宝,网上购物,C2C,在线交易,交易市场,网上交易,交易市场,网上买,网上卖,购物网站,…
一口价,拍卖,网上开店,网络购物,打折,免费开店,网购,频道,店铺">
<link rel="dns-prefetch" href="//g.alicdn.com">
<link rel="dns-prefetch" href="//img.alicdn.com">
<link rel="dns-prefetch" href="//tce.alicdn.com">
<link rel="dns-prefetch" href="//gm.mmstat.com">
<link ref="dns-prefetch" href="//tce.taobao.com">
<link rel="dns-prefetch" href="//log.mmstat.com">
<link rel="dns-prefetch" href="//tui.taobao.com">
<link rel="dns-prefetch" href="//ald.taobao.com">
<link rel="dns-prefetch" href="//gw.alicdn.com">
<link rel="dns-prefetch" href="//atanx.alicdn.com">
<link rel="dns-prefetch" href="//dfhs.tanx.com">
<link rel="dns-prefetch" href="//ecpm.tanx.com">
<link rel="dns-prefetch" href="//res.mmstat.com">
<link href="//img.alicdn.com/tps/i3/T1OjaVF14dXXa.JOZB-114-114.png" rel="apple-touch-icon-precomposed">
▶<style>…</style>
<base target="_blank">
▶<style>…</style>
```

图1–2　淘宝网首页部分源代码

网页有静态和动态之分。所谓静态网页是指用户无论何时何地访问，网页都会显示固定的信息，除非网页源代码被重新修改上传。静态网页更新不方便，但是访问速度快。而动态网页显示的内容则会随着用户操作和时间的不同而变化，这是因为动态网页可以与服务器数据库进行实时的数据交换。

现在大部分网站是由静态网页和动态网页混合而成的，两者各有特色，用户在开发网站时可根据需求酌情采用。本书讲解的 HTML 和 CSS 就是一种静态网页搭建技术。

1.1.2　网页名词解释

对于从事网页制作工作的人员来说，有必要了解一些与互联网相关的名词，例如常见的 Internet、WWW、URL 等，具体介绍如下。

1. Internet

Internet 就是通常所说的互联网，是由一些使用公用语言互相通信的计算机连接而成的网络。简单地说，互联网就是将世界范围内不同国家、不同地区的众多计算机连接起来形成的网络平台。

互联网实现了全球信息资源的共享，形成了一个能够共同参与、相互交流的互动平台。通过互联网，远在千里之外的朋友可以相互发送邮件、共同完成一项工作、共同娱乐。因此，互联网最大的成功之处并不在于技术层面，而在于对人类生活的影响，可以说互联网的出现是人类通信技术史上的一次革命。

2. WWW

WWW（英文 World Wide Web 的缩写）中文译为“万维网”。但 WWW 不是网络，也不代表 Internet，它只是 Internet 提供的一种服务——网页浏览服务，我们上网时通过浏览器阅读网页信息就是在使用 WWW 服务。WWW 是 Internet 最主要的服务，许多网络功能（例如网上聊天、网上购物等）都基于 WWW 服务。

3. URL

URL（英文 Uniform Resource Locator 的缩写）中文译为“统一资源定位符”。URL 其实就是 Web 地址，俗称“网址”。在万维网上的所有文件（HTML、CSS、图片、音乐、视频等）都有唯一的 URL，只要知道文件的 URL，就能够对该文件进行访问。URL 可以是“本地磁盘”，也可以是局域网上的某一台计算机，还可以是 Internet 上的站点，如 https://www.baidu.com 就是百度搜索的 URL，如图 1-3 所示。

图1-3　百度搜索的URL

4. DNS

DNS（英文 Domain Name System 的缩写）是域名解析系统。在 Internet 上域名与 IP 地址之间是一一对应的，域名（例如淘宝网域名 taobao.com）虽然便于用户记忆，但计算机只认识 IP 地址（如：100.4.5.6），将好记的域名转换成 IP 的过程被称为域名解析。DNS 就是进行域名解析的系统。

5. HTTP 和 HTTPS

HTTP（英文 Hypertext Transfer Protocol 的缩写）中文译为超文本传送协议。HTTP 是一种详细规定了浏览器和万维网服务器之间互相通信的规则。HTTP是非常可靠的协议，具有强大的自检能力，所有用户请求的文件到达客户端时，一定是准确无误的。

由于 HTTP 传输的数据都是未加密的，因此使用 HTTP 传输隐私信息非常不安全，为了保证这些隐私数据能加密传输，网景（Netspace）公司设计了 SSL（Secure Sockets Layer，安全套接字层）协议，该协议用于对 HTTP 传输的数据进行加密，从而就诞生了 HTTPS。

简单来说，HTTPS 是由 SSL+HTTP 构建的可进行加密传输、身份认证的网络协议，要比 HTTP 安全。

6. Web

Web 本意是蜘蛛网和网的意思。对于普通用户来说，Web 仅仅是一种环境——互联网的使用环境、内容等。而对于网站制作者来说，Web 是一系列技术的复合总称，包括网站的前台布局、后台程序、数据库开发等。

7. W3C 组织

W3C（英文 World Wide Web Consortium 的缩写）中文译为“万维网联盟”。万维网联盟是国际著名的标准化组织。W3C 最重要的工作是发展 Web 规范，自 1994 年成立以来，已经发布了 200 多项影响深远的 Web 技术标准和实施指南，例如超文本标签（标记）语言（HTML）、可扩展标签（标记）语言（XML）等。这些规范有效促进了 Web 技术的兼容，对互联网的发展和应用起到了支撑作用。

1.1.3　Web 标准

由于不同的浏览器对同一个网页文件进行解析后的效果可能不一致，为了让用户能够看到正常显示的网页，Web 开发者常常为需要兼容多个版本的浏览器而苦恼。当使用新的硬件（如移动电话）和软件（如浏览器）浏览网页时，这种网页无法正常显示的情况会变得更严重。为了使 Web 更好地发展，在开发新的应用程序时，浏览器开发商和站点开发商共同遵守标准就显得尤为重要。为此，W3C 与其他标准化组织共同制定了一系列的 Web 标准。Web 标准并不是某一个标准，而是一系列标准的集合，主要包括结构、表现和行为3个方面，具体解释如下。

1. 结构

结构用于对网页中用到的信息进行分类和整理。在结构中用到的技术主要包括 HTML、XML 和 XHTML。

- HTML（英文 Hyper Text Markup Language 的缩写）中文译为超文本标签（标记）语言，设计 HTML 的目的是创建结构化的文档以及提供文档的语义。目前最新版本的超文本标签语言是 HTML5。
- XML 是一种可扩展标签（标记）语言。XML 的产生最初是为了弥补 HTML 的不足，其具有强大的扩展性（例如定义标签），可用于数据的转换和描述。
- XHTML 是可扩展超文本标签（标记）语言。XHTML 是基于 XML 的标签语言，是在 HTML4.0 的基础上，用 XML 的规则对其进行扩展建立起来的，用以实现 HTML 向 XML 的过渡，目前已逐渐被 HTML5 所取代。

网页焦点图的结构如图 1-4 所示，该结构使用 HTML5 搭建，4 张图片按照从上到下的次序罗列，没有任何布局样式。

图1-4　网页焦点图的结构

2. 表现

表现是指网页展示给访问者的外在样式，一般包括网页的版式、颜色、字体大小等。在网页制作中，通常使用 CSS 来设置网页的样式。

CSS（英文 Cascading Style Sheet 的缩写）中文译为层叠样式表。CSS 标准建立的目的是以 CSS 为基础进行网页布局，控制网页的样式。网页焦点图的样式如图 1-5 所示，是焦点图模块加入 CSS 后的效果，只显示第一张图片，将剩余的图片隐藏。

图1-5　网页焦点图的样式

在网页中可以使用 CSS 对文字和图片以及模块的

背景和布局进行相应的设置。后期如果需要更改样式，只需要调整 CSS 代码即可。

3. 行为

行为是指网页模型的定义及交互效果的实现，包括 ECMAScript、BOM、DOM 三个部分，具体介绍如下。

• ECMAScript：是 JavaScript 的核心，由 ECMA（European Computer Manufacturers Association）国际联合浏览器厂商制定。ECMAScript 规定了 JavaScript 的语法规则和核心内容，是所有浏览器厂商共同遵守的一套 JavaScript 语法标准。

• BOM：即浏览器对象模型。通过 BOM 可以操作浏览器窗口。例如，弹出框、控制浏览器导航条跳转等。

• DOM：即文档对象模型。DOM 允许程序和脚本动态地访问和更新文档的内容、结构和样式。也就是通过 DOM 即可对页面中的各种元素进行操作。例如，元素的大小、颜色、位置等。

图1-6 网页焦点图的行为

网页焦点图的行为如图 1-6 所示，是焦点图模块加入 JavaScript 后的效果。每隔一段时间，焦点图就会自动切换，并且当用户的鼠标指针移动到按钮上时，会显示对应的图片，鼠标指针移开后又会按照默认的设置自动轮播，这就是网页的一种行为。

1.2 网页制作技术入门

HTML、CSS 和 JavaScript 是网页制作的标准语言，要想学好、学会网页制作技术，首先需要对它们有一个整体的认识。本节将对这些网页制作的相关技术进行简单介绍。

1.2.1 HTML

HTML 主要通过 HTML 标签对网页中的文本、图片、声音等内容进行描述。HTML 提供了许多标签，例如段落标签、标题标签、超链接标签、图片标签等，网页中需要定义什么内容，就用相应的 HTML 标签描述即可。

HTML 之所以称为超文本标签（标记）语言，是因为它不仅通过标签描述网页内容，而且文本中包含了超链接。通过超链接将网站、网页和各种网页元素链接起来，构成了丰富多彩的网站。下面通过一段网页的源代码截图来简单地认识 HTML，具体如图 1-7 所示。

通过图 1-7 可以看出，网页内容是通过 HTML 指定的文本符号（图中带有“<>”的符号，被称为标签）描述的，网页文件其实是一个纯文本文件。

作为一种描述网页内容的语言，HTML 的历史可以追溯到 20 世纪 90 年代初期。1989 年 HTML 首次应用到网页编辑后，便迅速崛起成为网页编辑主流语言。到了 1993 年 HTML 首次以因特网草案的形式发布，众多不同的 HTML 版本开始在全球陆续使用，这些初具雏形的版本可以看作是 HTML 1.0 版。在后续的十几年中，HTML 飞速发展，从 2.0 版（1995 年）到 3.2 版（1997 年）和 4.0 版（1997 年），再到 1999 年的 4.01 版，HTML 功能得到了极大的丰富。与此同时，W3C 也掌握了对 HTML 的控制权。

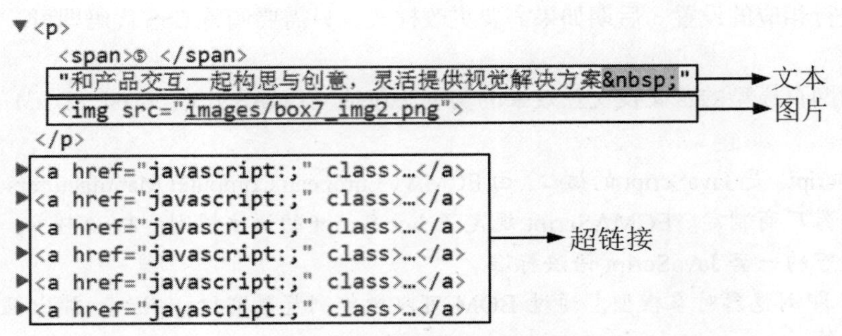

图1-7 网页的源代码截图

由于 HTML 的 4.01 版本相对于 4.0 版本没有什么本质差别，只是提高了兼容性并删减了一些过时的标签，业界普遍认为 HTML 已经到了发展的瓶颈期，对 Web 标准的研究也开始转向了 XML 和 XHTML。但是有较多的网站仍然是使用 HTML 制作的，因此一部分人成立了 WHATWG（网页超文本应用技术工作小组），致力于 HTML 的研究。

2006 年，W3C 又重新介入 HTML 的研究，并于 2008 年发布了 HTML5 的工作草案。由于 HTML5 具备较强的解决实际问题的能力，因此得到各大浏览器厂商的支持，HTML5 的规范也得到了持续完善。2014 年 10 月底，W3C 宣布 HTML5 正式定稿，网页进入了 HTML5 开发的新时代。本书所讲解的 HTML 语言就是最新的 HTML5 版本。

1.2.2 CSS

CSS（层叠样式表）通常被称为 CSS 样式，主要用于设置 HTML 页面中的文本内容（字体、大小、对齐方式等）、图片的外形（宽高、边框样式、边距等）和版面的布局等外观显示样式。

CSS 以 HTML 为基础，提供了丰富的功能，例如字体、颜色、背景的控制和整体排版等，而且还可以针对不同的浏览器设置不同的样式。使用 CSS 设置不同的文字样式如图 1-8 所示，图 1-8 中文字的颜色、粗体、背景、行间距和左右两列的排版等，都可以通过 CSS 来控制。

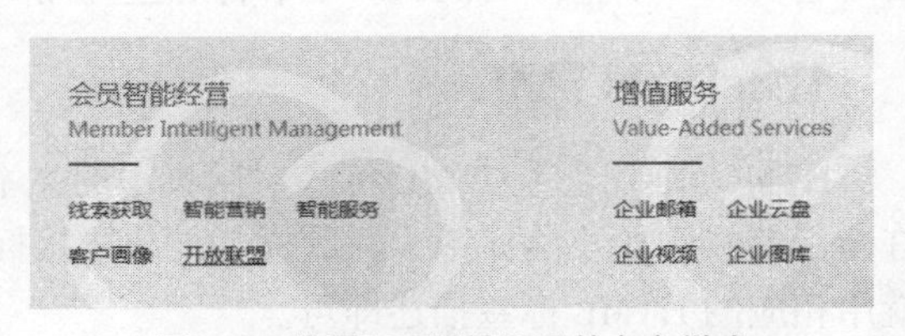

图1-8 使用CSS设置不同的文字样式

CSS 的发展历史不像 HTML 那样曲折。1996 年 12 月 W3C 发布了第一个有关样式的标准 CSS1，随后 CSS 不断更新和强化功能，在 1998 年 5 月发布了 CSS2。CSS 的最新版本 CSS3 于 1999 年开始制订，W3C 在 2001 年 5 月 23 日完成了 CSS3 的工作草案。CSS3 的语法是建立在 CSS 原始版本基础上的，因此旧版本的 CSS 属性在 CSS3 版本中依然适用。

CSS3 中增加了很多新样式，例如圆角效果、块阴影与文字阴影、使用 RGBA 实现透明效果、渐变效果、使用@font-face 实现定制字体、多背景图、文字或图像的变形处理（旋转、缩放、倾斜、移动）等，这些新属性会在后面的章节中逐一讲解。

1.2.3 JavaScript

JavaScript 是网页中的一种脚本语言，其前身叫作 LiveScript，由网景公司开发。后来在 Sun 公司推出著名的 Java 语言之后，网景公司和 Sun 公司于 1995 年一起重新设计了 LiveScript，并把它改名为 JavaScript。

作为一门独立的网页脚本编程语言，JavaScript 应用领域很广，但最主流的应用是在 Web 上创建网页特效或验证信息。图 1-9 为用户注册页面，图 1-10 为使用 JavaScript 脚本语言对用户输入的内容进行验证。如果用户在注册信息文本框中输入的信息不符合注册要求，或“确认密码”文本框与“密码”文本框中输入的信息不完全相同，就会弹出相应的提示信息。

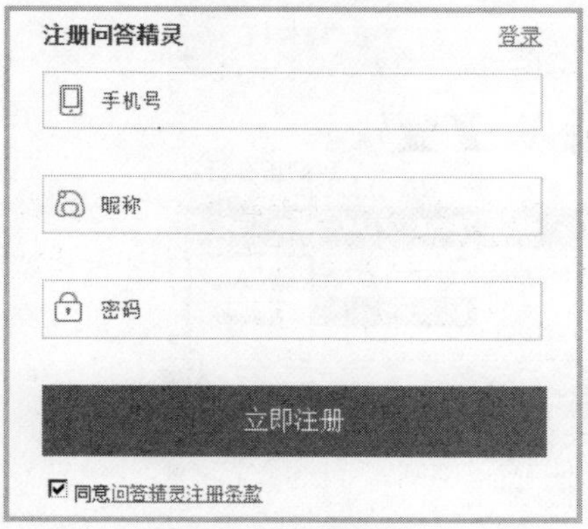

图1-9　用户注册页面

图1-10　验证用户输入的内容

1.2.4　网页的展示平台——浏览器

浏览器是网页运行的平台，常用的浏览器有 IE 浏览器、火狐浏览器、谷歌浏览器、Safari 浏览器和欧朋（Opera）浏览器等，其中 IE、火狐和谷歌是目前互联网上的三大浏览器，三大浏览器的图标如图 1-11 所示。对于一般的网站而言，只要兼容 IE 浏览器、火狐浏览器和谷歌浏览器，即可满足绝大多数用户的需求。下面对这 3 种常用的浏览器进行详细讲解。

IE浏览器　火狐浏览器　谷歌浏览器

图1-11　浏览器的图标

1. IE 浏览器

IE 浏览器的全称为“Internet Explorer”，是微软公司推出的一款网页浏览器。因此 IE 浏览器一般直接绑定在 Windows 操作系统中，无须下载安装。IE 浏览器有 6.0、7.0、8.0、9.0、10.0、11.0 等版本，但是由于各种因素，一些用户仍然在使用低版本的浏览器如 IE7、IE8 等，所以在制作网页时，应考虑兼容哪些版本的浏览器。

浏览器最重要或者说最核心的部分是“Rendering Engine”，翻译为中文是“渲染引擎”，不过一般习惯将之称为“浏览器内核”。IE 浏览器使用 Trident 作为内核，俗称为“IE 内核”，国内的大多数浏览器都使用 IE 内核，例如百度浏览器、世界之窗浏览器等。

2. 火狐浏览器

火狐浏览器的英文名称为“Mozilla Firefox”（简称 Firefox），是一个自由并开源的网页浏览器。Firefox 使用 Gecko 内核，该内核可以在多种操作系统如 Windows、MacOS 和 Linux 上运行。

图1-12　Firebug图标

说到火狐浏览器，就不得不提到它的开发插件 Firebug（见图 1-12）。Firebug 一直是火狐浏览器中一款必不可少的开发插件，主要用来调试浏览器的兼容性。它集 HTML 查看和编辑、JavaScript 控制台、网络状况监视器于一体，是开发 HTML、CSS、JavaScript 等的得力助手。

在老版本的火狐浏览器中，使用者可以在火狐浏览器菜单栏中的“工具→附加组件”选项中下载 Firebug 插件，安装完成后按“F12”键可以直接调出 Firebug 界面，如图 1-13 所示。

图1-13 老版本的火狐浏览器中安装Firebug插件

但是在新版本的火狐浏览器中（如 57.0.2.6549 版本），Firebug 已经结束了其作为火狐浏览器插件的身份，被整合到火狐浏览器内置的“Web 开发者”工具中。使用者可以在火狐浏览器菜单栏中选择“打开菜单→Web 开发者”选项，如图 1-14 所示。此时下拉菜单会切换到图 1-15 所示的菜单面板，选择“查看器”选项，即可查看页面各个模块，如图 1-16 所示。

图1-14 “Web开发者”工具

3. 谷歌浏览器

谷歌浏览器的英文名称为“Chrome”，是由谷歌公司开发的网页浏览器。谷歌浏览器基于其他开源代码，目的是提升浏览器稳定性、速度和安全性，并创造出简单有效的使用界面。早期谷歌浏览器使用 WebKit 内核，但 2013 年 4 月之后，新版本的谷歌浏览器开始使用 Blink 内核。在目前的浏览器市场，谷歌浏览器凭借其卓越的性能占据浏览器市场的半壁江山，图 1-17 为 2022 年 7 月国内浏览器市场份额图。

< Web 开发者
✓ 切换工具箱 Ctrl+Shift+I
查看器 Ctrl+Shift+C
Web 控制台 Ctrl+Shift+K
调试器 Ctrl+Shift+S
样式编辑器 Shift+F7
性能 Shift+F5
网络 Ctrl+Shift+E
存储探查器 Shift+F9

图1–15　“Web开发者”菜单面板

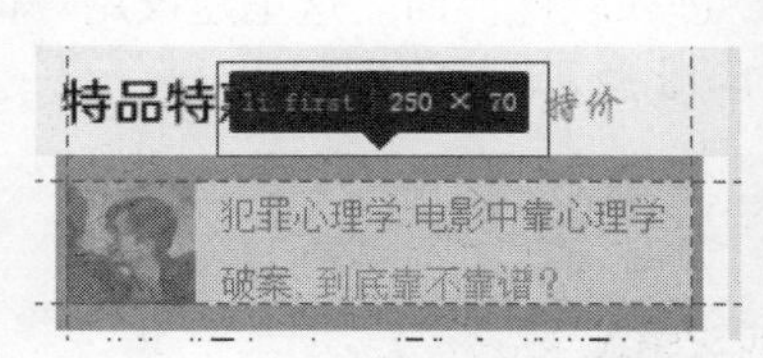

图1–16　查看网页各个模块

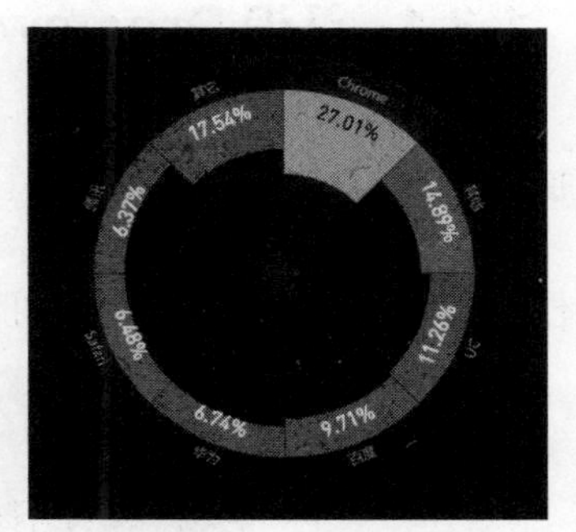

图1–17　2022年7月国内浏览器市场份额图

从图 1–17 可以看出，在国内市场，谷歌浏览器占据很大市场份额，应用非常广泛。因此本书涉及的案例将全部在谷歌浏览器中运行演示。

多学一招：什么是浏览器内核

在 1.2.4 节中，频繁提到了浏览器的内核，什么是浏览器的内核呢？浏览器内核是浏览器最核心的部分，负责解释网页语法并渲染网页（也就是显示网页效果），是渲染引擎（标准叫法）的通俗叫法。渲染引擎决定了浏览器如何显示网页的内容和页面的格式信息。不同的浏览器内核对网页编写语法的解释也不同，因此同一网页在不同内核的浏览器里的渲染（显示）效果也可能不同。目前常见的浏览器内核有 Trident、Gecko、WebKit、Presto、Blink 共 5 种，具体介绍如下。

- Trident 内核：代表浏览器是 IE 浏览器，因此 Trident 内核又被称为 IE 内核。Trident 内核只能用于 Windows 平台，并且不是开源的。
- Gecko 内核：代表浏览器是 Firefox 浏览器。Gecko 内核是开源的，其最大优势是可以跨平台。
- WebKit 内核：代表浏览器是 Safari 以及老版本的谷歌浏览器，是开源的。
- Presto 内核：代表浏览器是 Opera 浏览器。Presto 内核是世界公认的渲染速度最快的引擎，但是在 2013 年之后，Opera 宣布加入谷歌阵营，弃用了该内核。
- Blink 内核：由谷歌和 Opera 开发，于 2013 年 4 月发布，现在 Chrome 内核是 Blink。

而国内的一些浏览器大多采用双内核，例如 360 浏览器、猎豹浏览器采用 Trident（兼容模式）+WebKit（高速模式）。

注意：

谷歌浏览器使用的内核其实是 Chromium 内核，但该内核是 WebKit 内核的一个分支，因此可以归类到 WebKit 内核。

1.3　Dreamweaver 工具的使用

为了方便网页制作，通常会选择一些较便捷的辅助工具，如 EditPlus、Notepad++、Sublime、Dreamweaver 等。其中，Dreamweaver 工具依靠其可视化的网页制作模式，极大地降低了网站建设的难度，不同技术水平的设计师都能用其搭建出美观的页面。本节将详细介绍 Dreamweaver 工具的使用。

1.3.1　认识 Dreamweaver 界面

本书使用的版本是 Adobe Dreamweaver CS6，软件的安装直接按照窗口提示操作即可，本书直接讲解软件安装后如何使用。

双击运行桌面上的软件图标，进入软件界面。这里建议用户依次选择菜单栏中的“窗口→工作区布局→经典”选项，如图 1–18 所示。

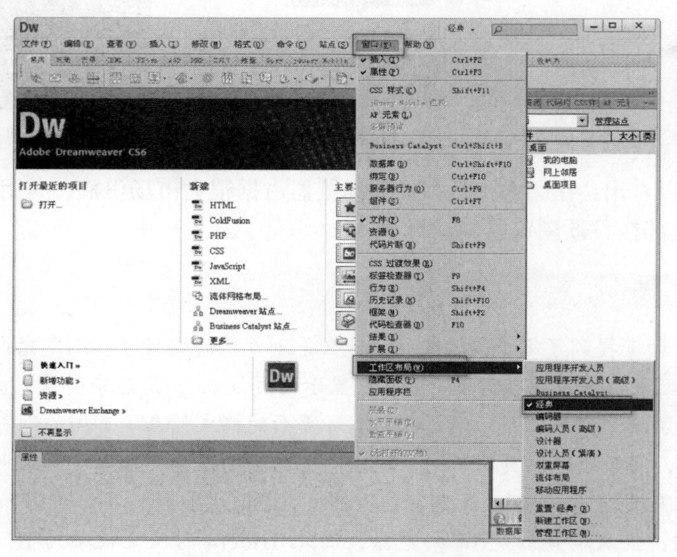

图1–18　Dreamweaver软件界面

接下来，选择菜单栏中的“文件→新建”选项，会出现“新建文档”对话框。在“文档类型”下拉选项中选择“HTML5”，单击“创建”按钮，如图 1–19 所示，即可创建一个空白的 HTML5 文档，如图 1–20 所示。

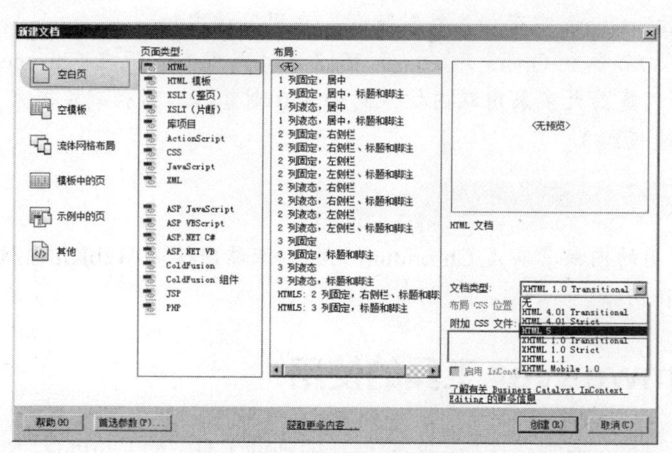

图1–19　新建HTML文档对话框

需要注意的是，如果是初次安装使用 Dreamweaver 工具，创建空白的 HTML 文档时可能会出现图 1–21 所示的空白界面，此时单击“代码”按钮即可出现图 1–20 所示的界面效果。

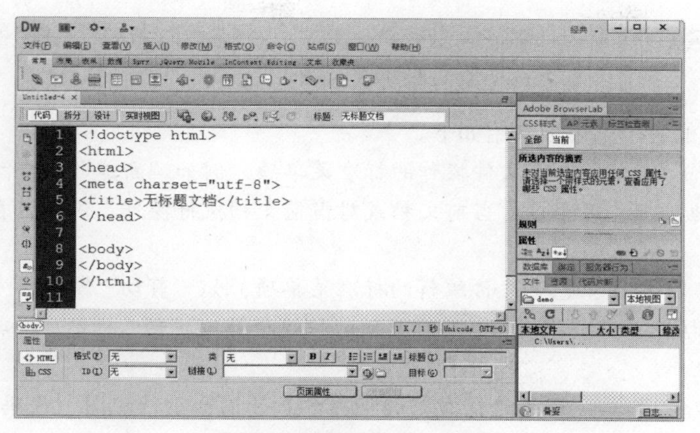

图1-20　空白的HTML5文档

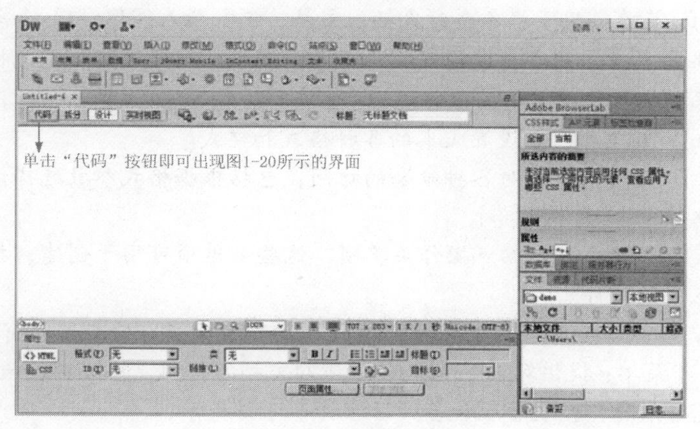

图1-21　空白界面

Dreamweaver 操作界面主要由 6 个部分组成，包括菜单栏、插入栏、文档工具栏、文档窗口、属性面板和常用面板，每个部分的具体位置如图 1-22 所示。

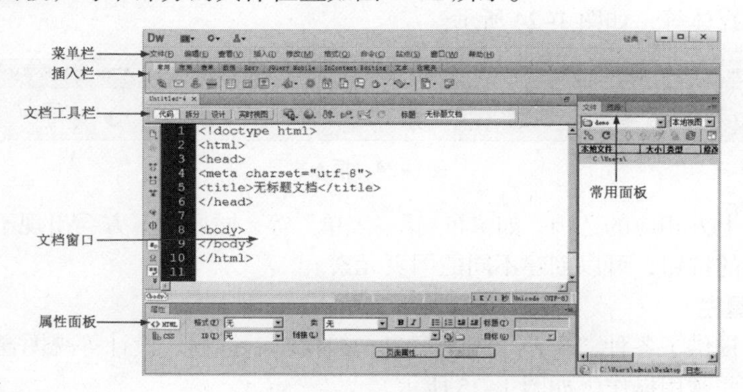

图1-22　Dreamweaver操作界面的组成

下面对图 1-22 中的 6 个部分进行详细讲解，具体如下。

1. 菜单栏

Dreamweaver 菜单栏由各种菜单命令构成，包括文件、编辑、查看、插入、修改、格式、命令、站点、窗口、帮助共 10 个菜单项，如图 1-23 所示。

文件(F)　编辑(E)　查看(V)　插入(I)　修改(M)　格式(O)　命令(C)　站点(S)　窗口(W)　帮助(H)

图1-23　菜单栏

图 1-23 所示的各个菜单项介绍如下。

- "文件（F）"菜单：包含文件操作的标准菜单项，例如"新建""打开""保存"等。文件菜单还包括其他选项，用于查看当前文档或对当前文档执行操作，例如"在浏览器中预览""多屏预览"等。
- "编辑（E）"菜单：包含文件编辑的标准菜单项，如"剪切""拷贝""粘贴"等。此外"编辑"菜单还包括选择和查找选项，并且提供软件快捷键编辑器、标签库编辑器和首选参数编辑器的访问。
- "查看（V）"菜单：用于选择文档的视图方式（例如设计视图、代码视图等），并且可用于显示或隐藏不同类型的页面元素和工具。
- "插入（I）"菜单：用于将各个对象插入文档，例如插入图像、Flash 等。
- "修改（M）"菜单：用于更改选定页面元素的属性，用于编辑标签属性，更改表格和表格元素，并且为库和模板执行不同的操作。
- "格式（O）"菜单：用于设置文本的各种格式和样式。
- "命令（C）"菜单：提供对各种命令的访问，包括根据格式参数选择设置代码格式、优化图像、排序表格等命令。
- "站点（S）"菜单：包括站点操作菜单项，这些菜单项可用于创建、打开和编辑站点，以及管理当前站点中的文件。
- "窗口（W）"菜单：提供对 Dreamweaver 中的所有面板、检查器和窗口的访问。
- "帮助（H）"菜单：提供对 Dreamweaver 帮助文档的访问，包括 Dreamweaver 使用帮助，Dreamweaver 的支持系统、扩展管理和各种语言的参考材料等。

2. 插入栏

在使用 Dreamweaver 建设网站时，对于一些经常使用的标签，可以直接选择插入栏里的相关按钮，这些按钮一般都与菜单中的命令相对应。插入栏集成了多种网页元素，包括超链接、图像、表格、多媒体等，如图 1-24 所示。

图1-24　插入栏

单击插入栏上方相应的选项，如"布局""表单"等，插入栏下方会出现不同的工具组。选择工具组中不同的按钮，可以创建不同的网页元素。

3. 文档工具栏

文档工具栏提供了各种"文档"视图窗口，如代码、拆分、设计等视图窗口，还提供了各种查看选项和一些常用操作，如图 1-25 所示。

图1-25　文档工具栏

下面介绍几个文档工具栏的常用功能按钮，具体如下。

- 代码 "显示代码视图"：单击"代码"按钮，文档窗口中将只留下代码视图，收起设计视图。

- 拆分 “显示代码和设计视图”：单击“拆分”按钮，文档窗口中将同时显示代码视图和设计视图，两个视图中间以一条间隔线分开，拖动间隔线可以改变两者所占页面的比例。
- 设计 “显示设计视图”：单击“设计”按钮，文档窗口中收起代码视图只留下设计视图。
- 标题: 无标题文档 ：此处可以修改文档的标题，也就是修改源代码头部<title>标签中的内容，默认情况下为“无标题文档”。
- “在浏览器中预览/调试”：单击可选择浏览器对网页进行预览或调试。
- “刷新”：在代码视图中修改代码后，单击该按钮可刷新文档的设计视图。

需要注意的是，在 Dreamweaver 工具中，文档工具栏是可以隐藏的，选择“查看→工具栏→文档”命令，当“文档”为勾选状态时（见图 1-26），显示“文档工具栏”，取消勾选状态则会隐藏“文档工具栏”。

图1-26　文档菜单

4. 文档窗口

文档窗口是 Dreamweaver 最常用到的区域之一，此处会显示所有打开的文档。分别单击文档工具栏里的“代码”“拆分”“设计”这 3 个选择按钮可变换区域的显示状态，图 1-27 为“拆分”状态下的结构，左方是代码区，右方是视图区。

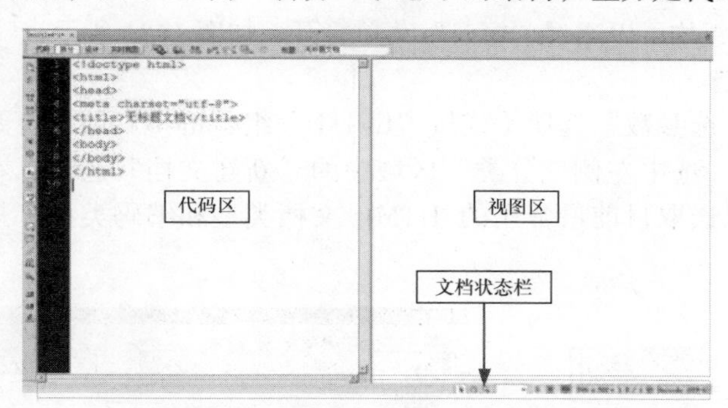

图1-27　“拆分”状态下的结构

5. 属性面板

属性面板主要用于设置文档窗口中所选中元素的属性。在 Dreamweaver 中允许用户在属性面板中直接对元素的属性进行修改。选中的元素不同，属性面板中的内容也不一样。图 1-28 和图 1-29 分别为表格和图像的属性面板。

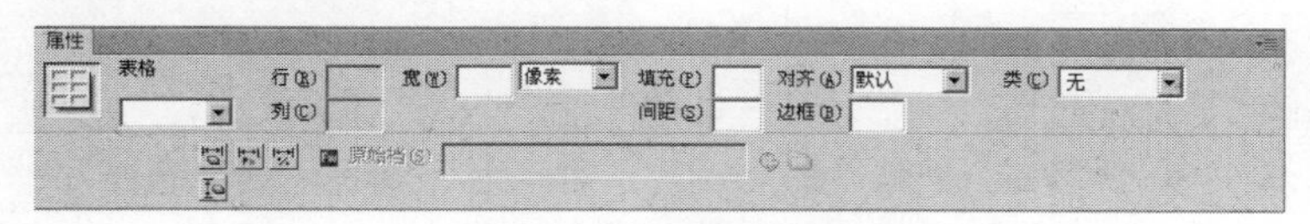

图1-28　表格属性面板

图1-29　图像属性面板

单击属性面板右上角的“ ”图标，可以打开选项菜单。如果不小心关闭了属性面板，可以从菜单栏选择“窗口→属性”选项重新打开，或者按“Ctrl+F3”组合键直接调出。

6. 常用面板

常用面板中集合了网站编辑和建设过程中一些常用的工具。用户可以根据需要自定义该区域的功能面板，通过这样的方式既能够很容易地使用所需面板，也不会使工作区域变得混乱。用户可以通过“窗口”菜单选择需要打开的功能面板，将鼠标指针置于面板名称栏上（图 1–30 红框标示位置），拖曳面板，可使它们浮动在界面上，图 1–30 为“文件”面板浮动在代码区上面。

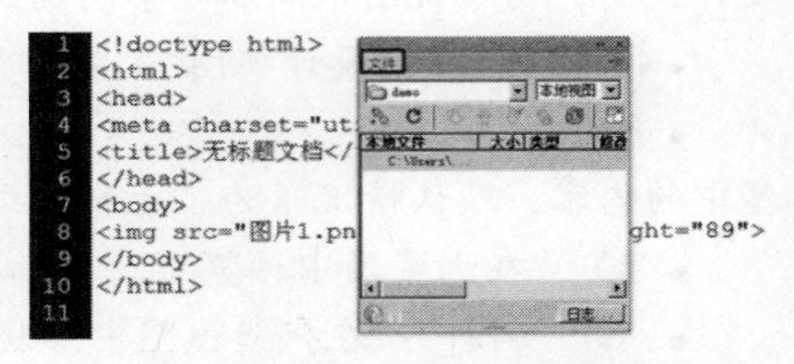

图1–30 “文件”面板浮动在代码区上面

1.3.2 Dreamweaver 初始化设置

在使用 Dreamweaver 时，为了操作更得心应手，通常都会做一些初始化设置。Dreamweaver 工具的初始化设置通常包括以下 5 个方面。

1. 设置工作区布局

打开 Dreamweaver 工具界面，选择菜单栏中的“窗口→工作区布局→经典”选项。

2. 添加必备面板

设置为“经典”模式后，需要调出 3 个常用面板，即“插入”面板、“文件”面板、“属性”面板，这 3 个面板均可以通过“窗口”菜单打开，如图 1–31 所示。

3. 设置新建文档

选择“编辑→首选参数”选项（或按“Ctrl+U”组合键），即可打开“首选参数”对话框，如图 1–32 所示。选中左侧“分类”区域中的“新建文档”选项，右侧就会出现该选项相应的设置项。可以选取目前最常用的 HTML 文档类型和编码类型（只需设置红框标识的选项即可）。

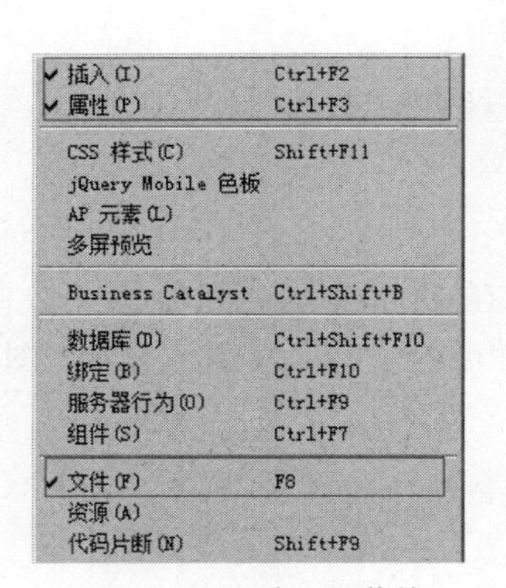

图1–31 “窗口”菜单

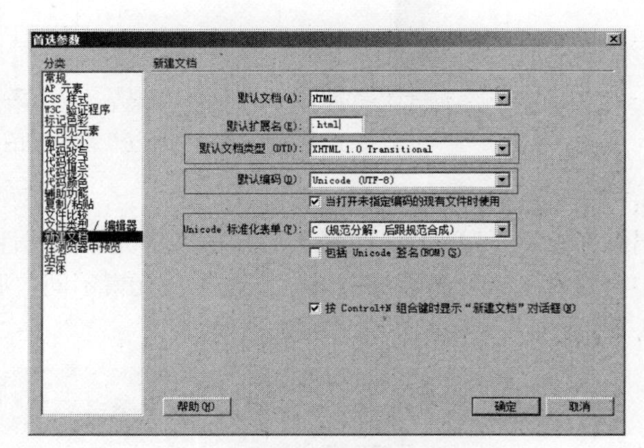

图1–32 “首选参数”对话框

设置好新建文档的首选参数后，再新建 HTML 文档时，Dreamweaver 就会按照默认设置直接生成所需要的代码。

注意：

在“默认文档类型”选项中，Dreamweaver CS6 默认文档类型为 XHTML1.0，使用者可根据实际需要更改为 HTML5。

4. 设置代码提示

Dreamweaver 拥有强大的代码提示功能，可以提高书写代码的速度。在“首选参数”对话框中可设置代码提示，方法是：选择“代码提示”选项，然后选中“结束标签”选项中的第二项，单击“确定”按钮，如图 1–33 所示，即可完成代码提示设置。

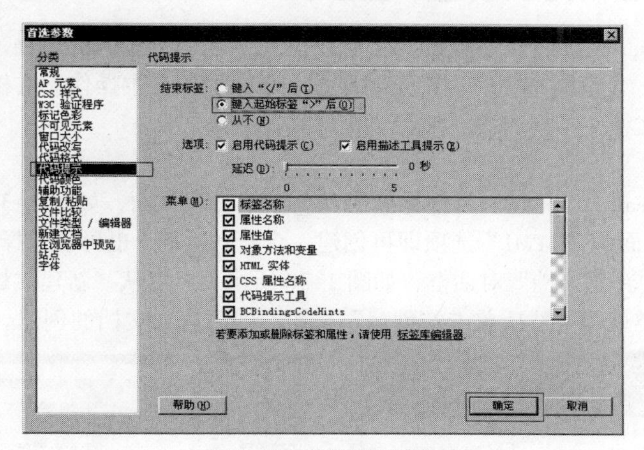

图1–33　代码提示设置

5. 浏览器设置

Dreamweaver 可以关联浏览器，对编辑的网站页面进行预览。在“首选参数”对话框（见图 1–33）左侧“分类”区域选择“在浏览器中预览”选项，在右侧区域单击“+”按钮，即可打开图 1–34 所示的“添加浏览器”对话框。

单击“浏览”按钮，即可打开“选择浏览器”对话框，选中需要添加的浏览器，单击“打开”按钮，Dreamweaver 会自动将浏览器的信息添加到“添加浏览器”对话框的“名称”和“应用程序”文本框中，如图 1–35 所示。

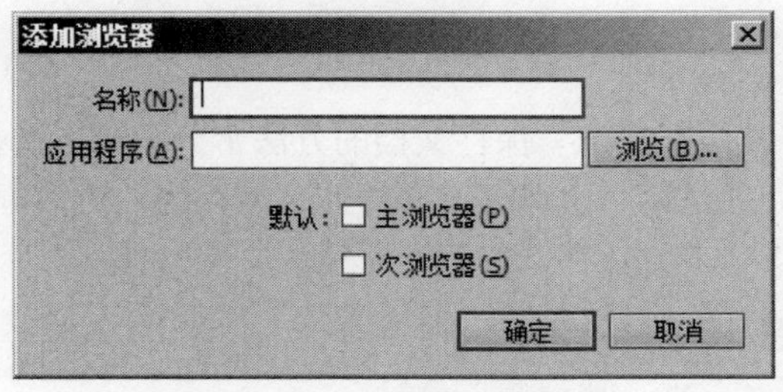

图1–34　“添加浏览器”对话框

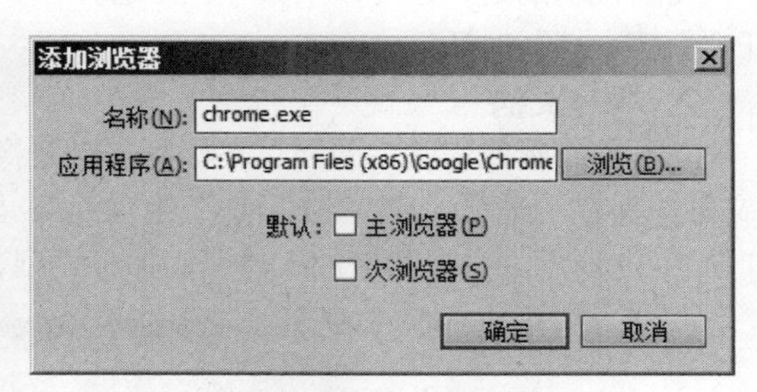

图1–35　自动添加浏览器信息

单击图 1–35 中的“确定”按钮，完成添加，此时在“浏览器”显示区域会出现添加的浏览器，如图 1–36 所示，如果勾选“主浏览器”选项，按“F12”快捷键即可进行快速预览。如果勾选“次浏览器”选项，按“Ctrl+F12”组合键可使用次浏览器预览网页。

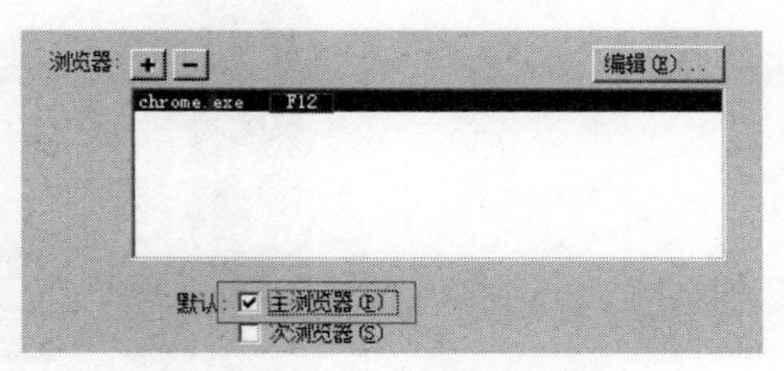

图1–36　设置主浏览器

本书建议将 Dreamweaver 主浏览器设置为“谷歌浏览器”，将次浏览器设置为火狐浏览器。

注意：

Dreamweaver 设计视图中的显示效果只能作为参考，最终以浏览器中的显示效果为准。

1.3.3 Dreamweaver 基本操作

完成 Dreamweaver 工具界面的初始化设置之后，就可以使用 Dreamweaver 工具搭建网页了。在使用 Dreamweaver 建设网站之前，首先要熟悉一下文档的基本操作。文档的基本操作主要包括新建文档、保存文档、打开文档、关闭文档，具体介绍如下。

1. 新建文档

在启动 Dreamweaver 工具时，软件界面会弹出一个欢迎界面，如图 1-37 所示。

选择“新建”下面的“HTML”选项即可创建一个新的页面，也可以选择“新建”下面的“更多”选项，会弹出“新建文档”对话框，如图 1-38 所示。可以从“新建文档”对话框设置页面类型、布局、文档类型等，然后单击“创建”按钮，即可完成文档的创建。

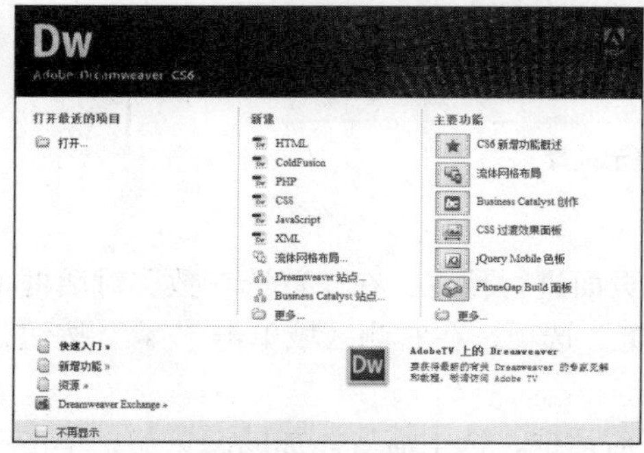

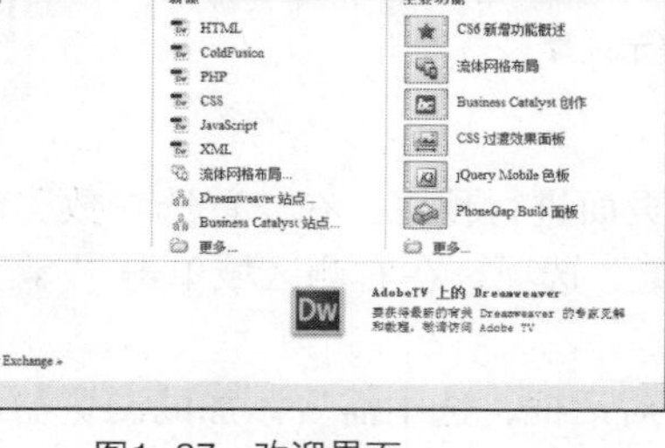

图1–37　欢迎界面　　　　图1–38　“新建文档”对话框

需要说明的是，还可以从菜单栏中选择“文件→新建”选项（或按“Ctrl+N”组合键），打开“新建文档”对话框。

2. 保存文档

在预览编辑或修改后的网页文档前需要先将其保存起来。保存文档的方法十分简单，选择“文件→保存”选项（或按“Ctrl+S”组合键），如果是第一次保存，会打开“另存为”对话框，如图 1-39 所示。设置相应的文件名和保存类型，单击“保存”按钮即可完成文档的保存。

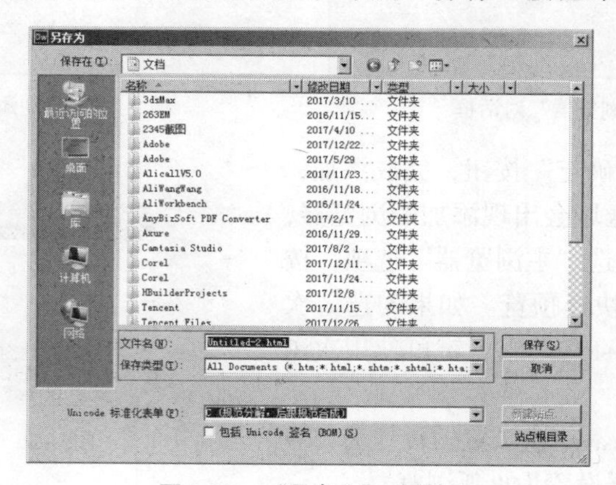

图1–39　“另存为”对话框

当用户完成第一次保存文档后，再次执行“保存”命令，将不会弹出“另存为”对话框，计算机会直接保存结果，并覆盖源文件。如果用户既想保存修改的文件，又不想覆盖源文件，则可以使用“另存为”命令。选择“文件→另存为”选项（或按“Ctrl+Shift+S”组合键），会再次弹出“另存为”对话框，在该对话框中设置保存路径、文件名和保存类型，单击“确定”按钮，即可将该文件另存为一个新的文件。

注意：

执行“另存为”命令时，文件名称不能和之前的文件名相同。如果名称相同，那么后面保存的文档会覆盖原来的文件。

3. 打开文档

如果想要打开计算机中已经存在的文件，可以选择“文件→打开”选项（或按“Ctrl+O”组合键），即可弹出“打开”对话框，如图 1-40 所示。

图1-40 “打开”对话框

选中需要打开的文档，单击“打开”按钮，即可打开被选中的文件。除此之外，用户还可以将选中的文档直接拖曳到 Dreamweaver 主界面除文档窗口外的其他区域，快速打开文档。

4. 关闭文档

对于已经完成编辑并保存过的文档，可以使用 Dreamweaver 工具的关闭文档功能将其关闭。通常可以使用以下 2 种方法关闭文档。

（1）选择“文件→关闭”选项（或按“Ctrl+W”组合键）可关闭选中的文档。

（2）单击需要关闭的文档窗口标签栏“×”按钮（图 1-41 红框位置），可关闭该文档。

图1-41 关闭文档

1.4 创建网页

前面已经简单介绍了网页、HTML、CSS 和网页制作工具 Dreamweaver 的使用，下面将通过案例学习如何使用 Dreamweaver 创建一个包含 HTML 结构和 CSS 样式的简单网页，具体步骤如下。

1. 编写 HTML 代码

Step01. 打开 Dreamweaver，新建一个 HTML5 文档（或按“Ctrl+Shift+N”组合键）。切换到代码视图，这时在文档窗口中会出现 Dreamweaver 自带的代码，如图 1-42 所示。

Step02. 在代码的第 5 行，<title>与</title>标签之间，输入 HTML 文档的标题，这里将其设置为“我的第一个网页”。

Step03. 在<body>与</body>标签之间添加网页的主体内容，将下面的 HTML 代码复制到<body>与</body>标签之间：

```
<p>这是我的第一个网页哦。</p>
```

至此，就完成了网页的结构部分，即 HTML 代码的编写。

Step04. 在菜单栏中选择“文件→保存”选项（或按“Ctrl+S”组合键）。然后，在弹出的“另存为”对话框中选择文件的保存地址并输入文件名，单击“保存”按钮，即可保存文件。例如，本书将文件命名为 example01.html，保存在“chapter01”文件夹中，如图 1-43 所示。

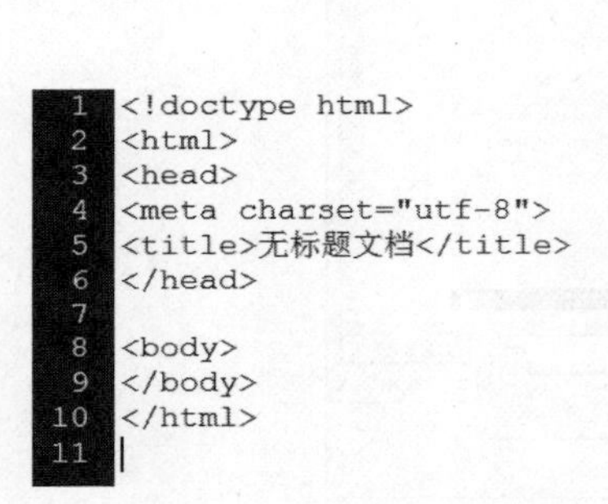

图1-42 Dreamweaver自带的代码

图1-43 “另存为”对话框

Step05. 在浏览器中运行 example01.html（即双击 example01.html 文件），效果如图 1-44 所示。

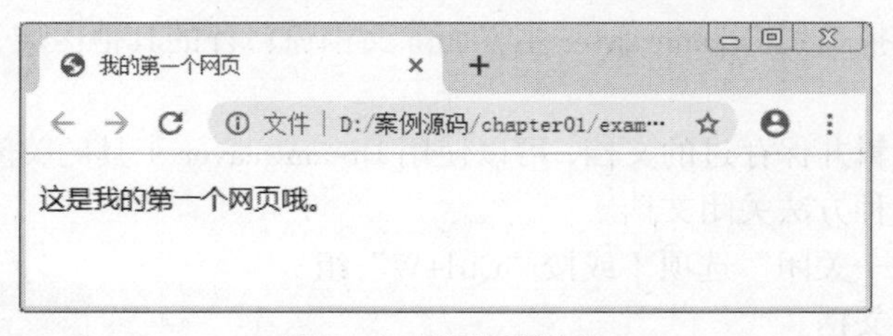

图1-44 网页运行效果

由于仅仅使用了段落标签<p>，所以浏览器窗口中只显示一个段落文本。

2. 编写 CSS 代码

Step01. 在<head>与</head>标签中添加 CSS 样式，CSS 样式需要写在<style></style>标签内，可以将下面的代码复制到<head>与</head>标签之间：

```
<style type="text/css">
    p{
        font-size:36px;          /*设置字号为 36 像素*/
        color:red;               /*设置字体颜色为红色*/
        text-align:center;      /*设置文本居中显示*/
    }
```

```
</style>
```

其中“/**/”是 CSS 注释符，浏览器不会解析“/**/”中的内容，主要用于告知初学者代码的含义。此时网页的代码结构如图 1-45 所示。

Step02.　在菜单栏中选择“文件→保存”选项（或按“Ctrl+S”组合键），即可完成文件的保存。运行代码文件，网页效果如图 1-46 所示。

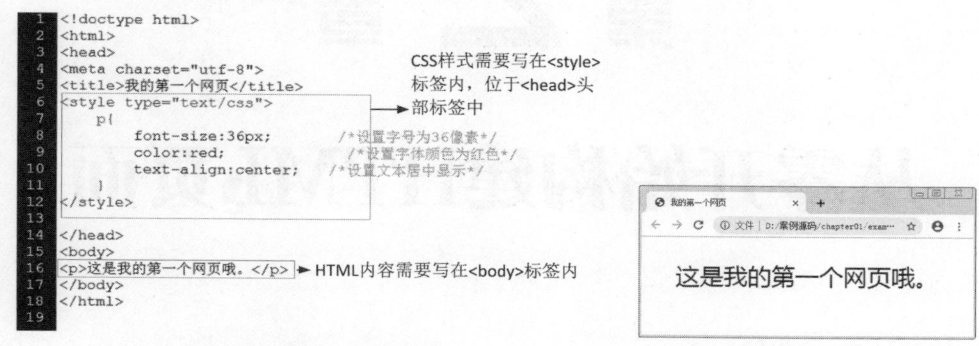

图1-45　网页的代码结构　　图1-46　CSS修饰后的网页效果

在图 1-46 中，通过 CSS 设置了段落文本的字号、颜色和对齐属性，所以段落文本相应地显示为 36 像素、红色、居中的样式。

1.5　动手实践

学习完前面的内容，下面来动手实践一下吧。

对 Dreamweaver 工具进行初始化设置，并使用该工具创建一份个人简历，具体要求如下。

（1）将工作区布局设置为经典模式；

（2）设置代码提示功能；

（3）网页标题为“个人简历”；

（4）简历内容自拟。

第 2 章

从零开始构建HTML页面

- ★ 掌握 HTML 文档基本格式，能够书写规范的 HTML 结构。
- ★ 掌握页面格式化标签的用法，能够合理地使用它们定义网页元素。
- ★ 掌握图像标签，学会制作图文混排页面。

HTML 作为一门标签语言，主要用来描述网页中的文字和图像等信息，其最新版本 HTML5 已逐渐成为移动互联网的主流。但是什么是 HTML，又该如何使用 HTML 标签控制网页中的文字和图像呢？本章将对 HTML 的基础知识进行详细讲解。

2.1 【案例 1】简单的网页

案例描述

在这个信息爆炸的时代，人们经常需要浏览网页来获取信息。网页是构成网站的基础，它主要由图像和文字等元素组成。本节将按照 HTML 文档基本格式，运用页面格式化标签来制作一个简单的网页，其效果如图 2-1 所示。

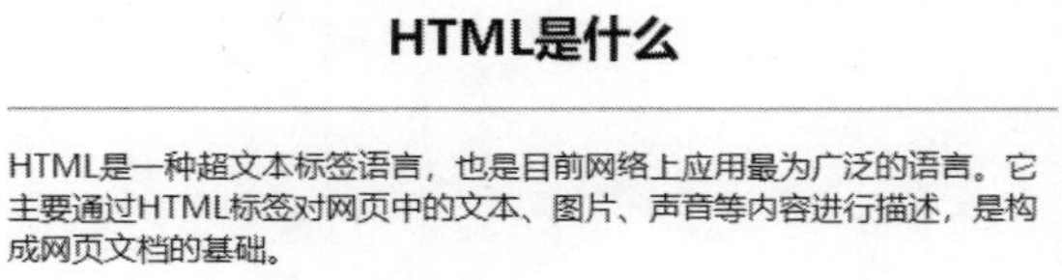

HTML是什么

HTML是一种超文本标签语言，也是目前网络上应用最为广泛的语言。它主要通过HTML标签对网页中的文本、图片、声音等内容进行描述，是构成网页文档的基础。

图2-1 简单的网页

知识引入

1. HTML 文档基本格式

学习任何一门语言，首先要掌握它的基本格式，就像写信需要符合书信的格式要求一样。想要学习 HTML，同样需要掌握 HTML 的基本格式。在 HTML5 出现之前，作为过渡的 XHTML 一直被应用于网页中，在 Dreamweaver 中新建的 HTML 文档默认格式为 XHTML。图 2-2 为 XHTML 文档的基本格式。

在图 2-2 所示的 XHTML 代码中<!DOCTYPE>文档类型声明、<html>、<head>和<body>共同

组成了 XHTML 文档的结构，对它们的具体介绍如下。

（1）<!DOCTYPE>

<!DOCTYPE>位于文档的最前面，用于向浏览器说明当前文档使用哪种 HTML 或 XHTML 标准规范。因此只有在开头处使用<!DOCTYPE>声明，浏览器才能将该文档作为有效的 HTML 文档，并按指定的文档类型进行解析。

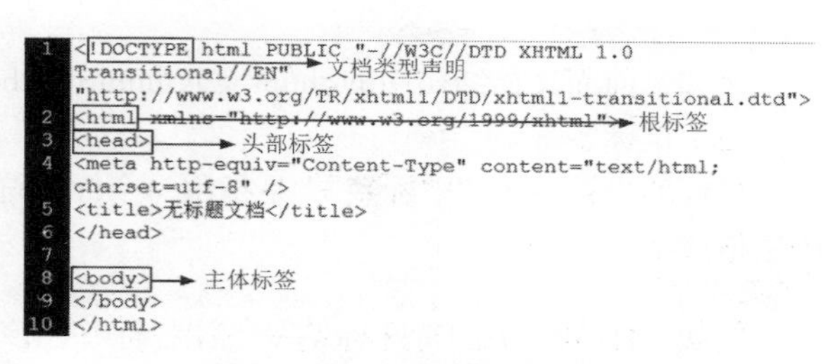

图2-2 XHTML文档的基本格式

（2）<html>

<html>位于<!DOCTYPE>之后，也被称为根标签。根标签主要用于告知浏览器其自身是一个 HTML 文档，其中<html>标志着 HTML 文档的开始，</html>则标志着 HTML 文档的结束，在它们之间是文档的头部和主体内容。

（3）<head>

<head>用于定义 HTML 文档的头部信息，也被称为头部标签，紧跟在<html>之后。头部标签主要用来封装其他位于文档头部的标签，例如<title>、<meta>、<link>和<style>等，用来描述文档的标题、作者，以及与其他文档的关系。

（4）<body>

<body>用于定义 HTML 文档所要显示的内容，也被称为主体标签。浏览器中显示的所有文本、图像、音频和视频等信息都必须位于<body>内，才能最终展示给用户。

需要注意的是，一个 HTML 文档只能含有一对<body>，且<body>必须在<html>内，位于<head>之后，与<head>是并列关系。

在 HTML5 中，文档格式有了一些新的变化，简化了文档类型声明和根标签，简化后的文档格式如图 2-3 所示。

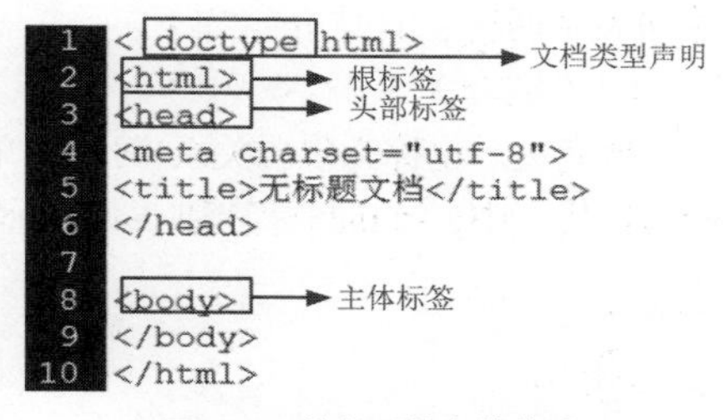

图2-3 简化后的文档格式

需要说明的是，除了上述的文档结构标签外，HTML5 还简化了<meta>标签，让定义字符编码的格式变得更简单。

注意：

在 HTML 文档格式中，<!doctype>既可以用大写字母，也可以用小写字母，这对整个文档格式并没有影响。

2. 标签的分类

在 HTML 页面中，带有“<>”符号的元素被称为 HTML 标签，例如上面提到的<html>、<head>、<body>都是 HTML 标签。所谓标签就是放在“<>”符号中表示某个功能的编码命令，也称为 HTML 标记或 HTML 元素，本书统一称作 HTML 标签。根据标签的组成特点，通常将 HTML 标签分为两大类，分别是“双标签”和“单标签”，对它们的具体介绍如下。

（1）双标签

双标签也被称为“体标签”，是指由开始和结束两个标签符号组成的标签。双标签的基本语法格式如下。

```
<标签名>内容</标签名>
```

例如，前面文档结构中的<html>和</html>、<body>和</body>等都属于双标签。

（2）单标签

单标签也被称为“空标签”，是指用一个标签符号即可完整地描述某个功能的标签，其基本语法格式如下。

```
<标签名 />
```

例如，HTML 中的特殊标签——注释标签，该标签就是一种特殊功能的单标签。如果需要在 HTML 文档中添加一些便于阅读和理解，但又不需要显示在页面中的注释文字，就需要使用注释标签。注释标签的基本写法如下。

```
<!--注释语句 -->
```

需要注意的是，注释内容不会显示在浏览器窗口中，但是作为 HTML 文档内容的一部分，注释标签可以被下载到用户的计算机上，或者用户查看源代码时也可以看到注释标签。

多学一招：为什么要有单标签?

HTML 标签的作用原理就是选择网页内容，从而进行描述，即需要描述哪个元素，就选择哪个元素，所以才会有双标签的出现，用于定义标签作用的开始与结束。而单标签本身就可以描述一个功能，不需要选择。例如，按照双标签的语法，水平线标签<hr />应该写成“<hr></hr>”，但是水平线标签不需要选择，本身就代表一条水平线，此时写成双标签就显得有些多余，但是又不能没有结束符号，所以在标签名称后面加一个关闭符，即<标签名 />。

3. 标签的关系

在网页中会存在多种标签，各标签之间都具有一定的关系。标签的关系主要有嵌套关系和并列关系两种，具体介绍如下。

（1）嵌套关系

嵌套关系也称为包含关系，可以简单理解为一个双标签里面包含了其他的标签。例如，在 HTML5 的结构代码中，<html>标签和<head>标签（或 body 标签）就是嵌套关系，具体代码如下所示。

```
<html>
<head>
</head>
<body>
</body>
</html>
```

需要注意的是，在标签的嵌套过程中，必须先结束最靠近内容的标签，再按照由内到外的顺序依次关闭标签。图 2-4 为嵌套标签正确和错误写法的对比。

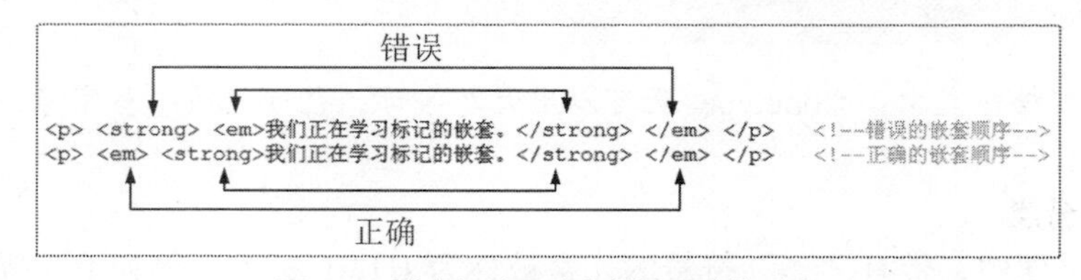

图2-4　嵌套标签正确和错误写法的对比

在嵌套关系的标签中，通常把最外层的标签称之为“父级标签”，内层的标签称为“子级标签”。只有双标签才能作为“父级标签”。

（2）并列关系

并列关系也称为兄弟关系，就是两个标签处于同一级别，并且没有包含关系。例如，在 HTML5 的结构代码中，<head>标签和<body>标签就是并列关系。在 HTML 标签中，无论是单标签还是双标签，都可以拥有并列关系。

4．页面格式化标签

一篇结构清晰的文章通常都会通过标题、段落、分割线等进行结构排列，HTML 网页也不例外，为了使网页中的文字有条理地显示出来，HTML 提供了相应的页面格式化标签，如标题标签、段落标签、水平线标签和换行标签，具体介绍如下。

（1）标题标签

为了使网页更具有语义化（语义化是指赋予普通网页文本特殊的含义），经常会在页面中用到标题标签，HTML 提供了 6 个等级的标题，即<h1>、<h2>、<h3>、<h4>、<h5>和<h6>，从<h1>到<h6>标题的重要性依次递减。标题标签的基本语法格式如下。

```
<hn align="对齐方式">标题文本</hn>
```

在上面的语法中 n 的取值为 1～6，代表 1～6 级标题。align 属性为可选属性，用于指定标题的对齐方式。下面通过一个简单的案例说明标题标签的具体用法，如例 2-1 所示。

例 2-1　example01.html

```
1  <!doctype html>
2  <html>
3  <head>
4  <meta charset="utf-8">
5  <title>我们正在学习标题标记</title>
6  </head>
7  <body>
8  <h1>1 级标题</h1>
9  <h2>2 级标题</h2>
10 <h3>3 级标题</h3>
11 <h4>4 级标题</h4>
12 <h5>5 级标题</h5>
13 <h6>6 级标题</h6>
14 </body>
15 </html>
```

在例 2-1 中，使用<h1>～<h6>标签设置了 6 种级别不同的标题。

运行例 2-1，效果如图 2-5 所示。

从图 2-5 可以看出，默认情况下标题文字是加粗左对齐显示的，并且从<h1>到<h6>，标题字号依次递减。如果想让标题文字右对齐或居中对齐，就需要使用 align 属性设置对齐方式，其取值如下。

- left：设置标题文字左对齐（默认值）。
- center：设置标题文字居中对齐。
- right：设置标题文字右对齐。

了解了标题标签的对齐属性后，下面通过一个案例来演示标题标签的默认对齐、左对齐、居中对齐和右对齐，并且按照 1～4 级标题来显示，如例 2-2 所示。

例 2-2　example02.html

```
1  <!doctype html>
2  <html>
3  <head>
4  <meta charset="utf-8">
5  <title>使用 align 设置标题的对齐方式</title>
6  </head>
7  <body>
8  <h1>1 级标题，默认对齐方式。</h1>
9  <h2 align="left">2 级标题，左对齐。</h2>
10 <h3 align="center">3 级标题，居中对齐。</h3>
11 <h4 align="right">4 级标题，右对齐。</h4>
```

```
12 </body>
13 </html>
```

运行例 2-2，效果如图 2-6 所示。

图2-5 例2-1运行效果

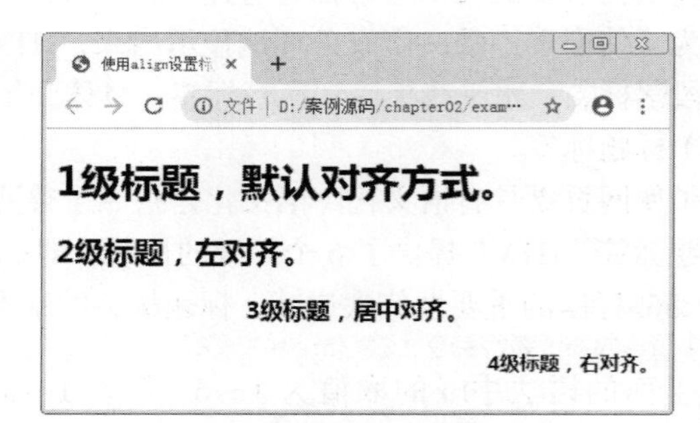

图2-6 标题的对齐效果

注意：

① 一个页面中只能使用一个<h1>标签，常常被用在网站的 Logo 部分。

② 由于 h 标签具有特殊的语义，请慎重选择恰当的标签来构建文档结构。初学者切勿为了设置文字加粗或更改文字的大小而使用标题标签。

③ HTML 中一般不建议使用 h 标签的 align 对齐属性，可使用 CSS 样式设置。

（2）段落标签

要想在网页中把文字有条理地显示出来，离不开段落标签，就如同我们平常写文章一样，整个网页也可以分为若干个段落。在网页中使用<p>标签来定义段落。<p>标签是 HTML 文档中最常见的标签，默认情况下，文本在一个段落中会根据浏览器窗口的大小自动换行。<p>标签的基本语法格式如下。

```
<p align="对齐方式">段落文本</p>
```

在上面的语法中 align 属性为<p>标签的可选属性，与标题标签<h1>～<h6>一样，同样可以使用 align 属性设置段落文本的对齐方式。

了解了段落标签的基本语法格式后，下面通过一个案例来演示段落标签<p>的用法，如例 2-3 所示。

例 2-3 example03.html

```
1  <!doctype html>
2  <html>
3  <head>
4  <meta charset="utf-8">
5  <title>段落标签</title>
6  </head>
7  <body>
8  <h2 align="center">不畏困难</h2>
9  <p align="center">类型：励志段子</p>
10 <p>困难只能吓倒懦夫、懒汉，而胜利永远属于攀登高峰的人。人生的奋斗目标不要太大，认准了一件事情，投入兴趣与热情坚持去做，你就会成功。人生，要的就是惊涛骇浪，这波涛中的每一朵浪花都是伟大的，最后汇成闪着金光的海洋。</p>
11 </body>
12 </html>
```

在例 2-3 中，第 8、9 行代码分别为<h2>标签和<p>标签添加“align="center"”，从而设置居中对齐。第 10 行代码中的<p>标签为段落标签的默认对齐方式。

运行例 2-3，效果如图 2-7 所示。

从图 2-7 可以看出，每段文本都会单独显示，并各段之间有一定的间隔。

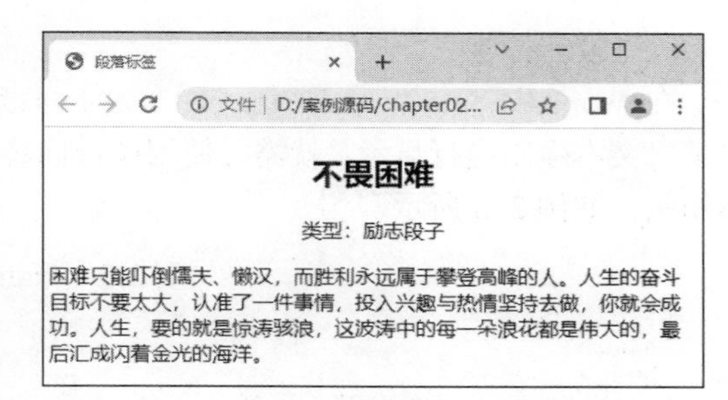

图2-7　设置段落效果

（3）水平线标签

在网页中常常看到一些水平线，用来将段落与段落之间隔开，使文档结构清晰，层次分明。网页中，水平线可以通过<hr />标签来定义，基本语法格式如下。

```
<hr 属性="属性值" />
```

<hr />是单标签，在网页中输入一个<hr />，就添加了一条默认样式的水平线。此外通过为<hr />标签设置属性和属性值，可以更改水平线的样式，其常用属性如表 2-1 所示。

表 2-1　<hr />标签的常用属性

属性名	含义	属性值
align	设置水平线的对齐方式	可选择 left、right、center 三种值，默认为 center，居中对齐显示
size	设置水平线的粗细	以像素为单位，默认为 2 像素
color	设置水平线的颜色	可用颜色名称、十六进制#RGB、rgb(r,g,b)
width	设置水平线的宽度	可以是确定的像素值，也可以是浏览器窗口的百分比，默认为 100%

下面通过使用水平线分割段落文本来演示<hr />标签的用法，如例 2-4 所示。

例 2-4　example04.html

```
1  <!doctype html>
2  <html>
3  <head>
4  <meta charset="utf-8">
5  <title>水平线标签</title>
6  </head>
7  <body>
8  <h2 align="left">莫生气</h2>
9  <hr color="#00CC99" align="left" size="5" width="600" />
10 <p>人生就像一场戏，因为有缘才相聚。相扶到老不容易，是否更该去珍惜。为了小事发脾气，回头想想又何必。别人生气我不气，气出病来无人替。我若气死谁如意，况且伤神又费力。邻居亲朋不要比，儿孙琐事由他去。吃苦享乐在一起，神仙羡慕好伴侣。</p>
11 <hr  color="#00CC99"/>
12 </body>
13 </html>
```

在例 2-4 中，第 9 行代码为<hr />标签设置了不同的颜色、对齐方式、粗细和宽度值。第 11 行代码修改了<hr />标签的颜色。

运行例 2-4，效果如图 2-8 所示。

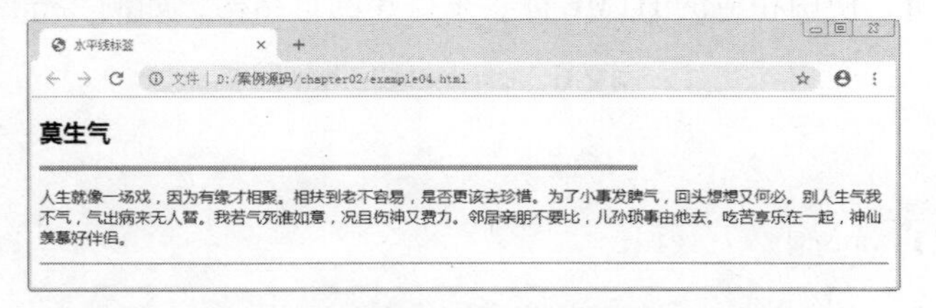

图2-8　水平线分割段落文本的样式效果

注意：

在实际工作中，并不赞成使用<hr />的所有外观属性，最好通过 CSS 样式进行设置。

（4）换行标签

在 Word 中，按“Enter”键（回车键）可以将一段文字换行显示，但在网页中，如果想要将某段文本强制换行显示，就需要使用换行标签
。下面通过一个案例，演示换行标签的具体用法，如例 2-5 所示。

例 2-5 example05.html

```
1  <!doctype html>
2  <html>
3  <head>
4  <meta charset="utf-8">
5  <title>换行标签</title>
6  </head>
7  <body>
8  <p>使用 HTML 制作网页时通过 br 标签<br />可以实现换行效果</p>
9  <p>如果像在 word 文档中一样
10 敲回车键换行就不起作用了</p>
11 </body>
12 </html>
```

在例 2-5 中，第 8 行代码在文本中显示是在同一行，但是使用了
标签。而第 9~10 行代码在文本中是换行显示的，采用了按“Enter”键的方式换行。

运行例 2-5，效果如图 2-9 所示。

从图 2-9 可以看出，使用换行标签
的段落实现了强制换行的效果，而使用“Enter”键换行的段落在浏览器实际显示效果中并没有换行，只是多出了一个空白字符。

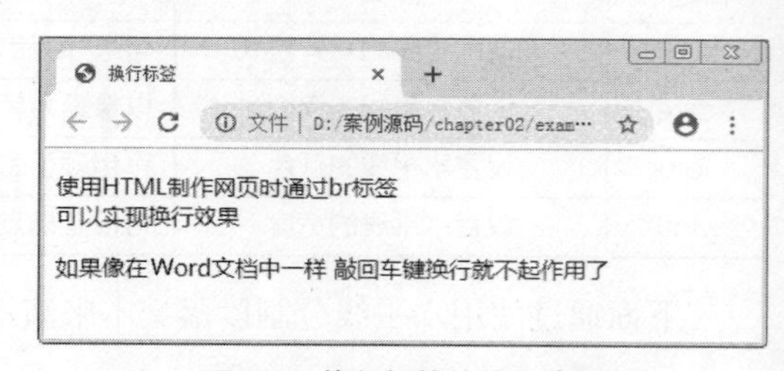

图2-9 换行标签的使用效果

注意：

标签虽然可以实现换行的效果，但并不能取代结构标签<h>、<p>等。

案例实现

1. 分析效果图

图 2-1 所示的“简单的网页”由 3 个部分构成，分别为标题、水平线和段落文本。其中，标题可通过<h2>标签定义，水平线通过<hr />标签定义，段落文本通过<p>标签定义。由于标题居中显示，可以给<h2>标签应用 align 属性。

2. 制作页面结构

根据上面的分析，使用相应的 HTML 标签来搭建网页结构，如例 2-6 所示。

例 2-6 example06.html

```
1  <!doctype html>
2  <html>
3  <head>
4  <meta charset="utf-8">
5  <title>【案例 1】简单的网页</title>
6  </head>
7  <body>
8  <h2>HTML 是什么</h2>
9  <hr />
10 <p>HTML 是一种超文本标签/标记语言,也是目前网络上应用最为广泛的语言。它主要通过 HTML 标签对网页中的文本、图片、声音等内容进行描述，是构成网页文档的基础。
11 </p>
12 </body>
```

```
13 </html>
```

运行例 2-6，效果如图 2-10 所示。

3. 设置标题居中

为了使标题居中，给<h2>标签应用 align="center"，即将例 2-6 的第 8 行代码更改为：

```
<h2 align="center">HTML是什么</h2>
```

这时，保存文件，刷新页面，得到如图 2-11 所示的标题居中效果。

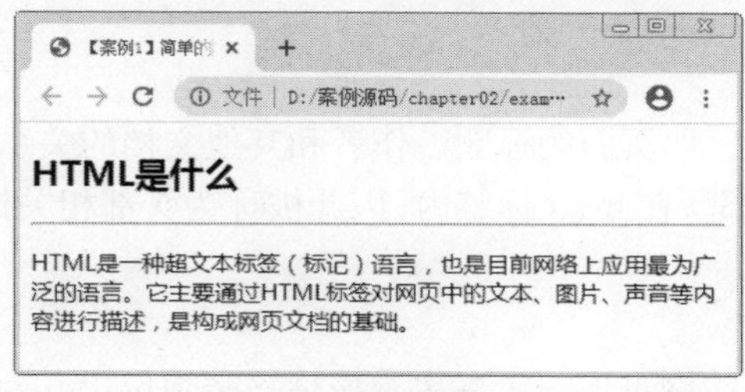

图2-10　搭建页面结构

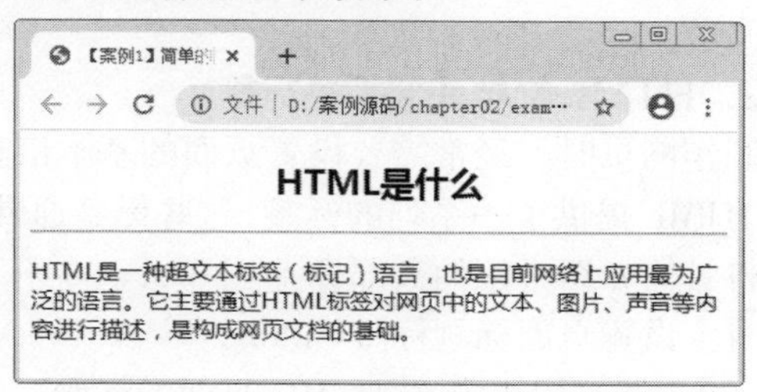

图2-11　标题居中效果

2.2　【案例 2】新闻页面

案例描述

互联网的发展使信息的传递变得方便、快捷，浏览新闻成为用户获取信息的重要渠道。其实，新闻页面的制作并不复杂，本案例将运用<font>标签及其相关属性制作一个“新闻页面”，其效果如图 2-12 所示。

新媒体的大势所趋

更新时间：2019年12月16日14时08分 来源：开源社区

近年来，随着移动互联网的蓬勃发展，公众号、微博、今日头条、抖音等一大批社交平台的火爆带动了新媒体运营行业的发展，运营人员在企业中的价值也不断被放大和受到重视，很多企业在做线上营销时都会考虑“两微一抖”，也就是我们所说的新媒体+短视频运营。因此也就催生了大量对新媒体+短视频运营人的需求岗位。

图2-12　新闻页面

知识引入

1. 标签的属性

使用 HTML 制作网页时，有时需要 HTML 标签提供更多的信息，例如，标题文本的字体为“微软雅黑”并且居中显示，段落文本中的某些名词显示为其他颜色加以突出。要想实现这些效果，用户仅仅依靠 HTML 标签的默认显示样式是不够的，还需要通过为 HTML 标签设置属性的方式来增加更多的样式。HTML 标签设置属性的基本语法格式如下。

```
<标签名 属性1="属性值1" 属性2="属性值2" …>内容</标签名>
```

在上面的语法中，标签可以拥有多个属性，属性必须写在开始标签中，位于标签名后面。属性之间不分先后顺序，标签名与属性、属性与属性之间均以空格分开。例如下面的示例代码，设置了一段居中显示的文本内容：

```
<p align="center">我是居中显示的文本</p>
```

其中<p></p>标签用于定义段落文本，align 为属性名，center 为属性值，表示文本居中对齐。<p>标签还可以用于设置文本左对齐或右对齐，对应的属性值分别为 left 和 right。需要注意的是，大多数属性都有默认值，例如省略<p>标签的 align 属性，段落文本则按默认值左对齐显示，也就是说<p></p>等价于<p align="left"></p>。

多学一招：认识键值对

在 HTML 开始标签中，可以通过“属性="属性值"”的方式为标签添加属性，其中“属性”

和“属性值”就是以“键值对”的形式出现的。

所谓“键值对”可以理解为为“属性”设置“属性值”。键值对有多种表现形式，例如color="red"、width:200px;等，其中color和width即为“键值对”中的“键”（英文key），red和200px为“键值对”中的“值”（英文value）。

“键值对”被广泛应用于编程中，HTML属性的定义形式“属性="属性值"”只是“键值对”中的一种。

2. HTML文档头部相关标签

制作网页时，经常需要设置页面的基本信息，如页面的标题、作者和其他文档的关系等。为此HTML提供了一系列的标签，这些标签通常都写在head标签内，因此被称为头部相关标签。本节将具体介绍常用的头部标签。

（1）设置页面标题标签<title>

<title>标签用于定义HTML页面的标题，即给网页取一个名字，该标签必须位于<head>标签内。一个HTML文档只能包含一对<title></title>标签，<title></title>之间的内容将显示在浏览器窗口的标题栏中。例如，将页面标题设置为“轻松学习HTML5”，具体代码如下：

```
<title>轻松学习HTML5</title>
```

上述代码对应的页面标题效果如图2-13所示。

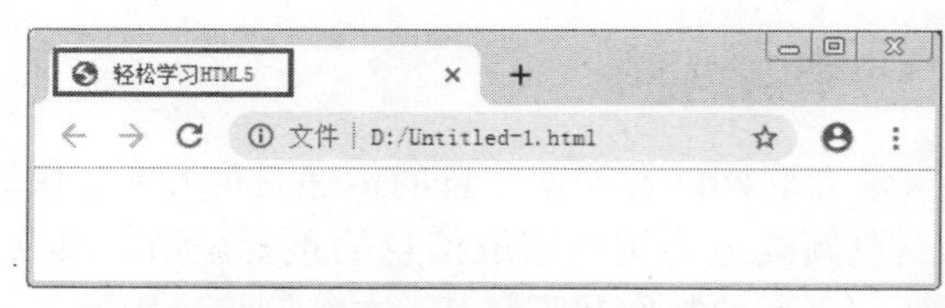

图2-13 设置页面标题标签<title>

（2）定义页面元信息标签<meta />

<meta />标签用于定义页面的元信息（元信息不会显示在页面中），可重复出现在<head>头部标签中。在HTML中，<meta />标签是一个单标签，本身不包含任何内容，仅仅表示网页的相关信息。通过<meta />标签的两组属性，可以定义页面的相关参数。例如，为搜索引擎提供网页的关键字、作者姓名、内容描述，以及定义网页的刷新时间等。下面介绍<meta />标签的常用设置，具体如下。

① <meta name="名称" content="值" />

在<meta />标签中使用name和content属性可以为搜索引擎提供信息，其中name属性用于提供搜索内容的名称，content属性提供对应的搜索内容值，具体应用如下。

- 设置网页关键字，例如某图片网站的关键字设置：

```
<meta name="keywords" content="千图网,免费素材下载,千图网免费素材图库,矢量图,矢量图库,图片素材,网页素材,免费素材,PS素材,网站素材,设计模板,设计素材,网页模板免费下载,千图,素材中国,素材,免费设计,图片" />
```

其中，name属性的值为keywords，用于定义搜索内容名称为网页关键字，content属性的值用于定义关键字的具体内容，多个关键字内容之间可以用“,”分隔。

- 设置网页描述，例如某图片网站的描述信息设置：

```
<meta name="description" content="专注免费设计素材下载的网站！提供矢量图素材,矢量背景图片,矢量图库,还有psd素材,PS素材,设计模板,设计素材,PPT素材,以及网页素材,网站素材,网页图标免费下载" />
```

其中，name属性的值为description，用于定义搜索内容名称为网页描述，content属性的值用于定义描述的具体内容。需要注意的是，网页描述的文字不必过多，能够描述清晰即可。

- 设置网页作者，例如可以为网站增加作者信息：

```
<meta name="author" content="网络部" />
```

其中，name属性的值为author，用于定义搜索内容名称为网页作者，content属性的值用于定义具体的作者信息。

② <meta http-equiv="名称" content="值" />

在<meta />标签中使用 http-equiv 和 content 属性可以设置服务器发送给浏览器的 HTTP 头部信息，为浏览器显示该页面提供相关的参数标准。其中，http-equiv 属性提供参数类型，content 属性提供对应的参数值。默认会发送<meta http-equiv="Content-Type" content="text/html" />，通知浏览器发送的文件类型是 HTML，具体应用如下。

- 设置字符集，例如某图片官网字符集的设置：

```
<meta http-equiv="Content-Type" content="text/html; charset=gbk" />
```

其中，http-equiv 属性的值为 Content-Type，content 属性的值为 text/html 和 charset=gbk，两个属性值中间用“;”隔开。这段代码用于说明当前文档类型为 HTML，字符集为 gbk（中文编码）。目前最常用的国际化字符集编码格式是 utf-8，常用的国内中文字符集编码格式主要是 gbk 和 gb2312。当用户使用的字符集编码不匹配当前浏览器时，网页内容就会出现乱码。

需要说明的是，在 HTML5 中，简化了字符集的写法，代码如下：

```
<meta charset="utf-8">
```

- 设置页面自动刷新与跳转，例如定义某个页面 10 秒后跳转至百度：

```
<meta http-equiv="refresh" content="10;url= https://www.baidu.com/" />
```

其中，http-equiv 属性的值为 refresh，content 属性的值为数值和 url 地址，中间用“;”隔开，用于指定在特定的时间后跳转至目标页面，该时间默认以秒为单位。

3. 文本样式标签

文本样式标签可以用于设置一些文字效果（如字体、加粗、颜色），让网页中的文字样式更加丰富，其基本语法格式如下。

```
<font 属性="属性值">文本内容</font>
```

上述语法中<font>标签的常用属性有 3 个，如表 2-2 所示。

表 2-2　<font>标签的常用属性

属性名	含义
face	设置文字的字体，例如微软雅黑、黑体、宋体等
size	设置文字的大小，可以取 1 ~ 7 之间的整数值
color	设置文字的颜色

了解了<font>标签的基本语法和常用属性后，下面通过一个案例来演示<font>标签的用法和效果，如例 2-7 所示。

例 2-7　example07.html

```
1  <!doctype html>
2  <html>
3  <head>
4  <meta charset="utf-8">
5  <title>文本样式标签</title>
6  </head>
7  <body>
8  <h2 align="center">使用 font 标签设置文本样式</h2>
9  <p>文本是默认样式的文本</p>
10 <p><font size="2" color="blue">文本是 2 号蓝色文本</font></p>
11 <p><font size="5" color="red">文本是 5 号红色文本</font></p>
12 <p><font face="宋体" size="7" color="green">文本是 7 号绿色文本，文本的字体是宋体</font></p>
13 </body>
14 </html>
```

在例 2-7 中，一共使用了 4 个段落标签。第 9 行代码将第 1 个段落中的文本设置为 HTML 默认段落样式，第 10 ~ 12 行代码使用<font>标签将第 2 ~ 4 个段落中的文本设置为不同的文本样式。

运行例 2-7，效果如图 2-14 所示。

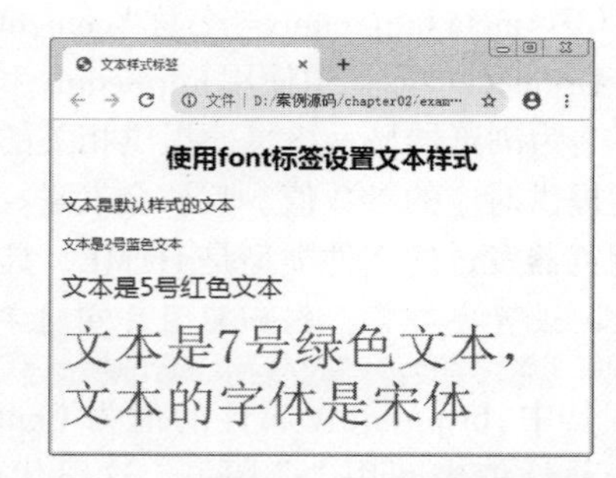

图2-14　使用<font>标签设置文本样式

4. 文本格式化标签

在网页中，有时需要为文字设置粗体、斜体或下画线等一些特殊显示的文本效果，为此 HTML 提供了专门的文本格式化标签，用于以特殊的方式显示文字，常用的文本格式化标签如表 2-3 所示。

表 2-3　常用的文本格式化标签

标签	显示效果
<b></b>和<strong></strong>	文字以粗体方式显示
<u></u>和<ins></ins>	文字以加下画线方式显示
<i></i>和<em></em>	文字以斜体方式显示
<s></s>和<del></del>	文字以加删除线方式显示

要想显示相同的文本效果可用不同的文本格式化标签实现，但<strong>标签、<ins>标签、<em>标签、<del>标签更符合 HTML 结构的语义化，所以在 HTML5 中建议使用这 4 个标签设置文本样式。

下面通过一个案例来演示一些文本格式化标签的效果，如例 2-8 所示。

例 2-8　example08.html

```
1  <!doctype html>
2  <html>
3  <head>
4  <meta charset="utf-8">
5  <title>文本格式化标签</title>
6  </head>
7  <body>
8  <p>文本是正常显示的文本</p>
9  <p><b>文本是使用 b 标签定义的加粗文本</b></p>
10 <p><strong>文本是使用 strong 标签定义的强调文本</strong></p>
11 <p><ins>文本是使用 ins 标签定义的下画线文本</ins></p>
12 <p><i>文本是使用 i 标签定义的倾斜文本</i></p>
13 <p><em>文本是使用 em 标签定义的强调文本</em></p>
14 <p><del>文本是使用 del 标签定义的删除线文本</del></p>
15 </body>
16 </html>
```

在例 2-8 中，第 8 行代码设置段落文本正常显示，第 9 ~ 14 行代码分别给段落文本应用不同的文本格式化标签，使文字产生特殊的显示效果。

运行例 2-8，效果如图 2-15 所示。

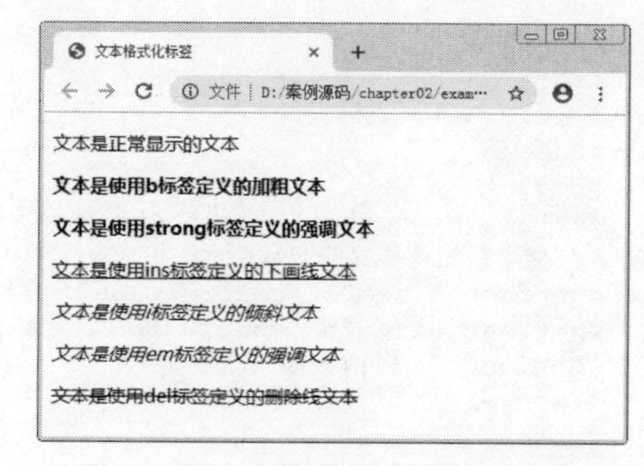

图2-15　文本格式化标签的使用效果

案例实现

1. 结构分析

图 2-12 所示的"新闻页面"由 4 个部分构成，分别为标题、发布日期、水平线和网页正文。其中，

标题使用<h2>标签定义，发布日期和网页正文使用<p>标签定义，水平线使用<hr/>标签定义。

2. 样式分析

图 2-12 的样式主要分为以下 4 个部分。

（1）标题：对<h2>标签应用 align="center"，使标题居中；另外，在<h2>中嵌套<font>标签，并对<font>标签应用 face="微软雅黑"，用于设置标题文本的特殊字体。

（2）发布日期：对<p>标签应用 align="center"使文本居中；另外，在<p>标签中嵌套两层<font>标签，分别控制文本大小和特殊的灰色、蓝色文本。

（3）水平线：使用<hr />标签的 size 和 color 属性定义其宽度和颜色。

（4）网页正文：在<p>标签中嵌套两个<font>标签，用于控制网页正文中两处蓝色的文本。

3. 制作页面结构

根据上面的分析，使用相应的 HTML 标签来搭建网页结构，如例 2-9 所示。

例 2-9 example09.html

```
 1  <!doctype html>
 2  <html>
 3  <head>
 4  <meta charset="utf-8">
 5  <title>文本格式化标签</title>
 6  </head>
 7  <body>
 8       <h2>新媒体的大势所趋</h2>
 9       <p>更新时间：2019 年 12 月 16 日 14 时 08 分来源：开源社区</p>
 10      <hr />
 11      <p>近年来，随着移动互联网的蓬勃发展，公众号、微博、今日头条、抖音等一大批社交平台的火爆带动了新媒体运营行业的发展，运营人员在企业中的价值也不断被放大和受到重视，很多企业在做线上营销时都会考虑“两微一抖”，也就是我们所说的新媒体+短视频运营。因此也就催生了大量对新媒体+短视频运营人的需求岗位。</p>
 12 </body>
 13 </html>
```

运行例 2-9，效果如图 2-16 所示。

4. 控制文本

下面通过标签的属性和<font>标签，对图 2-16 所示的页面进行修饰，实现图 2-12 所示效果。具体代码如下：

```
 1  <!doctype html>
 2  <html>
 3  <head>
 4  <meta charset="utf-8">
 5  <title>文本格式化标签</title>
 6  </head>
 7  <body>
 8       <h2 align="center"><font face="微软雅黑">新媒体的大势所趋</font></h2>
 9       <p align="center"><font color="#979797" size="2">更新时间：2019 年 12 月 16 日 14 时 08 分来源：<font color="blue">开源社区</font></font></p>
 10      <hr size="2" color="#CCCCCC" />
 11      <p>近年来，随着<font color="blue">移动互联网</font>的蓬勃发展，公众号、微博、今日头条、抖音等一大批社交平台的火爆带动了新媒体运营行业的发展，运营人员在企业中的价值也不断被放大和受到重视，很多企业在做线上营销时都会考虑<font color="blue">“两微一抖”</font>，也就是我们所说的新媒体+短视频运营。因此也就催生了大量对新媒体+短视频运营人的需求岗位。</p>
 12 </body>
 13 </html>
```

这时，保存文件，刷新页面，效果如图 2-17 所示。

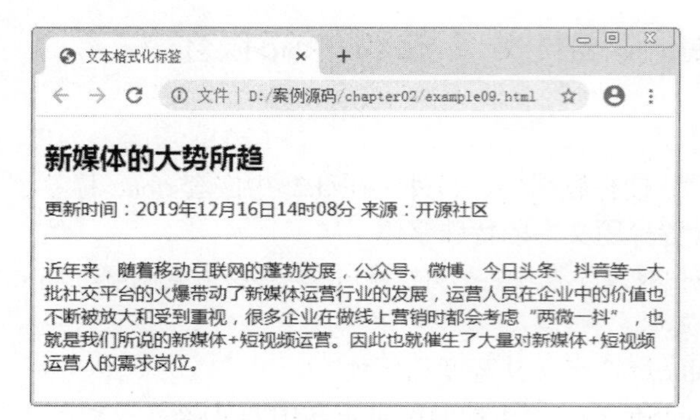

图2-16　新闻页面

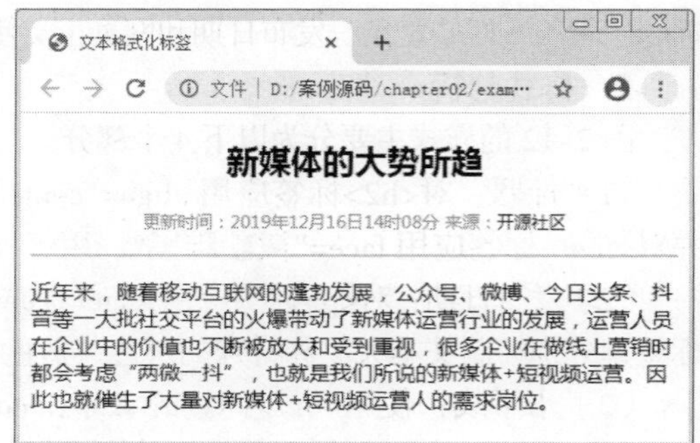

图2-17　控制文本效果

2.3 【案例 3】图文混排

案例描述

一个引人入胜的网页，往往包含很多图片。合理地使用图文混排，能使枯燥的网页变得丰富多彩。本节将使用图像标签<img />，并通过设置其“相对路径”来制作一个图文混排页面，其效果如图 2-18 所示。

图2-18　图文混排效果展示

知识引入

1. 常见图像格式

网页中图像太大会使载入速度缓慢，太小又会影响图像的质量，那么在网页设计中该用什么样的图像呢？目前网页上常用的图像格式主要有 GIF、PNG 和 JPG 三种，具体介绍如下。

（1）GIF 格式

GIF 格式最突出的特点就是支持动画，同时 GIF 也是一种无损的图像格式，即修改图片之后，图片质量没有损失。再加上 GIF 支持透明效果，因此很适合在互联网上使用。但 GIF 只能处理 256 种颜色。因此在网页制作中，GIF 格式常常用于 Logo、小图标和其他色彩相对单一的图像。

（2）PNG 格式

PNG 包括 PNG-8 和真色彩 PNG（PNG-24 和 PNG-32）。相对于 GIF，PNG 最大的优势是体积小，支持 Alpha 透明（全透明、半透明、全不透明），并且颜色过渡更平滑，但 PNG 不支持动画。其中，PNG-8 与 GIF 类似，只能支持 256 种颜色，当图片为静态图时可用 PNG-8 取代 GIF，而真色彩 PNG 支持更多的颜色，同时真色彩 PNG（PNG-32）支持半透明效果的处理。

（3）JPG 格式

JPG 能显示的颜色比 GIF 和 PNG8 要多得多，可以用来保存超过 256 种颜色的图像，但是 JPG 是一种有损压缩的图像格式，这意味着每修改一次图片都会造成一些图像数据的丢失。JPG 是专为照片图像设计的文件格式，网页制作过程中类似于照片的图像（例如横幅广告（Banner）、商品图片、较大的插图等）都可以保存为 JPG 格式。

总的来说，在网页中小图片或网页元素（如图标、按钮等）建议使用 GIF 或 PNG-8 格式图像，半透明图像建议使用真色彩 PNG 格式（一般指 PNG32），色彩丰富的图片则建议使用 JPG 格式，动态图片建议使用 GIF 格式。

2. 图像标签<img />

HTML 网页中任何元素的实现都要依靠 HTML 标签，要想在网页中显示图像就需要使用图像标签，下面将详细介绍图像标签<img />和与它相关的属性。使用图像标签的基本语法格式如下。

```
<img src="图像 URL" />
```

在上面的语法中，src 属性用于指定图像文件的路径和文件名，是<img />标签的必备属性。

要想在网页中灵活地使用图像，仅依靠 src 属性是远远不够的。为此 HTML 还为<img />标签提供了其他的属性，其常用属性如表 2-4 所示。

表 2-4　<img />标签的常用属性

属性	属性值	描述
src	URL	图像的路径
alt	文本	图像不能显示时的替换文本
title	文本	鼠标指针悬停时显示的内容
width	像素值	设置图像的宽度
height	像素值	设置图像的高度
border	数字	设置图像边框的宽度
vspace	像素值	设置图像顶部和底部的空白（垂直边距）
hspace	像素值	设置图像左侧和右侧的空白（水平边距）
align	left	将图像对齐到左边
	right	将图像对齐到右边
	top	将图像的顶端与文本的第一行文字对齐，其他文字居图像下方
	middle	将图像的水平中线与文本的第一行文字对齐，其他文字居图像下方
	bottom	将图像的底部与文本的第一行文字对齐，其他文字居图像下方

表 2-4 对<img />标签的常用属性做了简要描述，下面对 alt、width 和 height、border、vspace 和 hspace、align 属性进行详细讲解，具体如下。

（1）图像的替换文本属性 alt

有时页面中的图像可能无法正常显示，例如遇到图片加载错误，浏览器版本过低等情况时，因此为页面上的图像添加替换文本是个很好的习惯，可以在图像无法显示时告诉用户该图片的信息，下面通过一个案例来演示 alt 属性的用法，如例 2-10 所示。

例 2-10　example10.html

```
1  <!doctype html>
2  <html>
```

```
3  <head>
4  <meta charset="utf-8">
5  <title>图像标签 img 之 alt 属性的使用</title>
6  </head>
7  <body>
8  <img src="images/banner1.jpg" alt="百搭、白色、涂鸦、T 恤、精品女装"/>
9  </body>
10 </html>
```

例 2-10 中，在当前 HTML 网页文件所在的文件夹中放入文件名为 banner1.jpg 的图像，并且通过 src 属性插入图像，通过 alt 属性指定图像不能显示时的替换文本。

运行例 2-10，图像在浏览器中正常显示时，效果如图 2-19 所示。如果图像不能显示，在浏览器中就会出现图 2-20 所示的效果。

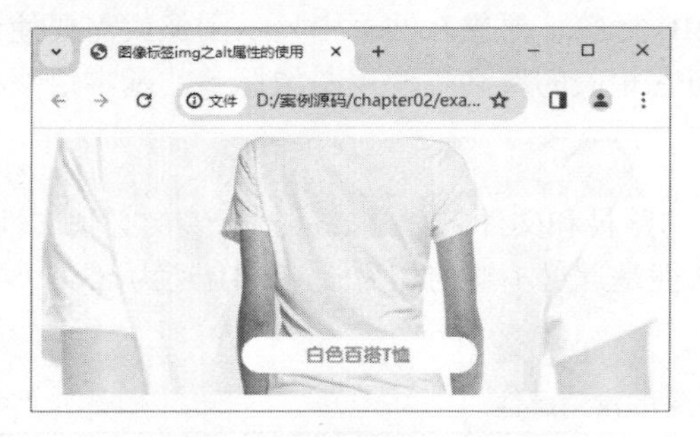

图2-19　图片正常显示的效果

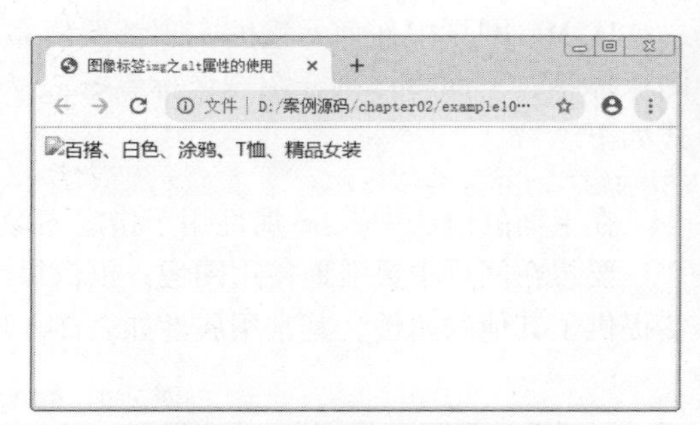

图2-20　图片不能正常显示的效果

多学一招：使用title属性设置提示文字

图像标签<img />有一个和 alt 属性十分类似的属性 title，title 属性用于设置鼠标指针悬停时图像的提示文字。下面通过一个案例来演示 title 属性的使用，如例 2-11 所示。

例 2-11　example11.html

```
1  <!doctype html>
2  <html>
3  <head>
4  <meta charset="utf-8">
5  <title>图像标签-title 属性的使用</title>
6  </head>
7  <body>
8  <img src="images/banner1.jpg" title="百搭、白色、涂鸦、T 恤、精品女装"/>
9  </body>
10 </html>
```

运行例 2-11，效果如图 2-21 所示。

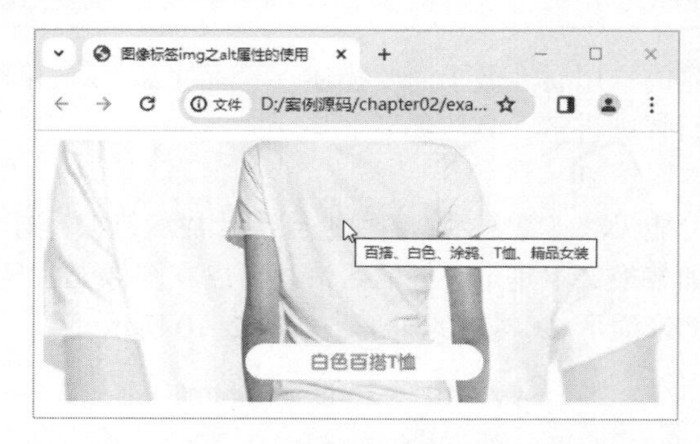

图2-21　图像标签的title属性

在图 2–21 所示的页面中，当鼠标指针移动到图像上时就会出现提示文本。

（2）图像的宽度和高度属性 width、height

通常情况下，如果不给<img />标签设置宽高属性，图片就会按照它的原始尺寸显示，此外，也可以通过 width 属性和 height 属性定义图片的宽度和高度。通常，只需设置其中的一个属性，另一个属性会依据前一个设置的属性自动调整，保持原图的宽高比。如果同时设置两个属性，且宽度值和高度值的比与原图的宽高比不一致，显示的图像就会变形或失真。

（3）图像的边框属性 border

默认情况下图像是没有边框的，通过 border 属性可以为图像添加边框、设置边框的宽度，下面通过一个案例来演示使用 border、width、height 属性对图像进行修饰，如例 2–12 所示。

例 2-12　example12.html

```
1  <!doctype html>
2  <html>
3  <head>
4  <meta charset="utf-8">
5  <title>图像的宽、高和边框属性</title>
6  </head>
7  <body>
8  <img src="images/tupian.png"  alt="少女插画"  border="2" />
9  <img src="images/tupian.png"  alt="少女插画"  width="100" />
10 <img src="images/tupian.png"  alt="少女插画"  width="50" height="100" />
11 </body>
12 </html>
```

在例 2–12 中，使用了 3 个<img />标签。第 8 行代码中的<img />标签设置 2 像素的边框，第 9 行代码中的<img />标签仅设置宽度，第 10 行代码中的<img />标签设置不等比例的宽度和高度。

运行例 2–12，效果如图 2–22 所示。

从图 2–22 可以看出，第一个<img />标签的图像显示效果为原尺寸大小，并添加了边框效果。第二个<img />标签的图像由于仅设置了宽度属性，高度自动依据宽度属性的设置调整，保持原图的宽高比。而第三个<img />标签的图像由于设置了不等比的宽度属性和高度属性，而导致图片拉伸变形。

（4）图像的边距属性 vspace、hspace

在网页中，由于排版需要，有时候还需要调整图像的边距。HTML 中通过 vspace 和 hspace 属性可以分别调整图像的垂直边距和水平边距。

（5）图像的对齐属性 align

图文混排是网页中很常见的效果，默认情况下图像的底部会与文本的第一行文字对齐，如图 2–23 所示。

图2–22　图像标签的宽高属性和边框属性

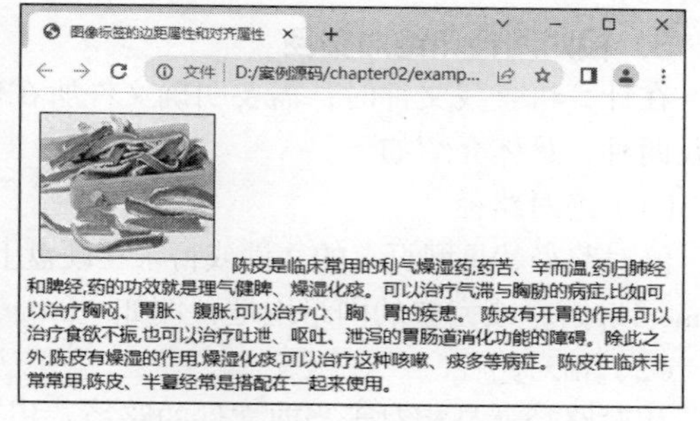

图2–23　图像标签的默认对齐效果

但是在制作网页时需要经常实现图像和文字环绕效果，例如左图右文，这就需要使用图像的对齐属性 align。下面来实现网页中常见左图右文的效果，如例 2-13 所示。

例 2-13　example13.html

```
1  <!doctype html>
2  <html>
3  <head>
4  <meta charset="utf-8">
5  <title>图像标签的边距属性和对齐属性</title>
6  </head>
7  <body>
8  <img src="images/chenpi.png" alt="陈皮的功效与作用" border="1" hspace="10" vspace="10" align="left" />
9  陈皮是临床常用的利气燥湿药,药苦、辛而温,药归肺经和脾经,药的功效就是理气健脾、燥湿化痰。可以治疗气滞与胸胁的病症,比如可以治疗胸闷、胃胀、腹胀,可以治疗心、胸、胃的疾患。陈皮有开胃的作用,可以治疗食欲不振,也可以治疗吐泄、呕吐、泄泻的胃肠道消化功能的障碍。除此之外,陈皮有燥湿的作用,燥湿化痰,可以治疗这种咳嗽、痰多等病症。陈皮在临床非常常用,陈皮、半夏经常是搭配在一起来使用。
10 </body>
11 </html>
```

在例 2-13 中，使用 hspace 和 vspace 属性为图像设置了水平边距和垂直边距。为了使水平边距和垂直边距的显示效果更加明显，同时给图像添加了 1 像素的边框，并且使用 align="left" 使图像左对齐。

运行例 2-13，效果如图 2-24 所示。

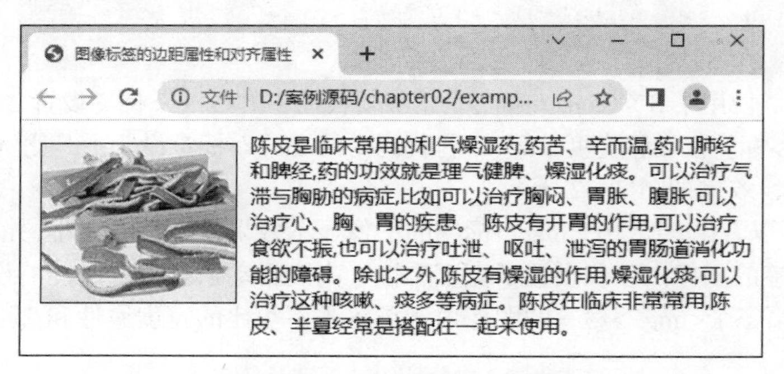

图2-24　图像标签的边距属性和对齐属性

注意：

（1）实际制作中并不建议图像标签<img />直接使用 border、vspace、hspace 和 align 属性，可用 CSS 样式替代。

（2）网页制作中，装饰性的图像不建议直接插入<img />标签，最好通过 CSS 设置背景图像来实现。

3. 相对路径和绝对路径

在计算机查找文件时，需要明确文件所在位置。网页中的路径通常可分为绝对路径和相对路径两种，具体介绍如下。

（1）绝对路径

绝对路径就是网页上的文件或目录在硬盘上的真正路径，例如“D:\案例源码\chapter02\images\banner1.jpg”，或完整的网络地址，例如“http://www.zcool.com.cn/images/logo.gif”。

（2）相对路径

相对路径就是相对于当前文件的路径，相对路径没有盘符，通常是以 HTML 网页文件为起点，通过层级关系描述目标图像的位置。总的来说，相对路径的设置分为以下 3 种。

- 图像文件和 HTML 文件位于同一文件夹：只需输入图像文件的名称即可，例如<img src="logo. gif" />。
- 图像文件位于 HTML 文件的下一级文件夹：输入文件夹名和文件名，之间用“/”隔开，例如<img src="img/img01/logo.gif" />。
- 图像文件位于 HTML 文件的上一级文件夹：在文件名之前加入“../”，如果是上两级，则需要使用“../ ../”，以此类推，如<img src="../logo.gif" />。

需要说明的是，网页中并不推荐使用绝对路径，因为网页制作完成之后需要将所有的文件上传到服务器，此时图像文件可能在服务器的 C 盘，也有可能在 D 盘、E 盘，可能在 A 文件夹中，也有可能在 B 文件夹中。因此很有可能不存在“D:\网页制作与设计（HTML+CSS）\案例源码\chapter02\images\banner1.jpg”这样一个很精准的路径，从而造成图片路径错误，网页无法正常显示设置的图片。

4. 特殊字符标签

浏览网页时常常会看到一些包含特殊字符的文本，例如数学公式、版权信息等。那么如何在网页上显示这些包含特殊字符的文本呢？在 HTML 中为这些特殊字符提供了专门的替换代码，如表 2-5 所示。

表 2-5　常用特殊字符标签

特殊字符	描述	字符的代码
	空格符	
<	小于号	<
>	大于号	>
&	和号	&
¥	人民币	¥
©	版权	©
®	注册商标	®
°	度数符号	°
±	正负号	±
×	乘号	×
÷	除号	÷
²	平方 2（上标 2）	²
³	立方 3（上标 3）	³

案例实现

1. 分析效果图

在图 2-18 中既有图像又有文字，并且图像居左文字居右排列，图像和文字之间有一定的距离。同时文字由标题和段落文本组成，它们的字体和字号不同。在段落文本中还有一些文字以特殊的颜色加以突出显示，同时每个段落前都有一定的留白。

通过上面的分析可知，在页面中需要使用<img />标签插入图像，同时使用<h2>标签和<p>标签分别设置标题和段落文本。下面对<img />标签应用 align 属性和 hspace 属性实现图像居左文字居右，且图像和文字之间有一定距离的排列效果。为了控制标题和段落文本的样式还需要使用文本样式标签<font>，最后在每个段落前使用空格符“ ”实现留白效果。

2. 制作页面结构

根据上面的分析，使用相应的 HTML 标签来搭建网页结构，如例 2–14 所示。

例 2-14　example14.html

```
 1 <!doctype html>
 2 <html>
 3 <head>
 4 <meta charset="utf-8">
 5 <title>双十一购物狂欢节</title>
 6 </head>
 7 <body>
 8 <img src="images/双 11.png" alt="网页设计、平面设计、UI 设计"/>
 9 <h2>电商的大型活动——双十一购物节</h2>
10 <p>双十一购物狂欢节，是指每年 11 月 11 日的网络促销日，源于淘宝商城（天猫）2009 年 11 月 11 日举办的网络促销活动，当时参与的商家数量和促销力度有限，但营业额远超预想的效果，于是 11 月 11 日成为天猫举办大规模促销活动的固定日期。双十一已成为中国电子商务行业的年度盛事，并且逐渐影响到国际电子商务行业。</p>
11 <p>2019 年 11 月 11 日，2019 双十一购物狂欢节正式开始。天猫双十一开场 14 秒销售额破 10 亿元：1 分 36 秒成交额破 100 亿元。17 分 06 秒成交额超过 571 亿元，超过 2014 年双十一全天成交额。</p>
12 <p>2009 年双十一销售额 0.5 亿元，共有 27 个品牌参与。2010 年双十一销售额 9.36 亿元，共有 711 家店铺参与。2018 年销售额 2135 亿元，共 180000 个家品牌参与。</p>
13 </body>
14 </html>
```

在例 2–14 中，使用<img />标签插入图像，同时通过<h2>标签和<p>标签分别定义标题和段落文本。

运行例 2–14，效果如图 2–25 所示。

3. 控制图像

图 2–25 所示的页面中，文字位于图像下方。要想实现图 2–18 所示的效果，就需要使用图像的对齐属性 align 和水平边距属性 hspace。

下面对例 2–14 中的图像加以控制，将第 8 行代码更改如下：

```
<img src="images/双 11.png" alt="网页设计、平面设计、UI 设计" align="left" hspace="30"/>
```

保存 HTML 文件，刷新网页，效果如图 2–26 所示。

图2–25　HTML结构页面

图2–26　控制图像

4. 控制文本

通过对图像进行控制，实现了图像居左文字居右的效果。要想实现图 2–18 所示的效果，即段落中的某些文字以特殊的颜色突出显示、标题和段落文本的字体和字号不同，可以使用文本样式标签<font>。同时通过空格符“ ”可实现段落前的留白效果。

下面对文本加以控制，具体代码如下：

```
 1 <!doctype html>
 2 <html>
 3 <head>
 4 <meta charset="utf-8">
 5 <title>双十一购物狂欢节</title>
 6 </head>
 7 <body>
 8 <img src="images/双 11.png" alt="网页设计、平面设计、UI 设计" align="left" hspace="30"/>
 9 <h2><font face="微软雅黑" size="6" color="#545454">电商的大型活动——双十一购物节</font></h2>
10 <p>
11 <font size="2" color="#515151">
12          <font color="#0e5c9e">
13 双十一购物狂欢节</font>，是指每年 11 月 11 日的网络促销日，源于淘宝商城（天猫）2009 年 11 月 11 日举办的网络促销活动，当时参与的商家数量和促销力度有限，但营业额远超预想的效果，于是 11 月 11 日成为天猫举办大规模促销活动的固定日期。双十一已成为中国电子商务行业的年度盛事，并且逐渐影响到国际电子商务行业。
14 </font>
15 </p>
16 <p>
17 <font size="2" color="#515151">
18          <font color="#0e5c9e">2019 年 11 月 11 日，2019 双十一购物狂欢节正式开始。</font>天猫双十一开场 14 秒销售额破 10 亿元；1 分 36 秒成交额破 100 亿元。17 分 06 秒成交额超过 571 亿元，超过 2014 年双十一全天成交额。
19 </font>
20 </p>
21 <p>
22 <font size="2" color="#515151">
23          
24 2009 年双十一销售额 0.5 亿元,共有 27 个品牌参与。2010 年双十一销售额 9.36 亿元,共有 711 家店铺参与。<font color="#0e5c9e">2018 年销售额 2135 亿元</font>，共 180000 个品牌参与。</font>
25 </p>
26 </body>
27 </html>
```

保存文件，刷新页面，效果如图 2–27 所示。

图2–27　控制文本

2.4 动手实践

学习完前面的内容，下面来动手实践一下吧。

运用本章所学的知识，实现图 2-28 所示的图文混排效果。

图2-28　图文混排效果展示

第3章

使用CSS技术美化网页

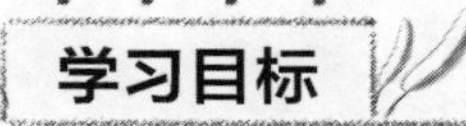

★ 掌握 CSS 样式规则，能够书写规范的 CSS 样式代码。

★ 掌握 CSS 字体样式及文本外观属性，能够控制页面中的文本样式。

★ 掌握 CSS 复合选择器的使用，可以快捷选择页面中的元素。

★ 理解 CSS 层叠性、继承性和优先级，学会高效控制网页元素。

在第 2 章使用 HTML 制作网页时，可以使用标签的属性对网页进行修饰，但是这种方式存在很大的局限和不足，例如维护困难、不利于代码的阅读等。如果希望网页美观、大方，并且升级轻松、维护方便，就需要使用 CSS，实现结构与表现的分离。本章将对 CSS 的基本语法、引入方式、选择器、高级特性和常用的文本样式设置进行详细讲解。

3.1 【案例 4】数字变色 Logo

案例描述

"Logo"是"商标"的英文说法，是企业最基本的视觉识别形象，通过商标的推广可以让消费者了解企业主体和品牌文化。本节将引入 CSS 样式，通过 CSS 控制文字来模拟一款"数字变色 Logo"，其效果如图 3-1 所示。

123456

图3-1 "数字变色Logo"效果展示

知识引入

1. 认识 CSS

使用 HTML 标签属性对网页进行修饰的方式存在很大的局限和不足，因为所有的样式都是写在标签中，这样既不利于阅读代码，也使将来维护代码非常困难。如果希望网页美观、大方、维护方便，就需要使用 CSS 实现结构与表现的分离。结构与表现相分离是指在网页设计中，HTML 标签只用于搭建网页的基本结构，不使用标签属性设置显示样式，所有的样式交由 CSS 来设置。

CSS 非常灵活，既可以嵌入在 HTML 文档中，也可以是一个单独的外部文件，如果是独立的文件，则必须以“.css”为后缀名。图 3-2 所示的代码片段就是将 CSS 嵌入在 HTML 文档中，虽然与 HTML 在同一个文档中，但 CSS 集中写在 HTML 文档的头部，这也符合将结构与表现相分离。

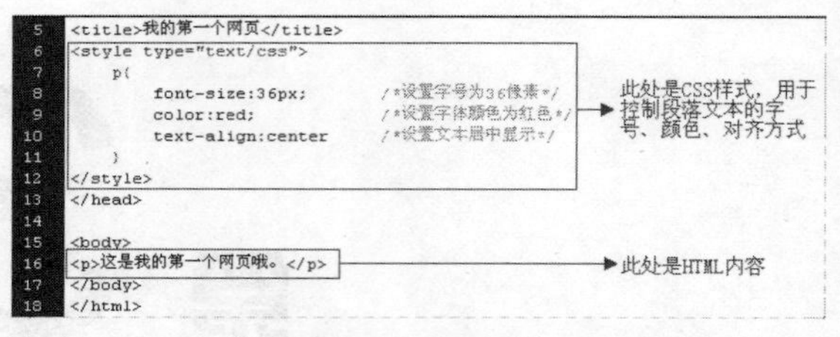

图3-2 将CSS嵌入在HTML文档的代码片段

如今，大多数网页都是遵循 Web 标准开发的，即用 HTML 编写网页结构和内容，而相关版面布局、文本或图片的显示样式都使用 CSS 控制。HTML 与 CSS 的关系就像人的身体与衣服，通过更改 CSS，可以轻松控制网页的样式效果。

在 CSS 的各版本中，CSS3 是最新版本，在 CSS2.1 的基础上增加了很多强大的功能，用来帮助开发人员解决一些实际面临的问题。使用 CSS3 不仅可以设计炫酷美观的网页，还能提高网页性能。与传统的 CSS 相比，CSS3 最突出的优势主要体现在节约成本和提高性能这两个方面，具体介绍如下。

（1）节约成本

CSS3 提供了很多新特性，例如圆角、多背景、透明度、阴影、动画等功能。在老版本的 CSS 中，要实现这些功能需要编写大量的代码或进行复杂的操作，有些动画功能还涉及 JavaScript 脚本语言。但 CSS3 的新功能帮网页设计者摒弃了冗余的代码结构，远离很多 JavaScript 脚本或者 Flash 代码。网页设计者不再需要花大量时间去写脚本，极大地节约了开发成本。例如，图 3-3 为老版本 CSS 实现圆角的方法，设计者需要先将圆角裁切，然后通过 HTML 标签进行拼接才能完成，但使用 CSS3 直接通过圆角属性就能完成。

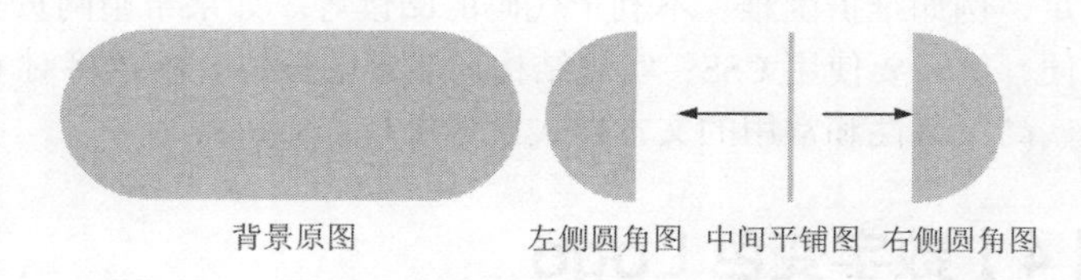

图3-3 老版本CSS实现圆角的方法

（2）提高性能

由于功能的加强，CSS3 能够用更少的代码或图片制作图形化网站。在进行网页设计时，减少标签的嵌套和图片的使用数量，网页页面加载也会更快。此外，减少了图片、脚本代码后，Web 站点的 HTTP 请求数也会减少，页面加载速度和网站的性能就会得到提升。

2. CSS 样式规则

要想熟练地使用 CSS 对网页进行修饰，首先要了解 CSS 样式规则。设置 CSS 样式的具体语法规则如下。

```
选择器{属性 1:属性值 1; 属性 2:属性值 2; 属性 3:属性值 3; …}
```

在上面的样式规则中，选择器用于指定需要改变样式的 HTML 标签，花括号内部是一条或多条声明。每条声明由一个属性和属性值组成，以“键值对”的形式出现。

其中，属性是对指定的标签设置的样式属性，例如字体大小、文本颜色等。属性和属性值之间用英文冒号“:”连接，多个声明之间用英文分号“;”进行分隔。例如，图 3-4 所示的 CSS 样式规则的结构示意图。

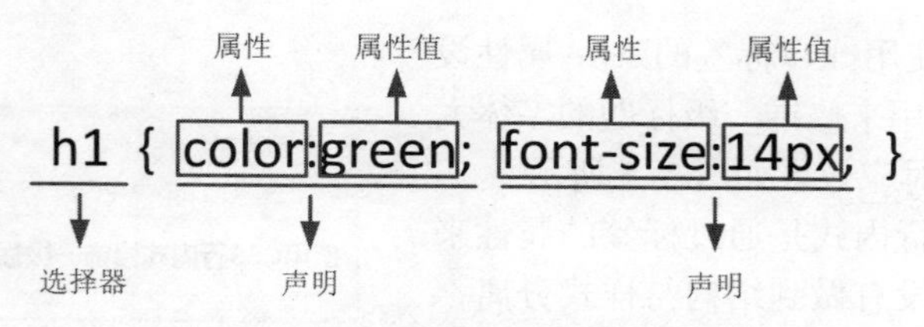

图3-4　CSS样式规则的结构示意图

需要说明的是，在书写CSS样式时，除了要遵循CSS样式规则，还必须注意CSS代码结构的特点，具体如下。

（1）CSS样式中的选择器严格区分大小写，而声明不区分大小写，按照书写习惯一般选择器、声明都采用小写的方式。

（2）多个属性之间必须用英文状态下的分号隔开，最后一个属性后的分号可以省略，但是为了便于增加新样式最好保留。

（3）如果属性的属性值由多个单词组成且中间包含空格，则必须为这个属性值加上英文状态下的引号。例如：

```
p {font-family:"Times New Roman";}
```

（4）在编写CSS代码时，为了提高代码的可读性，可使用"/*注释语句*/"来进行注释，例如，上面的样式代码可添加如下注释：

```
p {font-family:"Times New Roman";}
/* 这是CSS注释文本,有便于查找代码,此文本不会显示在浏览器窗口中  */
```

（5）在CSS代码中空格是不被解析的，花括号和分号前后的空格可有可无。因此可以使用"Space"键、"Tab"键、"Enter"键等对样式代码进行排版，即所谓的格式化CSS代码，这样可以提高代码的可读性，示例如下。

- 代码段1：

```
h1{ color:green; font-size:14px; }
```

- 代码段2：

```
h1{
color:green;                    /* 定义颜色属性  */
font-size:14px;                 /* 定义字体大小属性  */
}
```

上述两段代码所呈现的效果是一样的，但是"代码段2"书写方式的可读性更高。

需要注意的是，属性值和单位之间是不允许出现空格的，否则浏览器解析时会出错。例如下面这行代码就是错误的。

```
h1{font-size:14 px; }           /* 14和单位px之间有空格，浏览器解析时会出错 */
```

3. 引入CSS样式表

要想使用CSS修饰网页，就需要在HTML文档中引入CSS样式表。CSS提供了4种引入方式，分别为行内式、内嵌式、外链式、导入式，具体介绍如下。

（1）行内式

行内式也被称为内联样式，是通过标签的style属性来设置标签的样式，其基本语法格式如下。

```
<标签名 style="属性1:属性值1; 属性2:属性值2; 属性3:属性值3;">内容</标签名>
```

上述语法中，style是标签的属性，实际上任何HTML标签都拥有style属性，可用来设置行内式。属性和属性值的书写规范与CSS样式规则一样，行内式只对其所在的标签和嵌套在其中的子标签起作用。

通常CSS的书写位置是在<head>头部标签中，但是行内式却是写在<html>根标签中，例如下面的示例代码，即为行内式CSS样式的写法。

```
<h1 style="font-size:20px; color:blue;">使用CSS行内式修饰一级标题的字体大小和颜色</h1>
```

在上述代码中，使用<h1>标签的 style 属性设置行内式 CSS 样式，用来修饰一级标题的字体大小和颜色。示例代码对应效果如图 3-5 所示。

需要注意的是，行内式是通过标签的属性来控制样式的，这样并没有做到结构与样式分离，所以不推荐使用。

图3-5　行内式效果展示

（2）内嵌式

内嵌式是将 CSS 代码集中写在 HTML 文档的<head>头部标签中，并且用<style>标签定义，其基本语法格式如下。

```
<head>
<style type="text/css">
    选择器 {属性 1:属性值 1; 属性 2:属性值 2; 属性 3:属性值 3;}
</style>
</head>
```

上述语法中，<style>标签一般位于<title>标签之后，也可以把它放在 HTML 文档的任何地方。但是由于浏览器是从上到下解析代码的，把 CSS 代码放在头部有利于提前下载和解析样式，从而避免网页内容下载后没有样式修饰带来的尴尬。除此之外，需要设置 type 的属性值为“text/css”，这样浏览器才知道<style>标签包含的是 CSS 代码。在一些宽松的语法格式中，type 属性可以省略。

下面通过一个案例来介绍如何在 HTML 文档中使用内嵌式 CSS 样式。复制“example01 样式代码.txt”中的样式代码，粘贴到例 3-1 所示位置。

例 3-1　example01.html

```
 1  <!doctype html>
 2  <html>
 3  <head>
 4  <meta charset="utf-8">
 5  <title>内嵌式引入 CSS 样式表</title>
 6  <style type="text/css">
 7  h2{text-align:center;}    /*定义标题标签居中对齐*/
 8  p{                        /*定义段落标签的样式*/
 9       font-size:16px;
10       font-family:"楷体";
11       color:purple;
12       text-decoration:underline;
13       }
14  </style>
15  </head>
16  <body>
17  <h2>内嵌式 CSS 样式</h2>
18  <p>使用 style 标签可定义内嵌式 CSS 样式表，style 标签一般位于 head 头部标签中，title 标签之后。</p>
19  </body>
20  </html>
```

在例 3-1 中，第 7~13 行代码为嵌入的 CSS 样式代码，这里不用了解代码的含义，只需了解嵌入方式即可。

运行例 3-1，效果如图 3-6 所示。

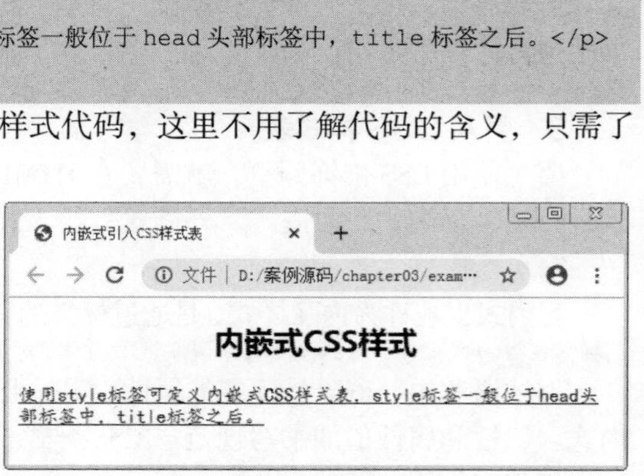

通过例 3-1 可以看出，内嵌式将结构与样式进行了不完全分离。由于内嵌式 CSS 样式只对其所在的 HTML 页面有效，因此仅设计一个页面时，使用内嵌式是个不错的选择。但如果是一个网站，则不建议使用这种方式，因为内嵌式不能充分发挥 CSS 代码的重用优势。

图3-6　内嵌式效果展示

（3）外链式

外链式也叫链入式，是将所有的样式放在一个或多个以“.css”为扩展名的外部样式表文件中，通过<link />标签将外部样式表文件链接到 HTML 文档中，其基本语法格式如下。

```
<head>
<link href="CSS 文件的路径" type="text/css" rel="stylesheet"/>
</head>
```

上述语法中，<link />标签需要放在<head>头部标签中，并且必须指定<link />标签的 3 个属性，具体如下。

- href：定义所链接外部样式表文件的 URL，可以是相对路径，也可以是绝对路径。
- type：定义所链接文档的类型，在这里需要指定为“text/css”，表示链接的外部文件为 CSS 样式表。在一些宽松的语法格式中，type 属性可以省略。
- rel：定义当前文档与被链接文档之间的关系，在这里需要指定为“stylesheet”，表示被链接的文档是一个样式表文件。

下面通过一个案例来演示如何通过外链式方式引入 CSS 样式表，具体步骤如下。

Step01.　创建一个 HTML 文档，并在该文档中添加一个标题和一个段落文本，如例 3-2 所示。

例 3-2　example02.html

```
1  <!doctype html>
2  <html>
3  <head>
4  <meta charset="utf-8">
5  <title>外链式引入 CSS 样式表</title>
6  </head>
7  <body>
8  <h2>外链式 CSS 样式</h2>
9  <p>通过 link 标签可以将扩展名为.css 的外部样式表文件链接到 HTML 文档中。</p>
10 </body>
11 </html>
```

Step02.　将该 HTML 文档命名为“example02.html”，保存在“chapter03”文件夹中。

Step03.　打开 Dreamweaver 工具，在菜单栏中选择“文件→新建”选项，界面中会弹出“新建文档”对话框，如图 3-7 所示。

Step04.　在“新建文档”对话框的页面类型中选择“CSS”选项，单击“创建”按钮，即可弹出 CSS 文档编辑窗口，如图 3-8 所示。

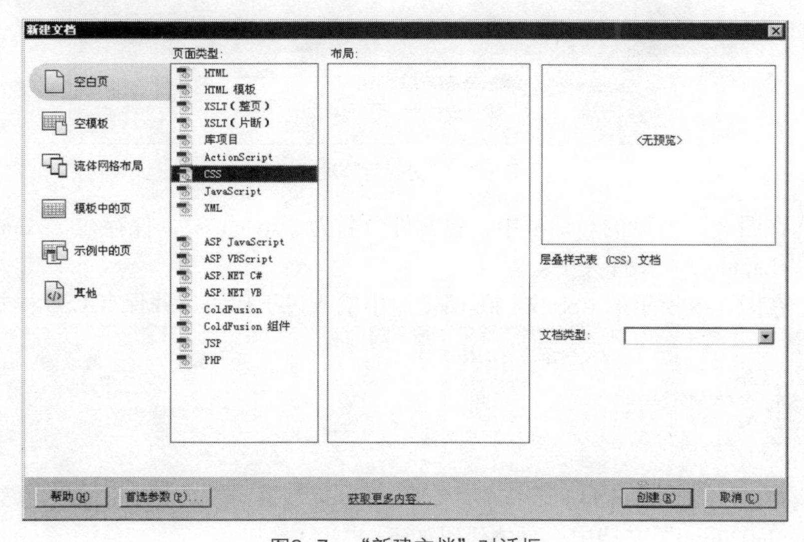

图3-7　“新建文档”对话框

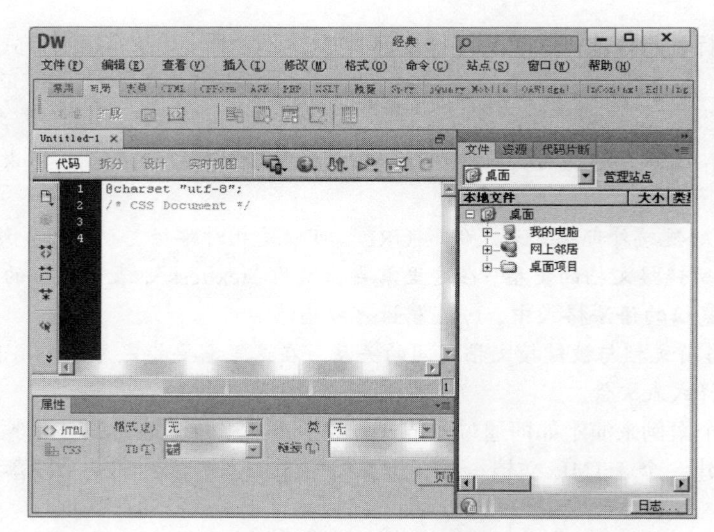

图3-8　CSS文档编辑窗口

Step05.　选择“文件→保存”选项，弹出“另存为”对话框，如图 3-9 所示。

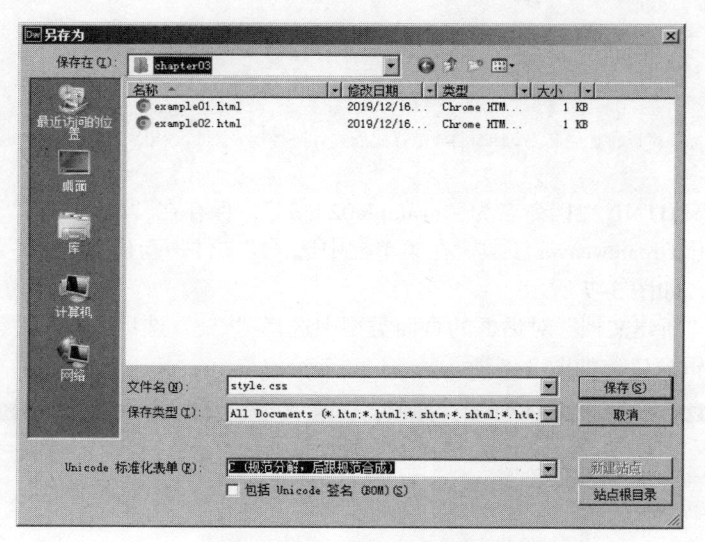

图3-9　“另存为”对话框

Step06.　在图 3-9 所示的对话框中，将文件命名为“style.css”，保存在“example02.html”文件所在的“chapter03”文件夹中。

Step07.　在图 3-8 所示的 CSS 文档编辑窗口中输入以下代码，并保存 CSS 样式表文件。

```
h2{text-align:center;}     /*定义标题标签居中对齐*/
p{                         /*定义段落标签的样式*/
    font-size:16px;
    font-family:"楷体";
    color:purple;
    text-decoration:underline;
    }
```

Step08.　在例 3-2 的<head>头部标签中，添加<link />语句，将“style.css”外部样式表文件链接到“example02.html”文档中，具体代码如下。

```
<link href="style.css" type="text/css" rel="stylesheet" />
```

Step09.　再次保存“example02.html”文档后，成功链接后在文档工具栏上方出现“style.css”，如图 3-10 所示。

Step10. 运行例 3-2，效果如图 3-11 所示。

外链式最大的好处是同一个 CSS 样式表可以被不同的 HTML 页面链接使用，同时一个 HTML 页面也可以通过多个<link />标签链接多个 CSS 样式表。在网页设计中，外链式是使用频率最高，也是最实用的 CSS 样式表，因为它将 HTML 代码与 CSS 代码分离为两个或多个文件，实现了将结构与样式完全分离，使网页的前期制作和后期维护都十分方便。

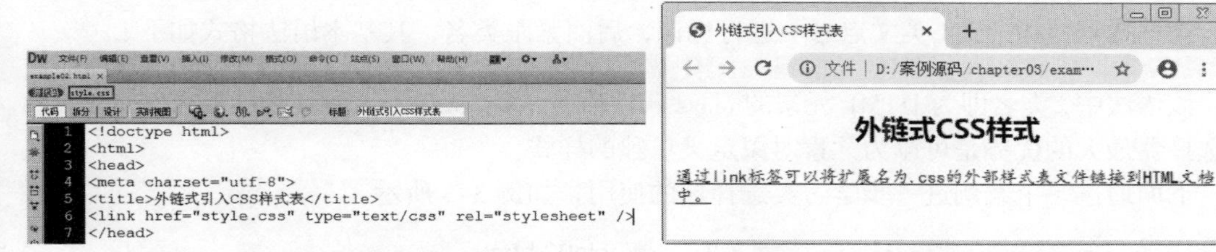

图3-10 外链式引入CSS样式表　　图3-11 外链式效果展示

（4）导入式

导入式与外链式相同，都是将样式存放在外部样式表文件中。对 HTML 头部文档应用 style 标签，并在<style>标签内的开头处使用@import 语句，即可导入外部样式表文件，其基本语法格式如下。

```
<style type="text/css" >
    @import url(css 文件路径);或@import "css 文件路径";
     /* 在此还可以存放其他 CSS 样式*/
</style>
```

该语法中，style 标签内还可以存放其他的内嵌样式，@import 语句需要位于其他内嵌样式的上面。

如果对例 3-3 应用导入式 CSS 样式，只需把 HTML 文档中的<link />语句替换成以下代码即可：

```
<style type="text/css">
    @import "style.css";
</style>
```

或者

```
<style type="text/css">
    @import url(style.css);
</style>
```

虽然导入式和链入式功能基本相同，但是大多数网站都采用外链式方式引入外部样式表，主要原因是两者的加载时间和顺序不同。当一个页面被加载时，<link />标签引用的 CSS 样式表将同时被加载，而@import 引用的 CSS 样式表会等到页面全部下载完后再被加载。因此，当用户的网速比较慢时，会先显示没有 CSS 修饰的网页，这样会造成不好的用户体验，所以大多数网站采用外链式。

4. CSS 基础选择器

要想将 CSS 样式应用于特定的 HTML 标签，首先需要找到该目标元素。在 CSS 中，执行这一任务的样式规则被称为选择器。在 CSS 中的基础选择器有标签选择器、类选择器、id 选择器、通配符选择器，对它们的具体解释如下。

（1）标签选择器

标签选择器是指用 HTML 标签名称作为选择器，按标签名称分类，为页面中某一类标签指定统一的 CSS 样式，其基本语法格式如下。

```
标签名{属性 1:属性值 1; 属性 2:属性值 2;属性 3:属性值 3; }
```

该语法中，所有的 HTML 标签名都可以作为标签选择器，例如 body、h1、p、strong 等。用标签选择器定义的样式对页面中该类型的所有标签都有效。

例如，可以使用 p 选择器定义 HTML 页面中所有段落的样式，示例代码如下。

```
p{font-size:12px; color:#666; font-family:"微软雅黑";}
```

上述 CSS 样式代码用于设置 HTML 页面中所有的段落文本，其中，字体大小为 12 像素，颜色为#666，字体为微软雅黑。标签选择器最大的优点是能快速为页面中同类型的标签统一样式，同时这也是它的缺点，不能设计差异化样式。

（2）类选择器

类选择器使用“.”（英文点号）进行标识，后面紧跟类名，其基本语法格式如下。

```
.类名{属性 1:属性值 1; 属性 2:属性值 2;属性 3:属性值 3; }
```

该语法中，类名即为 HTML 元素的 class 属性值，大多数 HTML 元素都可以定义 class 属性。类选择器最大的优势是可以为元素对象定义单独的样式。

下面通过一个案例进一步学习类选择器的使用，如例 3-3 所示。

例 3-3 example03.html

```
1  <!doctype html>
2  <html>
3  <head>
4  <meta charset="utf-8">
5  <title>类选择器</title>
6  <style type="text/css">
7  .red{color:red;}
8  .green{color:green;}
9  .font22{font-size:22px;}
10 p{
11    text-decoration:underline;
12    font-family:"微软雅黑";
13 }
14 </style>
15 </head>
16 <body>
17 <h2 class="red">二级标题文本</h2>
18 <p class="green font22">段落一文本内容</p>
19 <p class="red font22">段落二文本内容</p>
20 <p>段落三文本内容</p>
21 </body>
22 </html>
```

在例 3-3 中，为标题标签<h2>和第 2 个段落标签<p>添加类名 class="red"，并通过类选择器设置它们的文本颜色为红色。为第 1 个段落和第 2 个段落添加类名 class="font22"，并通过类选择器设置它们的字体大小为 22 像素，同时还对第 1 个段落应用类 "class=green"，将其文本颜色设置为绿色。然后，通过标签选择器统一设置所有的段落字体为微软雅黑，并添加下画线效果。

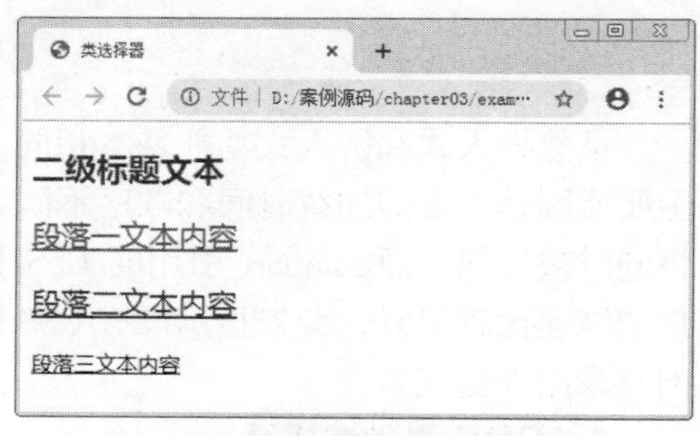

图3-12 使用类选择器

运行例 3-3，效果如图 3-12 所示。

在图 3-12 中，“二级标题文本”和“段落二文本内容”均显示为红色，可见多个标签可以使用同一个类名，这样就可以为不同类型的标签指定相同的样式。同时一个 HTML 元素也可以应用多个 class 类，设置多个样式。在 HTML 标签中多个类名之间需要用空格隔开，如例 3-3 中的前 2 个<p>标签，就设置了 2 个类名。

注意：

类名的第一个字符不能使用数字，并且严格区分大小写，一般采用小写的英文字符。

（3）id选择器

id选择器使用“#”进行标示，后面紧跟id名，其基本语法格式如下。

```
#id名{属性1:属性值1; 属性2:属性值2;属性3:属性值3; }
```

该语法中，id名即为HTML元素的id属性值，大多数HTML元素都可以定义id属性，元素的id名是唯一的，只能对应于文档中某一个具体的元素。

下面通过一个案例进一步学习id选择器的使用，如例3-4所示。

例3-4 example04.html

```
1 <!doctype html>
2 <html>
3 <head>
4 <meta charset="utf-8">
5 <title>id选择器</title>
6 <style type="text/css">
7 #bold {font-weight:bold;}
8 #font24 {font-size:24px;}
9 </style>
10 </head>
11 <body>
12 <p id="bold">段落1：id="bold"，设置粗体文字。</p>
13 <p id="font24">段落2：id="font24"，设置字号为24px。</p>
14 <p id="font24">段落3：id="font24"，设置字号为24px。</p>
15 <p id="bold font24">段落4：id="bold font24"，同时设置粗体和字号24px。</p>
16 </body>
17 </html>
```

在例3-4中，为4个<p>标签同时定义id属性，并通过相应的id选择器设置粗体文字和字号大小。其中，第2个和第3个<p>标签的id属性值相同，第4个<p>标签有两个id属性值。

运行例3-4，效果如图3-13所示。

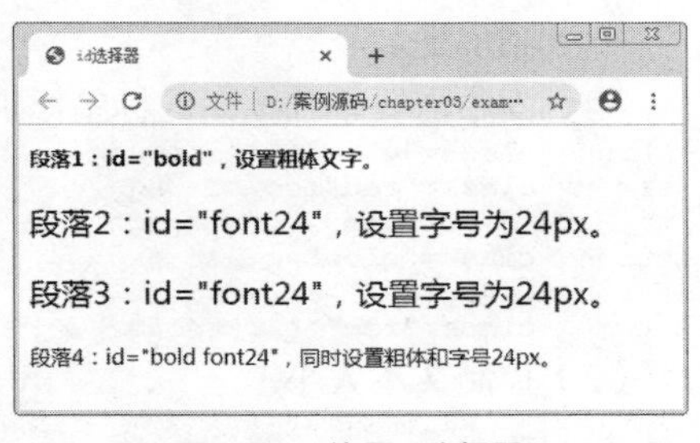

图3-13 使用id选择器

从图3-13可以看出，第2行和第3行文本都显示了#font24定义的样式。在很多浏览器下，同一个id也可以应用于多个标签，浏览器并不报错，但是这种做法是不被允许的，因为JavaScript等脚本语言调用id时会出错。另外，最后一行没有应用任何CSS样式，这意味着id选择器不支持像类选择器那样定义多个值，类似“id="bold font24"”的写法是错误的。

（4）通配符选择器

通配符选择器用“*”号表示，它在所有选择器中作用范围最广，能匹配页面中所有的元素，其基本语法格式如下。

```
*{属性1:属性值1; 属性2:属性值2;属性3:属性值3; }
```

例如下面的代码，使用通配符选择器定义CSS样式，清除所有HTML标签的默认边距。

```
* {
   margin: 0;                    /* 定义外边距*/
   padding: 0;                  /* 定义内边距*/
}
```

但在实际网页开发中不建议使用通配符选择器，因为通配符选择器设置的样式对所有的HTML标签都生效，不管标签是否需要该样式，这样反而降低了代码的执行速度。

案例实现

1. 分析效果图

图3-1所示的“数字变色Logo”由6个数字构成，它们的大小相同、颜色不完全相同，且

为粗体。为了方便地控制 Logo 中的 6 个数字，可以使用 6 个<strong>标签嵌套它们。

文本的大小和颜色可以使用 CSS 的 font-size 和 color 属性进行设置。

2. 制作页面结构

根据上面的分析，使用相应的 HTML 标签来搭建网页结构，如例 3-5 所示。

例 3-5 example05.html

```
1  <!DOCTYPE html>
2  <html><head>
3  <meta charset="UTF-8">
4  <title>数字变色</title>
5  </head>
6  <body>
7  <strong class="blue">1</strong>
8  <strong class="red">2</strong>
9  <strong id="orange">3</strong>
10 <strong class="blue">4</strong>
11 <strong id="green">5</strong>
12 <strong class="red">6</strong>
13 </body>
14 </html>
```

运行例 3-5，效果如图 3-14 所示。

图3-14 HTML结构

3. 定义 CSS 样式

下面使用 CSS 对图 3-14 所示的“数字变色 Logo”进行修饰，实现图 3-1 所示效果。这里使用内嵌式 CSS 样式，具体步骤如下。

（1）添加类名

为页面中需要单独控制的标签添加相应的类名，具体代码如下：

```
<strong class="blue">G</strong>
<strong class="red">o</strong>
<strong id="orange">o</strong>
<strong class="blue">g</strong>
<strong id="green">l</strong>
<strong class="red">e</strong>
```

（2）控制文本大小

```
strong{ font-size:100px;}
```

由于 6 个数字的大小相同，且都是用<strong>标签定义的，所以此处使用标签选择器 strong。

（3）控制文本颜色

```
.blue{color:#2B75F5;}
.red{color:#D33E2A;}
#orange{ color:#FFC609;}
#green{ color:#00A45D;}
```

至此，完成图 3-1 所示的“数字变色 Logo”效果。这时，刷新例 3-5 所在的页面，效果如图 3-15 所示。

图3-15 CSS控制“数字变色Logo”效果

3.2 【案例 5】美食专题栏目

案例描述

“专题栏目”是网页信息的一种重要表现形式，通常围绕某一个特定的主题，进行较全面、深入的报道。本节将通过 CSS 字体样式和 CSS 文本外观样式制作一个美食专题栏目，其效果如图 3-16 所示。

导语：臭豆腐是长沙有名的小吃，是一种独具风味的食品。"闻起来臭，吃起来香"是它的最大特点，不少外省人品尝后都赞不绝口。长沙的臭豆腐要数百年老店火宫殿炸得最好，外焦微脆、内软味鲜，100多年来，进火宫殿的人没有不吃臭豆腐的。当年...【详情】

火宫殿臭豆腐：价格**18**元

图3-16　美食专题栏目效果展示

知识引入

1. CSS 字体样式属性

为了方便控制网页中各种各样的字体，CSS 提供了一系列的字体样式属性，具体如下。

（1）font-size：字号大小

font-size属性用于设置字号，该属性的值可以使用相对长度单位，也可以使用绝对长度单位，具体如表 3-1 所示。

表 3-1　font-size 可用的长度单位

长度单位	说明
em	倍率，相对于当前对象内文本的字体尺寸
px	像素，最常用，推荐使用
in	英寸
cm	厘米
mm	毫米
pt	点

在表 3-1 所示的长度单位中，相对长度单位比较常用，这里推荐使用像素单位 px，绝对长度单位使用较少。例如将网页中所有段落文本的字号大小设为 12px，可以使用如下 CSS 样式代码：

```
p{font-size:12px;}
```

（2）font-family：字体

font-family 属性用于设置字体。网页中常用的字体有宋体、微软雅黑、黑体等，例如将网页中所有段落文本的字体设置为微软雅黑，可以使用以下 CSS 样式代码：

```
p{font-family:"微软雅黑";}
```

可以同时指定多个字体，中间用逗号隔开，如果浏览器不支持第一个字体，则会尝试下一个，直到找到合适的字体，例如下面的代码：

```
body{font-family:"华文彩云","宋体","黑体";}
```

当应用上面的字体样式时，系统会首选"华文彩云"，如果用户的计算机中没有安装该字体则选择"宋体"，如果没有安装"宋体"则选择"黑体"。当指定的字体都没有安装时，就会使用浏览器默认字体。

使用 font-family 设置字体时，需要注意以下几点。

- 各种字体之间必须使用英文状态下的逗号隔开。
- 中文字体需要加英文状态下的引号，英文字体一般不需要加引号。当需要设置英文字体时，英文字体名称必须位于中文字体名称之前，例如下面的代码：

```
body{font-family: Arial,"微软雅黑","宋体","黑体";}/*正确的书写方式*/
body{font-family: "微软雅黑","宋体","黑体",Arial;}/*错误的书写方式*/
```

- 如果字体名中包含空格、#、$等符号，则该字体必须加英文状态下的单引号或双引号，例如 font-family: "Times New Roman";。
- 如无特别需求，尽量使用系统默认字体，从而保证在任何用户的浏览器中都能正确显示。

（3）font-weight：字体粗细

font-weight 属性用于定义字体的粗细，其可用属性值如表 3-2 所示。

表 3-2　font-weight 可用属性值

值	描述
normal	默认值，定义标准的字符
bold	定义粗体字符
bolder	定义更粗的字符
lighter	定义更细的字符
100~900（100 的整数倍）	定义由细到粗的字符，其中 400 等同于 normal，700 等同于 bold，值越大字体越粗

实际工作中，常用的 font-weight 的属性值为 normal 和 bold，用来定义正常或加粗显示的字体。

（4）font-style：字体风格

font-style 属性用于定义字体风格，如设置斜体、倾斜或正常字体，其可用属性值如下。

- normal：默认值，浏览器会显示标准的字体样式。
- italic：浏览器会显示斜体的字体样式。
- oblique：浏览器会显示倾斜的字体样式。

其中，italic 和 oblique 都用于定义斜体，两者在显示效果上并没有本质区别，但 italic 使用了文字本身的斜体属性，oblique 是让没有斜体属性的文字倾斜。实际工作中常使用 italic。

（5）font：综合设置字体样式

font 属性用于对字体样式进行综合设置，其基本语法格式如下。

```
选择器{font:font-style font-weight font-size/line-height font-family;}
```

使用 font 属性时，必须按上面语法格式中的顺序书写，各个属性以空格隔开。其中 line-height 是指行高。例如：

```
p{
font-family:Arial,"宋体";
font-size:30px;
font-style:italic;
font-weight:bold;
font-variant:small-caps;
line-height:40px;
}
```

等价于

```
p{font:italic small-caps bold 30px/40px Arial,"宋体";}
```

其中不需要设置的属性可以省略（取默认值），但必须保留 font-size 和 font-family 属性，否则 font 属性将不起作用。

下面使用 font 属性对字体样式进行综合设置，如例 3-6 所示。

例 3-6 example06.html

```
1  <!doctype html>
2  <html>
3  <head>
4  <meta charset="utf-8">
5  <title>font 属性</title>
6  <style type="text/css">
7  .one{ font:italic 18px/30px "隶书";}
8  .two{ font:italic 18px/30px;}
9  </style>
10 </head>
11 <body>
12 <p class="one">段落 1：使用 font 属性综合设置段落文本的字体风格、字号、行高和字体。</p>
13 <p class="two">段落 2：使用 font 属性综合设置段落文本的字体风格、字号和行高。由于省略了字体属性
font-family，这时 font 属性不起作用。</p>
14 </body>
15 </html>
```

在例 3-6 中，定义了两个段落，同时使用 font 属性分别对它们进行相应的设置。

运行例 3-6，效果如图 3-17 所示。

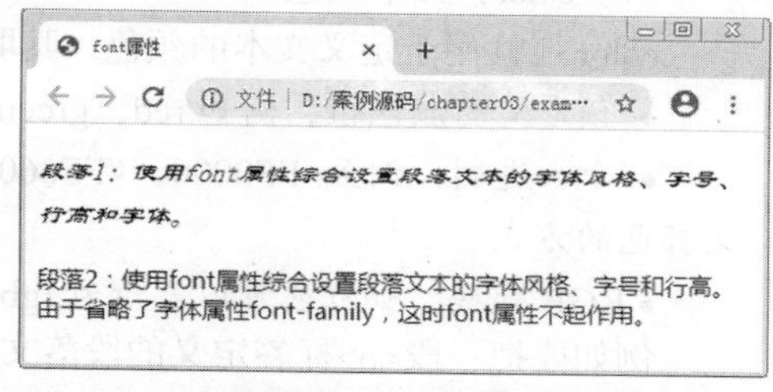

图3-17 使用font属性综合设置字体样式

从图 3-17 可以看出，font 属性设置的样式并没有对第二个段落文本生效，这是因为对第二个段落文本的设置中省略了字体属性 font-family。

（6）@font-face 规则

@font-face 是 CSS3 的新增规则，用于定义服务器字体。通过@font-face 规则，网页设计师可以在用户计算机未安装字体时，使用任何喜欢的字体。使用@font-face 规则定义服务器字体的基本语法格式如下。

```
@font-face{
    font-family:字体名称;
    src:字体路径;
}
```

在上面的语法格式中，font-family 用于指定该服务器字体的名称，该名称可以随意定义；src 属性用于指定该字体文件的路径。

下面通过一个剪纸字体的案例，来演示@font-face 规则的具体用法，如例 3-7 所示。

例 3-7 example07.html

```
1  <!doctype html>
2  <html>
3  <head>
4  <meta charset="utf-8">
5  <title>@font-face 规则</title>
6  <style type="text/css">
7      @font-face{
8          font-family:jianzhi;       /*服务器字体名称*/
9          src:url(font/FZJZJW.TTF);       /*服务器字体名称*/
10     }
11     p{
12         font-family:jianzhi;      /*设置字体样式*/
13         font-size:32px;
14     }
15 </style>
16 </head>
17 <body>
18 <p>为莘莘学子改变命运而讲课</p>
19 <p>为千万学生少走弯路而著书</p>
20 </body>
21 </html>
```

在例 3-7 中，第 7~10 行代码用于定义服务器字体，第 12 代码用于为段落标签设置字体样式。

运行例 3-7，效果如图 3-18 所示。

从图 3-18 可以看出，当定义并设置服务器字体后，页面就可以正常显示剪纸字体。需要注意的是，服务器字体定义完成后，还需要对元素应用“font-family”字体样式。

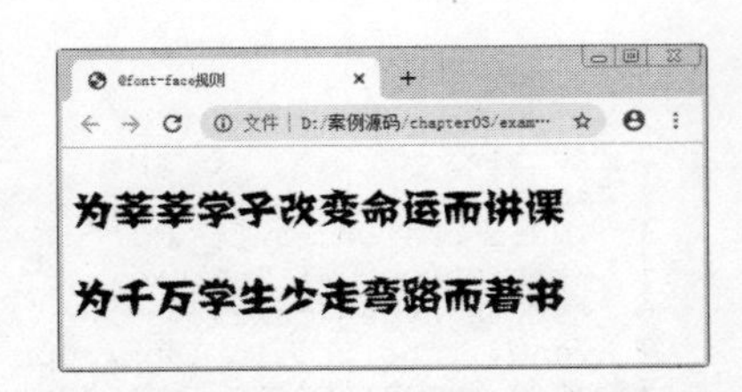

图3-18 @font-face规则定义服务器字体

总结例 3-7，可以得出使用服务器字体的步骤。

① 下载字体，并存储到相应的文件夹中。

② 使用@font-face 规则定义服务器字体。

③ 对元素应用“font-family”字体样式。

2. CSS 文本外观属性

使用 HTML 可以对文本外观进行简单的控制，但是效果并不理想。为此 CSS 提供了一系列的文本外观样式属性，具体如下。

（1）color：文本颜色

color 属性用于定义文本的颜色，其取值方式有如下 3 种。

- 预定义的颜色值，例如 red，green，blue 等。
- 十六进制，例如#FF0000，#FF6600，#29D794 等。实际工作中，十六进制是最常用的定义颜色的方式。
- RGB 代码，如红色可以表示为 rgb(255,0,0)或 rgb(100%,0%,0%)。

例如要把一段<p>标签定义的段落文本设置为红色，可以书写以下代码。

```
p{
    color:red;
}
```

注意：

如果使用 RGB 代码的百分比颜色值，取值为 0 时也不能省略百分号，必须写为 0%。

多学一招：颜色值的缩写

十六进制颜色值是由以“#”开头的 6 位十六进制数值组成，每 2 位为一个颜色分量，分别表示颜色的红、绿、蓝 3 个分量。当 3 个分量的 2 位十六进制数都各自相同时，可使用 CSS 缩写，例如，“#FF6600”可缩写为“#F60”，“#FF0000”可缩写为“#F00”，“#FFFFFF”可缩写为“#FFF”。使用颜色值的缩写可简化 CSS 代码。

（2）letter-spacing：字间距

letter-spacing 属性用于定义字间距，所谓字间距就是字符与字符之间的空白。其属性值可为不同单位的数值。定义字间距时，允许使用负值，默认属性值为 normal。例如下面的代码，分别为 h2 和 h3 定义了不同的字间距。

```
h2{letter-spacing:20px;}
h3{letter-spacing:-0.5em;}
```

（3）word-spacing：单词间距

word-spacing 属性用于定义英文单词之间的间距，对中文字符无效。与 letter-spacing 一样，其属性值可为不同单位的数值，允许使用负值，默认为 normal。

word-spacing 和 letter-spacing 均可对英文进行设置。不同的是 letter-spacing 定义的是字母之间的间距，而 word-spacing 定义的是英文单词之间的间距。

下面通过一个案例来演示 word-spacing 和 letter-spacing 的不同，如例 3-8 所示。

例 3-8　example08.html

```
1  <!doctype html>
2  <html>
3  <head>
4  <meta charset="utf-8">
5  <title>word-spacing 和 letter-spacing</title>
6  <style type="text/css">
7  .letter{letter-spacing:20px;}
8  .word{word-spacing:20px;}
9  </style>
10 </head>
11 <body>
12 <p class="letter">letter spacing(字母间距)</p>
13 <p class="word">word spacing word spacing(单词间距)</p>
14 </body>
15 </html>
```

在例 3-8 中，对两个段落文本分别应用 letter-spacing 和 word-spacing 属性。

运行例 3-8，效果如图 3-19 所示。

（4）line-height：行间距

line-height 属性用于设置行间距，所谓行间距就是行与行之间的距离，即字符的垂直间距，一般称为行高。图 3-20 中背景颜色的高度即为这段文本的行高。

图3-19　letter-spacing和word-spacing效果对比

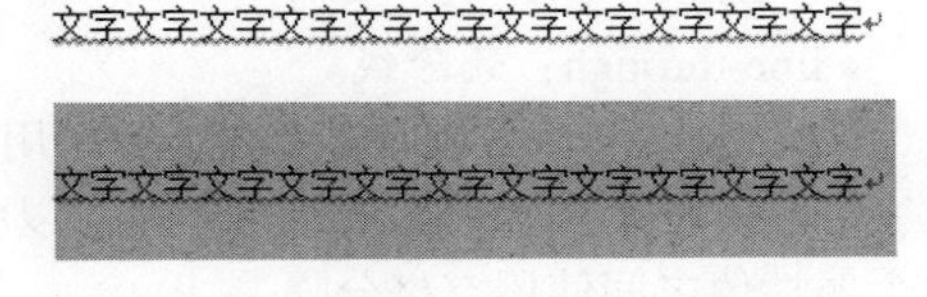

图3-20　行高示例

line-height 常用的属性值单位有 3 种，分别为像素 px、相对值 em 和百分比%，实际工作中使用最多的是像素 px。

下来通过一个案例来学习 line-height 属性的使用，如例 3-9 所示。

例 3-9　example09.html

```
1  <!doctype html>
2  <html>
3  <head>
4  <meta charset="utf-8">
5  <title>行高 line-height 的使用</title>
6  <style type="text/css">
7  .one{
8       font-size:16px;
9       line-height:18px;
10 }
11 .two{
12      font-size:12px;
13      line-height:2em;
14 }
15 .three{
16      font-size:14px;
17      line-height:150%;
18 }
19 </style>
20 </head>
21 <body>
22 <p class="one">段落 1：使用像素 px 设置 line-height。该段落字体大小为 16px，line-height 属性值为
18px。</p>
23 <p class="two">段落 2：使用相对值 em 设置 line-height。该段落字体大小为 12px，line-height 属性值为
2em。</p>
24 <p class="three">段落 3：使用百分比%设置 line-height。该段落字体大小为 14px，line-height 属性值
为 150%。</p>
```

```
25 </body>
26 </html>
```

在例 3-9 中，分别使用像素 px、相对值 em 和百分比%设置 3 个段落的行高。

运行例 3-9，效果如图 3-21 所示。

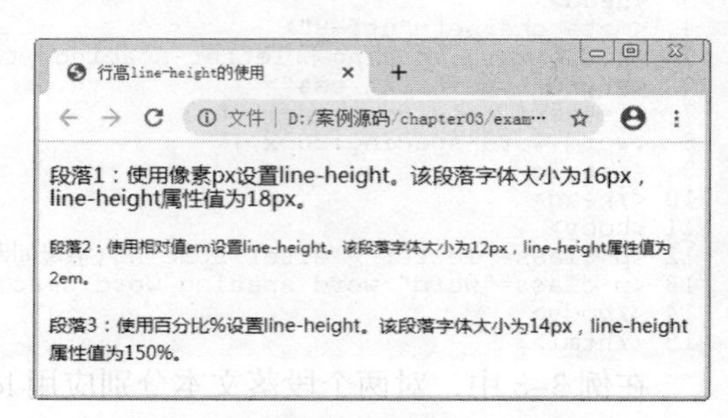

图3-21 使用不同属性值单位设置行高

（5）text-transform：文本转换

text-transform 属性用于控制英文字符的大小写，其可用属性值如下。

- none：不转换（默认值）。
- capitalize：首字母大写。
- uppercase：全部字符转换为大写。
- lowercase：全部字符转换为小写。

（6）text-decoration：文本装饰

text-decoration 属性用于设置文本的下画线、上画线、删除线等装饰效果，其可用属性值如下。

- none：没有装饰（正常文本默认值）。
- underline：下画线。
- overline：上画线。
- line-through：删除线。

text-decoration 可以赋多个值，中间用空格隔开，用于给文本添加多种显示效果，例如希望文字同时有下画线和删除线效果，就可以将 underline 和 line-through 同时赋给 text-decoration，两个属性值之间使用空格分隔。

下面通过一个案例来演示 text-decoration 各个属性值的显示效果，如例 3-10 所示。

例 3-10 example10.html

```
1  <!doctype html>
2  <html>
3  <head>
4  <meta charset="utf-8">
5  <title>文本装饰 text-decoration</title>
6  <style type="text/css">
7  .one{text-decoration:underline;}
8  .two{text-decoration:overline;}
9  .three{text-decoration:line-through;}
10 .four{text-decoration:underline line-through;}
11 </style>
12 </head>
13 <body>
14 <p class="one">设置下画线（underline）</p>
15 <p class="two">设置上画线（overline）</p>
16 <p class="three">设置删除线（line-through）</p>
17 <p class="four">同时设置下画线和删除线（underline line-through）</p>
18 </body>
19 </html>
```

在例 3-10 中，定义了 4 个段落文本，并且使用 text-decoration 属性为它们添加不同的文本装饰效果。其中对第 4 个段落文本同时应用 underline 和 line-through 两个属性值，添加两种效果。

运行例 3-10，效果如图 3-22 所示。

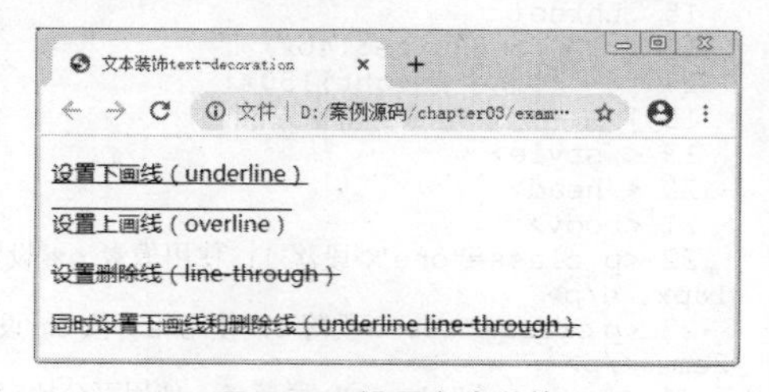

图3-22 设置文本装饰

（7）text-align：水平对齐方式

text-align 属性用于设置文本内容的水平对齐，

相当于 HTML 中的 align 对齐属性，其可用属性值如下。

- left：左对齐（默认值）。
- right：右对齐。
- center：居中对齐。

例如设置二级标题居中对齐，可使用如下 CSS 代码：

```
h2{text-align:center;}
```

注意：

① text-align 属性仅适用于块级元素，对行内元素无效，关于块元素和行内元素，在后面的章节将具体介绍。

② 如果需要对图像设置水平对齐，可以为图像添加一个父标签（如<p>），然后对父标签应用 text-align 属性，即可实现图像的水平对齐。

（8）text-indent：首行缩进

text-indent 属性用于设置首行文本的缩进，其属性值可为不同单位的数值、em 字符宽度的倍数或相对于浏览器窗口宽度的百分比%，允许使用负值，建议使用 em 作为设置单位。

下面通过一个案例来学习 text-indent 属性的使用，如例 3-11 所示。

例 3-11　example11.html

```
 1 <!doctype html>
 2 <html>
 3 <head>
 4 <meta charset="utf-8">
 5 <title>首行缩进 text-indent</title>
 6 <style type="text/css">
 7 p{font-size:14px;}
 8 .one{text-indent:2em;}
 9 .two{text-indent:50px;}
10 </style>
11 </head>
12 <body>
13 <p class="one">这是段落 1 中的文本，text-indent 属性可以对段落文本设置首行缩进效果，段落 1 使用
text-indent:2em;。</p>
14 <p class="two">这是段落 2 中的文本，text-indent 属性可以对段落文本设置首行缩进效果，段落 2 使用
text-indent:50px;。</p>
15 </body>
16 </html>
```

在例 3-11 中，对第一段文本应用“text-indent:2em;”，无论字号多大，首行文本都会缩进两个字符，对第二段文本应用“text-indent:50px;”，首行文本将缩进 50 像素，与字号大小无关。

运行例 3-11，效果如图 3-23 所示。

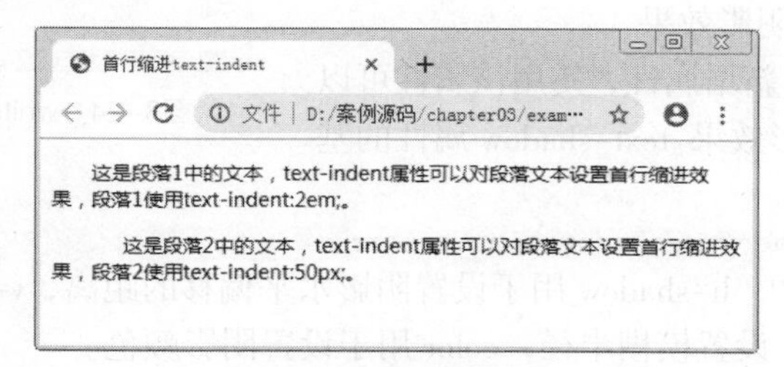

图3-23　设置段落首行缩进

注意：

text-indent 属性仅适用于块级元素，对行内元素无效。

（9）white-space：空白符处理

使用 HTML 制作网页时，不论源代码中有多少空格，在浏览器中只会显示一个字符的空白。在 CSS 中，使用 white-space 属性可设置空白符的处理方式，其属性值如下。

- normal：常规显示（默认值），文本中的空格、空行无效，满行（到达区域边界）后自动换行。
- pre：预格式化，按文档的书写格式保留空格、空行原样显示。
- nowrap：空格空行无效，强制文本不能换行，除非遇到换行标签
。内容超出元素的边界也不会换行，若超出浏览器页面则会自动增加滚动条。

下面通过一个案例来演示 white-space 各个属性值的效果，如例 3-12 所示。

例 3-12 example12.html

```
1  <!doctype html>
2  <html>
3  <head>
4  <meta charset="utf-8">
5  <title>white-space 空白符处理</title>
6  <style type="text/css">
7  .one{white-space:normal;}
8  .two{white-space:pre;}
9  .three{white-space:nowrap;}
10 </style>
11 </head>
12 <body>
13 <p class="one">这个                 段落中                  有很多
14 空格。此段落应用 white-space:normal;。</p>
15 <p class="two">这个                 段落中                  有很多
16 空格。此段落应用 white-space:pre;。</p>
17 <p class="three">此段落应用 white-space:nowrap;。这是一个较长的段落。这是一个较长的段落。这是一个较长的段落。这是一个较长的段落。这是一个较长的段落。这是一个较长的段落。这是一个较长的段落。这是一个较长的段落。这是一个较长的段落。这是一个较长的段落。</p>
18 </body>
19 </html>
```

在例 3-12 中定义了 3 个段落，其中前两个段落中包含很多空白符，第 3 个段落较长，使用 white-space 属性分别设置段落中空白符的处理方式。

运行例 3-12，效果如图 3-24 所示。

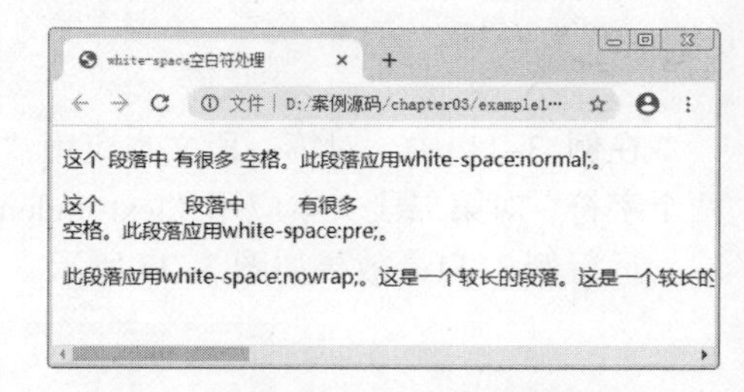

图3-24 white-space各属性值的效果

从图 3-24 可以看出，使用“white-space:pre;”定义的段落，会保留空白符，在浏览器中原样显示。使用“white-space:nowrap;”定义的段落未换行，并且浏览器窗口出现了滚动条。

（10）text-shadow：阴影效果

text-shadow 是 CSS3 新增属性，使用该属性可以为页面中的文本添加阴影效果。text-shadow 属性的基本语法格式如下。

```
选择器{text-shadow:h-shadow v-shadow blur color;}
```

在上面的语法格式中，h-shadow 用于设置阴影水平偏移的距离，v-shadow 用于设置阴影垂直偏移的距离，blur 用于设置模糊半径，color 用于设置阴影颜色。

下面通过一个案例来演示 text-shadow 属性的用法，如例 3-13 所示。

例 3-13　example13.html

```
1  <!doctype html>
2  <html>
3  <head>
4  <meta charset="utf-8">
5  <title>text-shadow 属性</title>
6  <style type="text/css">
7  P{
8       font-size: 50px;
9       text-shadow:10px 10px 10px red;/*设置文字阴影的距离、模糊半径和颜色*/
10 }
11 </style>
12 </head>
13 <body>
14 <p>Hello CSS3</p>
15 </body>
16 </html>
```

在例 3-13 中，第 9 行代码用于为文字添加阴影效果，设置阴影的水平和垂直偏移距离为 10px，模糊半径为 10px，阴影颜色为红色。

运行例 3-13，效果如图 3-25 所示。

图3-25　文字阴影效果

通过图 3-25 可以看出，文本右下方出现了模糊的红色阴影效果。需要说明的是，当设置阴影的水平偏移距离参数或垂直偏移距离参数为负值时，可以改变阴影的投射方向。

注意：

阴影的水平或垂直偏移距离参数可以设为负值，但阴影的模糊半径参数只能设置为正值，并且数值越大阴影向外模糊的范围也就越大。

多学一招：设置多个阴影叠加效果

可以使用 text-shadow 属性给文字添加多个阴影，从而产生阴影叠加的效果，方法为设置多组阴影参数，中间用逗号隔开。例如为例 3-13 中的段落设置红色和绿色阴影叠加的效果，可以将 p 标签的样式更改为：

```
P{
    font-size:32px;
    text-shadow:10px 10px 10px red,20px 20px 20px green;  /*红色和绿色的阴影叠加*/
}
```

在上面的代码中，为文本依次指定了红色和绿色的阴影效果，并设置了相应的位置和模糊数值。对应的效果如图 3-26 所示。

图3-26　阴影叠加效果

（11）text-overflow：标示对象内溢出文本

text-overflow 属性同样为 CSS3 的新增属性，该属性用于处理溢出的文本，其基本语法格式如下。

```
选择器{text-overflow:属性值;}
```

在上面的语法格式中，text-overflow 属性的常用取值有两个，具体解释如下。

- clip：修剪溢出文本，不显示省略标签“...”。
- ellipsis：用省略标签“...”替代被修剪文本，省略标签插入的位置是最后一个字符。

下面通过一个案例来演示 text-overflow 属性的用法，如例 3-14 所示。

例 3-14 example14.html

```
1  <!doctype html>
2  <html>
3  <head>
4  <meta charset="utf-8">
5  <title>text-overflow 属性</title>
6  <style type="text/css">
7  P{
8       width:200px;
9       height:100px;
10      border:1px solid #000;
11      white-space:nowrap;       /*强制文本不能换行*/
12      overflow:hidden;          /*修剪溢出文本*/
13      text-overflow:ellipsis;   /*用省略标签标示被修剪的文本*/
14 }
15 </style>
16 </head>
17 <body>
18 <p>把很长的一段文本中溢出的内容隐藏，出现省略号</p>
19 </body>
20 </html>
```

在例 3-14 中，第 11 行代码用于强制文本不能换行，第 12 行代码用于修剪溢出文本，第 13 行代码用省略标签标示被修剪的文本。

运行例 3-14，效果如图 3-27 所示。

通过图 3-27 可以看出，当文本内容溢出时，会显示省略标签标示溢出文本。需要注意的是，要实现省略号标示溢出文本的效果，“white-space:nowrap;”“overflow:hidden;”和“text-overflow:ellipsis;”这 3 个样式必须同时使用，缺一不可。

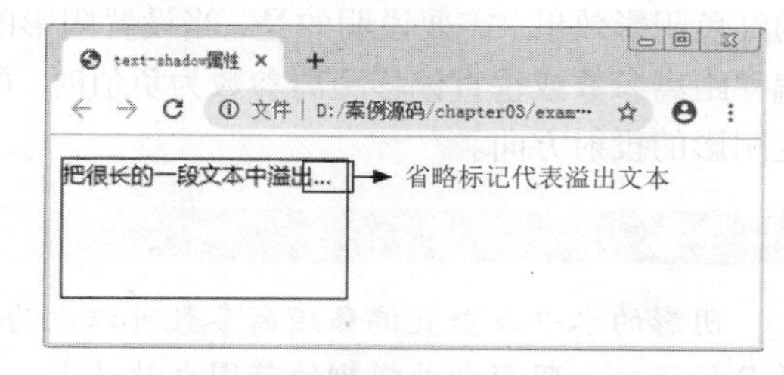

图3-27 省略标签标示溢出文本

总结例 3-14，可以得出设置省略标签标示溢出文本的具体步骤如下。

① 为包含文本的对象定义宽度。

② 应用“white-space:nowrap;”样式强制文本不能换行。

③ 应用“overflow:hidden;”样式隐藏溢出文本。

④ 应用“text-overflow:ellipsis;”样式显示省略标签。

（12）word-wrap 属性

word-wrap 是 CSS3 的新增属性，该属性用于实现长单词和 URL 地址的自动换行，其基本语法格式如下。

```
选择器{word-wrap:属性值;}
```

在上面的语法格式中，word-wrap 属性的取值有两种，如表 3-3 所示。

表 3-3 word-wrap 属性值

值	描述
normal	只在允许的断字点换行（浏览器保持默认处理）
break-word	在长单词或 URL 地址内部进行换行

下面通过一个 URL 地址换行的案例演示 word-wrap 属性的用法，如例 3-15 所示。

例 3-15 example15.html

```
1  <!doctype html>
2  <html>
3  <head>
4  <meta charset="utf-8">
```

```
5  <title>word-wrap 属性</title>
6  <style type="text/css">
7    p{
8        width:100px;
9        height:100px;
10       border:1px solid #000;
11     }
12     .break_word{word-wrap:break-word;}   /*网址在段落内部换行*/
13 </style>
14 </head>
15 <body>
16 <span>word-wrap:normal;</span>
17 <p>网页平面 ui 设计学院 http://icd.XXXXXXX.cn/</p>
18 <span>word-wrap:break-word;</span>
19 <p class="break_word">网页平面 ui 设计学院 http://icd.XXXXXXXXX.cn/</p>
20 </body>
21 </html>
```

在例 3-15 中，定义了两个包含网址的段落，对它们设置相同的宽度、高度，但对第 2 个段落应用“word-wrap:break-word;”样式，使得网址在段落内部可以换行。

运行例 3-15，效果如图 3-28 所示。

通过图 3-28 可以看出，当 word-wrap 属性值为 normal 即浏览器保持默认处理时，段落文本中的 URL 地址会溢出边框；当 word-wrap 属性值为 break-word 时，URL 地址会沿边框自动换行。

案例实现

1. 结构分析

图 3-16 所示的“美食专题栏目”由图像和文字两个部分构成，其中图像部分可以用<img />标签进行定义，文字部分用两个<p>标签定义。对于特殊显示的文本（如“导语”“详情”）等可使用文本格式化标签<em>和<strong>进行定义。效果图 3-16 对应的结构如图 3-29 所示。

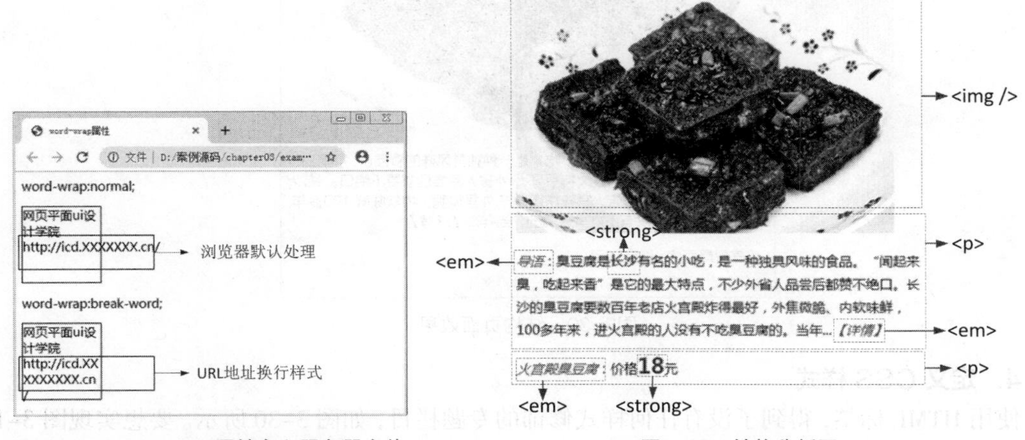

图3-28 word-wrap属性定义服务器字体　　图3-29 结构分析图

2. 样式分析

需要控制效果的图 3-16 所示样式主要分为以下 4 个部分。

（1）控制段落文本的字体（font-family）、字号（font-size）、行高（line-height）和首行文本缩进（text-indent）。

（2）控制特殊文本“导语”“详情”“火宫殿臭豆腐”的文本颜色（color）。

（3）控制特殊文本“长沙”“18”的文本颜色（color）。

（4）控制特殊文本“18”的字号（font-size）。

3. 制作页面结构

根据上面的分析，使用相应的 HTML 标签来搭建网页结构，如例 3-16 所示。

例 3-16　example16.html

```
 1  <!doctype html>
 2  <html><head>
 3  <meta charset="utf-8">
 4  <title>美食专题栏目</title>
 5  </head>
 6  <body>
 7  <img src="images/meishi.jpg" />
 8  <p>
 9       <em>导语</em>：臭豆腐是<strong>长沙</strong>有名的小吃，是一种独具风味的食品。“闻起来臭、吃起来香”是它的最大特点,不少外省人品尝后都赞不绝口。长沙的臭豆腐要数百年老店火宫殿炸得最好,外焦微脆、内软味鲜,100 多年来,进火宫殿的人没有不吃臭豆腐的。当年...<em>【详情】</em>
10  </p>
11  <p>
12       <em>火宫殿臭豆腐</em>：价格<strong>18</strong>元
13  </p>
14  </body>
15  </html>
```

运行例 3-16，效果如图 3-30 所示。

图3-30　结构页面效果

4. 定义 CSS 样式

使用 HTML 标签，得到了没有任何样式修饰的专题栏目，如图 3-30 所示。要想实现图 3-16 所示的效果，就需要使用 CSS 对文本进行控制。这里使用实际工作中最常用的外链式 CSS，具体步骤如下。

（1）新建 CSS 文件

新建一个 CSS 文件，命名为“style1.css”，保存在“example16.html”所在的文件夹中。

（2）引入样式表文件

在“example16.html”文件的<head>头部标签内，在<title>标签之后，书写以下 CSS 代码，引入外部样式表 style1.css。

```
<link rel="stylesheet" href="style1.css" type="text/css" />
```

（3）添加类名

为页面中需要单独控制的标签添加相应的类名，具体代码如下：

```
<p>
    <em class="blue">导语</em>：臭豆腐是<strong class="red">长沙</strong>有名的小吃，是一种独具风味的食品。“闻起来臭，吃起来香”是它的最大特点，不少外省人品尝后都赞不绝口。长沙的臭豆腐要数百年老店火宫殿炸得最好，外焦微脆、内软味鲜，100 多年来，进火宫殿的人没有不吃臭豆腐的。当年...<em class="blue">【详情】</em>
</p>
<p>
    <em class="blue">火宫殿臭豆腐</em>：价格<strong class="red money">18</strong>元
</p>
```

（4）书写 CSS 样式

书写 CSS 样式，具体代码如下：

```
@charset "utf-8";
/* CSS Document */
p{
    font-size:16px;                /*控制段落文本的字号*/
    font-family:"微软雅黑";        /*控制段落文本的字体*/
    line-height:28px;              /*控制段落文本的行高*/
    text-indent:em;                /*控制段落文本首行缩进*/
}
.blue{color:#33F;}                 /*特殊的蓝色文本*/
.red{color:#F00;}                  /*特殊的红色文本*/
.money{font-size:26px;}            /*18 的文本大小*/
```

这时，刷新页面，效果如图 3-31 所示。

图3-31　CSS控制美食专题栏目文本效果

3.3 【案例 6】搜索页面

案例描述

在日常工作和学习过程中，常常需要通过“百度”等搜索引擎查询一些名词、专业术语等。本节将通过 CSS 控制文本来模拟一个百度搜索页面，其效果如图 3-32 所示。

什么是CSS?—CSS教程

猴子提示: 可以通过简单更改CSS文件,改变网页的整体表现形式,从而减少我们的工作量,所以它是每一个网页设计人员的必修课.知道什么是CSS了,现在就开始学习CSS吧 ...

www.dreamdu.com/css/wh...-百度快照-85%好评

图3-32　“搜索页面”效果展示

知识引入

1. CSS 复合选择器

书写 CSS 样式表时，可以使用 CSS 基础选择器选中目标元素。但是在实际网站开发中，一个网页可能包含成千上万的元素，如果仅使用 CSS 基础选择器，是远远不够的。为此，CSS 提供了几种复合选择器，实现了更强、更方便的选择功能。复合选择器是由两个或多个基础选择器，通过不同的方式组合而成的，具体如下。

（1）标签指定式选择器

标签指定式选择器又称交集选择器，由两个选择器构成，其中第一个为标签选择器，第二个为 class 选择器或 id 选择器，两个选择器之间不能有空格，例如“h3.special”或“p#one”。

下面通过一个案例来进一步介绍标签指定式选择器，如例 3-17 所示。

例 3-17　example17.html

```
1  <!doctype html>
2  <html>
3  <head>
4  <meta charset="utf-8">
5  <title>标签指定式选择器的应用</title>
6  <style type="text/css">
7  p{ color:blue;}
8  .special{ color:green;}
9  p.special{ color:red;}    /*标签指定式选择器*/
10 </style>
11 </head>
12 <body>
13 <p>普通段落文本（蓝色）</p>
14 <p class="special">指定了.special 类的段落文本（红色）</p>
15 <h3 class="special">指定了.special 类的标题文本（绿色）</h3>
16 </body>
17 </html>
```

在例 3-17 中，分别定义了<p>标签和“.special”类的样式，此外还单独定义了“p.special”，用于控制特殊的样式。

运行例 3-17，效果如图 3-33 所示。

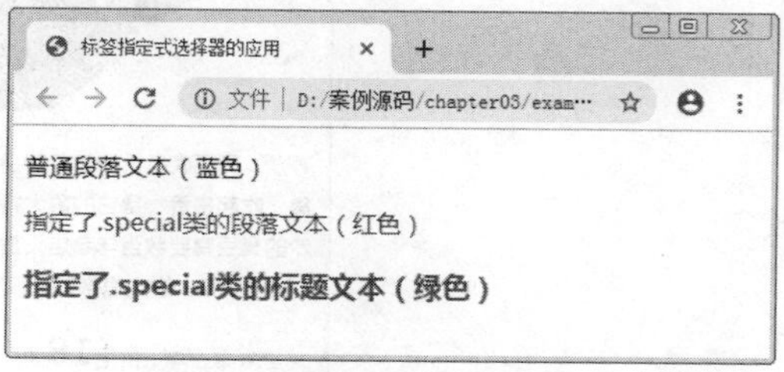

标签指定式选择器的应用

文件 | D:/案例源码/chapter03/exam···

普通段落文本（蓝色）

指定了.special类的段落文本（红色）

指定了.special类的标题文本（绿色）

图3-33　标签指定式选择器的应用效果

从图 3-33 可以看出，第二段文本变成了红色。可见标签选择器 p.special 定义的样式仅适用于<p class="special">标签，而不会影响使用了 special 类的其他标签。

（2）后代选择器

后代选择器用来选择元素或元素组的后代，其写法就是把外层标签写在前面，内层标签写在后面，中间用空格分隔。当标签发生嵌套时，内层标签就成为外层标签的后代。

例如，当<p>标签内嵌套<strong>标签时，就可以使用后代选择器对其中的<strong>标签进行控制，如例 3-18 所示。

例 3-18　example18.html

```
1  <!doctype html>
2  <html>
3  <head>
4  <meta charset="utf-8">
```

```
5  <title>后代选择器</title>
6  <style type="text/css">
7  p strong{color:red;}       /*后代选择器*/
8  strong{color:blue;}
9  </style>
10 </head>
11 <body>
12 <p>段落文本<strong>嵌套在段落中，使用 strong 标签定义的文本（红色）。</strong></p>
13 <strong>嵌套之外由 strong 标签定义的文本（蓝色）。</strong>
14 </body>
15 </html>
```

在例 3-18 中，定义了两个<strong>标签，并将第一个<strong>标签嵌套在<p>标签中，然后分别设置<strong>标签和"p strong"的样式。

运行例 3-18，效果如图 3-34 所示。

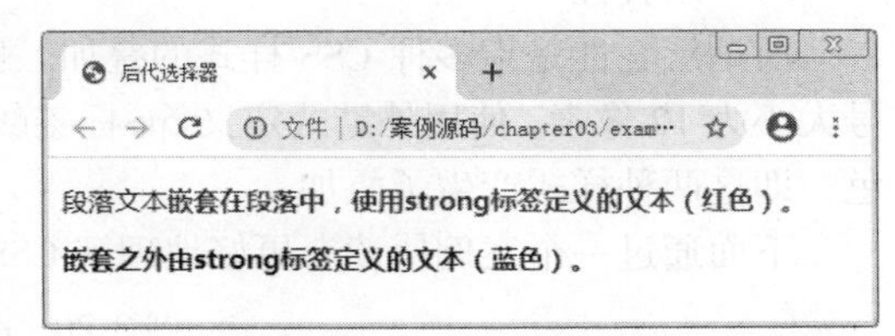

图3-34　后代选择器的应用

由图 3-34 容易看出，后代选择器"p strong"定义的样式仅仅适用于嵌套在<p>标签中的<strong>标签，其他的<strong>标签不受影响。

后代选择器不限于使用两个元素，如果需要加入更多的元素，只需在元素之间加上空格即可。如果例 3-18 中第 12 行代码的<strong>标签中还嵌套有一个<em>标签，要想控制这个<em>标签，就可以使用"p strong em"选中它。

（3）并集选择器

并集选择器是各个选择器通过逗号（英文状态）连接而成的，任何形式的选择器（包括标签选择器、类选择器和 id 选择器）都可以作为并集选择器的一部分。如果某些选择器定义的样式完全相同或部分相同，就可以利用并集选择器为它们定义相同的 CSS 样式。

例如在页面中有 2 个标题和 3 个段落，它们的字号和颜色相同。同时其中一个标题和两个段落文本有下画线效果，这时就可以使用并集选择器定义 CSS 样式，如例 3-19 所示。

例 3-19　example19.html

```
1  <!doctype html>
2  <html>
3  <head>
4  <meta charset="utf-8">
5  <title>并集选择器</title>
6  <style type="text/css">
7  h2,h3,p{color:red; font-size:14px;}                 /*不同标签组成的并集选择器*/
8  h3,.special,#one{text-decoration:underline;}   /*标签、类、id 组成的并集选择器*/
9  </style>
10 </head>
11 <body>
12 <h2>二级标题文本。</h2>
13 <h3>三级标题文本，加下画线。</h3>
14 <p class="special">段落文本 1，加下画线。</p>
15 <p>段落文本 2，普通文本。</p>
16 <p id="one">段落文本 3，加下画线。</p>
17 </body>
18 </html>
```

在例 3-19 中，首先使用由不同标签通过逗号连接而成的并集选择器"h2,h3,p"，控制所有标题和段落的字号和颜色。然后使用由标签、类、id 通过逗号连接而成的并集选择器"h3,.special,#one"，定义某些文本的下画线效果。

运行例 3-19，效果如图 3-35 所示。

由图 3-35 可以看出，使用并集选择器定义样式与对各个基础选择器单独定义的样式效果完全相同，而且这种方式书写的 CSS 代码更简洁、高效。

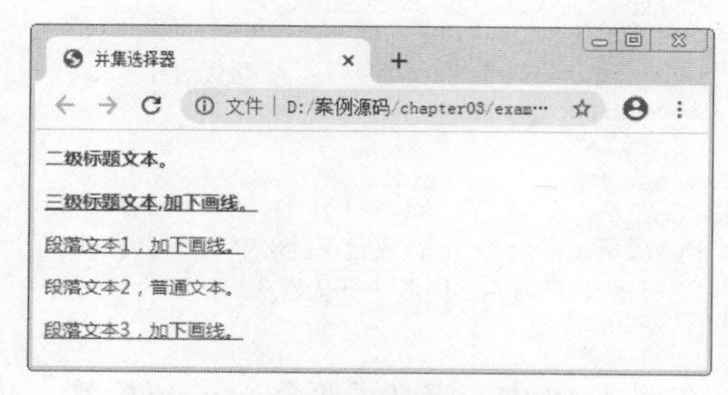

图3-35　并集选择器的应用效果

2. CSS 层叠性和继承性

CSS是层叠式样式表的简称，层叠性和继承性是其基本特征。对于网页设计师来说，应深刻理解和灵活运用这两种特性。

（1）层叠性

所谓层叠性是指多种 CSS 样式的叠加。例如，如果使用内嵌式 CSS 样式表定义<p>标签字号大小为 12 像素，使用外链式定义<p>标签颜色为红色，那么段落文本显示样式为 12 像素和红色，即这两种样式产生了叠加。

下面通过一个案例使读者更好地理解 CSS 的层叠性，如例 3-20 所示。

例 3-20　example20.html

```
1  <!doctype html>
2  <html>
3  <head>
4  <meta charset="utf-8">
5  <title>CSS 层叠性</title>
6  <style type="text/css">
7  p{
8     font-size:12px;
9     font-family:"楷体";
10 }
11 .special{ font-size:16px;}
12 #one{ color:red;}
13 </style>
14 </head>
15 <body>
16 <p class="special" id="one">段落文本 1</p>
17 <p>段落文本 2</p>
18 <p>段落文本 3</p>
19 </body>
20 </html>
```

在例 3-20 中，定义了 3 个<p>标签，并通过标签选择器统一设置段落的字号和字体，然后通过类选择器和 id 选择器为第一个<p>标签单独定义字号和颜色。

运行例 3-20，效果如图 3-36 所示。

图3-36　CSS层叠性

从图 3-36 容易看出，段落文本 1 显示了标签选择器 p 定义的字体“楷体”，id 选择器“#one”定义的颜色“红色”，类选择器“.special”定义的字号 16px，即这 3 个选择器定义的样式产生了叠加。

需要注意的是，例 3-20 中，标签选择器 p 和类选择器“.special”都定义了“段落文本 1”的字号，而实际显示的效果是类选择器“.special”定义的 16px。这是因为类选择器的优先级高于标签选择器。关于优先级这里只需了解，在后面“CSS 优先级”中将具体讲解。

（2）继承性

继承性是指书写 CSS 样式表时，子标签会继承父标签的某些样式，例如文本颜色和字号。如果定义主体元素 body 的文本颜色为黑色，那么页面中所有的文本都将显示为黑色，这是因为其他的标签都嵌套在<body>标签中，是<body>标签的子标签。

继承性非常有用，它使网页设计师不必在元素的每个后代上添加相同的样式。如果设置的属性是一个可继承的属性，只需将它应用于父元素即可，例如下面的代码：

```
p,div,h1,h2,h3,h4,ul,ol,dl,li{color:black;}
```

就可以写成：

```
body{ color:black;}
```

第二种写法可以达到相同的控制效果，且代码更简洁（第一种写法中有一些陌生的标签，了解即可，在后面的章节将会详细介绍）。

恰当地使用继承可以简化代码，降低CSS样式的复杂性。但是，如果在网页中所有的元素都大量继承样式，那么判断样式的来源就会很困难，所以对于字体、文本属性等网页中通用的样式可以使用继承。例如，字体、字号、颜色、行距等可以在body元素中统一设置，然后通过继承影响文档中所有文本。

并不是所有的CSS属性都可以继承，例如，以下面属性就不具有继承性。

- 边框属性。
- 外边距属性。
- 内边距属性。
- 背景属性。
- 定位属性。
- 布局属性。
- 元素宽高属性。

注意：

当为body元素设置字号属性时，标题文本不会采用这个样式，读者可能会认为标题没有继承文本字号，这种想法是不正确的。标题文本之所以不采用body元素设置的字号，是因为标题标签<h1>～<h6>有默认字号样式，这时默认字号覆盖了继承的字号。

3. CSS优先级

定义CSS样式时，经常出现两个或更多样式规则应用在同一元素的情况，这时就会出现优先级的问题，应用的元素此时该显示哪种样式呢？下面将对CSS优先级进行具体讲解。

为了了解CSS优先级，首先来看一个具体的例子，其CSS样式代码如下。

```
p{ color:red;}               /*标签样式*/
.blue{ color:green;}         /*class样式*/
#header{ color:blue;}        /*id样式*/
```

对应的HTML结构为：

```
<p id="header" class="blue">
    帮帮我，我到底显示什么颜色？
</p>
```

在上面的例子中，使用不同的选择器对同一个标签设置文本颜色，这时浏览器会根据选择器的优先级规则解析CSS样式。其实CSS为每一种基础选择器都分配了一个权重，可以通过数值为其匹配权重。假如标签选择器权重为1，类选择器权重可以为10，id选择器权重为100。这样id选择器#header就具有最大的优先级，因此文本显示为蓝色。

对于由多个基础选择器构成的复合选择器（并集选择器除外），其权重为这些基础选择器权重的叠加。例如下面的CSS代码：

```
p strong{color:black}              /*权重为:1+1*/
strong.blue{color:green;}          /*权重为:1+10*/
.father strong{color:yellow}       /*权重为:10+1*/
p.father strong{color:orange;}     /*权重为:1+10+1*/
p.father .blue{color:gold;}        /*权重为:1+10+10*/
```

```
#header strong{color:pink;}       /*权重为:100+1*/
#header strong.blue{color:red;}  /*权重为:100+1+10*/
```

对应的 HTML 结构为：

```
<p class="father" id="header" >
    <strong class="blue">文本的颜色</strong>
</p>
```

这时，页面文本将应用权重最高的样式，即文本颜色为红色。

此外，在考虑权重时，还需要注意一些特殊的情况，具体如下。

- 继承样式的权重为 0。即在嵌套结构中，不管父元素样式的权重多大，被子元素继承时，它的权重都为 0，也就是说子元素定义的样式会覆盖继承来的样式。

例如下面的 CSS 样式代码：

```
strong{color:red;}
#header{color:green;}
```

对应的 HTML 结构为：

```
<p id="header" class="blue">
    <strong>继承样式不如自己定义</strong>
</p>
```

在上面的代码中，虽然#header 权重为 100，但被 strong 继承时权重为 0，而 strong 选择器的权重虽然仅为 1，但它大于继承样式的权重，所以页面中的文本显示为红色。

- 行内样式优先。应用 style 属性的元素，其行内样式的权重非常高，可以理解为远大于 100。总之，它的权重比上面提到的选择器都大。
- 权重相同时，CSS 遵循就近原则。也就是说靠近元素的样式具有最大的优先级，或者说排在最后的样式优先级最大。例如：

```
/*CSS 文档，文件名为 style.css*/
#header{color:red;}        /*外部样式*/
```

HTML 文档结构如下。

```
1  <!doctype html>
2  <html>
3  <head>
4  <meta charset="utf-8">
5  <title>CSS 优先级</title>
6  <link rel="stylesheet" href="style.css" type="text/css"/>
7  <style type="text/css">
8  #header{color:gray;}       /*内嵌式样式*/
9  </style>
10 </head>
11 <body>
12 <p id="header">权重相同时，就近优先</p>
13 </body>
14 </html>
```

上面的页面被解析后，段落文本将显示为灰色，即内嵌式样式优先，这是因为内嵌样式比链入的外部样式更靠近 HTML 元素。同样的道理，如果同时引用两个外部样式表，则排在下面的样式表具有较大的优先级。

如果此时将内嵌样式更改为：

```
p{color:gray;}        /*内嵌式样式*/
```

此时权重不同，#header 的权重更高，文字将显示为外部样式定义的红色。

- CSS 定义了一个“!important”命令，该命令被赋予最大的优先级。也就是说不管权重的大小、位置的远近，使用“!important”的标签都具有最大优先级。例如：

```
/*CSS 文档，文件名为 style.css*/
#header{color:red!important;}       /*外部样式表*/
```

HTML 文档结构如下。

```
1  <!doctype html>
2  <html>
3  <head>
4  <meta charset="utf-8">
```

```
5  <title>!important 命令最优先</title>
6  <link rel="stylesheet" href="style.css" type="text/css" />
7  <style type="text/css">
8  #header{ color:gray;}
9  </style>
10 </head>
11 <body>
12 <p id="header" style="color:yellow"><!--行内式 CSS 样式-->
13     天王盖地虎，!important 命令最优先
14 </p>
15 </body>
16 </html>
```

该页面被解析后，段落文本显示为红色，即使用“!important”命令的样式拥有最大的优先级。需要注意的是，“!important”命令必须位于属性值和分号之间，否则无效。

复合选择器权重的叠加并不是简单的数字之和。下面通过一个案例来具体说明，如例3-21所示。

例3-21　example21.html

```
1  <!doctype html>
2  <html>
3  <head>
4  <meta charset="utf-8">
5  <title>复合选择器权重的叠加</title>
6  <style type="text/css">
7  .inner{ text-decoration:line-through;}     /*类选择器定义删除线，权重为10*/
8  div div div div div div div div div div div{ text-decoration:underline;}
9  /*后代选择器定义下画线，权重为11个1的叠加*/
10 </style>
11 </head>
12 <body>
13 <div>
14     <div><div><div><div><div><div><div><div><div>
15 <div class="inner">文本的样式</div>
16     </div></div></div></div></div></div></div></div></div>
17 </div>
18 </body>
19 </html>
```

在例3-21中共使用了11对<div>标签（div是HTML中常用的一种布局标签，后面章节将会具体介绍），它们层层嵌套，对最里层的<div>定义类名inner。

这时可以使用类选择器或后代选择器定义最里层div的样式，如第7~8行代码所示。那么浏览器中文本的样式到底如何呢？如果仅仅将基础选择器的权重相加，后代选择器div div div div div div div div div div div（包含11层div）的权重为11，大于类选择器.inner的权重10，文本将添加下画线。

运行例3-21，效果如图3-37所示。

在图3-37中，文本并没有像预期的那样添加下画线，而显示了类选择器.inner定义的删除线，即类选择器.inner的权重大于后代选择器div div div div div div div div div div div。无论再在外层添加多少个div标签，即复合选择器的权重无论为多少个标签选择器权重的叠加，都不会高于类选择器。同理，复合选择器的权重无论为多少个类选择器和标签选择器权重的叠加，都不会高于id选择器。

图3-37　复合选择器的权重

案例实现

1. 结构分析

图3-32所示的“搜索页面”由标题和正文两个部分构成，其中标题部分可以用<h2>标签

进行定义，正文部分用两个<p>标签定义。对于特殊显示的文本“什么是 CSS”、“CSS”等可使用文本格式化标签<em>进行定义。图 3-32 对应的结构如图 3-38 所示。

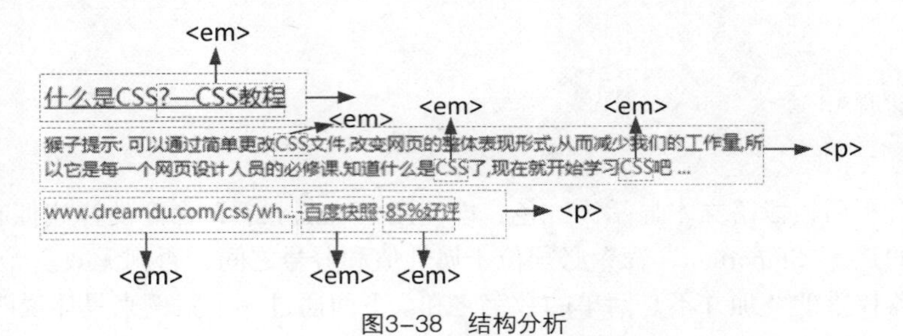

图3-38　结构分析

2. 样式分析

实现图 3-32 所示样式的思路如下。

① 给<body>标签设置字体、字号和颜色样式。这样由于 CSS 的继承性，页面中的文本都会继承这些特性。

② 使用选择器选择样式特殊的文本，单独进行控制。

3. 制作页面结构

根据上面的分析，使用相应的 HTML 标签来搭建网页结构，如例 3-22 所示。

例 3-22　example22.html

```
 1 <!doctype html>
 2 <html>
 3 <head>
 4 <meta charset="utf-8">
 5 <title>搜索页面</title>
 6 </head>
 7 <body>
 8 <h2>
 9      什么是 CSS<em>?—CSS 教程</em>
10 </h2>
11 <p>
12 猴子提示：可以通过简单更改<em>CSS</em>文件,改变网页的整体表现形式,从而减少我们的工作量,所以它是每一个网页设计人员的必修课.知道什么是<em>CSS</em>了,现在就开始学习<em>CSS</em>吧 ...
13 </p>
14 <p>
15      <em>www.dreamdu.com/css/wh...</em>-<em>百度快照</em>-<em>85%好评</em>
16 </p>
17 </body>
18 </html>
```

运行例 3-22，效果如图 3-39 所示。

4. 定义 CSS 样式

下面使用 CSS 对图 3-39 所示的页面进行修饰，实现图 3-32 所示效果。这里使用内嵌式 CSS 样式，具体步骤如下。

（1）添加类名

```
<h2 class="header">
    什么是 CSS<em>?—CSS 教程</em>
</h2>
<p>
猴子提示：可以通过简单更改<em class="red">CSS</em>文件,改变网页的整体表现形式,从而减少我们的工作量,所以它是每一个网页设计人员的必修课.知道什么是<em class="red">CSS</em>了,现在就开始学习<em class="red">CSS</em>吧 ...
</p>
<p>
```

```
    <em class="green">www.dreamdu.com/css/wh...</em>-<em class="gray">百度快照</em>-<em class=
"gray">85%好评</em>
</p>
```

（2）定义基础样式

```
body{font-family:'微软雅黑'; font-size:14px; color:#333;}   /*全局控制*/
em{font-style:normal;}                                    /*整体控制页面中的 em*/
```

（3）控制标题部分

```
.header{                /* 控制标题 */
    font-size:18px;
    color:#D52D2D;
    text-decoration:underline;
    font-weight:normal;
}
.header em{             /* 控制标题中的蓝色文本 */
    color:#2525D3;
    text-decoration:underline;
}
```

（4）控制文本

控制正文中的红色、绿色、灰色文本，CSS 代码如下：

```
.red{color:#D52D2D;}
.green{color:#167A16;}
.gray{
    color:#595959;
    text-decoration:underline;
}
```

至此，完成图 3-32 所示的搜索页面的 CSS 样式部分。这时，刷新页面，效果如图 3-40 所示。

图3-39　HTML结构页面效果

图3-40　CSS控制搜索页面效果

3.4　动手实践

学习完前面的内容，下面来动手实践一下吧。

运用 CSS 选择器、CSS 文本相关样式及高级特性实现图 3-41 所示的宣传页面。

图3-41　“宣传页面”效果展示

第 4 章

运用盒子模型划分网页模块

学习目标

★ 掌握盒子的相关属性，能够制作常见的盒子模型效果。

★ 掌握背景属性的设置方法，能够设置背景颜色和图像。

★ 理解渐变属性的原理，能够设置渐变背景。

★ 掌握元素类型的分类，能够进行元素类型的转换。

盒子模型是网页布局的基础，只有掌握了盒子模型的各种规律和特征，才可以更好地控制网页中各个元素所呈现的效果。本章将对盒子模型的概念、盒子相关属性进行详细讲解。

4.1 【案例 7】音乐盒

案例描述

音乐可以陶冶情操，为人们带来听觉上的享受，随着互联网的普及，在网络上听音乐变得越来越方便。本节将通过盒子模型及其边框属性制作一个“音乐盒”，其效果如图 4–1 所示。

图4–1 “音乐盒”效果展示

知识引入

1. 认识盒子模型

在浏览网站时，会发现页面的内容都是按照区域划分的。在页面中，每一块区域分别承载不同的内容，使得网页的内容虽然零散，但是在版式排列上依然清晰有条理。例如图 4–2 所示的设计类网站。

在图 4–2 所示的网站页面中，这些承载内容的区域被称为盒子模型。盒子模型就是把 HTML 页面中的元素看作是一个方形的盒子，也就是一个盛装内容的容器。每个方形都由元素的内容、内边距（padding）、边框（border）和外边距（margin）组成。

图4-2　设计类网站

为了更形象地认识 CSS 盒子模型，首先从生活中常见的手机盒子的构成说起。一个完整的手机盒子通常包含手机、填充泡沫和盛装手机的纸盒。如果把手机想象成 HTML 元素，那么手机盒子就是一个 CSS 盒子模型，其中手机为 CSS 盒子模型的内容，填充泡沫的厚度为 CSS 盒子模型的内边距，纸盒的厚度为 CSS 盒子模型的边框，如图 4-3 所示。当多个手机盒子放在一起时，它们之间的距离就是 CSS 盒子模型的外边距。

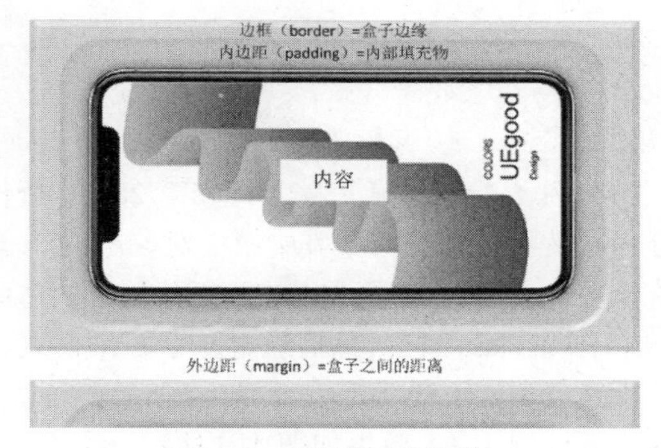

图4-3　手机盒子的构成

网页中所有的元素和对象都是由图 4-3 所示的基本结构组成，并呈现出矩形的盒子效果。在浏览器中，网页就是由多个盒子嵌套排列组成的。其中，内边距出现在内容区域的周围，当给元素添加背景色或背景图像时，该元素的背景色或背景图像也将出现在内边距中，外边距是该元素与相邻元素之间的距离，如果给元素定义边框属性，边框将出现在内边距和外边距之间。

需要注意的是，虽然盒子模型拥有内边距、边框、外边距、宽和高这些基本属性，但是并不要求每个元素都必须定义这些属性。

2. <div>标签

div 英文全拼为“division”，译为中文是“分割、区域”。<div>标签就是一个块标签，可以实现网页的规划和布局。在 HTML 文档中，页面会被划分为很多区域，不同区域显示不同的内容，例如导航栏、banner、内容区等，这些区块一般都通过<div>标签进行分隔。

可以在<div>标签中设置外边距、内边距、宽和高，同时内部可以容纳段落、标题、表格、图像等各种网页元素，也就是说大多数 HTML 标签都可以嵌套在<div>标签中，<div>中还可以嵌套多层<div>。<div>标签非常强大，通过与 id、class 等属性结合设置 CSS 样式，可以替代大多数的块级文本标签。

下面通过一个案例来演示<div>标签用法，如例 4–1 所示。

例 4-1 example01.html

```
1  <!doctype html>
2  <html>
3  <head>
4  <meta charset="utf-8">
5  <title>div 标签</title>
6  <style type="text/css">
7  .one{
8      width:600px;                /*盒子模型的宽度*/
9      height:50px;                /*盒子模型的高度*/
10     background:aqua;            /*盒子模型的背景*/
11     font-size:20px;             /*设置字体大小*/
12     font-weight:bold;           /*设置字体加粗*/
13     text-align:center;          /*文本内容水平居中对齐*/
14     }
15 .two{
16     width:600px;                /*设置宽度*/
17     height:100px;            /*设置高度*/
18     background:lime;            /*设置背景颜色*/
19     font-size:14px;             /*设置字体大小*/
20     text-indent:2em;            /*设置首行文本缩进 2 字符*/
21     }
22 </style>
23 </head>
24 <body>
25 <div class="one">
26 用 div 标签设置标题文本
27 </div>
28 <div class="two">
29 <p>div 标签中嵌套 P 标签的文本内容</p>
30 </div>
31 </body>
32 </html>
```

在例 4–1 中，第 25~27 行和第 28~30 行代码分别定义了两对<div>，其中第 2 对<div>中嵌套段落标签<p>。第 25 行和第 28 行代码分别对两对<div>添加 class 属性，然后通过 CSS 控制其宽、高、背景颜色和文字样式等。

运行例 4–1，效果如图 4–4 所示。

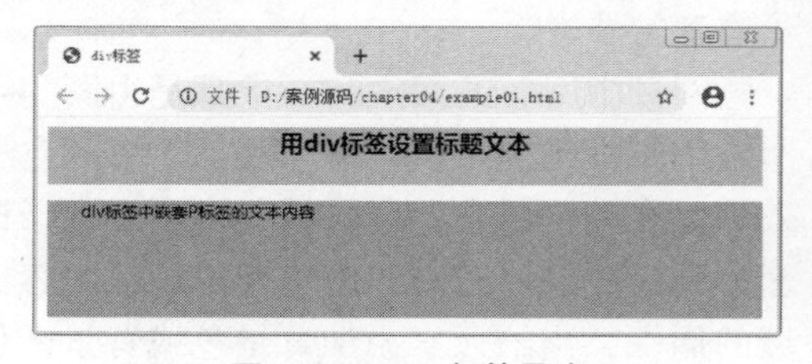

图4–4 <div>标签用法

从图 4–4 中可以看出，通过为<div>标签设置相应的 CSS 样式实现了预期的效果。

注意：

① <div>标签最大的意义在于与浮动属性 float 配合，实现网页的布局，即常说的 DIV+CSS 网页布局。对于浮动和布局这里了解即可，后面的章节将会详细介绍。

② <div>可以替代块级元素（如<h>、<p>等），但是它们在语义上有一定的区别。例如，<div>和<h2>的不同在于<h2>具有特殊的含义，语义较重，代表着标题，而<div>是一个通用的块级元素，主要用于布局。

3. 边框属性

为了分割页面中不同的盒子，常常需要给元素设置边框效果。在 CSS 中边框属性包括边框样式属性（border–style）、边框宽度属性（border–width）、边框颜色属性（border–color）、单侧边框的属性、边框的综合属性，如表 4–1 所示。

表 4-1　CSS 边框属性

设置内容	样式属性	常用属性值
上边框	border-top-style:样式;	
	border-top-width:宽度;	
	border-top-color:颜色;	
	border-top:宽度样式颜色;	
下边框	border-bottom-style:样式;	
	border- bottom-width:宽度;	
	border- bottom-color:颜色;	
	border-bottom:宽度样式颜色;	
左边框	border-left-style:样式;	
	border-left-width:宽度;	
	border-left-color:颜色;	
	border-left:宽度样式颜色;	
右边框	border-right-style:样式;	
	border-right-width:宽度;	
	border-right-color:颜色;	
	border-right:宽度样式颜色;	
样式综合设置	border-style:上边 [右边 下边 左边];	none（默认）、solid、dashed、dotted、double
宽度综合设置	border-width:上边 [右边 下边 左边];	像素值
颜色综合设置	border-color:上边 [右边 下边 左边];	颜色英文单词、#十六进制颜色值、rgb(r,g,b)、rgb(r%,g%,b%)
边框综合设置	border:四边宽度 四边样式 四边颜色;	

仅通过表 4–1 的简单解释，初学者可能很难理解边框属性的应用技巧，下面将详细讲解边框属性。

（1）边框样式

边框样式用于定义页面中边框的风格，在 CSS 属性中，border–style 属性用于设置边框样式，其常用属性值如下。

- none：没有边框，即忽略所有边框的宽度（默认值）。
- solid：边框为单实线。
- dashed：边框为虚线。
- dotted：边框为点线。
- double：边框为双实线。

例如，想要定义边框显示为双实线，可以书写以下代码样式：

```
border-style:double;
```

在设置边框样式时，可以对盒子的单边进行设置，具体格式如下。

```
border-top-style:上边框样式;
border-right-style:右边框样式;
border-bottom-style:下边框样式;
border-left-style:左边框样式;
```

同时，为了避免代码过于冗余，也可以综合设置四条边的样式，具体格式如下。

```
border-style:上边框样式 右边框样式 下边框样式 左边框样式;
border-style:上边框样式 左右边框样式 下边框样式;
border-style:上下边框样式 左右边框样式;
border-style:上下左右边框样式;
```

观察上面的代码格式会发现，在综合设置边框样式时，其属性值可以设置 1~4 个。当设置 4 个属性值时，边框样式的写法会按照上、右、下、左的顺时针顺序排列。当省略某个属性值时，边框样式会采用值复制的原则，将省略的属性值默认为某一边的样式。设置 3 个属性值时，为上、左右、下；设置 2 个属性值时，为上下和左右，设置 1 个属性值，为四条边的公用样式。

了解了边框样式的相关属性后，下面通过一个案例来演示其用法和效果。新建 HTML 页面，并在页面中添加标题和段落文本，然后通过边框样式属性控制标题和段落的边框效果，如例 4-2 所示。

例 4-2　example02.html

```
1  <!doctype html>
2  <html>
3  <head>
4  <meta charset="utf-8">
5  <title>设置边框样式</title>
6  <style type="text/css">
7  h2{ border-style:double;}              /*4 条边框相同——双实线*/
8  .one{
9       border-top-style:dotted;         /*上边框——点线*/
10      border-bottom-style:dotted;      /*下边框——点线*/
11      border-left-style:solid;         /*左边框——单实线*/
12      border-right-style:solid;        /*右边框——单实线*/
13    /*上面 4 行代码等价于：border-style:dotted solid;*/
14 }
15 .two{
16      border-style:solid dotted dashed; /*上实线、左右点线、下虚线*/
17 }
18 </style>
19 </head>
20 <body>
21 <h2>边框样式——双实线</h2>
22 <p class="one">边框样式——上下为点线、左右为单实线</p>
23 <p class="two">边框样式——上边框单实线、左右点线、下边框虚线</p>
24 </body>
25 </html>
```

在例 4-2 中，使用边框样式 border-style 属性，设置标题和段落文本的边框样式。其中标题设置了一个边框属性值，类名为“one”的文本用单边框属性设置样式，类名为“two”的文本用综合边框属性设置样式。

运行例 4-2，效果如图 4-5 所示。

需要注意的是，由于兼容性的问题，在不同的浏览器中点线（dotted）和虚线（dashed）的显示样式可能会略有差异。图 4-6 为例 4-2 在火狐浏览器中的预览效果，其中虚线（dashed）显示效果要比谷歌浏览器稀疏。

图4-5　谷歌浏览器中的边框效果

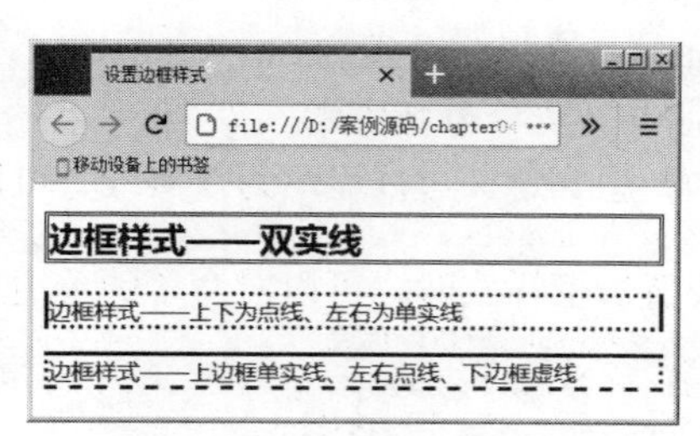

图4-6　火狐浏览器中的边框效果

（2）边框宽度

border-width 属性用于设置边框的宽度，其常用取值单位为像素（px）。与边框样式一样，边框宽度也可以针对四条边分别设置，或综合设置四条边的宽度，具体如下。

```
border-top-width：上边框宽度；
border-right-width：右边框宽度；
border-bottom-width：下边框宽度；
border-left-width：左边框宽度；
border-width：上边框宽度 [右边框宽度 下边框宽度 左边框宽度]；
```

综合设置四边宽度必须按上右下左的顺时针顺序采用值复制，即一个值为四边，两个值为上下和左右，三个值为上、左右、下。

了解了边框宽度属性后，下面通过一个案例来演示其用法。新建 HTML 页面，并在页面中添加段落文本，然后通过边框宽度属性对段落进行控制，如例 4-3 所示。

例 4-3　example03.html

```
1  <!doctype html>
2  <html>
3  <head>
4  <meta charset="utf-8">
5  <title>设置边框宽度</title>
6  <style type="text/css">
7  p{
8       border-width:1px;          /*综合设置 4 边宽度*/
9       border-top-width:3px;      /*设置上边框宽度覆盖*/
10      /*上面 2 行代码等价于 border-width:3px 1px 1px; */
11 }
12 </style>
13 </head>
14 <body>
15 <p>边框宽度——上 3px、下左右 1px，边框样式——单实线。</p>
16 </body>
17 </html>
```

在例 4-3 中，先综合设置四边的边框宽度，然后单独设置上边框宽度进行覆盖，使上边框的宽度不同。

运行例 4-3，效果如图 4-7 所示。

在图 4-7 中，段落文本并没有像预期的一样添加边框效果。这是因为在设置边框宽度时，必须同时设置边框样式，如果未设置样式或设置为 none，则不论宽度设置为多少都无效。

在例 4-3 的 CSS 代码中，为<p>标签添加边框样式，代码如下。

```
border-style:solid;        /*综合设置边框样式*/
```

保存 HTML 文件，刷新网页，效果如图 4-8 所示。在图 4-8 中，段落文本添加了预期的边框效果。

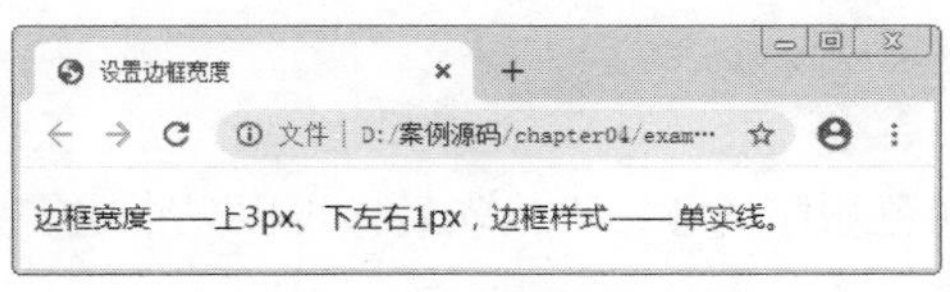

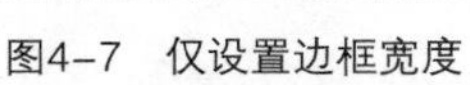
图4-7　仅设置边框宽度

图4-8　同时设置边框宽度和样式

（3）设置边框颜色

border-color 属性用于设置边框的颜色，其取值可为预定义的颜色英文单词（如 red、blue）、十六进制颜色值#RRGGBB（如#FF0000 或#F00）或 RGB 模式 rgb(r,g,b)（如 rgb(0,255,0)括号里是颜色色值或百分比），实际工作中最常用的是十六进制颜色值。

边框的默认颜色为元素本身的文本颜色，对于没有文本的元素，例如只包含图像的表格，其默认边框颜色为父元素的文本颜色。边框颜色的单边和综合设置方式与边框样式和宽度相同，具体如下。

```
border-top-color:上边框颜色;
border-right-color:右边框颜色;
border-bottom-color:下边框颜色;
border-left-color:左边框颜色;
border-color:上边框颜色 [右边框颜色 下边框颜色 左边框颜色];
```

综合设置四边颜色必须按顺时针顺序采用值复制原则，即一个值为四边，两个值为上下和左右，三个值为上、左右、下。

例如设置段落的边框样式为实线，上下边为灰色，左右边为红色，代码如下。

```
p{
    border-style:solid;          /*综合设置边框样式*/
    border-color:#CCC #FF0000;   /*设置边框颜色：两个值分别为上下、左右边框颜色*/
}
```

再如设置二级标题的边框样式为实线，且下边框为红色，其余边框采用默认文本的颜色，代码如下。

```
h2{
    border-style:solid;          /*综合设置边框样式*/
    border-bottom-color:red;     /*单独设置下边框颜色*/
}
```

注意：

① 设置边框颜色时同样必须设置边框样式，如果未设置样式或设置为 none，则其他的边框属性无效。

② 使用 RGB 模式设置颜色时，如果括号里面的数值为百分比，必须把“0”也加上百分号，写作“0%”。

多学一招：巧用边框透明色（transparent）

CSS2.1 将元素背景延伸到了边框，同时增加了 transparent 透明色。如果需要将已有的边框设置为暂时不可见，可使用“border-color:transparent;”，这时如同没有边框，看到的是背景色，需要边框可见时再设置相应的颜色，这样可以保证元素的区域不发生变化。这种方式与取消边框样式不同，取消边框样式时，虽然边框也不可见，但是这时边框的宽度为 0，即元素的区域发生了变化。

（4）综合设置边框

使用 border-style、border-width、border-color 虽然可以实现丰富的边框效果，但是采用这种方式编写的代码烦琐，且不便于阅读。其实 CSS 提供了更简单的边框设置方式，具体设置方式如下。

```
border-top:上边框宽度样式颜色;
border-right:右边框宽度样式颜色;
border-bottom:下边框宽度样式颜色;
border-left:左边框宽度样式颜色;
border:四边宽度样式颜色;
```

上面的设置方式中，边框的宽度、样式、颜色顺序任意，不分先后，可以只指定需要设置的属性，省略的部分将格式取默认值（样式不能省略）。

当每一侧的边框样式都不同，或者只需单独定义某一侧的边框样式时，可以使用单侧边框的综合设置样式属性 border-top、border-bottom、border-left 或 border-right。例如单独定义段落的上边框，代码如下。

```
p{ border-top:2px solid #CCC;}     /*定义上边框，各个值顺序任意*/
```

该样式将段落的上边框设置为 2 像素、单实线、灰色，其他各边的边框按默认值不可见，这段代码等价于：

```
p{
    border-top-style:solid;
```

```
    border-top-width:2px;
    border-top-color:#CCC;
}
```

当四条边的边框样式都相同时，可以使用 border 属性进行综合设置。例如，将二级标题的边框设置为双实线、红色、3 像素宽，代码如下。

```
h2{border:3px double red;}
```

像 border、border-top 等这样，能够一个属性定义元素的多种样式，在 CSS 中称之为复合属性。常用的复合属性有 font、border、margin、padding 和 background 等。实际工作中常使用复合属性，它可以简化代码，提高页面的运行速度，但是如果只设置一个属性值，最好不要应用复合属性，以免样式不被兼容。

为了使初学者更好地理解复合属性，下面对标题、段落和图像分别应用 border 相关的复合属性设置边框，如例 4-4 所示。

例 4-4　example04.html

```
1  <!doctype html>
2  <html>
3  <head>
4  <meta charset="utf-8">
5  <title>综合设置边框</title>
6  <style type="text/css">
7  h2{
8      border-bottom:5px double blue;          /*border-bottom 复合属性设置下边框*/
9      text-align:center;
10 }
11 .text{                                     /*单侧复合属性设置各边框*/
12     border-top:3px dashed #F00;
13     border-right:10px double #900;
14     border-bottom:3px dotted #CCC;
15     border-left:10px solid green;
16 }
17 .pingmian{                                 /*border 复合属性设置各边框相同*/
18     border:15px solid #CCC;
19 }
20 </style>
21 </head>
22 <body>
23 <h2>设置边框属性</h2>
24 <p class="text">该段落使用单侧边框的综合属性，分别给上、右、下、左四个边设置不同的样式。</p>
25 <img class="pingmian" src="images/pingmian.jpg" alt="图片" />
26 </body>
27 </html>
```

在例 4-4 中，使用边框的单侧复合属性设置二级标题和段落文本，其中二级标题添加下边框，段落文本的各侧边框样式都不同，然后使用复合属性 border，为图像设置四条相同的边框。

运行例 4-4，效果如图 4-9 所示。

图4–9　综合设置边框

案例实现

1. 结构分析

图 4–1 所示的“音乐盒”可以看作一个大盒子，用<div>标签进行定义。大盒子的上面为文本内容，可以通过在<div>标签中嵌套<h2>和<p>标签来实现；大盒子的下面为图像，通过在<div>标签中嵌套<img />标签来实现。图 4–1 对应的结构如图 4–10 所示。

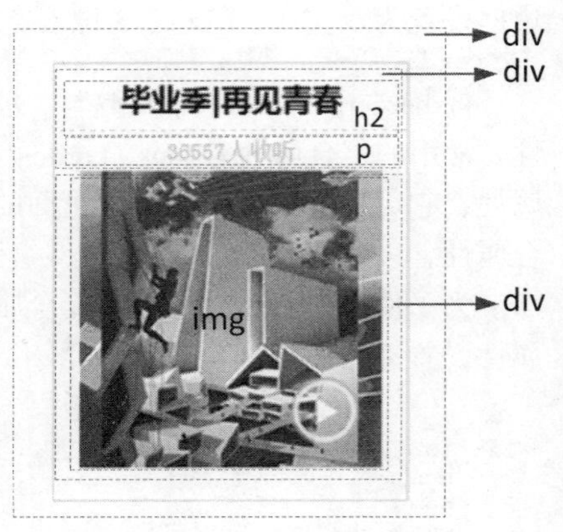

图4–10　“音乐盒”结构

2. 样式分析

实现图 4–1 所示样式的思路如下。

① 通过最外层的大盒子对音乐盒进行整体控制，需要对其设置宽度、高度、边框和文本居中等样式。

② 设置文本模块中“毕业季|再见青春”的样式，主要控制其文本大小、字体、高、行高、边框。

③ 设置文本模块中“36557 人收听”的样式，主要控制其文本大小、颜色、高和行高。

3. 制作页面结构

根据上面的分析，使用相应的 HTML 标签来搭建网页结构，如例 4–5 所示。

例 4-5　example05.html

```
1  <!doctype html>
2  <html>
3  <head>
4  <meta charset="utf-8">
5  <title>音乐盒</title>
6  </head>
7  <body>
8  <div class="all">
9       <div class="text">
10 <h2 class="header">毕业季|再见青春</h2>
11 <p>36557 人收听</p>
12 </div>
13 <div class="image">
14 <img src="images/music.jpg" alt="毕业季，再见青春" />
15 </div>
16 </div>
17 </body>
18 </html>
```

运行例 4–5，效果如图 4–11 所示。

4. 定义 CSS 样式

搭建完页面的结构后，下面使用 CSS 对页面的样式进行修饰。本节采用从整体到局部的方式实现图 4–1 所示的效果，具体如下。

（1）定义基础样式

```
/*将页面中所有元素的内外边距设置为0*/
*{ padding:0; margin:0;}
```

上面的代码用于将页面中所有元素的内边距和外边距设置为 0，以统一页面样式。关于内边距 padding 和外边距 margin 的内容将会在 4.2 节详细讲解，这里了解即可。

图4–11　HTML结构页面效果

（2）整体控制最外层大盒子

```
1  .all{
2      width:210px;
3      height:265px;
4      border:1px solid #E1E1E1;
5      margin:50px auto;
6      text-align:center;
7  }
```

上面的代码用于控制最外层的大盒子，其中第 5 行代码“margin:50px auto;”用于使大盒子在浏览器窗口中水平居中、其上下边与浏览器窗口有一定的距离，以方便查看。

（3）控制文本模块

```
1  .header{
2      font-size:18px;
3      font-family:"微软雅黑";
4      height:40px;
5      line-height:40px;
6      border-bottom:1px dashed #E1E1E1;
7  }
8  .text p{
9      font-size:14px;
10     color:#CCC;
11     height:24px;
12     line-height:24px;
13 }
```

上面的代码用于控制文本模块的样式，其中第 6 行代码“border-bottom:1px dashed #E1E1E1;”用于为“毕业季|再见青春”这一部分文本添加下边框。

至此，完成图 4-1 所示“音乐盒”的 CSS 样式部分。刷新例 4-5 所在的页面，效果如图 4-12 所示。

图4-12 “音乐盒”最终效果

4.2 【案例 8】用户中心

案例描述

注册和登录一些网站时，经常需要填写用户信息。“用户中心”模块用于对用户个人信息进行管理和存储。本节将通过盒子模型内边距和外边距属性制作一个“用户中心”界面，其效果如图 4-13 所示。

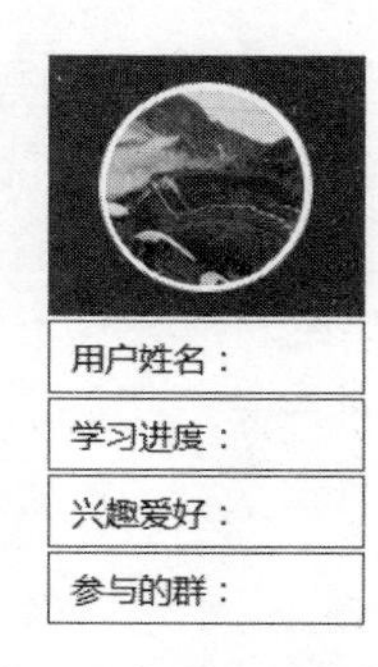

图4-13 “用户中心”界面效果展示

知识引入

1. 内边距属性

为了调整内容在盒子中的显示位置，常常需要为元素设置内边距。内边距也被称为内填充，是指元素内容与边框之间的距离。下面将对内边距相关属性进行详细讲解。

在 CSS 中，padding 属性用于设置内边距，同边框属性 border 一样，padding 也是复合属性，其相关设置方式如下。

```
padding-top:上内边距;
padding-right:右内边距;
padding-bottom:下内边距;
padding-left:左内边距;
padding:上内边距 [右内边距 下内边距 左内边距];
```

在上面的设置中，padding 相关属性的取值可为 auto（默认值表示自动适应）、不同单位的数值、相对于父元素（或浏览器）宽度的百分比（%）。在实际工作中，padding 属性值最常用的单位是像素值（px），并且不允许使用负值。

与边框相关属性一样，使用复合属性 padding 定义内边距时，必须按顺时针顺序采用值复制的原则，一个值为四边，两个值为上下和左右，三个值为上、左右、下。

了解了内边距的相关属性后，下面通过一个案例来演示其效果。新建 HTML 页面，在页面中添加一个图像和一段文本，然后使用 padding 相关属性，控制它们的显示位置，如例 4-6 所示。

例 4-6　example06.html

```
1  <!doctype html>
2  <html>
3  <head>
4  <meta charset="utf-8">
5  <title>设置内边距</title>
6  <style type="text/css">
7  .border{ border:5px solid #ccc;}     /*为图像和段落设置边框*/
8  img{
9       padding:80px;                    /*图像 4 个方向内边距相同*/
10      padding-bottom:0;                /*单独设置下边距*/
11      /*上面两行代码等价于 padding:80px 80px 0;*/
12 }
13 p{ padding:5%;}                      /*段落内边距为父元素宽度的 5%*/
14 </style>
15 </head>
16 <body>
17 <img class="border" src="images/padding_in.png" alt="内边距" />
18 <p class="border">段落内边距为父元素宽度的 5%。</p>
19 </body>
20 </html>
```

在例 4-6 中，使用 padding 相关属性设置图像和段落的内边距，其中段落内边距使用百分比数值。

运行例 4-6，效果如图 4-14 所示。

由于段落的内边距设置为百分比数值，当拖动浏览器窗口改变其宽度时，段落的内边距会随之发生变化。

图4-14　设置内边距

注意：

如果设置内外边距属性值为百分比，则不论上下内外边距或左右内外边距，都是相对于父元素宽度 width 的百分比，随父元素 width 的变化而变化，与高度 height 无关。

2. 外边距属性

网页是由多个盒子排列而成的，要想拉开盒子与盒子之间的距离，合理地布局网页，就需要为盒子设置外边距。所谓外边距，是指标签边框与相邻标签之间的距离。在 CSS 中，margin 属性用于设置外边距，它是一个复合属性，与内边距 padding 的用法类似，设置外边距的方法如下。

```
margin-top:上外边距;
margin-right:右外边距;
margin-bottom:下外边距;
margin-left:左外边距;
margin:上外边距 [右外边距 下外边距 左外边距];
```

margin 取值遵循值复制的原则，其取 1~4 个值的情况与 padding 相同，但是外边距可以使用负值，使相邻标签发生重叠。

当对块级元素（4.4 小节中将详细介绍）应用宽度属性 width，并将左右的外边距都设置为 auto，可使块级元素水平居中，实际工作中常用这种方式进行网页布局，示例代码如下。

```
.num{ margin:0 auto;}
```

下面通过一个案例来演示外边距属性的用法和效果。新建 HTML 页面，在页面中添加一个图像和一个段落，然后使用 margin 相关属性对图像和段落进行排版，如例 4-7 所示。

例 4-7　example07.html

```
1  <!doctype html>
2  <html>
3  <head>
4  <meta charset="utf-8">
5  <title>外边距</title>
6  <style type="text/css">
7  img{
8       border:5px solid green;
9       float:left;                    /*设置图像左浮动*/
10      margin-right:50px;             /*设置图像的右外边距*/
11      margin-left:30px;              /*设置图像的左外边距*/
12     /*上面两行代码等价于 margin:0 50px 0 30px;*/
13     }
14 p{text-indent:2em;}              /*段落文本首行缩进 2 字符*/
15 </style>
16 </head>
17 <body>
18 <img src="images/longmao.png" alt="龙猫和小月姐妹" />
19 <p>龙猫剧情简介：小月的母亲生病住院了，父亲带着她和妹妹到乡下居住。她们在乡下遇到了很多小精灵，更与一只大大胖胖的龙猫成为了朋友。龙猫与小精灵们利用它们的神奇力量，为小月和妹妹带来了很多神奇的景观…</p>
20 </body>
21 </html>
```

在例 4-7 中，第 9 行代码使用浮动属性 float 将图像居左，而第 10 行和第 11 行代码设置图像的右、左外边距分别为 50px 和 30px，使图像和文本之间拉开一定的距离，实现常见的排版效果（浮动属性将在第 7 章详细讲解）。

运行例 4-7，效果如图 4-15 所示。

图4-15　外边距的使用

在图 4-15 中图像和段落文本之间拉开了一定的距离，实现了图文混排的效果。但是仔细观察效果图会发现，浏览器边界与网页内容之间也存在一定的距离，然而例 4-7 中并没有对<p>标签或<body>标签应用内边距或外边距，可见这些标签默认就存在内边距和外边距样式。网页中默认存在内外边距的标签有<body>、<h1>～<h6>、<p>等。

为了更方便地控制网页中的标签，制作网页时添加如下代码，即可清除标签默认的内外边距。

```
*{
    padding:0;          /*清除内边距*/
    margin:0;           /*清除外边距*/
}
```

注意：

如果没有明确定义标签的宽和高，内边距相比外边距的容错率高。

3. 盒子的宽与高

网页是由多个盒子排列而成的，每个盒子都有固定的大小，在 CSS 中使用宽度属性 width 和高度属性 height 可以对盒子的大小进行控制。width 和 height 的属性值可以为不同单位的数值或相对于父元素的百分比%，实际工作中最常用的是像素值。

了解了盒子的 width 和 height 属性后，下面通过它们来控制网页中的段落，如例 4-8 所示。

例 4-8　example08.html

```
 1 <!doctype html>
 2 <html>
 3 <head>
 4 <meta charset="utf-8">
 5 <title>盒子模型的宽度与高度</title>
 6 <style type="text/css">
 7 .box{
 8      width:200px;                 /*设置段落的宽度*/
 9      height:80px;                 /*设置段落的高度*/
10      background:#CCC;             /*设置段落的背景颜色*/
11      border:8px solid #F00;       /*设置段落的边框*/
12      padding:15px;                /*设置段落的内边距*/
13      margin:20px;                 /*设置段落的外边距*/
14 }
15 </style>
16 </head>
17 <body>
18 <p class="box">这是一个盒子</p>
19 </body>
20 </html>
```

在例 4-8 中，通过 width 和 height 属性分别控制段落的宽度和高度，同时对段落应用了盒子模型的其他相关属性，例如边框、内边距、外边距等。

运行例 4-8，效果如图 4-16 所示。

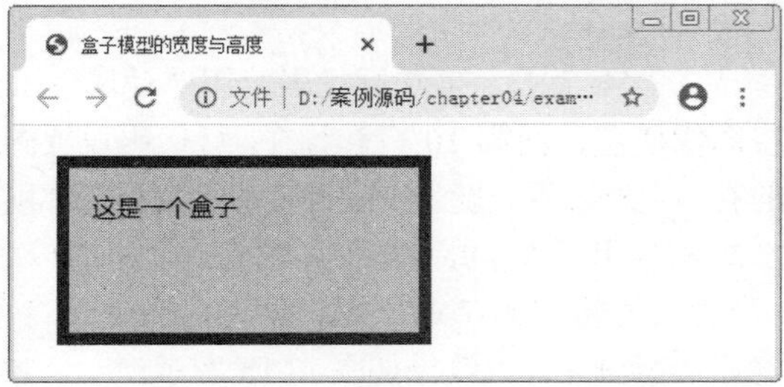

图4-16　控制盒子的宽度与高度

在例 4-8 所示的盒子中，如果问盒子的宽度是多少，初学者可能会不假思索地说是 200px。实际上这是不正确的。因为 CSS 规范中，元素的 width 和 height 属性仅指元素内容的宽度和高度，其周围的内边距、边框和外边距是单独计算的。大多数浏览器（如火狐、谷歌）都采用了 W3C 规范，符合 CSS 规范的盒子模型的总宽度和总高度的计算原则如下。

- 盒子的总宽度= width+左右内边距之和+左右边框宽度之和+左右外边距之和
- 盒子的总高度= height+上下内边距之和+上下边框宽度之和+上下外边距之和

注意：

宽度属性 width 和高度属性 height 仅适用于块级元素，对行内元素无效（ <img />标签和<input

/>标签除外）。

案例实现

1. 结构分析

图 4–13 所示的“用户中心”界面可以看作一个大盒子，用<div>标签进行定义。大盒子的上面为“用户头像”，可以通过在<div>标签中嵌套<img />标签来实现；大盒子的下面为“用户资料”，可通过在<div>标签中嵌套<p>标签来实现。图 4–13 对应的结构如图 4–17 所示。

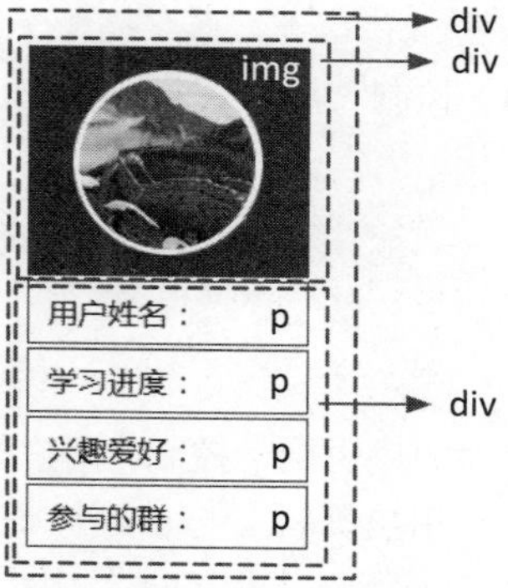

图4–17　“用户中心”结构

2. 样式分析

实现图 4–13 所示样式的思路如下。

① 通过最外层的大盒子对“用户中心”界面进行整体控制，需要对其设置宽度、高度、字体、字号等样式。

② 控制“用户资料”模块的样式，需要设置段落的宽度、高度、行高、边框，以及内边距、外边距样式。

3. 制作页面结构

根据上面的分析，可以使用相应的 HTML 标签来搭建网页结构，如例 4–9 所示。

例 4-9　example09.html

```
1  <!doctype html>
2  <html>
3  <head>
4  <meta charset="utf-8">
5  <title>用户中心</title>
6  </head>
7  <body>
8  <div class="all">
9       <div>
10           <img src="images/user.jpg" alt="用户图像" />
11 </div>
12 <div class="info">
13           <p>用户姓名：</p>
14           <p>学习进度：</p>
15           <p>兴趣爱好：</p>
16           <p>参与的群：</p>
17 </div>
18 </div>
19 </body>
20 </html>
```

运行例 4–9，效果如图 4–18 所示。

4. 定义 CSS 样式

搭建完页面的结构后，下面使用 CSS 对页面的样式进行修饰。本节采用从整体到局部的方式实现图 4–13 所示的效果，具体如下。

（1）定义基础样式

```
/*重置浏览器的默认样式*/
body,p,img{ padding:0; margin:0; border:0;}
```

（2）整体控制最外层大盒子

```
/*整体控制最外层大盒子*/
.all{
    width:150px;
    height:278px;
    margin:50px auto;
```

```
    font-family:"微软雅黑";
    font-size:16px;
}
```

（3）控制“用户资料”模块

```
1  .info p{
2      width:138px;
3      height:33px;
4      line-height:33px;
5      border:1px solid #2E3138;
6      margin-top:2px;
7      padding-left:10px;
8  }
```

上面的代码用于控制“用户资料”模块中的段落文本。其中，第 6 行代码“margin-top:2px;”用于使“用户资料”与“用户图像”，以及“用户资料”中的各个段落拉开一定的距离。第 7 行代码“padding-left:10px;”用于使每个段落前都有一定的留白。

至此，完成图 4-13 所示“用户中心”界面的 CSS 样式部分。刷新例 4-9 所在的页面，效果如图 4-19 所示。

图4-18　HTML结构页面效果

图4-19　“用户中心”页面最终效果

4.3 【案例 9】咖啡店 banner

案例描述

随着人们生活水平的提高以及生活节奏的加快，咖啡走进了人们的日常生活，优雅的咖啡店也逐渐成为人们商务、休闲的首选场所。本节将使用图 4-20、图 4-21 所示的素材，结合盒子模型的背景属性，制作一款“咖啡店 banner”，其效果如图 4-22 所示。

图4-20　背景图像素材

图4-21　图像素材

图4-22　“咖啡店banner”效果展示

知识引入

1. 设置背景颜色

在 CSS 中，网页元素的背景颜色使用 background-color 属性来设置，其属性值与文本颜色的取值一样，可使用预定义的颜色值、十六进制颜色值#RRGGBB 或 RGB 代码 rgb(r,g,b)。background-color 的默认值为 transparent，即背景透明，这时子元素会显示其父元素的背景。

了解了背景颜色属性 background-color，下面通过一个案例来演示其用法。新建 HTML 页面，在页面中添加标题和段落文本，然后通过 background-color 属性控制标题标签<h2>和主体标签<body>的背景颜色，如例 4-10 所示。

例 4-10　example10.html

```
 1 <!doctype html>
 2 <html>
 3 <head>
 4 <meta charset="utf-8">
 5 <title>背景颜色</title>
 6 <style type="text/css">
 7 body{background-color:#CCC;}       /*设置网页的背景颜色*/
 8 h2{
 9      font-family:"微软雅黑";
10      color:#FFF;
11      background-color:#36C;          /*设置标题的背景颜色*/
12 }
13 </style>
14 </head>
15 <body>
16 <h2>短歌行</h2>
17 <p>对酒当歌，人生几何！譬如朝露，去日苦多。慨当以慷，忧思难忘。何以解忧？唯有杜康。青青子衿，悠悠我心。但为君故，沉吟至今。呦呦鹿鸣，食野之苹。我有嘉宾，鼓瑟吹笙。明明如月，何时可掇？忧从中来，不可断绝。越陌度阡，枉用相存。契阔谈讌，心念旧恩。月明星稀，乌鹊南飞。绕树三匝，何枝可依？山不厌高，海不厌深。周公吐哺，天下归心。</p>
18 </body>
19 </html>
```

在例 4-10 中，通过 background-color 属性分别控制标题和网页主体的背景颜色。

运行例 4-10，效果如图 4-23 所示。

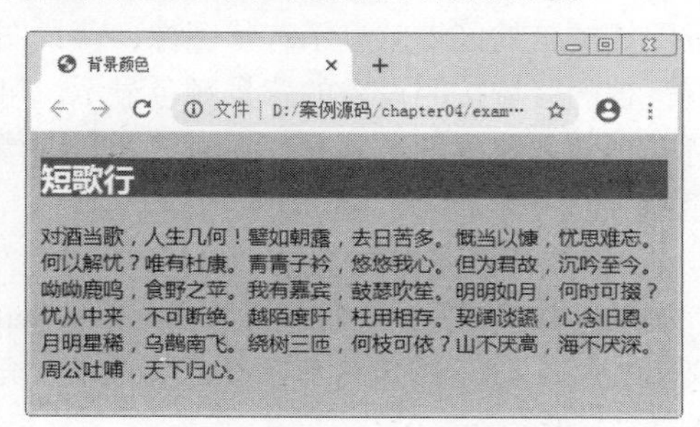

图4-23　设置背景颜色

在图 4-23 中，标题文本的背景颜色为红色，段落文本显示父元素 body 的背景颜色。这是由于未对段落标签<p>设置背景颜色，其默认属性值为 transparent（显示透明色），所以段落将显示其父元素的背景颜色。

2. 设置背景图像

背景不仅可以设置为某种颜色，还可以

将图像作为标签的背景。在 CSS 中通过 background-image 属性设置背景图像。

以例 4-10 为基础，准备一张背景图像，如图 4-24 所示，将图像放在 example10.html 文件所在的文件夹中，然后更改 body 元素的 CSS 样式代码：

```
body{
    background-color:#CCC;          /*设置网页的背景颜色*/
    background-image:url(images/bg.jpg);    /*设置网页的背景图像*/
}
```

保存 HTML 页面，刷新网页，效果如图 4-25 所示。

图4-24 准备的背景图像

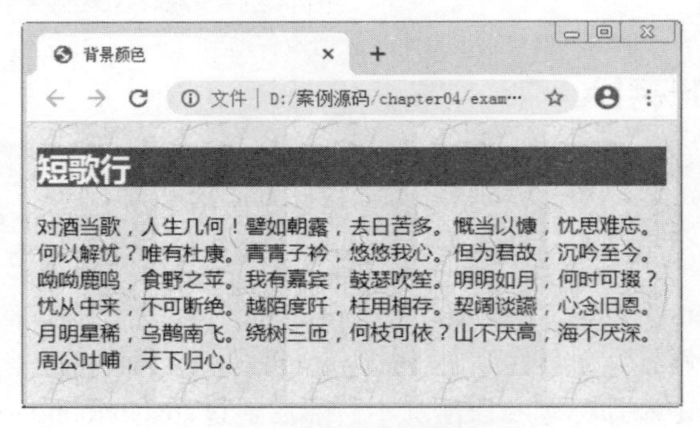

图4-25 设置网页的背景图像

在图 4-25 中，背景图像自动沿着水平和竖直两个方向平铺，充满整个网页，并且覆盖了<body>的背景颜色。

3. 设置背景图像平铺

默认情况下，背景图像会自动向水平和竖直两个方向平铺。如果不希望图像平铺，或者只沿着一个方向平铺，可以通过 background-repeat 属性来控制，该属性的取值如下。

- repeat：沿水平和竖直两个方向平铺（默认值）。
- no-repeat：不平铺（图像位于元素的左上角，只显示一次）。
- repeat-x：只沿水平方向平铺。
- repeat-y：只沿竖直方向平铺。

例如，希望上面例子中的图像只沿着水平方向平铺，可以将 body 元素的 CSS 代码更改如下。

```
body{
    background-color:#CCC;          /*设置网页的背景颜色*/
    background-image:url(images/bg.jpg);    /*设置网页的背景图像*/
    background-repeat:repeat-x;     /*设置背景图像的平铺*/
}
```

保存 HTML 页面，刷新页面，效果如图 4-26 所示。

在图 4-26 中，图像只沿着水平方向平铺，背景图像覆盖的区域就显示背景图像，背景图像没有覆盖的区域按照设置的背景颜色显示。可见当背景图像和背景颜色同时存在时，背景图像优先显示。

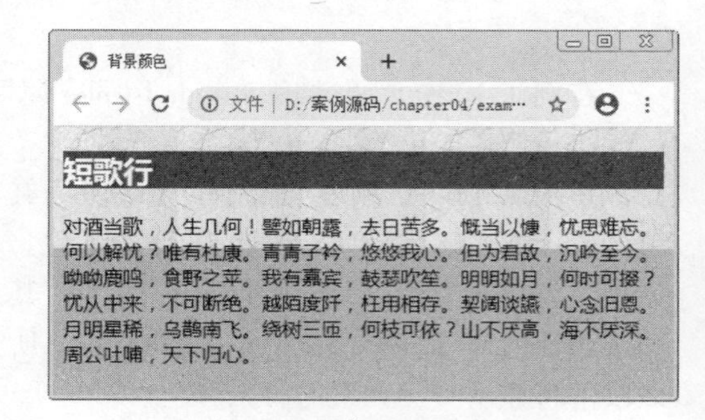

图4-26 设置背景图像水平平铺

4. 设置背景图像的位置

如果将背景图像的平铺属性 background-repeat 定义为 no-repeat，图像将显示在元素的左上角，如例 4-11 所示。

例 4-11　example11.html

```
1  <!doctype html>
2  <html>
3  <head>
4  <meta charset="utf-8">
5  <title>设置背景图像的位置</title>
6  <style type="text/css">
7  body{
8  background-image:url(images/he.png);    /*设置网页的背景图像*/
9  background-repeat:no-repeat;         /*设置背景图像不平铺*/
10 }
11 </style>
12 </head>
13 <body>
14 <h2>励志早安语</h2>
15 <p>大海因为波澜壮阔而有气势，人生因为荆棘坎坷而有意义。拥有逆境，便拥有一次创造奇迹的机会。挫折是强者的机遇。如果人生的旅程上没有障碍，人还有什么可做的呢。总有一个人要赢，为什么不能是我。</p>
16 <p>忧伤并不是人生绝境、坎坷并非无止境，没有谁能剥夺你的欢乐，因为欢乐是心灵结出的果实。欢乐将指引你在人生正确方向里寻找自己的错误，寻找自己人生的正确目标，并执着的走下去。</p>
17 </body>
18 </html>
```

在例 4-11 中，将主体元素<body>的背景图像定义为 no-repeat 不平铺。

运行例 4-11，效果如图 4-27 所示，背景图像位于 HTML 页面的左上角，即<body>元素的左上角。

如果希望背景图像出现在其他位置，就需要使用另一个 CSS 属性 background-position 设置背景图像的位置。

例如，将例 4-11 中的背景图像定义在页面的右下角，可以更改 body 元素的 CSS 样式代码：

```
body{
    background-image:url(images/he.png);     /*设置网页的背景图像*/
    background-repeat:no-repeat;        /*设置背景图像不平铺*/
    background-position:right bottom;  /*设置背景图像的位置*/
}
```

保存 HTML 文件，刷新网页，效果如图 4-28 所示，背景图像出现在页面的右下角。

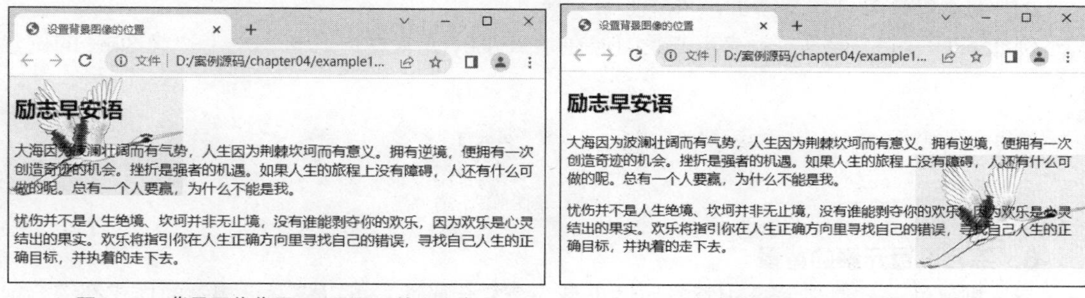

图4-27　背景图像位于HTML页面的左上角　　图4-28　背景图像定义在页面的右下角

在 CSS 中，background-position 属性的值通常设置为两个，中间用空格隔开，用于定义背景图像在元素的水平和垂直方向的坐标，例如上面的“right bottom”。background-position 属性的默认值为“0 0”或“top left”，即背景图像位于元素的左上角。background-position 属性的取值有多种，具体如下。

（1）使用不同单位（最常用的是像素）的数值：直接设置图像左上角在元素中的坐标，例如“background-position:20px 20px;”。

（2）使用预定义的关键字：指定背景图像在元素中的对齐方式。

- 水平方向值：left、center、right。
- 垂直方向值：top、center、bottom。

两个关键字的顺序任意，若只有一个值则另一个默认为 center。例如：

```
center   相当于  center center（居中显示）
top     相当于  top center 或 center top（水平居中、上对齐）
```

（3）使用百分比：按背景图像和元素的指定点对齐。

- 0% 0%表示图像左上角与元素的左上角对齐。
- 50% 50%表示图像 50% 50%的中心点与元素 50% 50%的中心点对齐。
- 20% 30%表示图像 20% 30%的点与元素 20% 30%的点对齐。
- 100% 100%表示图像的右下角与元素的右下角对齐。

如果取值只有一个百分数，将作为水平值，垂直值则默认为 50%。

下面将 background-position 的值定义为像素值，来控制例 4-11 中背景图像的位置，body 元素的 CSS 样式代码如下。

```
    background-image:url(images/he.png);    /*设置网页的背景图像*/
    background-repeat:no-repeat;          /*设置背景图像不平铺*/
    background-position:50px 80px;
```

保存 HTML 页面，再次刷新网页，效果如图 4-29 所示。

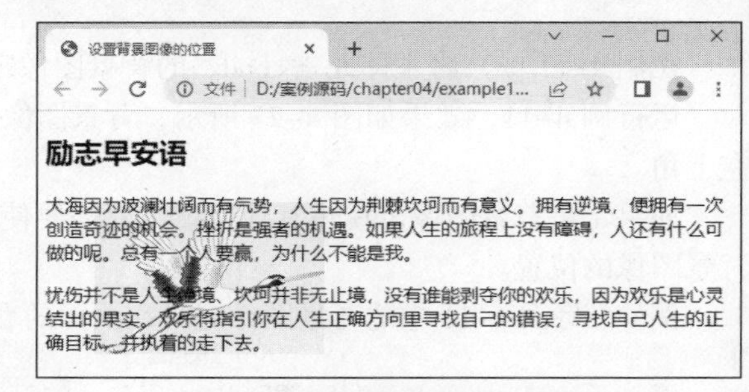

图4-29 控制背景图像的位置

在图 4-29 中，图像距离 body 元素的左边缘为 50px，距离上边缘为 80px。

5. 设置背景图像固定

当网页中的内容较多时，如果希望图像会随着页面滚动条的移动而移动，就需要设置 background-attachment 属性。background-attachment 属性有两个属性值，分别代表不同的含义，具体解释如下。

- scroll：图像随页面一起滚动（默认值）。
- fixed：图像固定在屏幕上，不随页面滚动。

例如下面的示例代码，就表示背景图像在距离 body 元素左边缘 50px、上边缘 80px 的位置固定。

```
body{
    background-image:url(images/he.png);/*设置网页的背景图像*/
    background-repeat:no-repeat;       /*设置背景图像不平铺*/
    background-position:50px 80px;     /*用像素值控制背景图像的位置*/
    background-attachment:fixed;       /*设置背景图像的位置固定*/
}
```

6. 综合设置元素的背景

与边框属性一样，在 CSS 中背景属性也是一个复合属性，可以将背景相关的样式都综合定义在一个复合属性 background 中。使用 background 属性综合设置背景样式的语法格式如下。

```
background:背景色 url("图像") 平铺 定位 固定;
```

在上面的语法格式中，各样式顺序任意，中间用空格隔开，不需要的样式可以省略。但实际工作中通常按照背景色、url("图像")、平铺、定位、固定的顺序来书写。

例如，下面的示例代码。

```
background: url(he.png) no-repeat 50px 80px fixed;
```

上述代码省略了背景颜色样式，等价于：

```
body{
    background-image:url(images/he.png);/*设置网页的背景图像*/
    background-repeat:no-repeat;       /*设置背景图像不平铺*/
    background-position:50px 80px;     /*用像素值控制背景图像的位置*/
    background-attachment:fixed;       /*设置背景图像的位置固定*/
}
```

案例实现

1. 结构分析

图 4–22 所示的"咖啡店 banner"可以使用内外嵌套的两个盒子（div）来定义，结构如图 4–30 所示。

图4–30　"咖啡店banner"结构

2. 样式分析

实现图 4–22 所示样式的思路如下。

① 给外层盒子设置宽度、高度、背景图像等样式。需要注意的是，背景图像需要设置为沿着水平方向平铺。

② 给内层盒子设置宽度、高度、背景图像样式。需要注意的是，背景图像需要设置为不平铺，且距离外层盒子的左边缘和上边缘都有一定的距离。

3. 制作页面结构

根据上面的分析，使用相应的 HTML 标签来搭建网页结构，如例 4–12 所示。

例 4-12　example12.html

```
1  <!doctype html>
2  <html>
3  <head>
4  <meta charset="utf-8">
5  <title>咖啡店 banner</title>
6  </head>
7  <body>
8      <div class="outer">
9      <div class="inner"></div>
10 </div>
11 </body>
12 </html>
```

运行例 4–12，此时页面中不显示任何元素。

4. 定义 CSS 样式

搭建完页面的结构后，下面使用 CSS 对页面的样式进行修饰。本节采用从整体到局部的方式实现图 4–22 所示的效果，具体如下。

（1）定义基础样式

```
/*将页面中所有元素的内外边距设置为 0*/
*{ padding:0; margin:0;}
```

（2）控制外层盒子样式

```
1  .outer{       /*设置外层盒子的样式*/
2      width:900px;
3      height:344px;
4      margin:50px auto;
5      background:url(images/bg.png) repeat-x;
6  }
```

在上面的代码中，第 5 行代码“background:url(images/bg.png) repeat-x;”用于给外层盒子添加水平平铺的背景图像。

（3）控制内层盒子样式

```
1  .inner{        /*设置内层盒子的样式*/
2      width:900px;
3      height:344px;
4      background:url(images/coffee.png) no-repeat center 30px;
5  }
```

在上面的代码中，第 4 行代码“background:url(images/coffee.png) no-repeat center 30px;”用于给内层盒子添加不平铺的背景图像，该背景图像位于外层盒子垂直居中且距离外层盒子的左边缘 30px 的位置。

至此，完成图 4-22 所示“咖啡店 banner”的 CSS 样式部分。刷新例 4-12 所在的页面，效果如图 4-31 所示。

图4-31 “咖啡店banner”最终效果

4.4 【案例 10】图标导航栏

案例描述

导航菜单是网站的重要组成部分，关系着网站的可用性和用户体验。一个有吸引力的图标导航栏不仅可以给用户带来良好的体验，而且使网站看上去更加生动、有趣。本节将通过“块元素”与“行内元素”间的转换来制作一款图标导航栏，其效果如图 4-32 所示。

图4-32 图标导航栏

知识引入

1. 元素类型

HTML 标签语言提供了丰富的标签，用于组织页面结构。为了使页面结构的组织更加轻松、合理，HTML 标签被定义成了不同的类型，一般分为块元素和行内元素，也称为块标签和行内标签，了解它们的特性可以为使用 CSS 设置样式和布局打下基础。

（1）块元素

块元素在页面中以区域块的形式出现，其特点是每个块元素通常都会独自占据一行或多行，可以对其设置宽度、高度、对齐等属性，常用于网页布局和网页结构的搭建。

常见的块元素有<h1>～<h6>、<p>、<div>、<ul>、<ol>、<li>等，其中<div>标签是最典型的块元素。

（2）行内元素

行内元素也称内联元素或内嵌元素，其特点是不会占据一行，也不强迫其他的标签在新的一行显示。一个行内标签通常会和其他行内标签显示在同一行中，它们不占有独立的区域，仅仅靠自身的文本内容大小和图像尺寸来支撑结构，一般不可以设置宽度、高度、对齐等属性，常用于控制页面中文本的样式。

常见的行内元素有<strong>、<b>、<em>、<i>、<del>、<s>、<ins>、<u>、<a>、<span>等，其中<span>标签是最典型的行内元素。

下面通过一个案例来进一步认识块元素和行内元素，如例 4–13 所示。

例 4-13 example13.html

```
1  <!doctype html>
2  <html>
3  <head>
4  <meta charset="utf-8">
5  <title>块元素和行内元素</title>
6  <style type="text/css">
7  h2{
8       background:#39F;           /*定义 h2 标签的背景颜色为青色*/
9       width:350px;               /*定义 h2 标签的宽度为 350px*/
10      height:50px;               /*定义 h2 标签的高度为 50px*/
11      text-align:center;         /*定义 h2 标签的文本水平对齐方式为居中*/
12      }
13 p{background:#060;}             /*定义 p 的背景颜色为绿色*/
14 strong{
15      background:#66F;           /*定义 strong 标签的背景颜色为紫色*/
16      width:360px;               /*定义 strong 标签的宽度为 360px*/
17      height:50px;               /*定义 strong 标签的高度为 50px*/
18      text-align:center;         /*定义 strong 标签的文本水平对齐方式为居中*/
19     }
20 em{background:#FF0;}            /*定义 em 的背景颜色为黄色*/
21 del{background:#CCC;}           /*定义 del 的背景颜色为灰色*/
22 </style>
23 </head>
24 <body>
25 <h2>h2 标签定义的文本</h2>
26 <p>p 标签定义的文本</p>
27 <p>
28 <strong>strong 标签定义的文本</strong>
29 <em>em 标签定义的文本</em>
30 <del>del 标签定义的文本</del>
31 </P>
32 </body>
33 </html>
```

在例 4–13 中，第 25~31 行代码中使用了不同类型的标签，例如使用块标签<h2>、<p>和行内标签<strong>、<em>、<del>分别定义文本，然后对不同的标签应用不同的背景颜色，同时，对<h2>和<strong>应用相同的宽度、高度和对齐属性。

运行例 4–13，效果如图 4–33 所示。

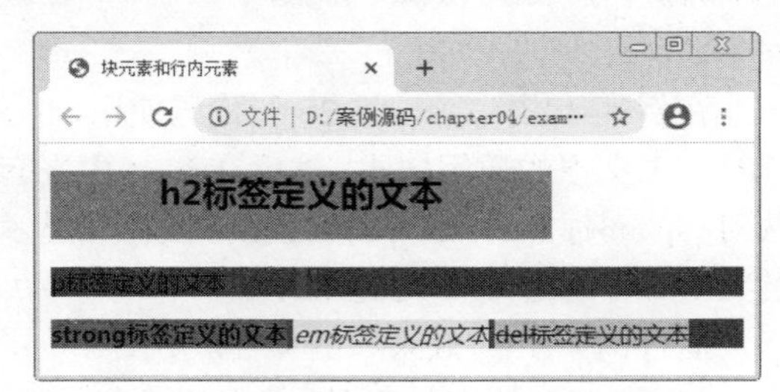

图4–33 块元素和行内元素的显示效果

从图 4–33 可以看出，不同类型的元素在页面中所占的区域不同。块元素<h2>和<p>各自占据一个矩形区域，依次竖直排列。然而行内元素<strong>、<em>和<del>排列在同一行。可见块元素通常独占一行，可以设置宽度、高度和对齐属性，而行内元素通常不独占一行，不可以设置宽度、高度和对齐属性。行内元素可以嵌套在块元素中，而块元素不可以嵌套在行内元素中。

注意：

在行内元素中有几个特殊的标签，例如<img />和<input />，可以设置其宽度、高度和对齐属性，有些资料会称它们为行内块元素。

2. <span>标签

span 中文译为“范围”，作为容器标签被广泛应用在 HTML 语言中。与<div>标签不同的是，<span>是行内元素，仅作为只能包含文本和各种行内标签的容器，例如加粗标签<strong>、倾斜标签<em>等。<span>标签中还可以嵌套多层<span>。

<span>标签常用于定义网页中某些特殊显示的文本，可配合 class 属性使用。<span>标签本身没有结构特征，只有在应用样式时，才会产生视觉上的变化。当其他行内标签都不合适时，就可以使用<span>标签。

下面通过一个案例来演示<span>标签的使用，如例 4-14 所示。

例 4-14　example14.html

```
1  <!doctype html>
2  <html>
3  <head>
4  <meta charset="utf-8">
5  <title>span 标签的使用</title>
6  <style type="text/css">
7  #header{                     /*设置当前 div 中文本的通用样式*/
8       font-family:"微软雅黑";
9       font-size:16px;
10      color:#099;
11      }
12 #header .main{                /*控制第 1 个 span 中的特殊文本*/
13      color:#63F;
14      font-size:20px;
15      padding-right:20px;
16      }
17 #header .art{                 /*控制第 2 个 span 中的特殊文本*/
18      color:#F33;
19      font-size:18px;
20      }
21 </style>
22 </head>
23 <body>
24 <div id="header">
25 <span class="main">木偶戏</span>是中国一种古老的民间艺术，<span class="art">是中国乡土艺术的瑰
宝。</span>
26 </div>
27 </body>
28 </html>
```

在例 4-14 中，第 24~26 行代码使用<div>标签定义文本的通用样式。然后在<div>中嵌套两对<span>标签，用<span>标签控制特殊显示的文本，并通过 CSS 设置样式。

运行例 4-14，效果如图 4-34 所示。

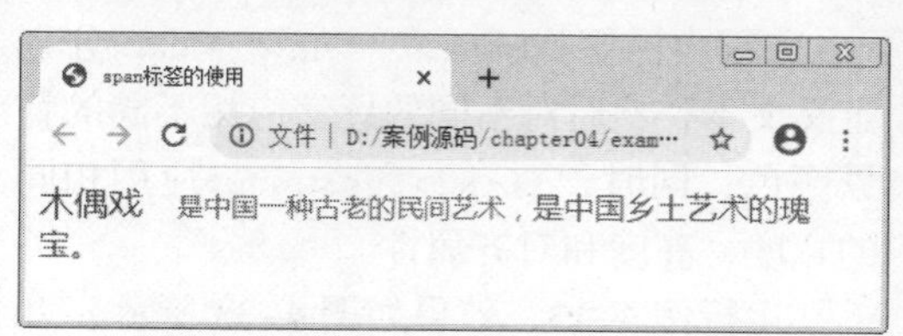

图4-34　<span>标签的使用

在图 4-34 中，特殊显示的文本“木偶戏”

和“是中国乡土艺术的瑰宝。”，都是通过 CSS 控制<span>标签设置的。

需要注意的是，<div>标签可以内嵌<span>标签，但是<span>标签中却不能嵌套<div>标签。可以将<div>和<span>分别看作一个大容器和小容器，大容器内可以放下小容器，但是小容器内却放不下大容器。

3. 元素类型的转换

网页是由多个块元素和行内元素构成的盒子排列而成的。如果希望行内元素具有块元素的某些特性，例如可以设置宽度和高度，或者需要块元素具有行内元素的某些特性，例如不独占一行排列，可以使用 display 属性对元素的类型进行转换。

display 属性常用的属性值及含义如下。

- inline：此元素将显示为行内元素（行内元素默认的 display 属性值）。
- block：此元素将显示为块元素（块元素默认的 display 属性值）。
- inline-block：此元素将显示为行内块元素，可以为其设置宽度、高度和对齐等属性，但是该元素不会独占一行。
- none：此元素将被隐藏，不显示也不占用页面空间，相当于该元素不存在。

使用 display 属性可以对元素的类型进行转换，使元素以不同的方式显示。下面通过一个案例来演示 display 属性的用法和效果，如例 4-15 所示。

例 4-15　example15.html

```
1  <!doctype html>
2  <html>
3  <head>
4  <meta charset="utf-8">
5  <title>元素的转换</title>
6  <style type="text/css">
7  div,span{                  /*同时设置 div 和 span 的样式*/
8       width:200px;           /*宽度*/
9       height:50px;           /*高度*/
10      background:#FCC;       /*背景颜色*/
11      margin:10px;           /*外边距*/
12 }
13 .d_one,.d_two{display:inline;}       /*将前两个 div 转换为行内元素*/
14 .s_one{display:inline-block;}        /*将第一个 span 转换为行内块元素*/
15 .s_three{display:block;}             /*将第三个 span 转换为块元素*/
16 </style>
17 </head>
18 <body>
19 <div class="d_one">第一个 div 中的文本</div>
20 <div class="d_two">第二个 div 中的文本</div>
21 <div class="d_three">第三个 div 中的文本</div>
22 <span class="s_one">第一个 span 中的文本</span>
23 <span class="s_two">第二个 span 中的文本</span>
24 <span class="s_three">第三个 span 中的文本</span>
25 </body>
26 </html>
```

在例 4-15 中，定义了 3 对<div>和 3 对<span>标签，为它们设置相同的宽度、高度、背景颜色和外边距。同时，对前两个<div>应用“display:inline;”样式，使它们从块元素转换为行内元素，对第一个和第三个<span>分别应用“display:inline-block;”和“display:block;”样式，使它们分别转换为行内块元素和行内元素。

运行例 4-15，效果如图 4-35 所示。

从图 4-35 可以看出，前两个<div>排列在了同一行，靠自身的文本内容支撑其宽高，这是因为它们被转换成了行内元素。而第一个和第三个<span>则按固定的宽度和高度显示，不同的是前者不会独占一行，而后者独占一行，这是因为它们分别被转换成了行内块元素和块元素。

在上面的例子中，使用 display 的相关属性值，可以实现块元素、行内元素和行内块元素之间的转换。如果希望某个元素不被显示，还可以使用“display:none;”进行控制。例如，希望上面例子中的第三个<div>不被显示，可以在 CSS 代码中增加如下样式：

```
.d_three{ display:none;}            /*隐藏第三个 div*/
```

保存 HTML 页面，刷新网页，效果如图 4-36 所示。

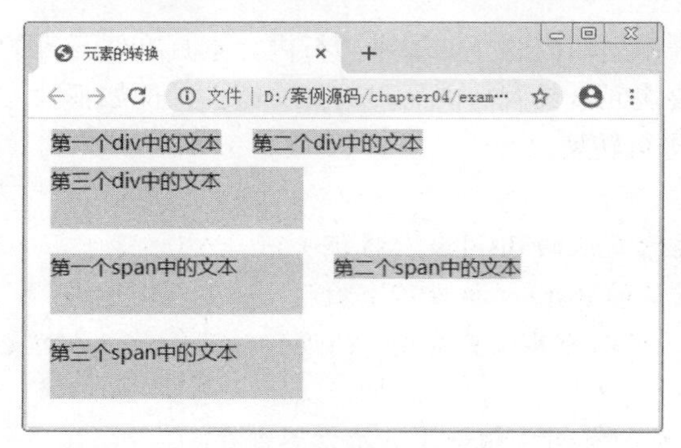

图4-35　元素的转换

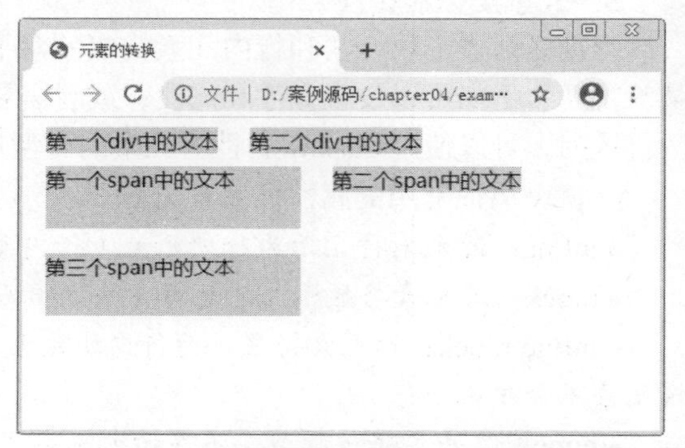

图4-36　定义某元素display为none后的效果

从图 4-36 可以看出，当定义元素的 display 属性为 none 时，该元素将从页面消失，不再占用页面空间。

注意：

行内元素只可以定义左右外边距，当定义上下外边距时无效。

案例实现

1. 结构分析

图 4-32 所示的“图标导航栏”页面由 7 个导航图标组成，可以通过在大盒子（div）中嵌套 7 个小盒子（span）来实现。图 4-32 对应的结构如图 4-37 所示。

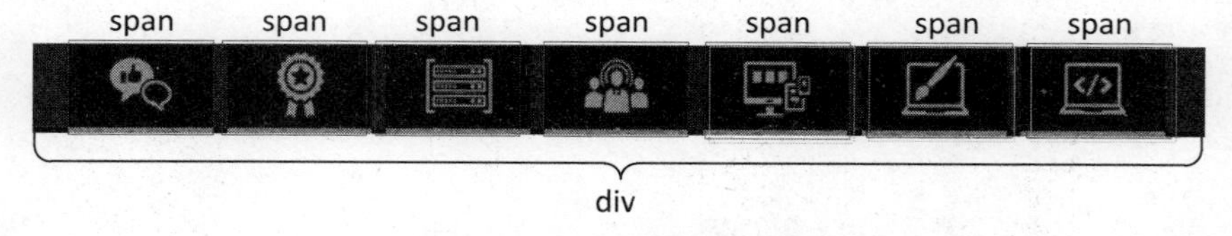

图4-37　“图标导航栏”结构

2. 样式分析

实现图 4-32 所示样式的思路如下。

① 控制大盒子（div）的宽度、高度、背景色、内边距、边框等。

② 整体控制小盒子，需要将<span>转换为行内块元素，然后对其应用宽度、高度和边框样式。

③ 对 7 个小盒子设置不同的背景图像。

3. 制作页面结构

根据上面的分析，使用相应的 HTML 标签来搭建网页结构，如例 4-16 所示。

例 4-16　example16.html

```
1  <!doctype html>
2  <html>
```

```
3  <head>
4  <meta charset="utf-8">
5  <title>图标导航栏</title>
6  </head>
7  <body>
8  <div class="all">
9  <span class="one"></span>
10 <span class="two"></span>
11 <span class="three"></span>
12 <span class="four"></span>
13 <span class="five"></span>
14 <span class="six"></span>
15 <span class="seven"></span>
16 </div>
17 </body>
18 </html>
```

运行例 4–16，此时页面中不显示任何元素。

4. 定义 CSS 样式

搭建完页面的结构后，下面使用 CSS 对页面的样式进行修饰。本节采用从整体到局部的方式实现图 4–32 所示的效果，具体如下。

（1）定义基础样式

```
/*将页面中所有元素的内外边距设置为 0*/
*{ padding:0; margin:0;}
```

（2）控制外面的大盒子

```
.all{          /*控制外面的大盒子*/
    width:630px;
    height:45px;
    margin:50px auto;
    background-color:#192132;
    padding-left:20px;
    border-bottom:3px solid #000;
}
```

上面的代码用于控制外面的大盒子（div），其中第 6 行代码“padding-left:20px;”用于使大盒子左侧有一定的留白，第 7 行代码“border-bottom:3px solid #000;”用于为大盒子设置下边框。

（3）整体控制小盒子

```
span{          /*整体控制小盒子*/
    display:inline-block;
    width:80px;
    height:45px;
    border-bottom:3px solid #1ba2c7;
}
```

上面的代码用于整体控制小盒子（span），其中第 2 行代码“display:inline-block;”用于将<span>标签转换为行内块元素。

（4）给小盒子设置不同的背景图像

```
/*给小盒子设置不同的背景图像*/
.one{background:url(images/1.png) no-repeat;}
.two{background:url(images/2.png) no-repeat;}
.three{background:url(images/3.png) no-repeat;}
.four{background:url(images/4.png) no-repeat;}
.five{background:url(images/5.png) no-repeat;}
.six{background:url(images/6.png) no-repeat;}
.seven{background:url(images/7.png) no-repeat;}
```

至此，完成图 4–32 所示“图标导航栏”的 CSS 样式部分。刷新例 4–16 所在的页面，效果如图 4–38 所示。

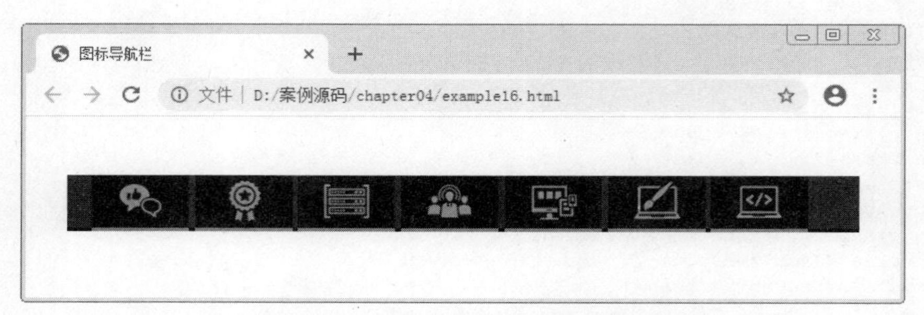

图4-38 CSS控制“图标导航栏”最终效果

4.5 【案例 11】创意画框

案例描述

在现实生活中，通过画框的装裱能够使书画作品更为美观，且易于保存。在网页设计中，电子图片也可以通过画框的“装裱”，凸显艺术感和美感。本节将结合素材运用CSS3新增的“颜色透明度”“图片边框”“渐变”“阴影”属性来制作一款创意画框，其效果如图4-39所示。

图4-39 创意画框

知识引入

1. 颜色透明度

在CSS3之前，设置颜色的方式包括十六进制颜色（如#F00）、r、g、b模式颜色或指定颜色的英文名称（如red），但这些方法无法改变颜色的不透明度。在CSS3中新增了两种设置颜色不透明度的方法，一种是使用rgba模式设置，另一种是使用opacity属性设置。下面将详细讲解这两种设置方法。

（1）rgba模式

rgba是CSS3新增的颜色模式，它是rgb颜色模式的延伸。rgba模式是在红、绿、蓝三原色的基础上添加了不透明度参数，其语法格式如下。

```
rgba(r,g,b,alpha);
```

上述语法格式中，前三个参数与RGB中的参数含义相同，括号里的rgb是RGB颜色色值或者百分比，a代表alpha参数是一个介于0.0（完全透明）和1.0（完全不透明）之间的数字。

例如，使用rgba模式为p标签指定透明度为0.5，颜色为红色的背景，代码如下。

```
p{background-color:rgba(255,0,0,0.5);}
```

或

```
p{background-color:rgba(100%,0%,0%,0.5);}
```

（2）opacity属性

opacity属性是CSS3的新增属性，该属性能够使任何元素呈现出透明效果，作用范围要比rgba模式大得多。opacity属性的语法格式如下。

```
opacity：参数;
```

上述语法中，opacity 属性用于定义标签的不透明度，参数表示不透明度的值，它是一个介于 0~1 之间的浮点数值。其中，0 表示完全透明，1 表示完全不透明，而 0.5 则表示半透明。

2. 图片边框

在网页设计中，还可以使用图片作为元素的边框。运用 CSS3 中的 border-image 属性可以轻松实现这个效果。border-image 属性是一个复合属性，内部包含 border-image-source、border-image-slice、border-image-width、border-image-outset 和 border-image-repeat 等属性，其基本语法格式如下。

```
border-image:  border-image-source/border-image-slice/border-image-width/border-image-outset/
border-image-repeat;
```

对上述代码中名词的解释如表 4-2 所示。

表 4-2　border-image 的属性描述

属性	描述
border-image-source	指定图片的路径
border-image-slice	指定边框图像顶部、右侧、底部、左侧向内偏移量（可以简单理解为图片的裁切位置）
border-image-width	指定边框宽度
border-image-outset	指定边框背景向盒子外部延伸的距离
border-image-repeat	指定背景图片的平铺方式

下面通过一个案例来演示图片边框的设置方法，如例 4-17 所示。

例 4-17　example17.html

```
1  <!doctype html>
2  <html>
3  <head>
4  <meta charset="utf-8">
5  <title>图片边框</title>
6  <style type="text/css">
7  p{
8       width:362px;
9       height:362px;
10      border-style:solid;
11      border-image-source:url(images/shuzi.png); /*设置边框图片路径*/
12      border-image-slice:33%;           /*边框图像顶部、右侧、底部、左侧向内偏移量*/
13      border-image-width:40px;          /*设置边框宽度*/
14      border-image-outset:0;         /*设置边框图像区域超出边框量*/
15      border-image-repeat:repeat;        /*设置图片平铺方式*/
16      }
17 </style>
18 </head>
19 <body>
20 <p></p>
21 </body>
22 </html>
```

在例 4-17 中，第 10 行代码用于设置边框样式，如果想要正常显示图片边框，前提是先设置好边框样式，否则不会显示边框。第 11~15 行代码，通过设置图片路径、内偏移、边框宽度、外部延伸距离和平铺方式定义了一个图片边框，边框图片素材如图 4-40 所示。

运行例 4-17，效果如图 4-41 所示。

对比图 4-40 和图 4-41 发现，边框图片素材的四角位置（即数字 1、3、7、9 标示位置）和盒子边框四角位置的数字是吻合的，也就是说在使用 border-image 属性设置边框图片时，会将素材分割成 9 个区域，即图 4-40 中所示的 1~9 数字。在显示时，将“1”“3”“7”“9”作为四角位置的图片，将“2”“4”“6”“8”作为四边的图片进行平铺，如果尺寸不够，则按照自定义的方式填充。而中间的“5”在切割时则被当作透明区域处理。

图4-40　边框图片素材

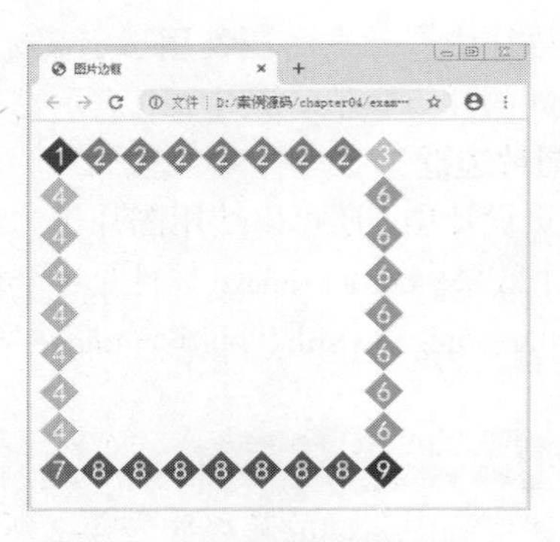

图4-41　图片边框的使用

例如，将例 4-17 中第 15 行代码中图片的填充方式改为“拉伸填充”，具体代码如下。

```
border-image-repeat:stretch;                    /*设置图片填充方式*/
```

保存 HTML 文件，刷新页面，效果如图 4-42 所示。

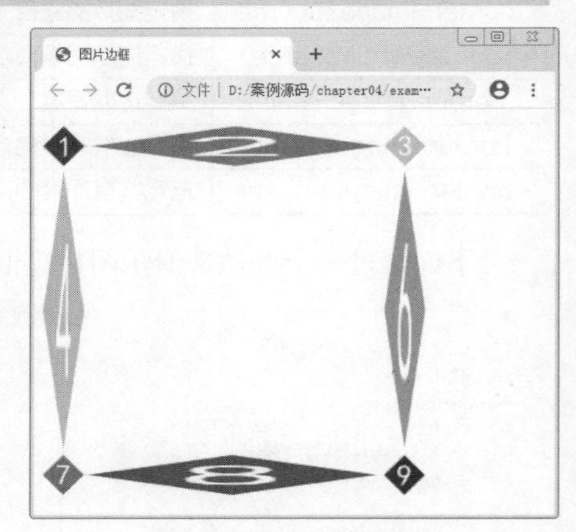

图4-42　拉伸显示效果

通过图 4-42 可以看出，“2”“4”“6”“8”区域中的图片被拉伸填充边框区域。与边框样式和宽度相同，图案边框也可以使用综合属性设置样式。如例 4-17 中设置图案边框的第 11~15 行代码也可以简写为：

```
border-image:url(images/shuzi.png) 33%/40px repeat;
```

在上面的示例代码中，“33%”表示边框的内偏移，“40px”表示边框的宽度，二者需要用“/”隔开。

3. 阴影

在网页制作中，经常需要对盒子添加阴影效果。使用 CSS3 中的 box-shadow 属性可以轻松实现阴影的添加，其基本语法格式如下。

```
box-shadow: h-shadow v-shadow blur spread color outset;
```

在上面的语法格式中，box-shadow 属性共包含 6 个参数值，如表 4-3 所示。

表 4-3　box-shadow 属性的参数值

参数值	描述
h-shadow	表示水平阴影的位置，可以为负值（必选属性）
v-shadow	表示垂直阴影的位置，可以为负值（必选属性）
blur	阴影模糊半径（可选属性）
spread	阴影扩展半径，不能为负值（可选属性）
color	阴影颜色（可选属性）
outset/inset	默认为外阴影/内阴影（可选属性）

表 4-3 列举了 box-shadow 属性参数值，其中“h-shadow”和“v-shadow”为必选参数值，不可以省略，其余为可选参数值。其中，“阴影类型”默认值“outset”更改为“inset”后，阴影类型则变为内阴影。

下面通过一个为图片添加阴影的案例来演示 box-shadow 属性的用法和效果，如例 4-18 所示。

例 4-18　example18.html

```
1  <!doctype html>
2  <html>
3  <head>
4  <meta charset="utf-8">
5  <title>box-shadow 属性</title>
6  <style type="text/css">
7  img{
8     width:200px;
9     padding:20px;          /*内边距 20px*/
10    border-radius:50%;     /*将图像设置为圆形效果*/
11    border:1px solid #666;
12    box-shadow:5px 5px 10px 2px #999 inset;
13      }
14 </style>
15 </head>
16 <body>
17 <img src="images/chengzi.jpg" alt="橙子"/>
18 </body>
19 </html>
```

在例 4-18 中，第 12 行代码给图像添加了内阴影样式。需要注意的是，使用内阴影时必须配合内边距属性 padding，让图像和阴影之间拉开一定的距离，不然图片会将内阴影遮挡。

运行例 4-18，效果如图 4-43 所示。

在图 4-43 中，图片出现了内阴影效果。需要说明的是，同 text-shadow 属性（文字阴影属性）一样，box-shadow 属性也可以改变阴影的投射方向并添加多重阴影效果，示例代码如下。

```
box-shadow:5px 5px 10px 2px #999 inset,-5px -5px 10px 2px #73AFEC inset;
```

示例代码对应效果如图 4-44 所示。

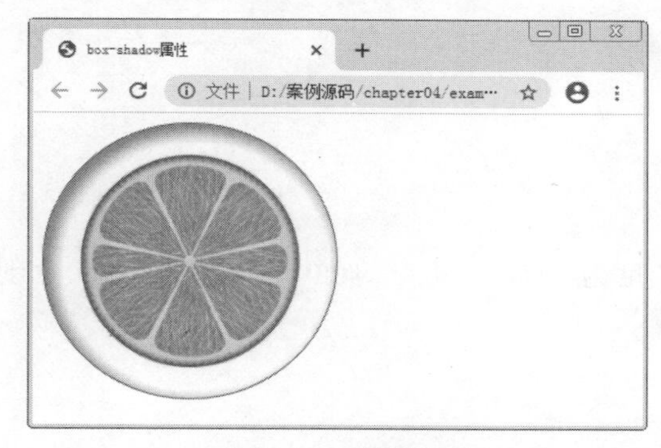

图4-43　内阴影效果

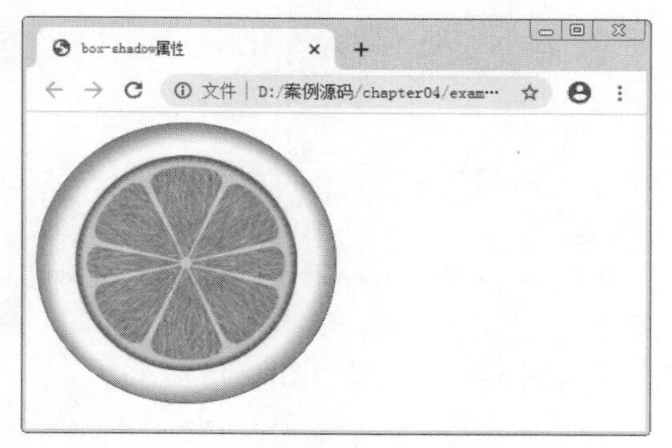

图4-44　多重内阴影的使用

4. 渐变

在 CSS3 之前的版本中，如果需要添加渐变效果，通常通过设置背景图像的方式来实现。而 CSS3 中增加了渐变属性，通过渐变属性可以轻松实现渐变效果。CSS3 的渐变属性主要包括线性渐变、径向渐变和重复渐变，具体介绍如下。

（1）线性渐变

在线性渐变过程中，起始颜色会沿着一条直线按顺序过渡到结束颜色。运用 CSS3 中的“background-image:linear-gradient（参数值）;”样式可以实现线性渐变效果，其基本语法格式如下。

```
background-image:linear-gradient(渐变角度,颜色值 1,颜色值 2,...,颜色值 n);
```

在上面的语法格式中，linear-gradient 用于定义渐变方式为线性渐变，括号内用于设定渐变角度和颜色值，具体解释如下。

① 渐变角度

渐变角度是指水平线和渐变线之间的夹角，可以是以 deg 为单位的角度数值或“to”加“left”“right”“top” 和 “bottom” 等关键词。在使用角度设定渐变起点的时候，0deg 对应 “to top”，90deg 对应 “to right”，180deg 对应 “to bottom”，270deg 对应 “to left”，整个过程就是以 bottom 为起点顺时针旋转，如图 4–45 所示。

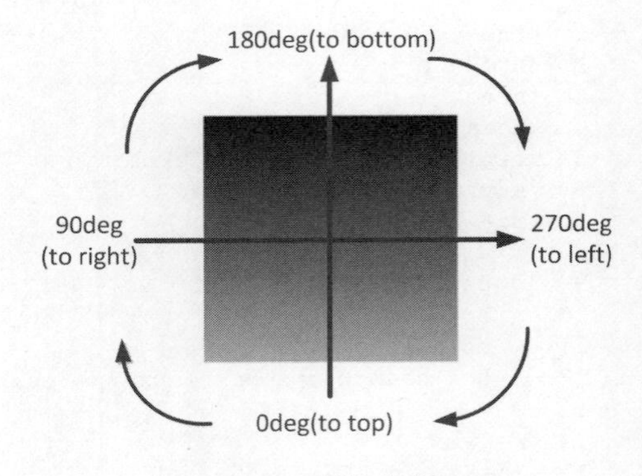

图4–45 渐变角度图

当未设置渐变角度时，默认为 “180deg”（等同于 “to bottom”）。

② 颜色值

颜色值用于设置渐变颜色，其中 “颜色值 1” 表示起始颜色，“颜色值 n” 表示结束颜色，起始颜色和结束颜色之间可以添加多个颜色值，各颜色值之间用 “,” 隔开。

下面通过一个案例对线性渐变的用法和效果进行演示，如例 4–19 所示。

例 4-19 example19.html

```
1  <!doctype html>
2  <html>
3  <head>
4  <meta charset="utf-8">
5  <title>线性渐变</title>
6  <style type="text/css">
7  p{
8      width:200px;
9      height:200px;
10     background-image:linear-gradient(30deg,#0f0,#00F);
11 }
12 </style>
13 </head>
14 <body>
15 <p></p>
16 </body>
17 </html>
```

在例 4–19 中，为<p>标签定义了一个渐变角度为 30deg、绿色（#0f0）到蓝色（#00f）的线性渐变。

运行例 4–19，效果如图 4–46 所示。

图4–46 线性渐变

在图 4–46 中，实现了绿色到蓝色的线性渐变。需要说明的是，在每一个颜色值后面还可以书写一个百分比数值，用于标示颜色渐变的位置，例如下面的示例代码：

```
background-image:linear-gradient(30deg,#0f0 50%,#00F 80%);
```

在上面的示例代码中，可以看作绿色（#0f0）由 50%的位置开始出现渐变至蓝色（#00f）位于 80%的位置结束渐变。可以用 Photoshop 中的渐变色块进行类比，如图 4-47 所示。

图4-47　定义渐变颜色位置

示例代码对应效果如图 4-48 所示。

图4-48　标示颜色渐变位置的线性渐变

（2）径向渐变

径向渐变同样是网页中一种常用的渐变，在径向渐变过程中，起始颜色会从一个中心点开始，按照椭圆或圆形形状进行扩张渐变。运用 CSS3 中的“background-image:radial-gradient（参数值）;”样式可以实现径向渐变效果，其基本语法格式如下。

```
background-image:radial-gradient(渐变形状 圆心位置,颜色值 1,颜色值 2,...,颜色值 n);
```

在上面的语法格式中，radial-gradient 用于定义渐变的方式为径向渐变，括号内的参数值用于设定渐变形状、圆心位置和颜色值，对各参数的具体介绍如下。

① 渐变形状

渐变形状用来定义径向渐变的形状，其取值既可以是定义水平和垂直半径的像素值或百分比数值，也可以是相应的关键词。其中关键词主要包括两个值“circle”和“ellipse”，具体解释如下。

- 像素值/百分比：用于定义形状的水平和垂直半径，例如“80px 50px”即表示一个水平半径为 80px，垂直半径为 50px 的椭圆形。
- circle：指定圆形的径向渐变。
- ellipse：指定椭圆形的径向渐变。

② 圆心位置

圆心位置用于确定元素渐变的中心位置，使用“at”加上关键词或参数值来定义径向渐变的中心位置。该属性值类似于 CSS 中 background-position 属性值，如果省略则默认为“center”。该属性值主要有以下几种。

- 像素值/百分比：用于定义圆心的水平坐标和垂直坐标，可以为负值。
- left：设置左边为径向渐变圆心的横坐标值。
- center：设置中间为径向渐变圆心的横坐标值或纵坐标值。
- right：设置右边为径向渐变圆心的横坐标值。

• top：设置顶部为径向渐变圆心的纵坐标值。

• bottom：设置底部为径向渐变圆心的纵坐标值。

③ 颜色值

“颜色值 1”表示起始颜色，“颜色值 n”表示结束颜色，起始颜色和结束颜色之间可以添加多个颜色值，各颜色值之间用“,”隔开。

下面运用径向渐变来制作一个球体，如例 4-20 所示。

例 4-20　example20.html

```
1  <!doctype html>
2  <html>
3  <head>
4  <meta charset="utf-8">
5  <title>径向渐变</title>
6  <style type="text/css">
7  p{
8       width:200px;
9       height:200px;
10      border-radius:50%;/*设置圆角边框*/
11      background-image:radial-gradient(ellipse at center,#0f0,#030);/*设置径向渐变*/
12      }
13 </style>
14 </head>
15 <body>
16 <p></p>
17 </body>
18 </html>
```

在例 4-20 中，为<p>标签定义了一个渐变形状为椭圆形、径向渐变圆心位于容器中心点、绿色（#0f0）到深绿色（#030）的径向渐变；同时使用“border-radius”属性将容器的边框设置为圆角。

运行例 4-20，效果如图 4-49 所示。

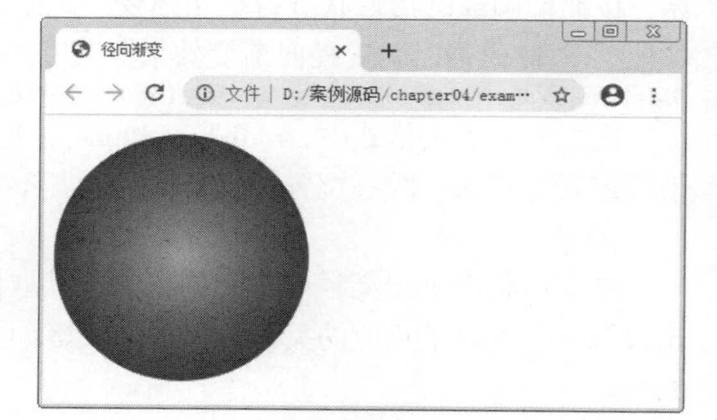

图4-49　径向渐变

在图 4-49 中，球体实现了绿色到深绿色的径向渐变。

需要说明的是，与“线性渐变”类似，在“径向渐变”的颜色值后面也可以用百分比数值设置渐变的位置。

（3）重复渐变

在网页设计中，经常会遇到在一个背景上重复应用渐变模式的情况，这时就需要使用重复渐变。重复渐变包括重复线性渐变和重复径向渐变，具体介绍如下。

① 重复线性渐变

在 CSS3 中，通过“background-image:repeating-linear-gradient（参数值）;”样式可以实现重复线性渐变的效果，其基本语法格式如下。

```
background-image:repeating-linear-gradient(渐变角度,颜色值 1,颜色值 2,...,颜色值 n);
```

在上面的语法格式中，“repeating-linear-gradient（参数值）”用于定义渐变方式为重复线性渐变，括号内的参数取值与线性渐变相同，分别用于定义渐变角度和颜色值。颜色值同样可以使用百分比定义位置。

下面通过一个案例对重复线性渐变进行演示，如例 4-21 所示。

例 4-21　example21.html

```
1  <!doctype html>
2  <html>
3  <head>
4  <meta charset="utf-8">
5  <title>重复线性渐变</title>
6  <style type="text/css">
7  p{
8       width:200px;
9       height:200px;
10      background-image:repeating-linear-gradient(90deg,#E50743,#E8ED30 10%,#3FA62E 15%);
11      }
12 </style>
13 </head>
14 <body>
15 <p></p>
16 </body>
17 </html>
```

在例 4-21 中，为<p>标签定义了一个渐变角度为 90deg 的红黄绿三色重复线性渐变。

运行例 4-21，效果如图 4-50 所示。

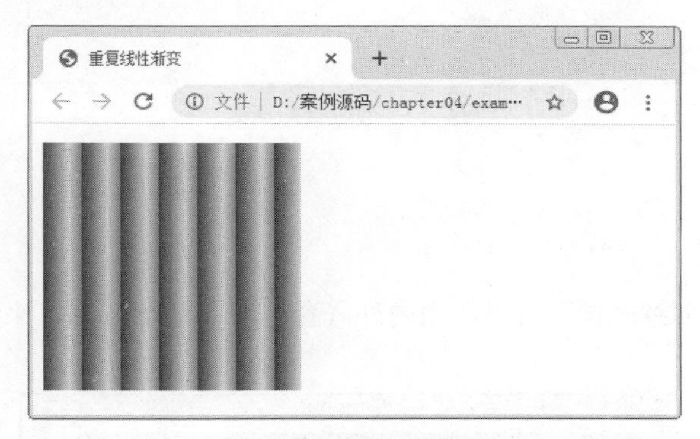

图4-50　重复线性渐变

② 重复径向渐变

在 CSS3 中，通过“background-image:repeating-radial-gradient（参数值）;”样式可以实现重复线性渐变的效果，其基本语法格式如下。

```
background-image:repeating-radial-gradient(渐变形状圆心位置,颜色值 1,颜色值 2,...,颜色值 n);
```

在上面的语法格式中，“repeating-radial-gradient（参数值）”用于定义渐变方式为重复径向渐变，括号内的参数取值与径向渐变相同，分别用于定义渐变形状、圆心位置和颜色值。

下面通过一个案例对重复径向渐变进行演示，如例 4-22 所示。

例 4-22　example22.html

```
1  <!doctype html>
2  <html>
3  <head>
4  <meta charset="utf-8">
5  <title>重复径向渐变</title>
6  <style type="text/css">
7  p{
8       width:200px;
9       height:200px;
10      border-radius:50%;
11      background-image:repeating-radial-gradient(circle at 50% 50%,#E50743,#E8ED30 10%,
#3FA62E 15%);
```

```
12      }
13 </style>
14 </head>
15 <body>
16 <p></p>
17 </body>
18 </html>
```

在例 4–22 中，为<p>标签定义了一个渐变形状为圆形、径向渐变圆心位于容器中心点的红黄绿三色重复径向渐变。

运行例 4–22，效果如图 4–51 所示。

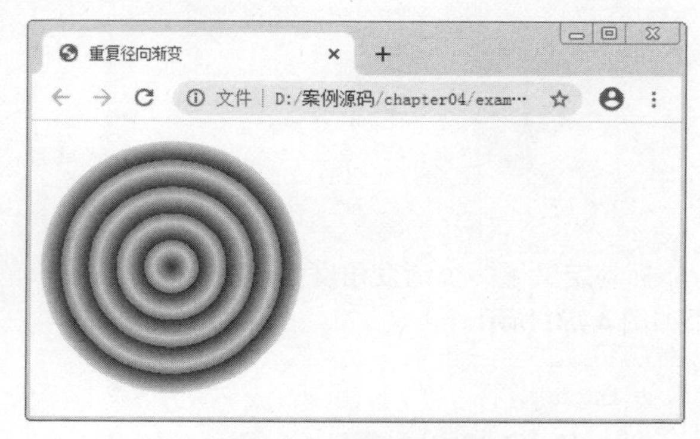

图4–51　重复径向渐变

案例实现

1. 结构分析

图 4–39 所示的“创意画框”可以使用内外嵌套的两个盒子（div）来定义，结构如图 4–52 所示。

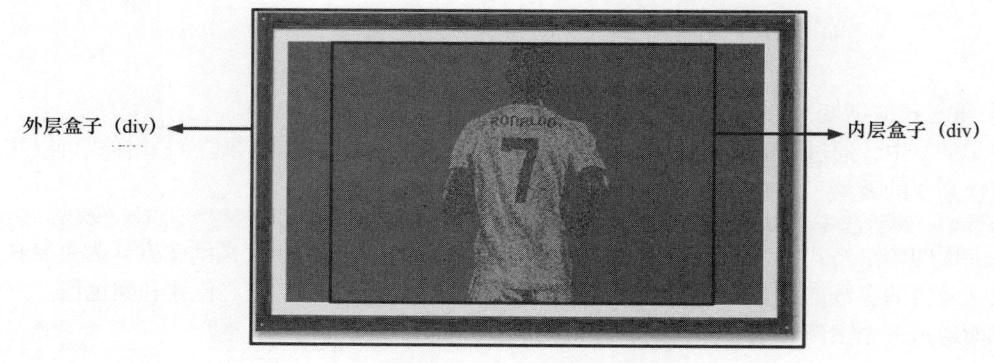

图4–52　“创意画框”结构

2. 样式分析

实现图 4–39 所示样式的思路如下。

① 控制外层盒子（div）的宽度、高度，并为其添加渐变背景色、内边距、图片边框等。

② 整体控制内层盒子（div）左右居中对齐，并为其盒子添加宽度、高度、背景图片，同时设置不透明度。

3. 制作页面结构

根据上面的分析，使用相应的 HTML 标签来搭建网页结构，如例 4–23 所示。

例 4-23　example23.html

```
1  <!doctype html>
2  <html>
3  <head>
4  <meta charset="UTF-8">
5  <title>艺术相框</title>
6  </head>
7
8  <body>
9  <div class="wai">
10      <div class="nei"></div>
11 </div>
12 </body>
13 </html>
```

运行例 4–23，此时页面中不显示任何元素。

4. 定义 CSS 样式

搭建完页面的结构后，接下来使用 CSS 对页面的样式进行修饰。本节采用从整体到局部的方式实现图 4–39 所示的效果，具体如下：

（1）定义基础样式

```
/*将页面中所有元素的内外边距设置为 0*/
*{ padding:0; margin:0;}
```

（2）控制外层盒子样式

```
1  .wai{
2      width:700px;
3      height:347px;
4      background-image:linear-gradient(90deg,#3d7ea5 50%,#ce4b4b 50%);
5      border-style:solid;
6      border-image:url(images/1.jpg) 22%/40px repeat;
7      padding:38px 0;
8      box-shadow:3px 3px 8px 2px #999;
9  }
```

上面的代码用于控制外层盒子的样式，其中第 4 行代码用于为外层盒子设置渐变背景。第 6 行代码用于为外层盒子设置图片边框。

（3）控制内层盒子样式

```
.nei{
    width:100%;
    height:100%;
    background:url(images/zuqiu.png) center center no-repeat;
    opacity:0.4;
}
```

在上面的样式代码中，“opacity:0.4;” 用于设置内层盒子整体的不透明度为 0.4。

至此，完成图 4–39 所示“创意画框”的 CSS 样式部分。刷新例 4–23 所在的页面，效果如图 4–53 所示。

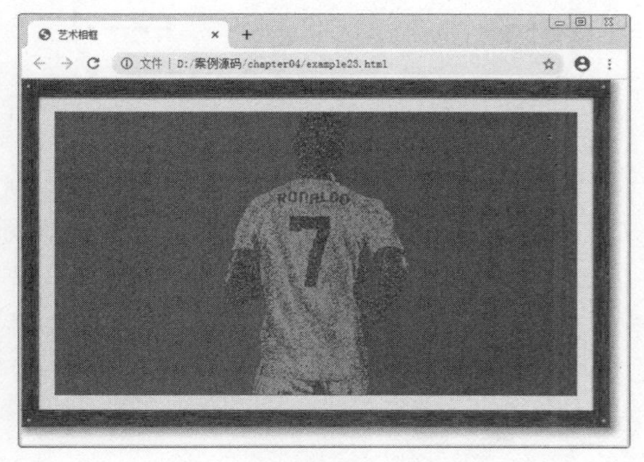

图4–53　“创意画框”最终效果

4.6 【案例 12】拼图效果

案例描述

拼图游戏是广受欢迎的一种智力游戏，它的变化多端，难度不一，让人百玩不厌。除了实物的拼图卡片外，在网页中也可以制作拼图游戏。本节将运用“圆角”和“多背景图像”制作一个简单的网页拼图效果，具体样式如图 4-54 所示。

图4-54 拼图效果

知识引入

1. 圆角

在网页设计中，经常会看到一些圆角的图形，例如按钮、头像图片等，运用 CSS3 中的 border-radius 属性可以将矩形边框四角圆角化，实现圆角效果。border-radius 属性基本语法格式如下。

```
border-radius:水平半径参数 1 水平半径参数 2 水平半径参数 3 水平半径参数 4/垂直半径参数 1 垂直半径参数 2 垂直半径参数 3 垂直半径参数 4;
```

在上面的语法格式中，水平和垂直半径参数均有 4 个参数值，分别对应着矩形的 4 个圆角（每个角都有水平和垂直半径参数），如图 4-55 所示。border-radius 的属性值主要包含 2 个参数，即水平半径参数和垂直半径参数，参数之间用“/”隔开，参数的取值单位可以为 px（像素值）或%（百分比）。

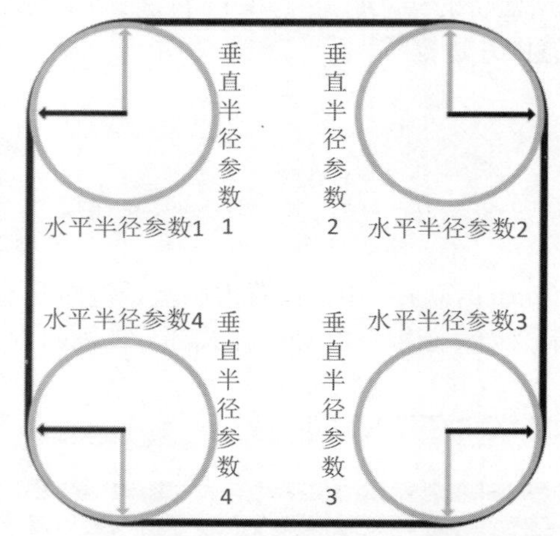

图4-55 参数所对应的圆角

下面通过一个案例来演示 border-radius 属性的用法，如例 4-24 所示。

例 4-24 example24.html

```
1  <!doctype html>
2  <html>
3  <head>
4  <meta charset="utf-8">
5  <title>圆角边框</title>
6  <style type="text/css">
7  img{
```

```
 8        border:8px solid black;
 9        border-radius:50px 20px 10px 70px/30px 40px 60px 80px;  /*分别设置四个角水平半径和垂直
半径*/
 10 }
 11 </style>
 12 </head>
 13 <body>
 14 <img class="circle" src="2.png" alt="图片"/>
 15 </body>
 16 </html>
```

在例 4-24 中，第 9 行代码分别为图片 4 个角设置了不同的水平半径和垂直半径。

运行例 4-24，效果如图 4-56 所示。

图4-56　圆角边框的使用

需要注意的是，border-radius 属性同样遵循值复制的原则，其水平半径参数和垂直半径参数均可以设置 1~4 个参数值，用来表示 4 个角的圆角半径的大小，具体解释如下。

- 水平半径参数和垂直半径参数设置 1 个参数值时，表示 4 个角的圆角半径均相同；
- 水平半径参数和垂直半径参数设置 2 个参数值时，第 1 个参数值代表左上圆角半径和右下圆角半径，第 2 个参数值代表右上圆角半径和左下圆角半径，具体示例代码如下。

```
img{border-radius:50px 20px/30px 60px;}
```

在上面的示例代码中设置图像左上和右下圆角水平半径为 50px，垂直半径为 30px；右上和左下圆角水平半径为 20px，垂直半径为 60px。示例代码对应效果如图 4-57 所示。

图4-57　2个参数值的圆角边框

- 水平半径参数和垂直半径参数设置 3 个参数值时，第 1 个参数值代表左上圆角半径，第 2 个参数值代表右上和左下圆角半径；第 3 个参数值代表右下圆角半径，具体示例代码如下。

```
img{border-radius:50px 20px 10px/30px 40px 60px;}
```

在上面的示例代码中设置图像左上圆角水平半径为 50px，垂直半径为 30px；右上和左下圆角水平半径为 20px，垂直半径为 40px；右下圆角水平半径为 10px，垂直半径为 60px。示例代码对应效果如图 4–58 所示。

图4–58　3个参数值的圆角边框

- 水平半径参数和垂直半径参数设置 4 个参数值时，第 1 个参数值代表左上圆角半径，第 2 个参数值代表右上圆角半径，第 3 个参数值代表右下圆角半径，第 4 个参数值代表左下圆角半径，具体示例代码如下。

```
img{border-radius:50px 30px 20px 10px/50px 30px 20px 10px;}
```

在上面的示例代码中设置图像左上圆角的水平和垂直半径均为 50px，右上圆角的水平和垂直半径均为 30px，右下圆角的水平和垂直半径均为 20px，左下圆角的水平和垂直半径均为 10px。示例代码对应效果如图 4–59 所示。

需要注意的是，当应用值复制原则设置圆角边框时，如果“垂直半径参数”省略，则会默认等于“水平半径参数”的参数值。此时圆角的水平半径和垂直半径相等。例如，要实现图 4–58 所示的圆角边框，仅设置 4 个参数值即可，简化后的示例代码为：

```
img{border-radius:50px 30px 20px 10px;}
```

需要说明的是，如果想要将例 4–24 中图片的圆角边框显示效果设置为圆形，只需将第 9 行代码更改为：

```
img{border-radius:150px;}            /*设置显示效果为圆形*/
```

或

```
img{border-radius:50%;}              /*利用%设置显示效果为圆形*/
```

由于案例中图片的宽高均为 300 像素，所以图片 4 个角的圆角半径应为 150px，使用百分比会比换算图片的半径更加方便。运行案例对应的效果如图 4–60 所示。

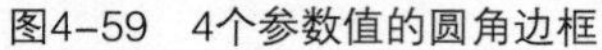
图4–59　4个参数值的圆角边框

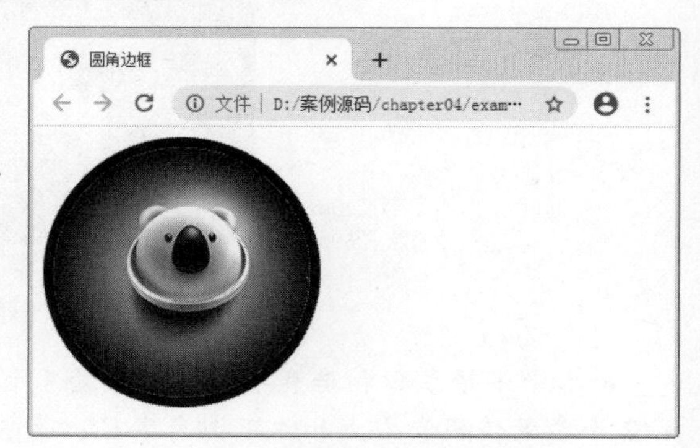

图4–60　圆角边框的圆形效果

2. 多背景图像

在 CSS3 之前的版本中，一个容器只能填充一张背景图片，如果重复设置，最后设置的背景图片将覆盖之前的背景。CSS3 中增强了背景图像的功能，允许一个容器里显示多个背景图像，使背景图像效果更容易控制。但是 CSS3 中并没有为实现多背景图片提供对应的属性，而是通过 background-image、background-repeat、background-position 等属性的值来实现多重背景图像效果，各属性值之间用逗号隔开。

下面通过一个案例来演示多重背景图像的设置方法，如例 4-25 所示。

例 4-25　example25.html

```
1  <!doctype html>
2  <html>
3  <head>
4  <meta charset="utf-8">
5  <title>设置多重背景图像</title>
6  <style type="text/css">
7  p{
8       width:300px;
9       height:300px;
10      border:1px solid black;
11      background-image:url(images/dog.png),url(images/bg1.png),url(images/bg2.png);
12 }
13 </style>
14 </head>
15 <body>
16 <p></p>
17 </body>
18 </html>
```

在例 4-25 中，第 11 行代码通过 background-image 属性定义了 3 张背景图，需要注意的是，排列在最上方的图像应该先链接，其次是中间的装饰，最后才是背景图。

运行例 4-25，效果如图 4-61 所示。

图4-61　设置多重背景图像

案例实现

1. 结构分析

图 4-54 所示的“拼图效果”可以使用 3 个 div 来定义，其中最外层用一个大的 div 定义，内层可以嵌套两个上下结构的 div，具体结构如图 4-62 所示。

图4-62 “拼图效果”结构

2. 样式分析

① 定义最外层大 div 的宽度、高度、外边框等样式。

② 设置两个小 div 的宽度和高度样式，并应用背景复合属性添加图片。为上面和下面的小 div 分别添加 3 个横向排列的图片。

③ 背景图之间的白色间隙与小 div 的宽度有关，只需要把小 div 的宽度设置大于 3 个背景图片的总宽度，就会留下白色间隙。

3. 制作页面结构

根据上面的分析，使用相应的 HTML 标签来搭建网页结构，如例 4-26 所示。

例 4-26 example26.html

```
1  <!doctype html>
2  <html>
3  <head>
4  <meta charset="UTF-8">
5  <title>拼图效果</title>
6  </head>
7  <body>
8  <div class="box">
9       <div class="one"></div>
10      <div class="two"></div>
11 </div>
12 </html>
```

运行例 4-26，此时页面中不显示任何元素。

4. 定义 CSS 样式

搭建完页面的结构后，下面使用 CSS 对页面的样式进行修饰。本节采用从整体到局部的方式实现图 4-54 所示的效果，具体如下。

（1）定义基础样式

```
/*将页面中所有元素的内外边距设置为 0*/
*{padding:0; margin:0;}
```

（2）定义最外层大 div 的样式

```
.box{
    width:604px;
    height:454px;
    margin:0 auto;
    border:5px solid #aaa;
    border-radius:30px;
}
```

在上面的样例代码中，border-radius 属性用于为大 div 设置圆角效果。

（3）定义内部小 div 的样式

```
1  .one{
```

```
2       width:604px;
3       height:227px;
4       background-image:url(images/01.jpg),url(images/02.jpg),url(images/03.jpg);
5       background-repeat:no-repeat;
6       background-position:left,center,right;
7       border-radius:30px 30px 0 0;
8   }
9   .two{
10      width:604px;
11      height:227px;
12      background-image:url(images/04.jpg),url(images/05.jpg),url(images/06.jpg);
13      background-repeat:no-repeat;
14      background-position:left,center,right;
15      border-radius:0 0 30px 30px;
16  }
```

在上面的样例代码中，第 4 行代码用于为上方的 div 设置多个背景图，第 12 行代码用于为下方的 div 设置多个背景图，为两个 div 设置宽度为 604 像素，此时背景图之间会存在一定的间隙。

至此，完成图 4-54 所示“拼图效果”的 CSS 样式部分。刷新例 4-26 所在的页面，效果如图 4-63 所示。

图4-63　拼图最终效果

4.7　动手实践

学习完前面的内容，下面来动手实践一下吧。

请结合所学知识，运用 CSS 盒子模型的相关属性、背景属性和渐变属性制作一个播放器图标，效果如图 4-64 所示。

图4-64　播放器图标

第 5 章

为网页添加列表和超链接

学习目标

★ 掌握无序列表、有序列表和定义列表的使用，可以制作常见的网页列表模块。

★ 掌握超链接标签的使用，能够使用超链接定义网页元素。

★ 掌握 CSS 伪类，会使用 CSS 伪类实现超链接特效。

通过第 4 章盒子模型的学习，相信大家已经可以对网页做一个简单的结构划分。但是一个网站由多个网页构成，每个网页上都有大量的信息，要想使网页中的信息排列有序，条理清晰，并且网页与网页之间有一定的联系，就需要使用列表和超链接。本章将对列表标签、超链接标签以及 CSS 控制列表和超链接的样式进行详细讲解。

5.1 【案例 13】精美电商悬浮框

案例描述

在制作电商网站时，通常需要使用一些精美的悬浮框对商品信息进行简单的分类，这样既可以方便消费者搜索商品，也可以使网页结构变得清晰美观。本节将运用无序列表制作一款“精美的电商悬浮框”，其效果如图 5-1 所示。

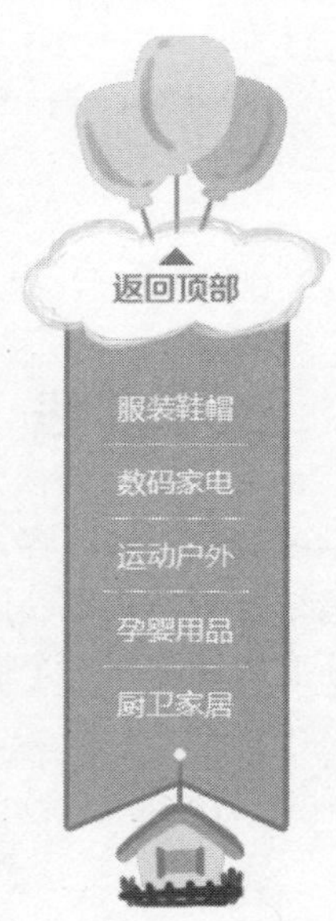

图5-1 “精美电商悬浮框”效果

知识引入

1. 无序列表

ul 是英文“unordered list”的缩写，译为中文是无序列表。无序列表是一种不分排序的列表，各个列表项之间没有顺序级别之分。无序列表使用<ul>标签定义，内部可以嵌套多个<li>标签（<li>是列表项）。定义无序列表的基本语法格式如下：

```
<ul>
    <li>列表项 1</li>
    <li>列表项 2</li>
```

```
    <li>列表项 3</li>
    ...
</ul>
```

在上面的语法中，<ul></ul>标签用于定义无序列表，<li></li>标签嵌套在<ul></ul>标签中，用于描述具体的列表项，每对<ul></ul>中至少应包含一对<li></li>。

需要说明的是，<ul>和<li>都拥有 type 属性，用于指定列表项目符号，不同 type 属性值可以呈现不同的项目符号，表 5-1 列举了无序列表常用的 type 属性值。

表 5-1　无序列表常用的 type 属性值

type 属性值	显示效果
disc（默认值）	●
circle	○
square	■

了解了无序列表的基本语法和 type 属性后，下面通过一个案例进行演示，如例 5-1 所示。

例 5-1　example01.html

```
1  <!doctype html>
2  <html lang="en">
3  <head>
4  <meta charset="UTF-8">
5  <title>无序列表</title>
6  </head>
7  <body>
8      <ul>
9          <li  type="square" >春</li>
10         <li>夏</li>
11         <li>秋</li>
12         <li>冬</li>
13     </ul>
14 </body>
15 </html>
```

在例 5-1 中，创建了一个无序列表，并为第一个列表项设置 type 属性。

运行例 5-1，效果如图 5-2 所示。

图5-2　无序列表的使用

通过图 5-2 可以看出，不定义 type 属性时，列表项目符号默认显示为"●"，设置 type 属性时，列表项目符号会按相应的样式显示。

注意：

① 不赞成使用无序列表的 type 属性，一般通过 CSS 样式属性替代。

② <ul></ul>中只能嵌套<li></li>，不允许直接在<ul></ul>标签中输入文字。

2. 有序列表

ol 是英文"ordered list"的缩写，译为中文是有序列表。有序列表是一种强调排列顺序的列表，使用<ol>标签定义，内部可以嵌套多个<li>标签。例如，网页中常见的歌曲排行榜、游戏排行榜等都可以通过有序列表来定义。定义有序列表的基本语法格式如下：

```
<ol>
    <li>列表项 1</li>
    <li>列表项 2</li>
    <li>列表项 3</li>
    ...
</ol>
```

在上面的语法中，<ol></ol>标签用于定义有序列表，<li></li>为具体的列表项，与无序列表类似，每对<ol></ol>中也至少应包含一对<li></li>。

在有序列表中，除了 type 属性外，还可以为<ol>定义 start 属性、为<li>定义 value 属性，它们决定有序列表的项目符号，其属性值类型和描述如表 5-2 所示。

表 5-2　有序列表相关的属性的属性值类型和描述

属性	属性值/属性值类型	描述
type	1（默认）	项目符号显示为数字 1，2，3，…
	a 或 A	项目符号显示为英文字母 a，b，c，d，…或 A，B，C，…
	i 或 I	项目符号显示为罗马数字 i，ii，iii，…或 I，II，III，…
start	数字	规定项目符号的起始值
value	数字	规定项目符号的数字

了解了有序列表的基本语法和常用属性后，下面通过一个案例来演示其用法和效果，如例 5-2 所示。

例 5-2　example02.html

```
1  <!doctype html>
2  <html>
3  <head>
4  <meta charset="utf-8">
5  <title>有序列表</title>
6  </head>
7  <body>
8  <ol>
9  <li>大师兄孙悟空</li>
10 <li>二师兄猪八戒</li>
11 <li>三师弟沙和尚</li>
12 </ol>
13 <ol>
14 <li type="1" value="1">第一名状元</li><!--阿拉伯数字排序-->
15 <li type="a">第二名榜眼</li><!--英文字母排序-->
16 <li type="I">第三名探花</li><!--罗马数字排序-->
17 </ol>
18 </body>
19 </html>
```

在例 5-2 中，定义了两个有序列表。其中，第 8~12 行代码中的第一个有序列表没有应用任何属性，第 13~17 行代码中的第二个有序列表的列表项应用了 type 和 value 属性，用于设置特定的列表项目符号。

运行例 5-2，效果如图 5-3 所示。

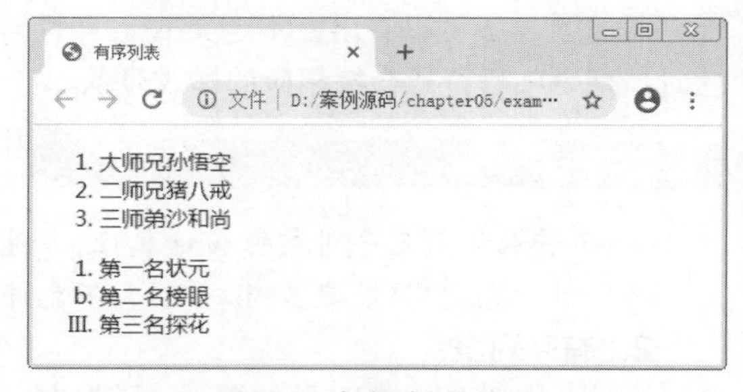

图5-3　有序列表的使用

通过图 5-3 可以看出，不定义列表项目符号时，有序列表的列表项默认按“1，2，3，…”的顺序排列。当使用 type 或 value 定义列表项目符号时，有序列表的列表项按指定的项目符号显示。

注意：

不赞成使用<ol>、<li>的 type、start 和 value 属性，最好通过 CSS 样式属性替代。

案例实现

1. 结构分析

在图 5-1 所示的电商“悬浮框”中，商品分类清晰，各条商品并列排列，且排序不分先后，因此可以通过无序列表<ul>进行定义。图 5-1 对应的结构如图 5-4 所示。

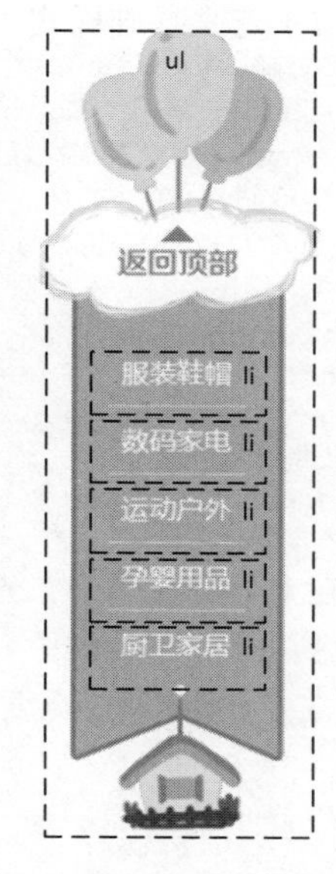

图5-4　“精美电商悬浮框”结构

2. 样式分析

实现图 5-1 所示样式的思路如下。

① 运用背景属性（background）为<ul>添加大的背景图。

② 为<li>添加宽度、高度和边框样式，并设置最后一个<li>为无边框样式。

3. 制作页面结构

根据上面的分析，使用相应的 HTML 标签来搭建网页结构，如例 5-3 所示。

例 5-3　example03.html

```
1  <!doctype html>
2  <html>
3  <head>
4  <meta charset="utf-8">
5  <title>精美电商悬浮框</title>
6  <link href="example03_css.css" rel="stylesheet" type="text/css" />
7  </head>
8  <body>
9  <ul>
10      <li>服装鞋帽</li>
11      <li>数码家电</li>
12      <li>运动户外</li>
13      <li>孕婴用品</li>
14      <li class="no_line">厨卫家居</li>
15   </ul>
16 </body>
17 </html>
```

运行例 5-3，效果如图 5-5 所示。

图5-5　HTML结构页面效果图

4. 定义 CSS 样式

搭建完页面的结构后，下面使用 CSS 对页面的样式进行修饰。采用从整体到局部的方式实现图 5-1 所示的效果，具体如下。

（1）定义基础样式

```
/*全局控制*/
body{font-size:16px; font-family:"微软雅黑"; color:#222;}
/*重置浏览器的默认样式*/
body,ul,li{ padding:0; margin:0; list-style:none;}
```

（2）为<ul>添加背景

```
ul{
width:171px;
height:299px;
background:url(images/bg.jpg) no-repeat;
padding-top:190px;
color:#fff;
}
```

在上面的代码中，先设置无序列表<ul>的宽度、高度，再通过 background 属性为其添加背景图像。

（3）为<li>设置宽度、高度和边框样式

```
li{
width:80px;
height:40px;
text-align:center;
line-height:40px;
 border-bottom:1px dotted #fff;
margin-left:45px;
}
```

（4）去掉最后一个<li>的边框

```
.no_line{border:none;}              /*设置类名为 no_line 的 li 无边框*/
```

至此，完成图 5-1 所示的电商悬浮框的 CSS 样式部分。通过外链式将 CSS 样式链入到例 5-3 的页面结构中。

运行例 5-3 文件，效果如图 5-6 所示。

图5-6 CSS控制电商悬浮框效果

5.2 【案例 14】二维码名片

案例描述

传统的名片，往往需要手动把上面的信息存进手机，这样的录入方式烦琐且容易出错。二维码名片的出现，简化了烦琐的信息录入方式，轻轻一扫，就可读取内部包含的文字和图片信息，极大地提高了信息的存取速度。本节将运用定义列表制作一款时尚潮流的“二维码名片”，其效果如图 5-7 所示。

图5-7　“二维码名片”效果

知识引入

1. 定义列表

dl 是英文“definition list”的缩写，译为中文是定义列表。定义列表与有序列表、无序列表不同，它包含了 3 个标签，即 dl、dt、dd。定义有序列表的基本语法格式如下：

```
<dl>
    <dt>名词 1</dt>
    <dd>dd 是名词 1 的描述信息 1</dd>
    <dd>dd 是名词 1 的描述信息 2</dd>
    ...
    <dt>名词 2</dt>
    <dd>dd 是名词 2 的描述信息 1</dd>
    <dd>dd 是名词 2 的描述信息 2</dd>
    ...
</dl>
```

在上面的语法中，<dl></dl>标签用于指定定义列表，<dt></dt>和<dd></dd>并列嵌套于<dl></dl>中。其中，<dt></dt>标签用于指定术语名词，<dd></dd>标签用于对名词进行解释和描述。一对<dt></dt>可以对应多对<dd></dd>，也就是说可以对一个名词进行多项解释。

了解了定义列表的基本语法后，下面通过一个案例来演示其用法和效果，如例 5-4 所示。

例 5-4　example04.html

```
1  <!doctype html>
2  <html>
3  <head>
4  <meta charset="utf-8">
5  <title>定义列表</title>
6  </head>
7  <body>
8  <dl>
9  <dt>红色</dt>
10 <dd>可见光谱中长波末端的颜色。</dd>
11 <dd>是光的三原色和心理原色之一。</dd>
12 <dd>表示吉祥、喜庆、热烈、奔放、激情、斗志、革命。</dd>
13 <dd>红色的补色是青色。</dd>
14 </dl>
15 </body>
16 </html>
```

在例 5–4 中，第 8~14 行代码定义了一个定义列表，其中<dt></dt>标签内为名词“红色”，其后紧跟着 4 对<dd></dd>标签，用于对<dt></dt>标签中的名词进行解释和描述。

运行例 5–4，效果如图 5–8 所示。

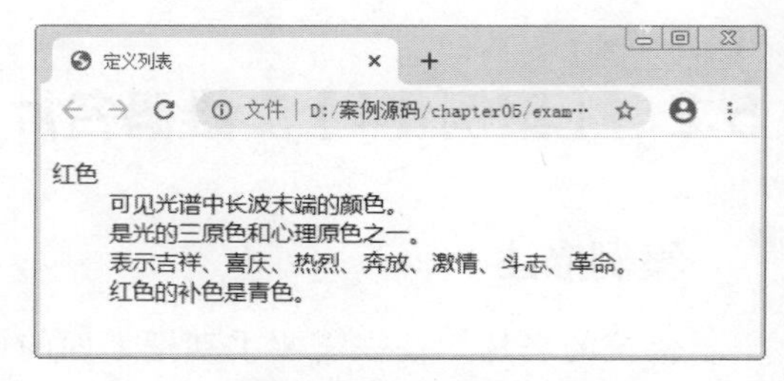

定义列表
文件 | D:/案例源码/chapter05/exam···
红色
可见光谱中长波末端的颜色。
是光的三原色和心理原色之一。
表示吉祥、喜庆、热烈、奔放、激情、斗志、革命。
红色的补色是青色。

图5–8 定义列表的使用

通过图 5–8 可以看出，相对于<dt></dt>标签中的术语或名词，<dd></dd>标签中解释和描述性的内容会产生一定的缩进效果。

注意：

① <dl>、<dt>、<dd>三个标签之间不允许出现其他标签。

② <dl>标签必须与<dt>标签相邻。

2. 定义列表实现图文混排

在网页设计中，定义列表常用于实现图文混排效果。其中，在<dt></dt>标签中插入图片，在<dd></dd>标签中放入对图片解释说明的文字。图 5–9 所示的“知识百科”模块就可以通过定义列表来实现。

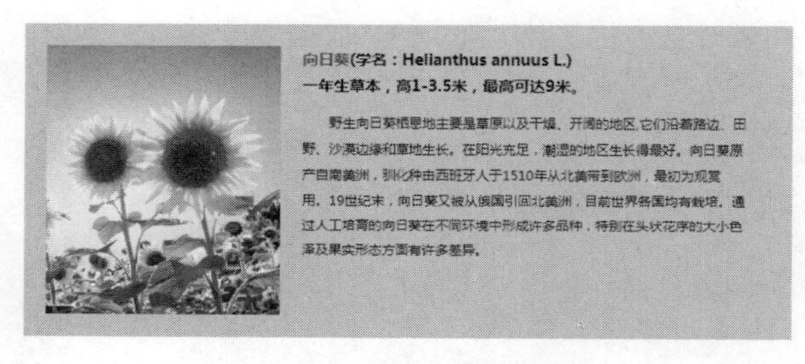

图5–9 “知识百科”模块

想要实现图 5–9 所示效果，首先要搭建页面的基本结构，具体如例 5–5 所示。

例 5-5 example05.html

```
 1 <!doctype html>
 2 <html>
 3 <head>
 4 <meta charset="utf-8">
 5 <title>使用定义列表制作图文混排</title>
 6 </head>
 7 <body>
 8 <dl class="box">
 9 <dt><img src="images/xiangrikui.jpg" /></dt><!--插入图片-->
10 <dd><!--对图片进行解释说明-->
11 <h2><span>向日葵</span>(学名：Helianthus annuus L.)</h2>
12 <h3>一年生草本，高 1~3.5 米，最高可达 9 米。</h3>
13 <p>野生向日葵栖息地主要是草原等开阔地区，它们沿着路边、田野、沙漠边缘和草地生长。在阳光充足、土壤潮湿的地方生长得最好。向日葵原产自南美洲，驯化种由西班牙人于 1510 年从北美洲带到欧洲，最初为观赏用。19 世纪末，向日葵又被从俄国引回北美洲，目前世界各国均有栽培。通过人工培育的向日葵在不同环境中形成了许多品种，特别在头状花序的大小、色泽及果实形态方面有许多差异。</p>
14 </dd>
15 </dl>
16 </body>
17 </html>
```

在例 5–5 中，将图像嵌套于<dt></dt>标签中，将对图像解释说明的文字嵌套于<dd></dd>标签中。

运行例 5–5，效果如图 5–10 所示。

图5-10　“知识百科”结构

然后可以在例 5-5 中嵌入 CSS 样式，具体代码如下。

```
<style type="text/css">
body,dl,dt,dd,h2,h3,p,img{ padding:0; margin:0; border:0;}  /*清除浏览器的默认样式*/
body{ font-size:12px; line-height:24px;}                    /*全局控制*/
.box{                        /*定义 dl 构成的大盒子的样式*/
    width:650px;
    height:252px;
    background:#b8ceff;
    padding:20px;
    margin:20px auto;
}
.box dt{
    float:left;              /*图像所在的盒子左浮动 */
    width:210px;
}
.box dd{
    float:left;              /*dd 构成的盒子左浮动 */
    width:400px;
    margin-left:20px;
}
h2,h3{font-size:14px;}
h2 span{color:#069;}
p{
    text-indent:2em;
    margin-top:10px;
}
</style>
```

在上面的 CSS 样式代码中，对<dt></dt>和<dd></dd>构成的盒子均设置左浮动，这是实现图文混排的关键。关于浮动这里了解即可，后面的章节中将会详细介绍。

保存 HTML 文件，在浏览器中运行，会得到图 5-9 所示的效果。

3. 列表嵌套的应用

在网上购物商城中浏览商品时，经常会看到某一类商品被分为若干小类，这些小类通常还包含若干的子类。同样，在使用列表时，列表项中也有可能包含若干子列表项，要想在列表项中定义子列表项就需要对列表进行嵌套。列表嵌套的方法十分简单，只需将子列表嵌套在上一级列表的列表项中，例如下面代码是在无序列表中嵌套一个有序列表。

```
<ul>
    <li>列表项 1</li>
    <li>列表项 2</li>
    <li>
         <ol>
```

```
            <li>列表项 1</li>
            <li>列表项 2</li>
        </ol>
    </li>
</ul>
```

了解了列表嵌套的方法后，下面通过一个案例对列表的嵌套进行演示，如例 5-6 所示。

例 5-6 example06.html

```
 1 <!doctype html>
 2 <html lang="en">
 3 <head>
 4 <meta charset="UTF-8">
 5 <title>列表嵌套的应用</title>
 6 </head>
 7 <body>
 8 <h2>饮品</h2>
 9 <ul>
10     <li>咖啡
11         <ol><!--有序列表的嵌套-->
12         <li>拿铁</li>
13         <li>摩卡</li>
14         </ol>
15         </li>
16         <li>茶
17         <ul><!--无序列表的嵌套-->
18         <li>碧螺春</li>
19         <li>龙井</li>
20         </ul>
21     </li>
22 </ul>
23 </body>
24 </html>
```

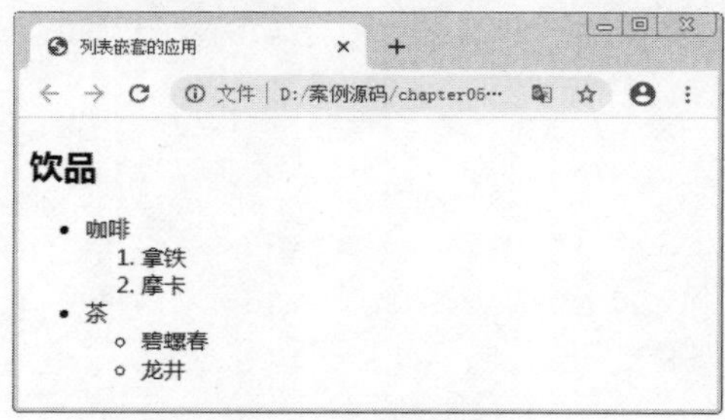

图5-11 列表嵌套效果展示

在例 5-6 中，首先定义了一个包含两个列表项的无序列表，然后在第一个列表项中嵌套一个有序列表，在第二个列表项中嵌套一个无序列表。

运行例 5-6，效果如图 5-11 所示。

在图 5-11 中，咖啡和茶两种饮品又进行了第二次分类，“咖啡”分为“拿铁”和“摩卡”，“茶”分为“碧螺春”和“龙井”。

案例实现

1. 结构分析

图 5-7 所示的“二维码名片”由图片和文字两个部分构成，文字部分是对二维码图片的描述和说明。因此可以通过定义列表实现该图文混排效果。其中，在<dt></dt>标签中插入图片，在<dd></dd>标签中放入对图片解释说明的文字。图 5-7 对应的结构如图 5-12 所示。

图5-12 “二维码名片”结构

2. 样式分析

实现图 5-7 所示样式的思路如下。

① 为<dl>定义宽度、高度和边框样式。

② 为<dt>定义宽、高样式，并运用背景属性添加二维码图片。

③ 为<dd>定义宽、高样式，并单独控制<dd>中特殊显示的文本。

3. 制作页面结构

根据上面的分析，使用相应的 HTML 标签来搭建网页结构，如例 5-7 所示。

例 5-7　example07.html

```
1  <!doctype html>
2  <html lang="en">
3  <head>
4  <meta charset="UTF-8">
5  <title>设计师名片</title>
6  <link href="example07_css.css" type="text/css" rel="stylesheet" />
7  </head>
8  <body>
9  <dl>
10 <dt></dt>
11 <dd><span class="poo1">鼠标</span> <span class="poo2">广告公司</span></dd>
12 <dd>职位：网页设计师</dd>
13 <dd>案例：41 个</dd>
14 <dd>经验：4 年</dd>
15 </dl>
16 </body>
17 </html>
```

在上面的代码中，两对<span>标签分别用于控制特殊显示的文本“鼠标”和“广告公司”。运行例 5-7，效果如图 5-13 所示。

图5-13　HTML结构页面效果图

4. 定义 CSS 样式

搭建完页面的结构后，下面使用 CSS 对页面的样式进行修饰。采用从整体到局部的方式实现图 5-7 所示的效果，具体如下。

（1）定义基础样式

```
/*全局控制*/
body{ font-size:14px;}
/*清除浏览器的默认样式*/
body,dl,dt,dd{ padding:0; margin:0; border:0;}
```

（2）为<dl>设置宽度、高度和边框样式

```
dl{
    width:170px;
    height:270px;
    border:10px solid #f1e9e9;
    padding:10px;
    margin:10px;
}
```

上面的代码用于为<dl>设置宽度、高度和边框样式，为了使边框和内容之间、<dl>与浏览器边界之间有一定的留白，设置了内边距 padding 和外边距 margin 样式。

（3）加入二维码图片

```
dt{
    width:170px;
    height:162px;
    background:url(images/img.png) no-repeat -17px center;
    margin-bottom:5px;
}
```

在上面的代码中，通过为<dt>标签设置背景图像来插入二维码，并且为了使二维码图像和下面的文本拉开一定的距离，应用了 margin-bottom 样式。

（4）设置<dd>中的文本样式

```
dd{
    width:170px;
    height:26px;
    line-height:26px;
    color:#999;
    padding-left:5px;
}
```

上面的代码用于控制<dd>标签中文本的宽、高、行高和颜色，为了使文本左侧有一定的留白，应用了 padding-left 样式。

（5）控制特殊显示的文本

```
.poo1{
    font-weight:bold;
    font-size:16px;
}
.poo2{font-size:12px;}
```

上面的代码用于控制特殊显示的文本“李刚”与“广告公司”。

至此，完成图 5-7 所示二维码名片的 CSS 样式部分。刷新例 5-7 所在的页面，效果如图 5-14 所示。

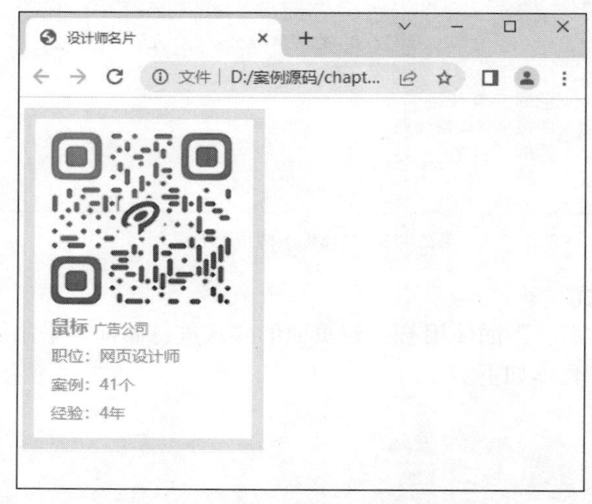

图5-14　“二维码名片”CSS样式效果

5.3 【案例 15】电商团购悬浮框

案例描述

图5-15　“电商团购悬浮框”效果展示

单调的列表项目符号往往并不能满足网页制作的需要，这时就需要使用 CSS 中的背景图像属性，通过图像的 url（路径）为各列表项设置更丰富的图像，使列表的样式更加美观。本节将通过列表项目符号属性和背景图像定义列表项目符号的方法制作一款“电商团购悬浮框”，其效果

知识引入

1. list-style-type 属性

在 CSS 中，list-style-type 属性用于控制列表项项目符号的类型，其取值有多种，它们的显示效果各不相同，该属性的常用属性值及其显示效果如表 5-3 所示。

表 5-3 list-style-type 的常用属性值及其显示效果

属性值	描述	属性值	描述
disc	实心圆（无序列表）	none	不使用项目符号（无序列表和有序列表）
circle	空心圆（无序列表）	cjk-ideographic	简单的表意数字
square	实心方块（无序列表）	georgian	传统的乔治亚编号方式
decimal	阿拉伯数字	decimal-leading-zero	以 0 开头的阿拉伯数字
lower-roman	小写罗马数字	upper-roman	大写罗马数字
lower-alpha	小写英文字母	upper-alpha	大写英文字母
lower-latin	小写拉丁字母	upper-latin	大写拉丁字母
hebrew	传统的希伯来编号方式	armenian	传统的亚美尼亚编号方式

了解了 list-style-type 的常用属性值及其显示效果后，下面通过一个具体的案例来演示其用法，如例 5-8 所示。

例 5-8 example08.html

```
1  <!doctype html>
2  <html>
3  <head>
4  <meta charset="utf-8">
5  <title>列表项显示符号</title>
6  <style type="text/css">
7  ul{ list-style-type:square;}
8  ol{ list-style-type:decimal;}
9  </style>
10 </head>
11 <body>
12 <h3>红色</h3>
13 <ul>
14     <li>大红</li>
15     <li>朱红</li>
16     <li>嫣红</li>
17 </ul>
18 <h3>蓝色</h3>
19 <ol>
20     <li>群青</li>
21     <li>普蓝</li>
22     <li>湖蓝</li>
23 </ol>
24 </body>
25 </html>
```

在例 5-8 中，第 13~17 行代码定义了一个无序列表，第 19~23 行代码定义了一个有序列表。对无序列表<ul>应用“list-style-type:square;”，将其列表项项目符号设置为实心方块。同时，对有序列表<ol>应用“list-style-type:decimal;”，将其列表项项目符号设置为阿拉伯数字。

运行例 5-8，效果如图 5-16 所示。

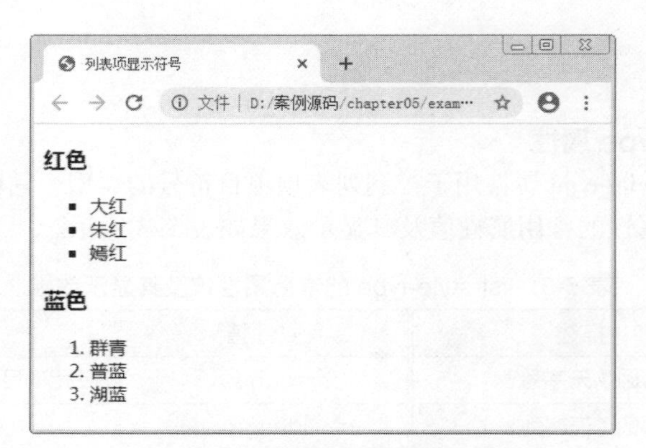

图5-16　列表项显示符号的用法

注意：

由于各个浏览器对 list-style-type 属性的解析不同。因此，在实际网页制作过程中不推荐使用 list-style-type 属性。

2. list-style-image 属性

一些常规的列表项项目符号并不能满足网页制作的需求，为此 CSS 提供了 list-style-image 属性，其取值为图像的 url。使用 list-style-image 属性可以为各个列表项设置项目图像，使列表的样式更加美观。

为了使初学者更好地掌握 list-style-image 属性的使用方法，下面为无序列表<ul>定义列表项目图像，如例 5-9 所示。

例 5-9　example09.html

```
1  <!doctype html>
2  <html>
3  <head>
4  <meta charset="utf-8">
5  <title>list-style-image 控制列表项目图像</title>
6  <style type="text/css">
7      ul{list-style-image:url(1.png);}
8  </style>
9  </head>
10 <body>
11 <h2>栗子功效</h2>
12 <ul>
13 <li>抗衰老</li>
14 <li>益气健脾</li>
15 <li>预防骨质疏松</li>
16 </ul>
17 </body>
18 </html>
```

在例 5-9 中，第 7 行代码通过 list-style-image 属性为列表项添加图片。

运行例 5-9，效果如图 5-17 所示。

通过图 5-17 可以看出，列表项目图像和列表项没有对齐，这是因为 list-style-image 属性对列表项目图像的控制能力不强。因此，实际工作中不建议使用 list-style-image 属性，常通过为<li>设置背景图像的方式实现列表项目图像（详见“背景图像定义列表项目符号”知识点）。

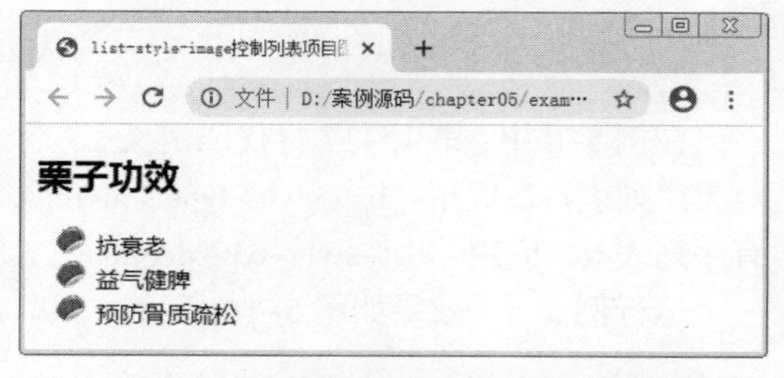

图5-17　list-style-image控制列表项目图像

3. list-style-position 属性

设置列表项目符号时，有时需要控制列表项目符号的位置，即列表项目符号相对于列表项内容的位置。在 CSS 中，list-style-position 属性用于控制列表项目符号的位置，其取值有 inside 和 outside 两种，对它们的具体介绍如下。

- inside：列表项目符号位于列表文本内。
- outside：列表项目符号位于列表文本外（默认值）。

为了使初学者更好地理解 list-style-position 属性，下面通过一个具体的案例来演示其用法和效果，如例 5-10 所示。

例 5-10　example10.html

```
1  <!doctype html>
2  <html>
3  <head>
4  <meta charset="utf-8">
5  <title>标签位置属性</title>
6  <style type="text/css">
7  .in{list-style-position:inside;}
8  .out{list-style-psition:outside;}
9  li{border:1px solid #CCC;}
10 </style>
11 </head>
12 <body>
13 <h2>中秋节</h2>
14 <ul class="in">
15 <li>中秋节，又称月夕、秋节、仲秋节。</li>
16 <li>时在农历八月十五。</li>
17 <li>始于唐朝初年，盛行于宋朝。</li>
18 <li>自 2008 年起中秋节被列为国家法定节假日。</li>
19 </ul>
20 <ul class="out">
21 <li>端午节</li>
22 <li>除夕</li>
23 <li>清明节</li>
24 <li>重阳节</li>
25 </ul>
26 </body>
27 </html>
```

在例 5-10 中，定义了两个无序列表，并使用内嵌式 CSS 样式表对列表项目符号的位置进行设置。第 7 行代码对第一个无序列表应用“list-style-position:inside;”，使其列表项目符号位于列表文本内，而第 8 行代码对第二个无序列表应用“list-style-position:outside;”，使其列表项目符号位于列表文本外。为了使显示效果更加明显，在第 9 行代码中为<li>设置了边框样式。

运行例 5-10，效果如图 5-18 所示。

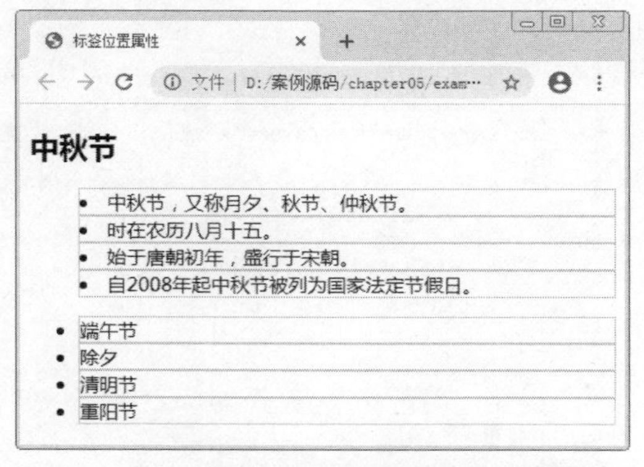

图5-18　list-style-position控制列表项显示符位置

通过图 5-18 可以看出，第一个无序列表的列表项目符号位于列表文本内，第二个无序列表的列表项目符号位于列表文本外。

4. list-style 属性

在 CSS 中，列表样式也是一个复合属性，可以将列表相关的样式都综合定义在一个复合属性 list-style 中。使用 list-style 属性综合设置列表样式的语法格式如下：

```
list-style:列表项目符号 列表项目符号的位置 列表项目图像;
```

使用复合属性 list-style 时，通常按上面语法格式中的顺序书写，各个样式之间以空格隔开，不需要的样式可以省略。下面通过一个案例来演示其用法和效果，如例 5-11 所示。

例 5-11　example11.html

```
1  <!doctype html>
2  <html>
3  <head>
4  <meta charset="utf-8">
5  <title>list-style 属性</title>
6  <style type="text/css">
7  ul{list-style:circle inside;}
8  .one{list-style:outside url(images/1.png);}
9  </style>
10 </head>
11 <body>
12 <ul>
13 <li class="one">栗子的营养价值</li>
14 <li>包含丰富的不饱和脂肪酸和维生素、矿物质</li>
15 <li>富含蛋白质、核黄素、碳水化合物</li>
16 </ul>
17 </body>
18 </html>
```

在例 5-11 中定义了一个无序列表，第 7～8 行代码通过复合属性 list-style 分别控制<ul>和第一个<li>的样式。

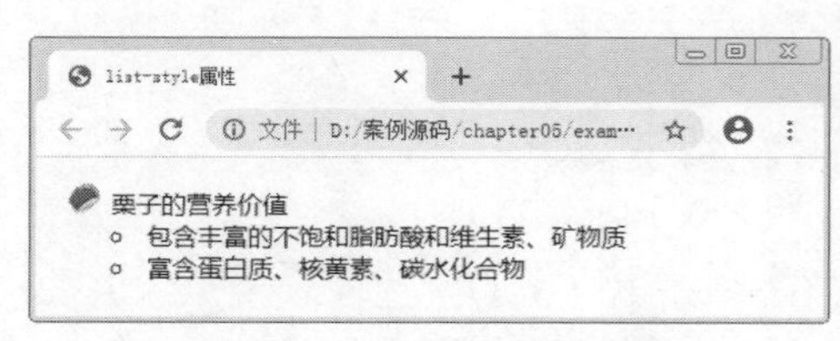

图5-19　list-style属性的使用

运行例 5-11，效果如图 5-19 所示。

但是在实际网页制作过程中，为了更高效地控制列表项目符号，通常将 list-style 的属性值定义为 none，然后通过为标签设置背景图像的方式实现不同的列表项目符号。

5. 背景图像定义列表项目符号

由于列表样式对列表项目图像的控制能力不强，所以实际工作中常通过为列表标签设置背景图像的方式实现列表项目图像。下面通过一个案例来演示通过背景属性定义列表项目符号的方法，如例 5-12 所示。

例 5-12　example12.html

```
1  <!doctype html>
2  <html>
3  <head>
4  <meta charset="utf-8">
5  <title>背景属性定义列表项目符号</title>
6  <style type="text/css">
7  dd{
8       list-style:none;      /*清除列表的默认样式*/
9       height:26px;
10      line-height:26px;
11      background:url(images/2.png) no-repeat left center; /*为 li 设置背景图像*/
12      padding-left:25px;
13  }
14 </style>
15 </head>
16 <body>
17 <h2>熊猫</h2>
18 <dl>
19      <dt><img src="images/xiongmao.jpg"></dt>
20      <dd>黑眼圈</dd>
21      <dd>肥胖腰</dd>
22      <dd>圆滚滚</dd>
23 </dl>
24 </body>
25 </html>
```

在例 5-12 中定义了一个列表，其中第 8 行代码通过“list-style:none;”清除列表的默认显示样式；第 11 行代码通过为<dd>设置背景图像的方式来定义列表项显示符号；第 19 行代码在<dt>内部增加了一张熊猫的图片。

运行例 5-12，效果如图 5-20 所示。

图5-20　使用背景属性定义列表项目符号

通过图 5-20 可以看出，每个列表项前都添加了列表项目图像。如果需要调整列表项目图像只需更改<li>的背景属性即可。

案例实现

1. 结构分析

图 5-15 所示的电商“团购悬浮框”由团购时间、团购种类和返回顶部几个部分并列构成，可以通过无序列表<ul>来定义。图 5-15 对应的结构如图 5-21 所示。

图5-21　“团购悬浮框”结构分析

2. 样式分析

实现图 5-15 所示样式的思路如下。

① 为<ul>设置宽度、高度和边框样式。

② 为<li>设置宽、高样式，并通过背景属性定义列表项目符号。

3. 制作页面结构

根据上面的分析，使用相应的 HTML 标签来搭建网页结构，如例 5-13 所示。

例 5-13　example13.html

```
1  <!doctype html>
2  <html>
3  <head>
4  <meta charset="utf-8">
5  <title>电商团购悬浮框</title>
6  <link href="example13.css" rel="stylesheet" type="text/css" />
7  </head>
8  <body>
```

```
 9  <ul>
10  <li>7 月 30 日 0:00 开团</li>
11  <li class="item">新品团</li>
12  <li class="item">尝鲜团</li>
13  <li class="item">秒杀团</li>
14  <li class="item">清仓团</li>
15  <li class="back">返回顶部</li>
16  </ul>
17  </body>
18  </html>
```

运行例 5-13，效果如图 5-22 所示。

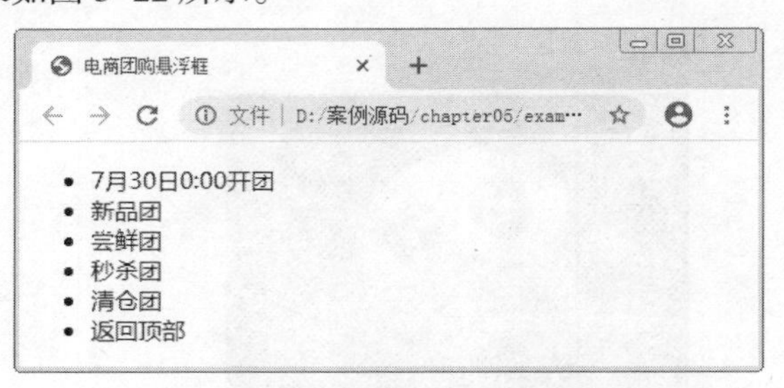

图5-22　HTML结构页面效果图

4. 定义 CSS 样式

搭建完页面的结构后，下面使用 CSS 对页面的样式进行修饰。采用从整体到局部的方式实现图 5-15 所示的效果，具体如下。

（1）定义基础样式

```
/*重置浏览器的默认样式*/
body,ul,li{ padding:0; margin:0; list-style:none;}
/*全局控制*/
body{font-size:18px; font-family:"微软雅黑";}
```

（2）为<ul>设置宽度、高度和边框样式

```
ul{
width:200px;
height:270px;
margin:20px;
border:3px solid #613e72;
padding:10px;
}
```

上面的代码用于为<ul>设置宽度、高度和边框样式，为了使边框和内容之间、<ul>与浏览器边界之间有一定的留白，还设置了内边距 padding 和外边距 margin 样式。

（3）整体控制列表项<li>

团购时间、团购种类和返回顶部 3 个部分有一些相同的样式，如宽、高、行高、内边距和外边距，但是列表项目图像与文本颜色不同。这里先以团购时间的样式为标准，来整体控制列表项<li>的样式。CSS 代码如下：

```
li{
    width:142px;
    height:40px;
    line-height:40px;
    background: url(images/clock.png) no-repeat left center;
    padding-left:40px;
    margin:0 auto 5px;
    color:#613e72;
}
```

这时，刷新例 5-13 所在的页面，效果如图 5-23 所示。

（4）单独控制团购种类部分

团购种类部分的文本颜色和列表项目图像与团购时间不同，且其背景颜色为紫色，需要单独进行控制。CSS 代码如下：

```
.item{
    background:#613e72 url(images/icon.png) no-repeat 5px center;
    color:#fff;
}
```

（5）单独控制返回顶部部分

返回顶部部分的列表项目图像与团购时间不同，需要单独为其定义背景图像。CSS代码如下：

```
.back{background:url(images/back.png) no-repeat left center;}
```

至此，完成图5-15所示“电商团购悬浮框”的CSS样式部分。刷新例5-13所在的页面，效果如图5-24所示。

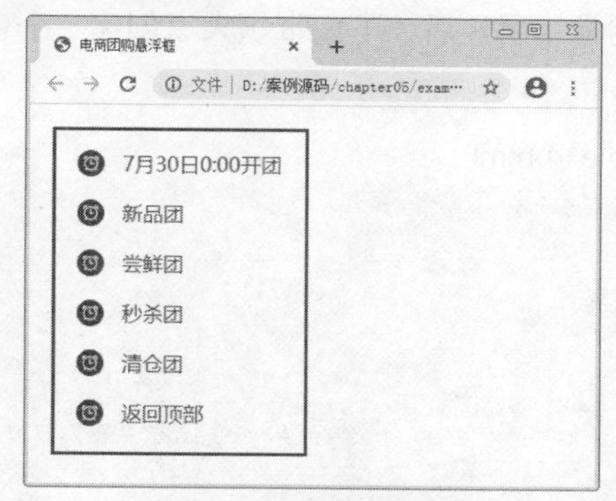

图5-23　整体控制列表项

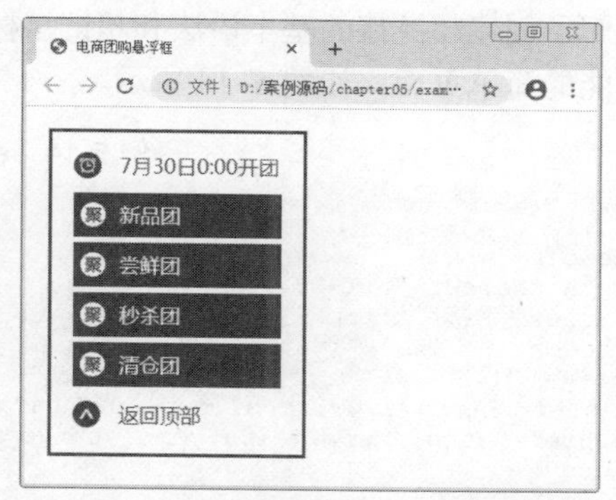

图5-24　“电商团购悬浮框”CSS样式效果

5.4　【案例16】唱吧导航栏

案例描述

浏览网站时，通过导航栏可以让访问者迅速找到所需要的资源区域，就如同出门旅行时旅客通过地图的引导能够轻松到达目的地。导航栏就相当于一个网站的地图，访问者可以通过导航纵观整个网站。本节将运用列表和超链接的相关知识制作一款“唱吧导航栏”，其效果如图5-25所示。当鼠标指针移到每个歌曲分类时，其背景颜色和背景图像都会发生变化，如图5-26所示。

图5-25　“唱吧导航栏”默认效果

图5-26　鼠标指针移到歌曲分类时的效果

知识引入

1. 创建超链接

超链接虽然在网页中占有不可替代的地位，但是在HTML中创建超链接非常简单，只需用

<a></a>标签环绕需要被链接的对象即可，其基本语法格式如下：

```
<a href="跳转目标" target="目标窗口的弹出方式">文本或图像</a>
```

在上面的语法中，<a>标签是一个行内元素，用于定义超链接，href 和 target 为其常用属性，具体介绍如下。

- href：用于指定链接目标的 url 地址，当为<a>标签应用 href 属性时，它就具有了超链接的功能。
- target：用于指定链接页面的打开方式，其取值有_self 和_blank 两种，其中_self 为默认值，意为在原窗口中打开，_blank 为在新窗口中打开。

了解了创建超链接的基本语法和超链接标签的常用属性后，下面带领大家创建一个带有超链接功能的简单页面，如例 5-14 所示。

例 5-14　example14.html

```
1  <!doctype html>
2  <html>
3  <head>
4  <meta charset="utf-8">
5  <title>超链接</title>
6  </head>
7  <body>
8  <a href="http://www.zcool.com.cn/" target="_self">站酷</a> target="_self"原窗口打开<br />
9  <a href="http://www.baidu.com/" target="_blank">百度</a> target="_blank"新窗口打开
10 </body>
11 </html>
```

在例 5-14 中，第 8 行和第 9 行代码分别创建了两个超链接，通过 href 属性将它们的链接目标分别指定为“站酷”和“百度”，同时通过 target 属性定义第一个链接页面在原窗口打开，第二个链接页面在新窗口打开。

运行例 5-14，效果如图 5-27 所示。

图5-27　超链接的使用

通过图 5-27 可以看出，被超链接标签<a></a>环绕的文本“站酷”和“百度”颜色特殊且带有下画线效果，这是因为超链接标签本身有默认的显示样式。当鼠标指针移到链接文本时，指针变为“👆”的形状，同时页面的左下角会显示链接页面的地址。当单击链接文本“站酷”和“百度”时，分别会在原窗口和新窗口中打开链接页面，如图 5-28 和图 5-29 所示。

图5-28　在原窗口打开链接页面

图5-29　在新窗口打开链接页面

注意：

① 暂时没有确定链接目标时，通常将<a>标签的 href 属性值定义为“#”（即 href="#"），表示该链接暂时为一个空链接。

② 除了创建文本超链接外，还可以为网页中各种网页元素（如图像、表格、音频、视频等）添加超链接。

多学一招：图像超链接出现边框解决办法

创建图像超链接时，在某些浏览器中图像会自动添加边框效果，影响页面的美观。去掉边框最直接的方法是将边框设置为 0，具体代码如下：

```
<a href="#"><img src="图像 URL" border="0" /></a>
```

2. 锚点链接

如果网页内容较多，页面过长，浏览网页时就需要不断拖动滚动条来查看所需要的内容，这样不仅效率较低，而且操作不方便。为了提高信息的检索速度，HTML 语言提供了一种特殊的链接——锚点链接。通过创建锚点链接，用户能够直接跳转到指定位置。

为了使初学者更形象地认识锚点链接，下面通过一个具体的案例来演示页面中创建锚点链接的方法，如例 5-15 所示。

例 5-15　example15.html

```
1  <!doctype html>
2  <html>
3  <head>
4  <meta charset="utf-8">
5  <title>锚点链接</title>
6  </head>
7  <body>
8  中国科学家：
9  <ul>
10 <li><a href="#one">李四光</a></li>
11 <li><a href="#two">袁隆平</a></li>
12 <li><a href="#three">屠呦呦</a></li>
13 <li><a href="#four">南仁东</a></li>
14 <li><a href="#five">孙家栋</a></li>
15 </ul>
16 <h3 id="one">李四光</h3>
17 <p>李四光 1889 年出生于湖北黄冈，作为中国地质力学的创立者、现代地球科学和地质工作的奠基人，李四光在地质领域的贡献，对于新中国可谓是意义非凡。2009 年，李四光被评为"100 位新中国成立以来感动中国人物"之一。</p>
18 <br /><br /><br /><br /><br /><br /><br /><br /><br /><br /><br /><br /><br />
19 <h3 id="two">袁隆平</h3>
20 <p>袁隆平 1930 年 9 月出生于北京，祖籍江西九江德安县，被誉为"世界杂交水稻之父"。袁隆平发明出了"三系法"籼型杂交水稻、"两系法"杂交水稻，创建了著名的超级杂交稻技术体系，不仅使中国人民填饱了肚子，也将粮食安全牢牢抓
```

```
在我们中国人自己手中。2004 年，袁隆平荣获"世界粮食奖"，2019 年又荣获"共和国勋章"。</p>
 21 <br /><br /><br /><br /><br /><br /><br /><br /><br /><br /><br /><br /><br />
 22 <h3 id="three">屠呦呦</h3>
 23 <p>屠呦呦 1930 年 12 月出生于浙江宁波，是中国第一位获得诺贝尔科学奖的本土科学家，也是第一位获得诺贝尔医学奖的华人科学家。屠呦呦从中医药典籍和中草药入手，经过多年的试验研究，研发出了"青蒿素"，一种有效治疗疟疾的药物，挽救了世界多国数百万人的生命。2015 年，屠呦呦荣获诺贝尔医学奖，2019 年又荣获"共和国勋章"。</p>
 24 <br /><br /><br /><br /><br /><br /><br /><br /><br /><br /><br /><br /><br />
 25 <h3 id="four">南仁东</h3>
 26 <p>南仁东 1945 年出生于吉林辽源，被誉为中国"天眼之父"。在担任 FAST 工程首席科学家兼总工程师期间，南仁东负责 500 米口径球面射电望远镜的科学技术工作，带领团队接连攻克多个技术难关，确保 FAST 项目落成投入使用，使得我国在单口径射电望远镜领域内，处于世界领先地位。2019 年，南仁东被授予"人民科学家"荣誉称号，并被评选为"最美奋斗者"。</p>
 27 <br /><br /><br /><br /><br /><br /><br /><br /><br /><br /><br /><br /><br />
 28 <h3 id="five">孙家栋</h3>
 29 <p>孙家栋 1929 年出生于辽宁瓦房店，被誉为中国航天的"大总师"、"中国卫星之父"。在"两弹一星"工程中，孙家栋担任中国第一颗人造卫星"东方红一号"的总体设计负责人，后来又担任中国第一颗遥感测控卫星、返回式卫星的技术负责人和总设计师，同时，他又是中国通信、气象、地球资源探测、导航等为主的第二代应用卫星的工程总设计师，还担任月球探测一期工程的总设计师，可谓实至名归的"中国卫星之父"。1999 年，孙家栋被授予"两弹一星功勋奖章"，2019 年又荣获"共和国勋章"。</p>
 30 </body>
 31 </html>
```

在例 5-15 中，使用<a>标签应用 href 属性，其中 href 属性="#id 名"，如第 10~14 行代码所示，只要单击创建了超链接的对象就会跳转到指定位置。

运行例 5-15，效果如图 5-30 所示。

通过图 5-30 可以看出，网页页面内容比较长且出现了滚动条。当鼠标单击链接文本“原研哉”时，页面会自动定位到相应内容的指定位置，页面效果如图 5-31 所示。

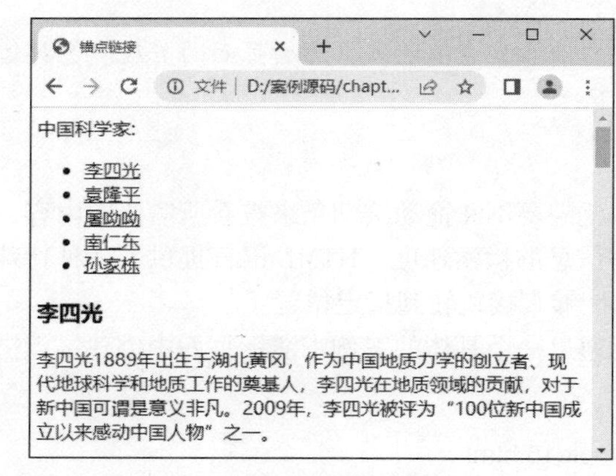

图5-30　锚点链接的使用

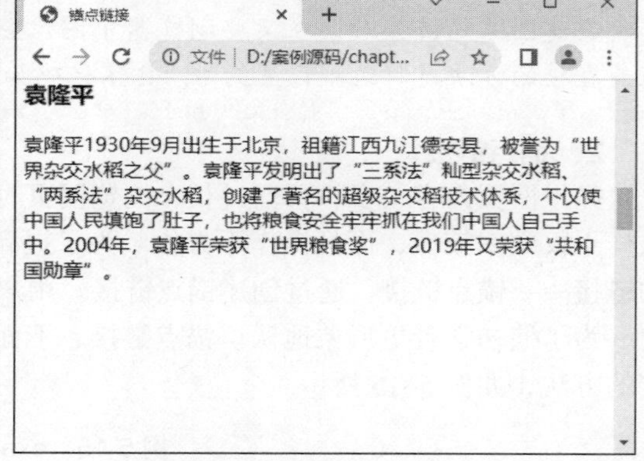

图5-31　页面跳转到相应内容的指定位置

通过上面的例子可以总结出，创建锚点链接可分为两步：①使用<a>标签应用 href 属性（href 属性= "#id 名"，id 名不可重复）创建链接文本；②使用相应的 id 名标注跳转目标的位置。

3．链接伪类控制超链接

定义超链接时，为了提升用户体验，经常需要为超链接指定不同的状态，使超链接在单击前、单击后和鼠标指针悬停时的样式不同。在 CSS 中，通过链接伪类可以实现不同的链接状态，下面将对链接伪类控制超链接的样式进行详细讲解。

与超链接相关的 4 个伪类应用比较广泛，这几个伪类定义了超链接的 4 种不同状态，具体如表 5-4 所示。

表 5-4　超链接标签<a>的伪类

超链接标签<a>的伪类	描述
a:link{ CSS 样式规则; }	超链接的默认样式
a:visited{ CSS 样式规则; }	超链接被访问过之后的样式
a:hover{ CSS 样式规则; }	鼠标指针经过、悬停时超链接的样式
a: active{ CSS 样式规则; }	鼠标单击不放时超链接的样式

了解了超链接标签<a>的 4 种状态后，下面通过一个案例来演示效果，如例 5-16 所示。

例 5-16　example16.html

```
1  <!doctype html>
2  <html>
3  <head>
4  <meta charset="utf-8">
5  <title>超链接的伪类选择器</title>
6  <style type="text/css">
7  a{ margin-right:20px;}        /*设置右边距为 20px*/
8  a:link,a:visited{
9       color:#000;               /*设置默认和被访问之后的颜色为黑色*/
10      text-decoration:none;     /*设置<a>标签自带下画线的效果为无*/
11      }
12 a:hover{
13      color:#093;               /*默认样式颜色为绿色*/
14      text-decoration:underline; /*设置鼠标悬停时显示下画线*/
15      }
16 a:active{ color:#FC0;}        /*设置鼠标单击不放时颜色为黄色*/
17 </style>
18 </head>
19 <body>
20 <a href="#">公司首页</a>
21 <a href="#">公司简介</a>
22 <a href="#">产品介绍</a>
23 <a href="#">联系我们</a>
24 </body>
25 </html>
```

在例 5-16 中，通过链接伪类定义超链接不同状态的样式。需要注意的是，第 10 行代码用于清除超链接默认的下画线，第 14 行代码设置在鼠标悬停时为超链接添加下画线。

运行例 5-16，效果如图 5-32 所示。

图5-32　超链接伪类选择器的使用

通过图 5-32 看出，设置超链接的文本显示颜色为黑色，超链接的自带下画线效果为无。当鼠标悬停到链接文本时，文本颜色变为绿色且添加下画线效果，如图 5-33 所示。当鼠标单击链接文本不放时，文本颜色变为黄色且添加默认下画线效果，如图 5-34 所示。

图5-33　鼠标悬停时的链接样式

图5-34　鼠标单击不放时的链接样式

需要说明的是，在实际工作中，通常只需要使用 a:link、a:visited 和 a:hover 定义未访问、访问后和鼠标悬停时的超链接样式。并且常常对 a:link 和 a:visited 应用相同的样式，使未访问和访问后的超链接样式保持一致。

注意：

① 使用超链接的 4 种伪类时，对排列顺序是有要求的。通常按照 a:link、a:visited、a:hover 和 a:active 的顺序书写，否则定义的样式可能不起作用。

② 超链接的 4 种伪类状态并不需要全部定义，一般只需要设置 3 种状态即可，如 link、hover 和 active。如果只设定是 2 种状态，一般设置 link、hover 这 2 个状态。

③ 除了文本样式外，链接伪类还常常用于控制超链接的背景、边框等样式。

案例实现

1. 结构分析

图 5-25 所示的导航栏可以看作是一个大的盒子，用<div>标签进行定义。大盒子的上面为标题和播放按钮，下面为歌曲分类，其中，标题和播放按钮可以通过<h2>和<a>标签进行定义；歌曲分类部分用无序列表<ul>进行定义；歌曲分类中的链接可通过超链接标签进行定义。图 5-25 对应的结构如图 5-35 所示。

图5-35　结构分析

2. 样式分析

实现图 5-25 所示样式的思路如下。

① 通过最外层的大盒子对导航栏进行整体控制，需要为其设置宽度、高度、内边距、边框及背景色等。

② 设置标题和播放按钮的样式，主要控制其文本大小、颜色、背景图像等。

③ 对歌曲分类部分的<li>进行整体控制，为其设置宽、高、浮动和内边距样式。

④ 使用伪类为每一个<li>设置默认和鼠标指针悬停时的背景样式。

⑤ 设置<li>内的文本样式。

3. 制作页面结构

根据上面的分析，使用相应的 HTML 标签来搭建网页结构，如例 5-17 所示。

例 5-17　example17.html

```
1  <!doctype html>
2  <html>
3  <head>
4  <meta charset="utf-8">
5  <title>唱吧导航栏</title>
6  </head>
7  <body>
8  <div class="all">
9      <div class="txt">
10     <h2>MUSIC——精选歌单</h2>
11 <a href="#">连播本页</a>
12 </div>
13 <ul class="con">
14     <li class="radio">
15     <h2>Radio</h2>
16 <p>音乐达人</p>
17 <p><a href="#">随便听听>></a></p>
18 </li>
19     <li class="song">
20     <h2>Song</h2>
21 <p>音乐达人</p>
22 <p><a href="#">最新单曲>></a></p>
23 </li>
24     <li class="album">
25     <h2>Album</h2>
26 <p>音乐达人</p>
27 <p><a href="#">音乐专辑>></a></p>
28 </li>
29     <li class="mv">
30     <h2>MV</h2>
31 <p>音乐达人</p>
32 <p><a href="#">劲爆 MV>></a></p>
33 </li>
34 </ul>
35 </div>
36 </body>
37 </html>
```

运行例 5-17，效果如图 5-36 所示。

图5-36　HTML结构页面效果图

4．定义 CSS 样式

搭建完页面的结构后，下面使用 CSS 对页面的样式进行修饰。采用从整体到局部的方式实现图 5-25 所示的效果，具体如下。

（1）定义基础样式

```
/*重置浏览器的默认样式*/
body,h1,h2,h3,ul,li,img,p{ padding:0; margin:0; list-style:none; border:0;}
/*全局控制*/
body{font-size:14px; font-family:"Arial","宋体"; color:#FFF;}
```

（2）整体控制唱吧导航栏

```
1  .all{
2       width:952px;
3       height:175px;
4       margin:50px auto;
5       padding:0 14px;;
6       background:#F6F3E9;
7       border:1px solid #CCC;
8  }
```

上面的代码用于整体控制最外层的大盒子，其中第 4 行代码“margin:50px auto;”用于使大盒子左右居中，上下与浏览器边界有一定的距离。

（3）控制标题和播放按钮

```
.txt{                    /*整理控制标题和播放按钮*/
    height:50px;
    line-height:50px;
    color:#A84848;
}
.txt h2{                 /*控制标题*/
    width:175px;
    padding-left:32px;
    font-size:16px;
    background:url(images/iconh.png) no-repeat left center;
    float:left;
}
.txt a{                 /*控制播放按钮*/
    display:inline-block;
    width:60px;
    padding-left:25px;
    float:right;
    font-weight:bold;
    font-size:14px;
}
.txt a:link,.txt a:visited{  /*播放按钮的默认样式*/
    color:#A84848;
    text-decoration:none;
    background:url(images/play1.png) no-repeat left center;
}
.txt a:hover{                 /*鼠标指针移到播放按钮时的样式*/
    color:#000;
    background:url(images/play2.png) no-repeat left center;
}
```

上面的代码用于控制大盒子上部的标题和播放按钮。其中，使用链接伪类对播放按钮的默认状态和鼠标指针移至歌曲分类时的状态进行了控制。

（4）整体控制歌曲分类中的<li>

```
.con li{
    width:148px;
    height:105px;
    float:left;
    padding:20px 0 0 90px;
}
```

在上面的代码中，对<li>设置了宽、高、浮动等样式。

（5）为各歌曲分类设置交互效果

当鼠标指针移至每个歌曲分类时，其背景图像和背景颜色都会发生变化，可以通过伪类控制各歌曲分类来实现这一交互效果。具体 CSS 代码如下。

```
.radio{background:#52A6B6 url(images/icon1.png) no-repeat 15px 15px;}
.radio:hover{ background:#313131 url(images/icon5.png) no-repeat 15px 15px;}
.song{ background:#55B9B6 url(images/icon2.png) no-repeat 15px 15px;}
.song:hover{ background:#313131 url(images/icon6.png) no-repeat 15px 15px;}
.album{ background:#55BA7C url(images/icon3.png) no-repeat 15px 15px;}
.album:hover{ background:#313131 url(images/icon7.png) no-repeat 15px 15px;}
.mv{ background:#A16580 url(images/icon4.png) no-repeat 15px 15px;}
.mv:hover{ background:#313131 url(images/icon8.png) no-repeat 15px 15px;}
```

（6）控制歌曲分类中的文本

由于各歌曲分类中的文本效果相同，因此可以使用并集选择器同时控制各文本。CSS 代码如下。

```
.radio h2,.song h2,.album h2,.mv h2{ font-size:44px;}
.radio p,.song p, .album p,.mv p{ line-height:22px;}
.radio a:link,.radio a:visited,.song a:link,.song a:visited,.album a:link,.album a:visited,.mv
a:link,.mv a:visited{
    color:#FFF;
    text-decoration:none;
}
```

至此，完成图 5-25 所示“唱吧导航栏”的 CSS 样式部分。刷新例 5-17 所在的页面，效果如图 5-37 所示。

图5-37　“唱吧导航栏”CSS样式效果

当鼠标指针移至各歌曲分类时，其背景颜色和背景图像都会发生变化，如图 5-38 所示。

图5-38　鼠标移至各歌曲分类时的效果

5.5　动手实践

学习完前面的内容，下面来动手实践一下吧。

请结合给出的素材，运用列表标记、超链接标记以及 CSS 控制列表与超链接的样式实现图 5-39 所示的“课程介绍专栏”效果。其中，课程类别都是可以单击的链接，当鼠标指针移至课程类别时，其样式会发生变化，如图 5-40 所示。

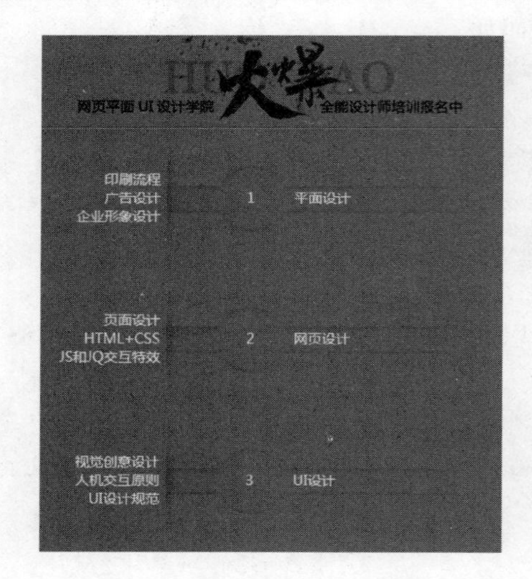

图5-39　“课程介绍专栏”效果展示

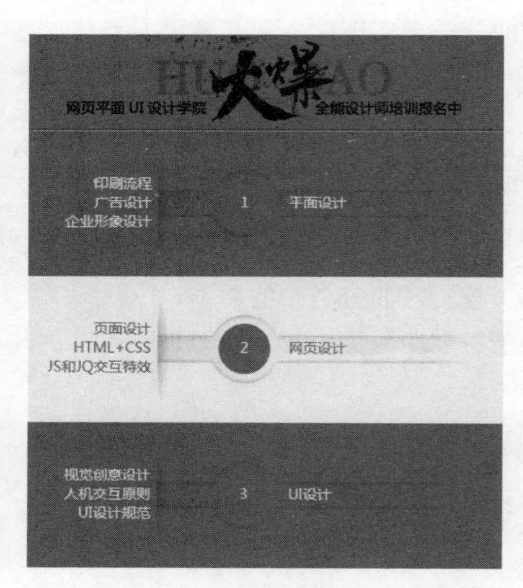

图5-40　鼠标指针移至课程分类时的超链接样式

第6章

为网页添加表格和表单

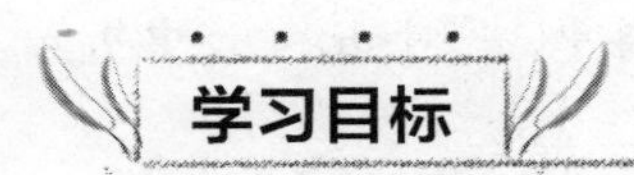

★ 掌握表格标签的应用，能够创建表格并添加表格样式。

★ 理解表单的构成，可以快速创建表单。

★ 掌握表单相关标签，能够创建具有相应功能的表单控件。

★ 掌握表单样式，能够使用表单样式美化表单界面。

表格与表单是HTML网页中的重要标签，利用表格可以对网页进行排版，使网页信息有条理地显示出来，而表单的出现则使网页从单向的信息传递发展到能够与用户进行交互对话，实现了网上注册、网上登录、网上交易等多种功能。本章将对表格与表单的相关知识进行详细讲解。

6.1 【案例17】简历表

案例描述

简历表是求职者素质和能力的缩影，同时也是对求职者经历、技能的简要总结。本节将通过表格的相关标签制作一个简单的“简历表”，效果如图6-1所示。

<table>
<tr><th colspan="5">简历表</th></tr>
<tr><td>姓名</td><td></td><td>民族</td><td></td><td rowspan="5">照片</td></tr>
<tr><td>籍贯</td><td></td><td>身高</td><td></td></tr>
<tr><td>婚姻状况</td><td></td><td>电子邮件</td><td></td></tr>
<tr><td>联系电话</td><td></td><td>QQ号码</td><td></td></tr>
<tr><td>出生年月</td><td></td><td>国籍</td><td></td></tr>
<tr><td>目前所在地</td><td colspan="4"></td></tr>
</table>

图6-1 “简历表”效果展示

知识引入

1. 创建表格

在 Word 中，如果要创建表格，只需插入表格，然后设定相应的行数和列数即可。然而在

HTML 网页中，所有的元素都是通过标签定义的，要想创建表格，就需要使用表格相关的标签。使用标签创建表格的基本语法格式如下：

```
<table>
    <tr>
        <td>单元格内的文字</td>
    ...
    </tr>
    ...
</table>
```

在上面的语法中包含 3 对 HTML 标签，分别为<table></table>、<tr></tr>、<td></td>，它们是在 HTML 网页中创建表格的基本标签，缺一不可，对这些标签的具体解释如下。

- <table></table>：用于定义一个表格的开始与结束。在<table>标签内部，可以放置表格的标题、表格行和单元格等。
- <tr></tr>：用于定义表格中的一行，必须嵌套在<table></table>标签中，在<table></table>中包含几对<tr></tr>，就表示该表格有几行。
- <td></td>：用于定义表格中的单元格，必须嵌套在<tr></tr>标签中，一对<tr></tr>中包含几对<td></td>，就表示该行中有多少列（或多少个单元格）。

了解了创建表格的基本语法后，下面通过一个案例进行演示，如例 6-1 所示。

例 6-1 example01.html

```
1  <!doctype html>
2  <html>
3  <head>
4  <meta charset="utf-8">
5  <title>表格</title>
6  </head>
7  <body>
8  <table border="1">
9  <tr>
10 <td>学生名称</td>
11 <td>竞赛学科</td>
12 <td>分数</td>
13 </tr>
14 <tr>
15 <td>小明</td>
16 <td>数学</td>
17 <td>87</td>
18 </tr>
19 <tr>
20 <td>小李</td>
21 <td>英语</td>
22 <td>86</td>
23 </tr>
24 <tr>
25 <td>小萌</td>
26 <td>物理</td>
27 <td>72</td>
28 </tr>
29 </table>
30 </body>
31 </html>
```

在例 6-1 中，使用表格相关的标签定义了一个 4 行 3 列的表格。为了使表格的显示格式更加清晰，在第 8 行代码中，对表格标签<table>应用了边框属性 border。

运行例 6-1，效果如图 6-2 所示。

通过图 6-2 可以看出，表格以 4 行 3 列的方式显示，并且添加了边框效果。如果去掉第 8 行代码中的边框属性 border，刷新页面，保存 HTML 文件，效果如图 6-3 所示。

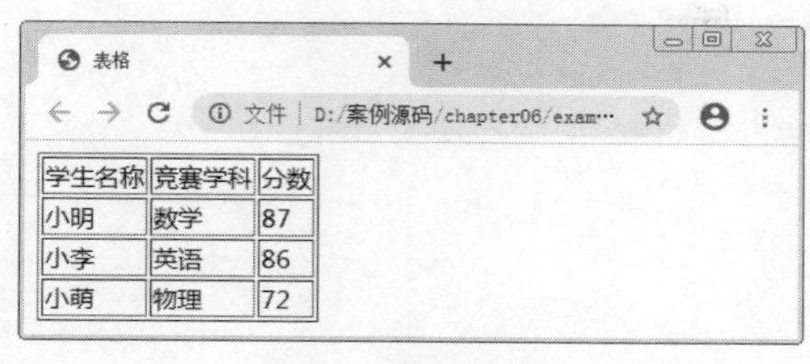

图6-2　定义表格

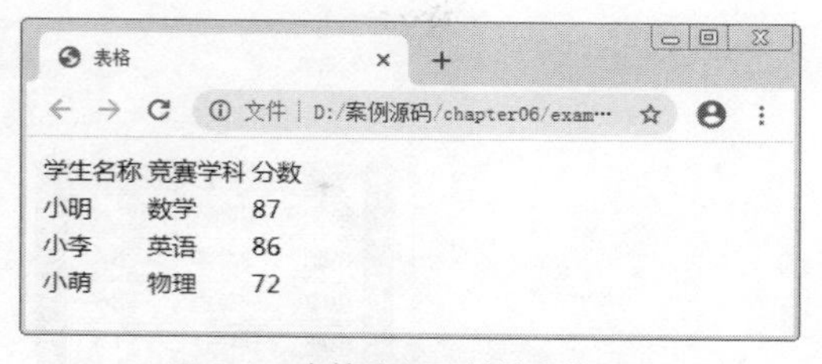

图6-3　去掉边框属性的表格

通过图 6-3 可以看出，即使去掉边框，表格中的内容依然整齐有序地排列着。创建表格的基本标签为<table></table>、<tr></tr>、<td></td>，默认情况下，表格的边框为 0，宽度和高度（自适应）靠表格里的内容来支撑。

注意：

学习表格的核心是学习<td></td>标签，它就像一个容器，可以容纳所有的标签，<td></td>中甚至可以嵌套表格<table></table>。但是<tr></tr>中只能嵌套<td></td>，不可以在<tr></tr>标签中输入文字。

2. <table>标签的属性

表格标签包含了大量属性，虽然大部分属性都可以使用 CSS 进行替代，但是 HTML 语言中也为<table>标签提供了一系列的属性，用于控制表格的显示样式，具体如表 6-1 所示。

表 6-1　<table>标签的常用属性

属性	描述	常用属性值或单位
border	设置表格的边框（默认 border="0"为无边框）	像素
cellspacing	设置单元格与单元格之间的间距	像素（默认为 2 像素）
cellpadding	设置单元格内容与单元格边缘之间的间距	像素（默认为 1 像素）
width	设置表格的宽度	像素
height	设置表格的高度	像素
align	设置表格在网页中的水平对齐方式	left、center、right
bgcolor	设置表格的背景颜色	预定义的颜色值、十六进制#RGB、rgb(r,g,b)
background	设置表格的背景图像	url 地址

表 6-1 中列出了<table>标签的常用属性，对于其中的某些属性，初学者可能不是很理解，下面将对这些属性进行详细讲解。

（1）border 属性

在<table>标签中，border 属性用于设置表格的边框，默认值为 0。在例 6-1 中，设置<table>标签的 border 属性值为 1 时，出现了图 6-2 所示的双线边框效果。

为了更好地理解 border 属性，将例 6-1 中<table>标签的 border 属性值设置为 20，将第 8 行代码更改为：

```
<table border="20">
```

这时保存 HTML 文件，刷新页面，效果如图 6-4 所示。

比较图 6-4 和图 6-2，会发现表格的双线边框的外边框变宽了，但是内边框不变。其实，在双线边框中，外边框为表格<table>的边框，内边框为单元格<td>的边框。也就是说，<table>标签的 border 属性值改变的是外边框宽度，所以内边框宽度仍然为 1 像素。

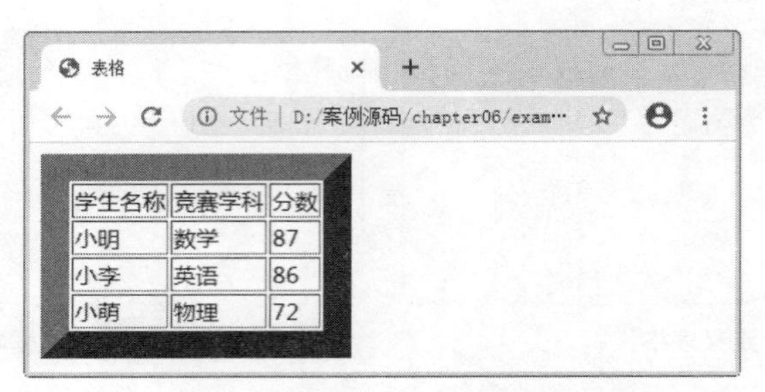

图6-4 设置border="20"的效果图

注意：

直接使用<table>标签的边框属性或其他取值为像素的属性时，可以省略单位“px”。

（2）cellspacing 属性

cellspacing 属性用于设置单元格与单元格之间的间距，默认距离为 2px。例如对例 6-1 中的<table>标签应用 cellspacing="20"，则第 8 行代码更改为：

```
<table border="20" cellspacing="20">
```

这时保存 HTML 文件，刷新页面，效果如图 6-5 所示。

通过图 6-5 可以看出，单元格与单元格以及单元格与表格边框之间都拉开了 20px 的距离。

（3）cellpadding 属性

cellpadding 属性用于设置单元格内容与单元格边框之间的空白间距，默认为 1px。例如，对例 6-1 中的<table>标签应用 cellpadding="20"，则第 8 行代码更改为：

```
<table border="20" cellspacing="20" cellpadding="20">
```

这时保存 HTML 文件，刷新页面，效果如图 6-6 所示。

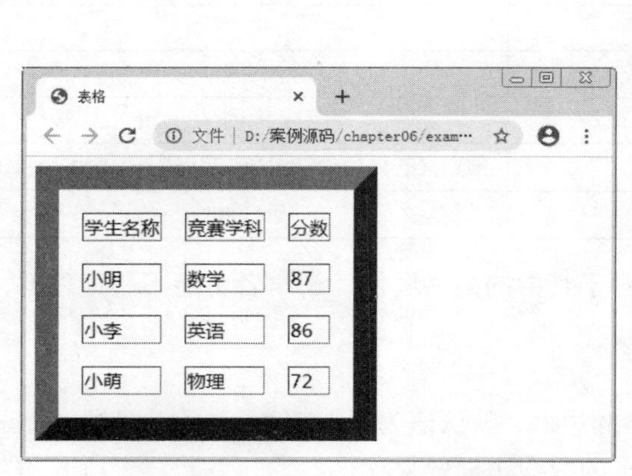

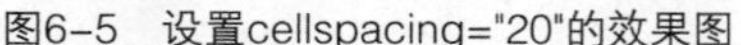
图6-5 设置cellspacing="20"的效果图

图6-6 设置cellpadding="20"的效果图

比较图 6-5 和图 6-6 会发现，在图 6-6 中，单元格内容与单元格边框之出现了 20px 的空白间距，例如“学生名称”与其所在的单元格边框之间拉开了 20px 的距离。

（4）width 属性和 height 属性

默认情况下，表格的宽度和高度是自适应的，依靠表格内的内容来支撑，例如图 6-6 所示的表格。要想更改表格的尺寸，就需要对其应用宽度属性 width 和高度属性 height。下面为例 6-1 中的表格设置宽度，将第 8 行代码更改为：

```
<table border="20" cellspacing="20" cellpadding="20" width="600" height="600">
```

这时保存 HTML 文件，刷新页面，效果如图 6-7 所示。

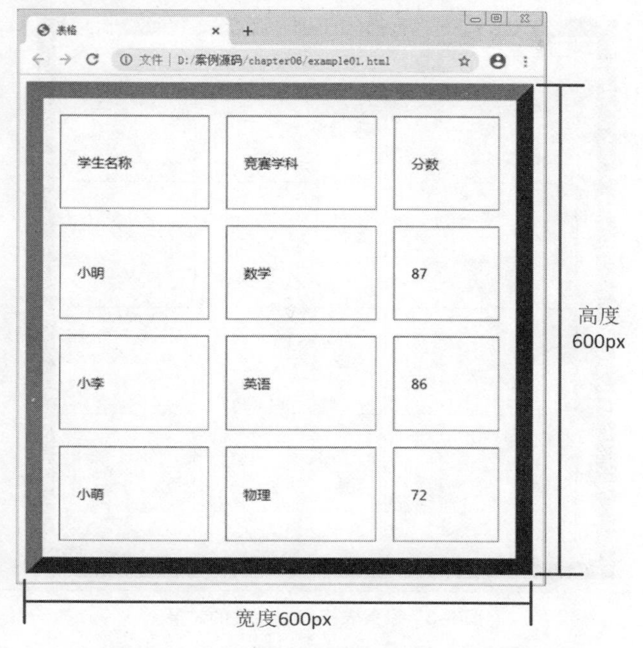

图6-7　设置width="600"和height="600"的效果图

在图 6-7 中，表格的宽度和高度为 600px，各单元格的宽高均按一定的比例增加。

注意：

当为表格标签<table>同时设置 width、height 和 cellpadding 属性时，cellpadding 的显示效果将不太容易观察，所以一般在未给表格设置宽度和高度的情况下测试 cellpadding 属性。

（5）align 属性

align 属性可用于定义表格的水平对齐方式，其可选属性值为 left、center、right。

需要注意的是，当对<table>标签应用 align 属性时，控制的是表格在页面中的水平对齐方式，单元格中的内容不受影响。例如，对例 6-1 中的<table>标签应用 align="center"，将第 8 行代码更改为：

```
<table border="20" cellspacing="20" cellpadding="20" width="600" height="600" align="center">
```

保存 HTML 文件，刷新页面，效果如图 6-8 所示。

通过图 6-8 可以看出，表格位于浏览器的水平居中位置，而单元格中的内容不受影响。

（6）bgcolor 属性

在<table>标签中，bgcolor 属性用于设置表格的背景颜色，例如，将例 6-1 中表格的背景颜色设置为灰色，可以将第 8 行代码更改为：

```
<table border="20" cellspacing="20" cellpadding="20" width="600" height="600" align="center" 
bgcolor="CCCCCC">
```

保存 HTML 文件，刷新页面，效果如图 6-9 所示。

通过图 6-9 可以看出，使用 bgcolor 属性后表格内部所有的背景颜色都变为灰色。

图6-8　设置表格align属性的效果

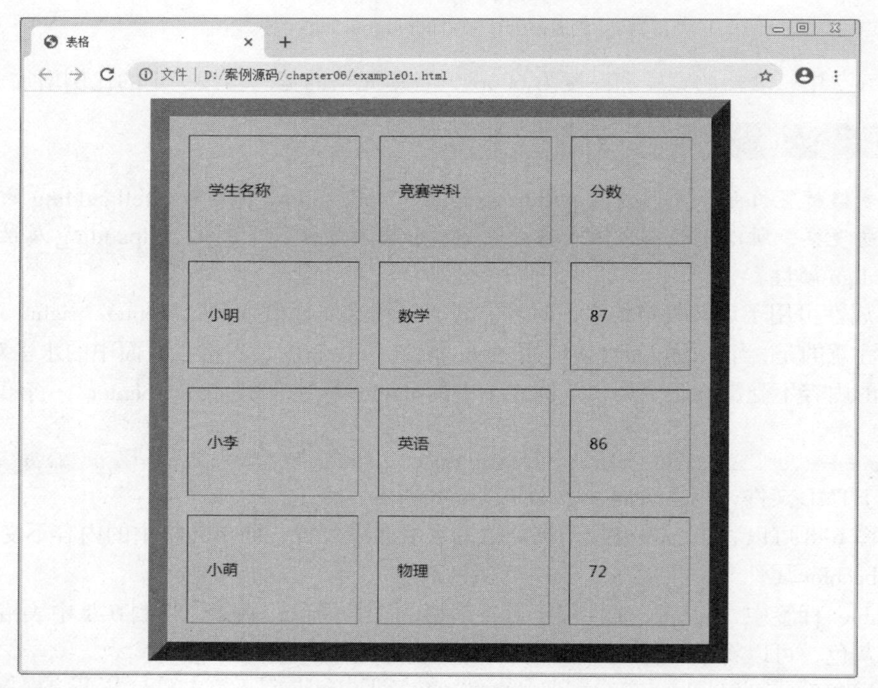

图6-9　设置表格bgcolor属性的效果

（7）background 属性

在<table>标签中，background 属性用于设置表格的背景图像。例如，为例 6-1 中的表格添加背景图像，则第 8 行代码更改为：

```
<table border="20" cellspacing="20" cellpadding="20" width="600" height="600" align="center"
```

```
bgcolor="#CCCCCC" background="images/1.jpg" >
```

保存 HTML 文件，刷新页面，效果如图 6–10 所示。

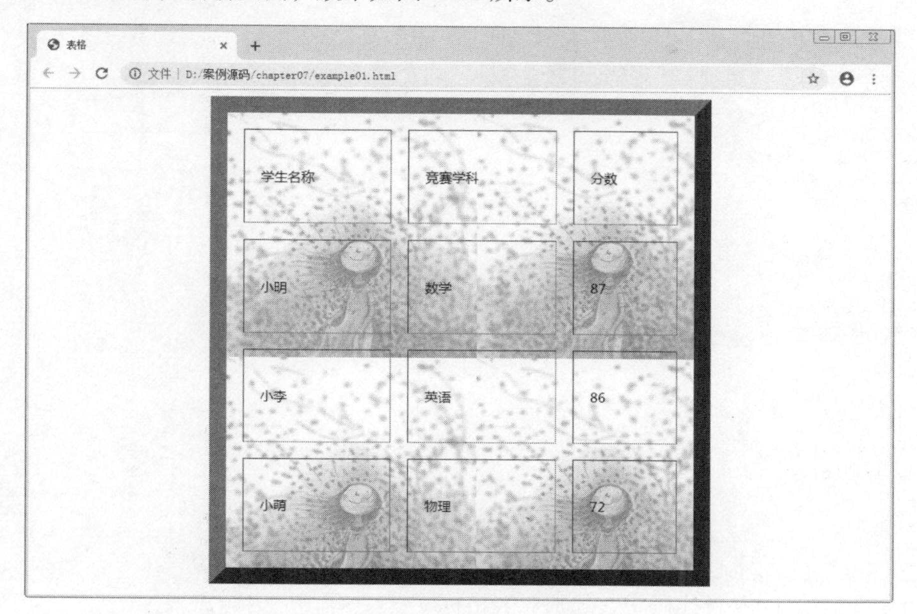

图6–10　设置表格background属性的效果

通过图 6–10 可以看出，图像在表格中沿着水平和竖直两个方向平铺，填充整个表格。

3. <tr>标签的属性

通过对<table>标签应用各种属性，可以控制表格的整体显示样式，但是制作网页时，有时需要表格中的某一行特殊显示，这时就可以为行标签<tr>定义属性，其常用属性如表 6–2 所示。

表 6-2　<tr>标签的常用属性

属性	描述	常用属性值或单位
height	设置行高度	像素
align	设置一行内容的水平对齐方式	left、center、right
valign	设置一行内容的垂直对齐方式	top、middle、bottom
bgcolor	设置行背景颜色	预定义的颜色值、十六进制#RGB、rgb(r,g,b)
background	设置行背景图像	url 地址

表 6–2 中列出了<tr>标签的常用属性，其中大部分属性与<table>标签的属性相同。为了加深初学者对这些属性的理解，下面通过一个案例来演示行标签<tr>的常用属性效果，如例 6–2 所示。

例 6-2　example02.html

```
1  <!doctype html>
2  <html>
3  <head>
4  <meta charset="utf-8">
5  <title>tr 标签的属性</title>
6  </head>
7  <body>
8  <table border="1" width="400" height="240" align="center">
9  <tr height="80" align="center" valign="top" bgcolor="#00CCFF">
```

```
10 <td>姓名</td>
11 <td>性别</td>
12 <td>电话</td>
13 <td>住址</td>
14 </tr>
15 <tr>
16 <td>小王</td>
17 <td>女</td>
18 <td>11122233</td>
19 <td>海淀区</td>
20 </tr>
21 <tr>
22 <td>小李</td>
23 <td>男</td>
24 <td>55566677</td>
25 <td>朝阳区</td>
26 </tr>
27 <tr>
28 <td>小张</td>
29 <td>男</td>
30 <td>88899900</td>
31 <td>西城区</td>
32 </tr>
33 </table>
34 </body>
35 </html>
```

在例 6–2 的第 8 ~ 9 行代码中，分别对表格标签<table>和第一个行标签<tr>应用相应的属性，用来控制表格和第一行内容的显示样式。

运行例 6–2，效果如图 6–11 所示。

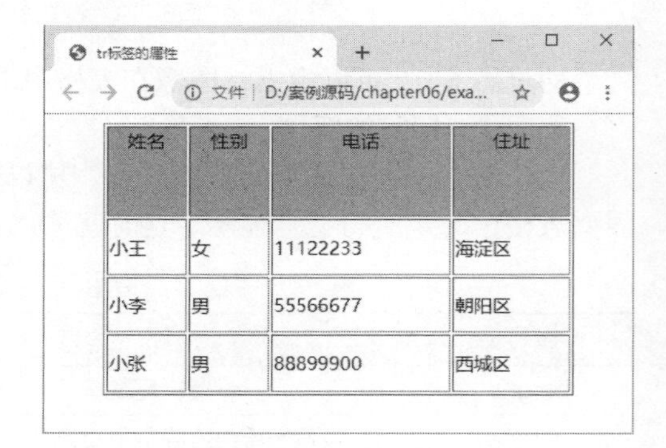

图6–11 <tr>标签属性的效果

通过图 6–11 可以看出，表格按照设置的宽高显示，且位于浏览器的水平居中位置。表格的第一行按照设置的行高显示、文本内容水平居中垂直居上，并且还添加了背景颜色。

例 6–2 通过对行标签<tr>应用属性，可以单独控制表格中一行内容的显示样式。在学习<tr>属性时，还需要注意以下几点：

- <tr>标签无宽度属性 width，其宽度取决于表格标签<table>。
- 可以对<tr>标签应用 valign 属性，用于设置一行内容的垂直对齐方式。

注意：

在实际工作中可用相应的 CSS 样式属性来替代<tr>标签的属性，这里了解即可。

4. <td>标签的属性

通过对行标签<tr>应用属性，可以控制表格中一行内容的显示样式。但是，在网页制作过程中，想要对某一个单元格进行控制，就需要为单元格标签<td>定义属性，其常用属性如表 6–3 所示。

表 6-3 <td>标签的常用属性

属性	描述	常用属性值或单位
width	设置单元格的宽度	像素
height	设置单元格的高度	像素

（续表）

属性	描述	常用属性值或单位
align	设置单元格内容的水平对齐方式	left、center、right
valign	设置单元格内容的垂直对齐方式	top、middle、bottom
bgcolor	设置单元格的背景颜色	预定义的颜色值、十六进制#RGB、rgb(r,g,b)
background	设置单元格的背景图像	url 地址
colspan	设置单元格横跨的列数（用于合并水平方向的单元格）	正整数
rowspan	设置单元格竖跨的行数（用于合并竖直方向的单元格）	正整数

表 6-3 中列出了<td>标签的常用属性，其中大部分属性与<tr>标签的属性相同。与<tr>标签不同的是，可以对<td>标签应用 width 属性，用于指定单元格的宽度，同时<td>标签还拥有 colspan 和 rowspan 属性，用于对单元格进行合并。

对于<td>标签的 colspan 和 rowspan 属性，初学者可能难以理解，下面将通过案例来演示如何使用 rowspan 属性合并竖直方向的单元格，将图 6-11 所示表格中“住址”下方的 3 个单元格合并为 1 个单元格，如例 6-3 所示。

例 6-3　example03.html

```
1  <!doctype html>
2  <html>
3  <head>
4  <meta charset="utf-8">
5  <title>单元格的合并</title>
6  </head>
7  <body>
8  <table border="1" width="400" height="240" align="center">
9  <tr height="80" align="center" valign="top" bgcolor="#00CCFF">
10 <td>姓名</td>
11 <td>性别</td>
12 <td>电话</td>
13 <td>住址</td>
14 </tr>
15 <tr>
16 <td>小王</td>
17 <td>女</td>
18 <td>11122233</td>
19 <td rowspan="3">北京</td><!--rowspan 设置单元格竖跨的行数-->
20 </tr>
21 <tr>
22 <td>小李</td>
23 <td>男</td>
24 <td>55566677</td>
25 <!--删除了<td>朝阳区</td>-->
26 </tr>
27 <tr>
28 <td>小张</td>
29 <td>男</td>
30 <td>88899900</td>
31 <!--删除了<td>西城区</td>-->
32 </tr>
33 </table>
34 </body>
35 </html>
```

在例 6-3 的第 19 行代码中，将<td>标签的 rowspan 属性值设置为“3”，这个单元格就会竖跨 3 行，同时，由于第 19 行的单元格将占用其下方两个单元格的位置，所以应该注释或删掉其下方的两对<td></td>标签，即注释或删掉第 25 行和第 31 行代码。

运行例 6–3，效果如图 6–12 所示。

在图 6–12 中，设置了 rowspan="3"样式的单元格“北京”竖跨 3 行，占用了其下方两个单元格的位置。

除了竖直相邻的单元格可以合并外，水平相邻的单元格也可以合并，例如将例 6–3 中的“性别”和“电话”两个单元格合并，只需对第 11 行代码中的<td>标签应用 colspan="2"，同时注释或删掉第 12 行代码即可。

这时，保存 HTML 文件，刷新网页，效果如图 6–13 所示。

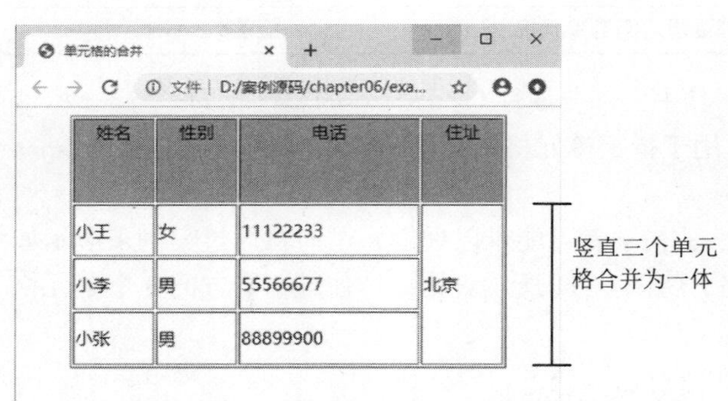

图6–12 合并竖直方向相邻的单元格

图6–13 合并水平方向相邻的单元格

在图 6–13 中，设置了 colspan="2"样式的单元格“性别”水平跨 2 列，占用了其右方一个单元格的位置。

总结例 6–3，可以得出合并单元格的规则：想合并哪些单元格就注释或删除它们，并在预留的单元格中设置相应地 colspan 或 rowspan 值，这个值即为预留单元格水平合并的列数或竖直合并的行数。

注意：

① 在<td>标签的属性中，重点掌握 colspan 和 rowspan。其他的属性了解即可，不建议使用，这些属性均可用 CSS 样式属性替代。

② 当对某一个<td>标签应用 width 属性设置宽度时，该列中的所有单元格均会以设置的宽度显示。

③ 当对某一个<td>标签应用 height 属性设置高度时，该行中的所有单元格均会以设置的高度显示。

5. <th>标签及其属性

应用表格时经常需要为表格设置表头，以使表格的格式更加清晰，方便查阅。表头一般位于表格的第一行或第一列，其文本加粗居中，如图 6–14 所示。设置表头非常简单，只需用表头标签<th></th>替代相应的单元格标签<td></td>即可。

<th></th>标签与<td></td>标签的属性、用法完全相同，但是它们具有不同的语义。

图6–14 设置了表头的表格

<th></th>用于定义表头单元格，其文本默认加粗居中显示，而<td></td>定义的为普通单元格，其文本为普通文本且水平左对齐显示。

6. 表格的结构

在互联网刚刚兴起时，网页形式单调，内容也比较简单，那时，几乎所有的网页都使用表格进行布局。为了使搜索引擎更好地理解网页内容，在使用表格进行布局时，可以将表格划分为头部、主体和页脚，用于定义网页中的不同内容，划分表格结构的标签如下。

- <thead></thead>：用于定义表格的头部，必须位于<table></table>标签中，一般包含网页的 Logo 和导航等头部信息。
- <tfoot></ tfoot>：用于定义表格的页脚，位于<table></table>标签中<thead></thead>标签之后，一般包含网页底部的企业信息等。
- <tbody></tbody>：用于定义表格的主体，位于<table></table>标签中<tfoot></ tfoot>标签之后，一般包含网页中除头部和底部之外的其他内容。

了解了表格的结构划分标签，下面就使用它们来布局一个简单的网页，如例 6-4 所示。

例 6-4　example04.html

```
1  <!doctype html>
2  <html>
3  <head>
4  <meta charset="utf-8">
5  <title>划分表格的结构</title>
6  </head>
7  <body>
8  <table width="600" border="1" cellspacing="0" align="center">
9  <caption>表格的名称</caption><!--caption 定义表格的标题-->
10 <thead><!--thead 定义表格的头部-->
11 <tr>
12 <td colspan="3">网站的 logo</td>
13 </tr>
14 <tr>
15 <th><a href="#">首页</a></th>
16 <th><a href="#">关于我们</a></th>
17 <th><a href="#">联系我们</a></th>
18 </tr>
19 </thead>
20 <tfoot><!--tfoot 定义表格的页脚-->
21 <tr>
22 <td colspan="3" align="center">底部基本企业信息&copy;【版权信息】</td>
23 </tr>
24 </tfoot>
25 <tbody><!--tbody 定义表格的主体-->
26 <tr height="150">
27 <td>主体的左栏</td>
28 <td>主体的中间</td>
29 <td>主体的右侧</td>
30 </tr>
31 <tr height="150">
32 <td>主体的左栏</td>
33 <td>主体的中间</td>
34 <td>主体的右侧</td>
35 </tr>
36 </tbody>
37 </table>
38 </body>
39 </html>
```

在例 6-4 中，使用表格相关的标签创建一个多行多列的表格，并对其中的某些单元格进行合并。为了使搜索引擎更好地理解网页内容，使用表格的结构划分标签定义不同的网页内容。其中，第 9 行代码中的<caption></caption>标签用于定义表格的标题。

运行例 6-4，效果如图 6-15 所示。

图6-15　表格布局的网页

注意：

一个表格只能定义一对<thead></thead>、一对<tfoot></ tfoot>，但可以定义多对<tbody> </ tbody>，它们必须按<thead></thead>、<tfoot></tfoot>和<tbody></tbody>的顺序使用。之所以将<tfoot></ tfoot>置于<tbody></ tbody>之前，是为了使浏览器在收到全部数据之前即可显示页脚。

7. CSS 控制表格样式

除了表格标签自带的属性外，还可用 CSS 的边框、宽高、颜色等来控制表格样式。此外，CSS 中还提供了表格专用属性，以便控制表格样式。本节将从边框、边距和宽高 3 个方面，详细讲解 CSS 控制表格样式的具体方法。

（1）CSS 控制表格边框

使用<table>标签的 border 属性可以为表格设置边框，但是这种方式设置的边框效果并不理想，当想更改边框的颜色或改变单元格的边框大小时会很困难。而使用 CSS 边框样式 border 属性可以轻松地控制表格的边框。

下面通过一个具体的案例演示设置表格边框的具体方法，如例 6-5 所示。

例 6-5　example05.html

```
1  <!doctype html>
2  <html>
3  <head>
4  <meta charset="utf-8">
5  <title>CSS 控制表格边框</title>
6  <style type="text/css">
7  table{
8       width:400px;
9       height:300px;
10      border:1px solid #30F;       /*设置 table 的边框*/
11      }
12 th,td{border:1px solid #30F;}  /*为单元格单独设置边框*/
```

```
13 </style>
14 </head>
15 <body>
16 <table>
17 <caption>腾讯手游排行榜</caption><!--caption 定义表格的标题-->
18 <tr>
19 <th>热游榜</th>
20 <th>游戏名</th>
21 <th>类型</th>
22 <th>特征</th>
23 </tr>
24 <tr>
25 <th>1</th>
26 <td>王者荣耀</td>
27 <td>策略战棋</td>
28 <td>3D 竞技</td>
29 </tr>
30 <tr>
31 <th>2</th>
32 <td>天龙八部手游</td>
33 <td>角色扮演</td>
34 <td>3D 武侠</td>
35 </tr>
36 <tr>
37 <th>3</th>
38 <td>龙之谷手游</td>
39 <td>角色扮演</td>
40 <td>3D 格斗</td>
41 </tr>
42 <tr>
43 <th>4</th>
44 <td>弹弹堂</td>
45 <td>休闲益智</td>
46 <td>Q 版竞技</td>
47 </tr>
48 <tr>
49 <th>5</th>
50 <td>火影忍者</td>
51 <td>角色扮演</td>
52 <td>2D 格斗</td>
53 </tr>
54 </table>
55 </body>
56 </html>
```

在例 6–5 中，定义了一个 6 行 4 列的表格，然后使用内嵌式 CSS 样式表为表格标签<table>定义宽、高和边框样式，并为单元格单独设置相应的边框。如果只设置<table>样式，效果图只显示外边框的样式，内部不显示边框。

运行例 6–5，效果如图 6–16 所示。

通过图 6–16 可以发现，单元格与单元格的边框之间存在一定的空间。如果要去掉单元格之间的间隙，得到常见的细线边框效果，就需要使用“border–collapse”属性，使单元格的边框合并，具体代码如下：

```
table{
    width:280px;
    height:280px;
    border:1px solid #F00;       /*设置 table 的边框*/
    border-collapse:collapse;   /*边框合并*/
}
```

保存 HTML 文件，再次刷新网页，效果如图 6–17 所示。

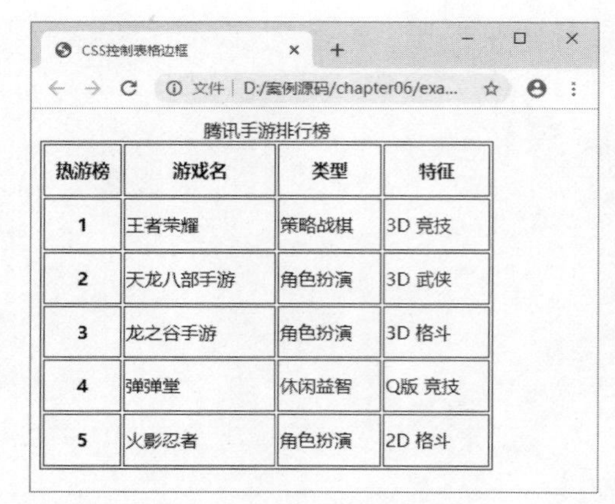

热游榜	游戏名	类型	特征
1	王者荣耀	策略战棋	3D 竞技
2	天龙八部手游	角色扮演	3D 武侠
3	龙之谷手游	角色扮演	3D 格斗
4	弹弹堂	休闲益智	Q版 竞技
5	火影忍者	角色扮演	2D 格斗

图6-16　CSS控制表格边框

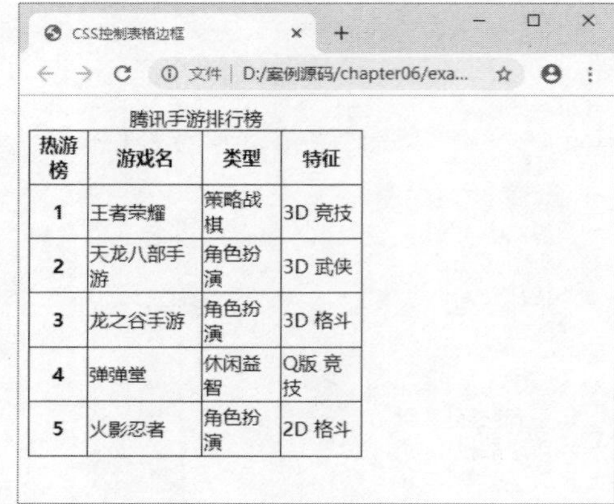

热游榜	游戏名	类型	特征
1	王者荣耀	策略战棋	3D 竞技
2	天龙八部手游	角色扮演	3D 武侠
3	龙之谷手游	角色扮演	3D 格斗
4	弹弹堂	休闲益智	Q版 竞技
5	火影忍者	角色扮演	2D 格斗

图6-17　表格的边框合并

通过图 6-17 可以看出，单元格的边框发生了合并，出现了常见的单线边框效果。border-collapse 属性的属性值除了 collapse（合并）外，还有一个属性值——separate（分离），通常表格中边框都默认为 separate。

注意：

① 当表格的 border-collapse 属性设置为 collapse 时，则 HTML 中设置的 cellspacing 属性值无效。

② 行标签<tr>无 border 样式属性。

（2）CSS 控制单元格边距

使用<table>标签的属性美化表格时，可以通过 cellpadding 和 cellspacing 分别控制单元格内容与边框之间的距离以及相邻单元格边框之间的距离。这种方式与盒子模型中设置内外边距非常类似，那么使用 CSS 对单元格设置内边距 padding 和外边距 margin 样式能不能实现这种效果呢？

新建一个 3 行 3 列的简单表格，使用 CSS 控制表格样式，具体如例 6-6 所示。

例 6-6　example06.html

```
1  <!doctype html>
2  <html>
3  <head>
4  <meta charset="utf-8">
5  <title>CSS 控制单元格边距</title>
6  <style type="text/css">
7  table{
8      border:1px solid #30F;       /*设置 table 的边框*/
9  }
10 th,td{
11     border:1px solid #30F;      /*为单元格单独设置边框*/
12     padding:50px;              /*为单元格内容与边框设置 50px 的内边距*/
13     margin:50px;               /*为单元格与单元格边框之间设置 50px 的外边距*/
14 }
15 </style>
16 </head>
17 <body>
18 <table>
19 <tr>
20 <th>游戏名称</th>
21 <th>类型</th>
```

```
22 <th>特征</th>
23 </tr>
24 <tr>
25 <th>王者荣耀</th>
26 <td>策略战棋</td>
27 <td>3D 竞技</td>
28 </tr>
29 <tr>
30 <th>天龙八部手游</th>
31 <td>角色扮演</td>
32 <td>3D 武侠</td>
33 </tr>
34 </table>
35 </body>
36 </html>
```

运行例 6-6，效果如图 6-18 所示。

从图 6-18 可以看出，单元格内容与边框之间拉开了一定的距离，但是相邻单元格之间的距离没有任何变化，也就是说对单元格设置的外边距属性 margin 没有生效。

总结例 6-6 可以得出，设置单元格内容与边框之间的距离，可以对<th>和<td>标签应用内边距样式属性 padding，或对<table>标签应用 HTML 标签属性 cellpadding。而<th>和<td>标签无外边距属性 margin，要想设置相邻单元格边框之间的距离，只能对<table>标签应用 HTML 标签属性 cellspacing。

图6-18　CSS控制单元格边距

注意：

行标签<tr>无内边距属性 padding 和外边距属性 margin。

（3）CSS 控制单元格的宽高

单元格的宽度和高度有着与其他标签不同的特性，主要表现在单元格之间的互相影响上。使用 CSS 中的 width 和 height 属性可以控制单元格的宽高。下面通过一个具体的案例来演示，如例 6-7 所示。

例 6-7　example07.html

```
1  <!doctype html>
2  <html>
```

```
3  <head>
4  <meta charset="utf-8">
5  <title>CSS 控制单元格的宽高</title>
6  <style type="text/css">
7  table{
8       border:1px solid #30F;     /*设置 table 的边框*/
9       border-collapse:collapse;   /*边框合并*/
10      }
11 th,td{
12      border:1px solid #30F;     /*为单元格单独设置边框*/
13  }
14 .one{ width:100px; height:80px;}   /*定义“A 房间”单元格的宽度与高度*/
15 .two{ height:40px;}                 /*定义“B 房间”单元格的高度*/
16 .three{ width:200px; }              /*定义“C 房间”单元格的宽度*/
17 </style>
18 </head>
19 <body>
20 <table>
21 <tr>
22 <td class="one"> A 房间</td>
23 <td class="two"> B 房间</td>
24 </tr>
25 <tr>
26 <td class="three"> C 房间</td>
27 <td class="four"> D 房间</td>
28 </tr>
29 </table>
30 </body>
31 </html>
```

在例 6-7 中，定义了一个 2 行 2 列的简单表格，将“A 房间”的宽度和高度设置为 100px 和 80px，同时将“B 房间”单元格的高度设置为 40px，“C 房间”单元格的宽度设置为 200px。

运行例 6-7，效果如图 6-19 所示。

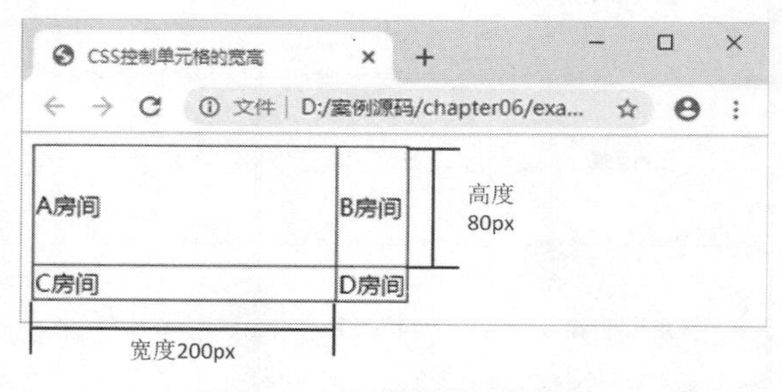

图6-19　CSS控制单元格宽高

通过图 6-19 可以看出，“A 房间”单元格和“B 房间”单元格的高度均为 80px，而“A 房间”单元格和“C 房间”单元格的宽度均为 200px。可见对同一行中的单元格定义不同的高度，或对同一列中的单元格定义不同的宽度时，最终的高度或宽度将取最大高度值或最大宽度值。

案例实现

1. 结构分析

图 6-1 所示的“简历表”是一个 7 行 5 列的表格，其中第 1 行的第 1 个单元格需要使用 colspan 属性设置横跨 5 列显示。第 7 行的第 2 个单元格需要使用 colspan 属性设置横跨 4 列显示。第 5 列的第 2～5 个单元格需要使用 rowspan 属性设置竖跨 4 列显示。效果图对应的结构如图 6-20 所示。

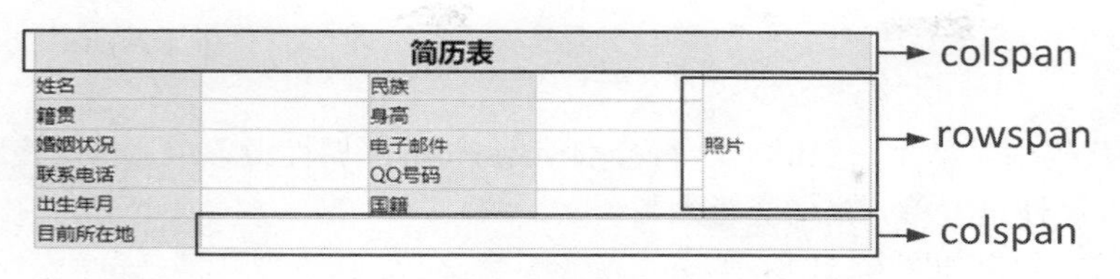

图6-20　结构分析

2. 样式分析

实现图 6-1 所示样式的思路如下。

① 设置第一行列表的宽度和字体显示样式。

② 对需要背景颜色的单元格，在定义结构时，指定统一的类名，设置背景颜色。

3. 制作页面结构

根据上面的分析，使用相应的 HTML 标签来搭建网页结构，如例 6-8 所示。

例 6-8　example08.html

```
1  <!doctype html>
2  <html>
3  <head>
4  <meta charset="utf-8">
5  <title>简历表</title>
6  </head>
7  <body>
8  <table>
9  <tr>
10 <td colspan=5 class="one two">简历表</td>
11 </tr>
12 <tr>
13 <td class="one">姓名</td>
14 <td></td>
15 <td class="one">民族</td>
16 <td></td>
17 <td  rowspan=5>照片</td>
18 </tr>
19 <tr>
20 <td class="one">籍贯</td>
21 <td></td>
22 <td class="one">身高</td>
23 <td></td>
24 </tr>
25 <tr>
26 <td class="one">婚姻状况</td>
27 <td></td>
28 <td class="one">电子邮件</td>
29 <td></td>
30 </tr>
31 <tr>
32 <td class="one">联系电话</td>
33 <td></td>
34 <td class="one">QQ 号码</td>
35 <td></td>
36 </tr>
37 <tr>
38 <td class="one">出生年月</td>
39 <td></td>
40 <td class="one">国籍</td>
41 <td></td>
42 </tr>
43 <tr >
44 <td class="one">目前所在地</td>
45 <td colspan="4"></td>
46 </tr>
```

```
47 </table>
48 </body>
49 </html>
```

在上面的代码中，第 10 行和第 45 行分别使用 colspan 属性设置单元格的横跨列数。第 17 行使用 rowspan 属性设置单元格的竖跨列数。

运行例 6-7，效果如图 6-21 所示。

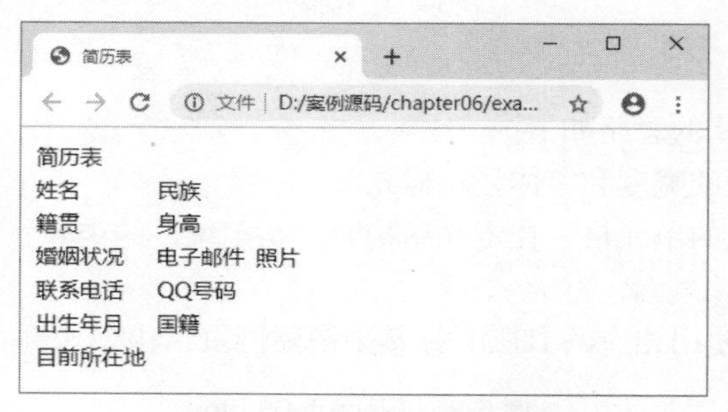

图6-21　HTML结构页面效果图

4. 定义 CSS 样式

搭建完表格的结构后，下面使用 CSS 对表格的样式进行修饰，具体样式代码如下。

```
table{
    border:1px solid #ccc;     /*设置 table 的边框*/
    width:600px;
    height:40px;
    margin:0 auto;
    border-collapse:collapse;
    font-size:14px;
    }
td{
    width:80px;
    border:1px solid #ccc;
    }
.one{background:#eee;}
.two{
    text-align:center;
    font-size:20px;
    font-weight:bold;
    }
```

至此，完成图 6-1 所示的简历表样式效果。将 CSS 样式嵌入到结构代码中，刷新例 6-8 所在的页面，效果如图 6-22 所示。

简历表

文件 | D:/案例源码/chapter06/example08.html

简历表				
姓名		民族		照片
籍贯		身高		
婚姻状况		电子邮件		
联系电话		QQ号码		
出生年月		国籍		
目前所在地				

图6-22　CSS设置后的简历表样式效果

6.2 【案例 18】用户登录界面

案例描述

一个出色的用户登录界面不仅能够吸引客户，而且可以带来良好的用户体验。用户登录界面通常包括用户名、用户密码和验证码等功能模块。本节将学习如何创建表单，并参照示例代码创建一个简单的“用户登录界面”，具体效果如图 6-23 所示。

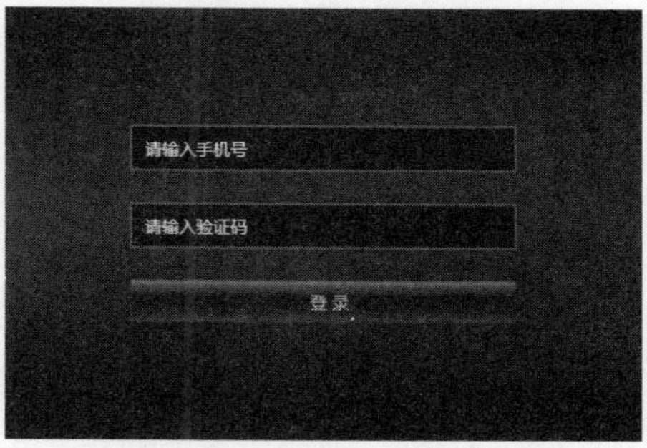

图6-23　“用户登录界面”效果展示

知识引入

1. 认识表单

在 HTML 中，一个完整的表单通常由表单控件、提示信息和表单域 3 个部分构成，如图 6-24 所示。

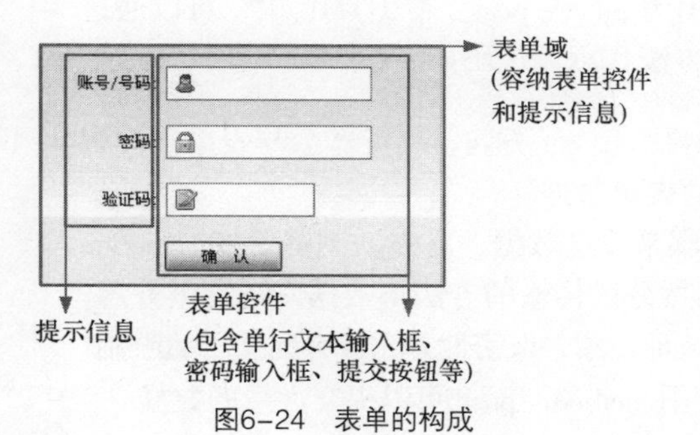

图6-24　表单的构成

对表单构成中的表单控件、提示信息和表单域的具体解释如下。

- 表单控件：包含了具体的表单功能项，如单行文本输入框、密码输入框、复选框、提交按钮、搜索框等。
- 提示信息：一个表单中通常还需要包含一些说明性的文字，提示用户进行填写和操作。
- 表单域：相当于一个容器，用来容纳所有的表单控件和提示信息，可以通过它处理表单数据所用程序的 url 地址，定义数据提交到服务器的方法。如果不定义表单域，表单中的数据就无法传送到后台服务器。

2. 创建表单

了解了表单的构成后可知，要想让表单中的数据传送给后台服务器，就必须定义表单域。在 HTML 中，<form></form>标签被用于定义表单域，即创建一个表单，以实现用户信息的收集和传递，<form></form>中的所有内容都会提交给服务器。创建表单的基本语法格式如下：

```
<form action="url 地址" method="提交方式" name="表单名称">
    各种表单控件
</form>
```

在上面的语法中，<form>与</form>之间的表单控件是由用户自定义的，action、method 和 name 为表单标签<form>的常用属性，分别用于定义 url 地址、表单提交方式和表单名称，具体介绍如下。

（1）表单控件

表单控件是表单的核心部分，常用的表单控件如表 6-4 所示。

表 6-4　常用的表单控件

表单控件	描述
<input />	表单输入控件（可定义多种表单项）
<textarea></textarea>	定义多行文本框
<select></select>	定义一个下拉列表（必须包含列表项）

表 6-1 中列出了 HTML 中常用的表单控件，它们的特性和功能各不相同，后面将对这些表单控件进行具体讲解。

（2）action 属性

在表单收集到信息后，需要将信息传递给服务器进行处理，action属性用于指定接收并处理表单数据的服务器程序的 url 地址。例如：

```
<form action="form_action.asp">
```

上述语句表示当提交表单时，表单数据会传送到名为"form_action.asp" 的页面去处理。

action 的属性值可以是相对路径或绝对路径，还可以为接收数据的 E-mail 邮箱地址。例如：

```
<form action=mailto:htmlcss@163.com>
```

上述语句表示当提交表单时，表单数据会以电子邮件的形式传递出去。

（3）method 属性

method 属性用于设置表单数据的提交方式，其取值为 get 或 post。在 HTML 中，可以通过<form>标签的 method 属性指明表单处理服务器数据的方法，示例代码如下：

```
<form action="form_action.asp" method="get">
```

在上面的代码中，get 为 method 属性的默认值，如果采用 get 方法，浏览器会与表单处理服务器建立连接，然后直接在一个传输步骤中发送所有的表单数据。

如果采用 post 方法，浏览器将会按照下面两个步骤来发送数据。首先，浏览器将与 action 属性中指定的表单处理服务器建立联系，然后，浏览器按分段传输的方法将数据发送给服务器。

另外，采用 get 方法提交的数据将显示在浏览器的地址栏中，保密性差，且有数据量的限制。而 post 方式的保密性好，并且无数据量的限制，所以使用 method="post"可以提交大量的数据。

（4）name 属性

表单中的 name 属性用于指定表单的名称，而表单控件中具有 name 属性的元素会将用户填写的内容提交给服务器。创建表单的示例代码如下：

```
<form action="http://www.mysite.cn/index.asp" method="post" name="biao"><!--表单域-->
    账号：<!--提示信息-->
<input type="text" name="zhanghao" /><!--表单控件-->
密码：<!--提示信息-->
<input type="password" name="mima" /><!--表单控件-->
<input type="submit" value="提交"/><!--表单控件-->
</form>
```

上述示例代码即为一个完整的表单结构，其中<input>标签用于定义表单控件，对于该标签以及其相关属性，在本章后面的小节中会具体讲解，这里了解即可。示例代码对应效果如图 6-25 所示。

图6-25　创建表单

注意：

<form>标签的属性并不会直接影响表单的显示效果。要想让一个表单有意义，就必须在<form>与</form>之间添加相应的表单控件。

案例实现

1. 结构分析

图 6–23 所示的“用户登录界面”由 3 个表单控件构成，分别为两个单行文本输入框和一个按钮，可以通过在<form>标签中嵌套<input>标签来定义（对于<input>标签，这里了解即可，在后面将会详细讲解）。图 6–23 对应的结构如图 6–26 所示。

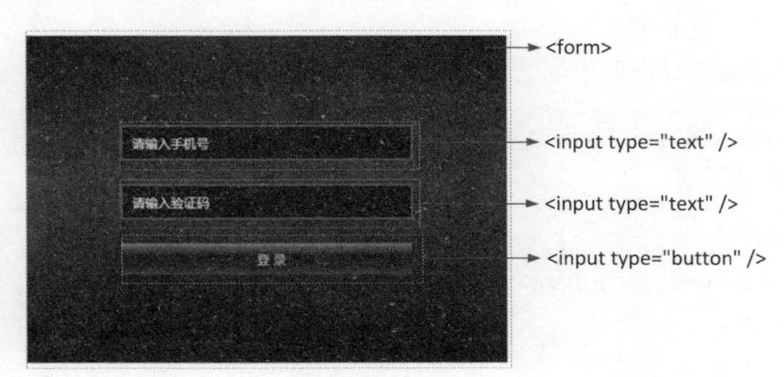

图6–26　结构分析

2. 样式分析

实现图 6–23 所示样式的思路如下。

① 整体控制表单，需要为<form>标签设置宽度、高度、背景图片和边距样式。

② 将<input />标签转换为块元素，并设置其宽度、高度、文本颜色、背景色、边距和边框等样式。

③ 单独控制最后一个<input/>控件，为其设置宽度、高度、背景图片、文本和边框样式。

3. 制作页面结构

根据上面的分析，使用相应的 HTML 标签来搭建网页结构，如例 6–9 所示。

例 6-9　example09.html

```
1  <!doctype html>
2  <html>
3  <head>
4  <meta charset="utf-8">
5  <title>用户登录界面</title>
6  </head>
7  <body>
8  <form action="#" method="post" class="list">
9  <input type="text" value="请输入手机号"/>
10 <input type="text" value="请输入验证码"/>
11 <input class="btn" type="button" value="登录"/>
12 </form>
13 </body>
14 </html>
```

在上面的代码中，最外层 class 为 list 的<form>标签用于对用户登录界面进行整体控制。其中，第 8 行中的 action 属性用于指定接收并处理表单数据服务器程序的 url 地址，method 属性用于设置表单数据的提交方式。第 9~11 行代码，使用<input />标签并通过设置其 type 属性值来定义不同的表单控件，然后通过 value 属性来设置默认文本。

运行例 6–9，效果如图 6–27 所示。

图6–27　HTML结构页面效果

4. 定义 CSS 样式

搭建完页面的结构后，下面使用 CSS 对页面的样式进行修饰。采用从整体到局部的方式实现图 6–23 所示的效果，具体如下。

（1）重置浏览器的默认样式

```
/*重置浏览器的默认样式*/
body,form,input{margin:0; padding:0; border:none;}
```

（2）整体控制表单界面

```
1  .list{                /*整体控制表单*/
2  width:500px;
3  height:280px;
4  background:url(images/bg.png) no-repeat;
5  margin:50px auto;
6  padding-top:70px;
7  }
```

上面的代码用于对表单界面进行整体控制。其中，第 4 行代码“background:url(images/bg.png) no–repeat;”用于为表单设置背景图像；第 5 行代码“margin:50px auto;”用于使表单水平居中，上下与浏览器边缘有一定的距离；第 6 行代码“padding–top:70px;”用于使表单上部有一定的留白。

（3）控制 input 控件

图 6–23 所示的表单控件由文本输入框和按钮两个部分组成，下面以文本输入框为标准来控制 input 控件，CSS 代码如下：

```
1  input{                /*控制 input 控件*/
2       display:block;
3       width:290px;
4       height:34px;
5       background-color:#11131f;
6       border:2px solid #4f5556;
7       margin:25px auto;
8       color:#FFF;
9       padding-left:10px;
10 }
```

在上面的代码中，第 2 行代码“display:block;”用于将 input 控件转换为块元素（<input>标签默认为行内块元素）。

（4）控制登录按钮

观察图 6–23 可以看出“登录”按钮和“文本输入框”样式不同，需要单独控制，CSS 代码如下：

```
.btn{                /*单独控制登录按钮*/
    width:302px;
    height:34px;
    background:url(images/line.png) repeat-x;
    border:none;
    color:#ccc;
    font-family:"微软雅黑";
}
```

在上面的代码中，重新定义了“登录”按钮的宽度、高度、背景图像、边框和文本样式。

至此，完成图 6-23 所示“用户登录界面”的 CSS 样式部分。刷新例 6-9 所在的页面，效果如图 6-28 所示。

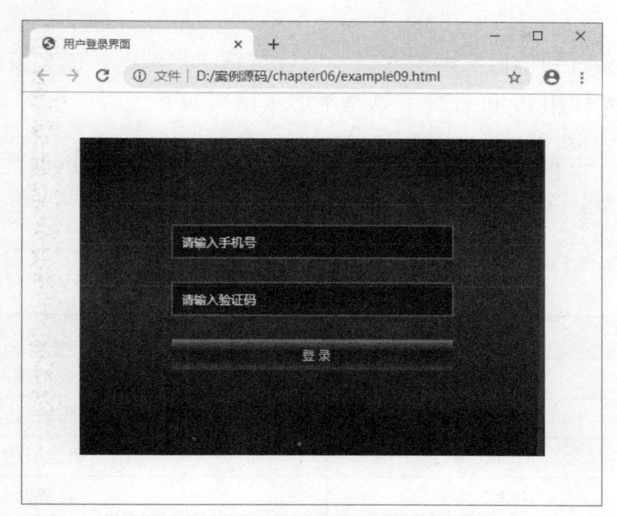

图6-28 CSS控制“用户登录界面”效果

6.3 【案例 19】趣味选择题

案例描述

学习表单的核心是学习表单控件，HTML 语言提供了一系列的表单控件，用于定义不同的表单功能，例如文本输入框、下拉列表、复选框等。本节将通过表单元素的 input 控件制作一个“驾考选择题”效果，如图 6-29 所示。

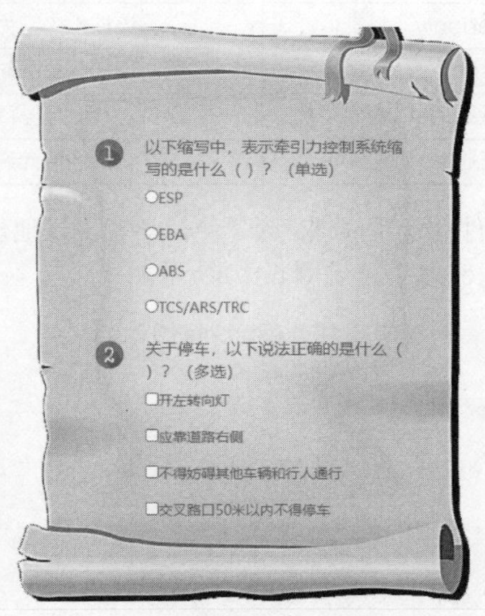

图6-29 “驾考选择题”效果展示

知识引入

input 控件

浏览网页时经常会看到单行文本输入框、单选按钮、复选框、提交按钮、重置按钮等，要想定义这些元素就需要使用 input 控件，其基本语法格式如下：

```
<input type="控件类型"/>
```

在上面的语法中，<input />标签为单标签，type 属性为其最基本的属性，其取值有多种，用于指定不同的控件类型。除了 type 属性之外，<input />标签还可以定义很多其他的属性，其常用属性如表 6-5 所示。

表 6-5　<input>标签的常用属性

属性	属性值	描述
type	text	单行文本输入框
	password	密码输入框
	radio	单选按钮
	checkbox	复选框
	button	普通按钮
	submit	提交按钮
	reset	重置按钮
	image	图像形式的提交按钮
	hidden	隐藏域
	file	文件域
name	由用户自定义	控件的名称
value	由用户自定义	input 控件中的默认文本值
size	正整数	input 控件在页面中的显示宽度
readonly	readonly	该控件内容为只读（不能编辑修改）
disabled	disabled	第一次加载页面时禁用该控件（显示为灰色）
checked	checked	定义选择控件默认被选中的项
maxlength	正整数	控件允许输入的最多字符数

表 6-5 中列出了 input 控件的常用属性，为了使初学者更好地理解和应用这些属性，下面通过一个案例来演示它们的用法和效果，如例 6-10 所示。

例 6-10　example10.html

```
1  <!doctype html>
2  <html>
3  <head>
4  <meta charset="utf-8">
5  <title>input 控件</title>
6  </head>
7  <body>
8  <form action="#" method="post">
9  用户名：<!--text 单行文本输入框-->
10 <input type="text" value="张三" maxlength="6" /><br /><br />
11 密码：<!--password 密码输入框-->
12 <input type="password" size="40" /><br /><br />
13 性别：<!--radio 单选按钮-->
14 <input type="radio" name="sex" checked="checked" />男
15 <input type="radio" name="sex" />女<br /><br />
16 兴趣：<!--checkbox 复选框-->
```

```
17 <input type="checkbox" />唱歌
18 <input type="checkbox" />跳舞
19 <input type="checkbox" />游泳<br /><br />
20 上传头像:
21 <input type="file" /><br /><br /><!--file 文件域-->
22 <input type="submit" /><!--submit 提交按钮-->
23 <input type="reset" /><!--reset 重置按钮-->
24 <input type="button" value="普通按钮" /><!--button 普通按钮-->
25 <input type="image" src="images/login.gif" /><!--image 图像域-->
26 <input type="hidden" /><!--hidden 隐藏域-->
27 </form>
28 </body>
29 </html>
```

在例 6-10 中，通过对<input />标签应用不同的 type 属性值，来定义不同类型的 input 控件，并对其中的一些控件应用<input />标签的其他可选属性。例如，在第 10 行代码中，通过 maxlength 和 value 属性定义单行文本输入框中允许输入的最多字符数和默认显示文本；在第 12 行代码中，通过 size 属性定义密码输入框的宽度；在第 14 行代码中，通过 name 和 checked 属性定义单选按钮的名称和默认选中项。

运行例 6-10，效果如图 6-30 所示。

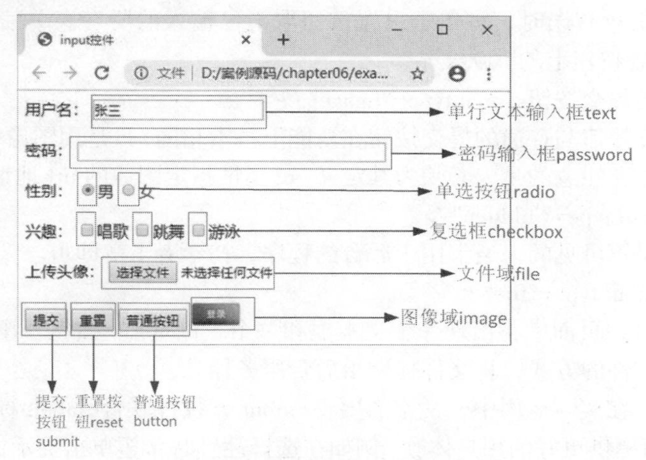

图6-30　input控件效果展示

在图 6-30 中，不同类型的 input 控件外观不同，当对它们进行具体操作时（如输入用户名和密码、选择性别和兴趣等），显示的效果也不一样。例如，在密码输入框中输入内容时，输入的内容将以圆点的形式显示，而不会像用户名中的内容一样显示为明文（指没加密的文字），如图 6-31 所示。

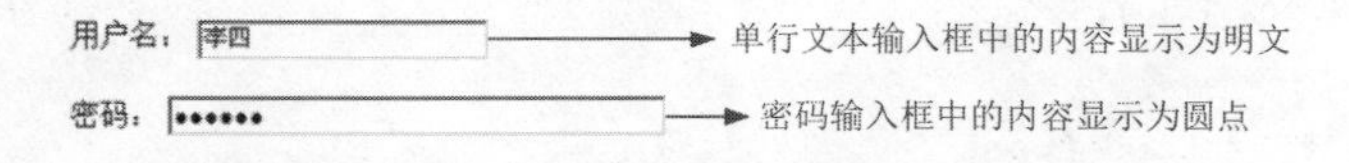

图6-31　密码框中的内容显示为圆点

为了使初学者更好地理解不同的 input 控件类型，下面对它们做一个简单的介绍。

（1）单行文本输入框<input type="text" />

单行文本输入框常用来输入简短的信息，例如用户名、账号、证件号码等，常用的属性有 name、value、maxlength。

（2）密码输入框<input type="password" />

密码输入框用来输入密码，其内容将以圆点的形式显示。

（3）单选按钮<input type="radio" />

单选按钮用于单项选择，例如选择性别、是否操作等。需要注意的是，在定义单选按钮时，必须为同一组中的选项指定相同的 name 值，这样“单选”才会生效。此外，可以对单选按钮应用 checked 属性，指定默认选中项。

（4）复选框<input type="checkbox" />

复选框常用于多项选择，例如选择兴趣、爱好等，可对其应用 checked 属性，指定默认选中项。

（5）普通按钮<input type="button" />

普通按钮常常配合 JavaScript 脚本语言使用，初学者了解即可。

（6）提交按钮<input type="submit" />

提交按钮是表单中的核心控件，用户完成信息的输入后，一般都需要单击提交按钮才能完成表单数据的提交。可以对其应用 value 属性，改变提交按钮上的默认文本。

（7）重置按钮<input type="reset" />

当用户输入的信息有误时，可单击重置按钮取消已输入的所有表单信息。可以对其应用 value 属性，改变重置按钮上的默认文本。

（8）图像形式的提交按钮<input type="image" />

图像形式的提交按钮与普通的提交按钮在功能上基本相同，只是用图像替代了默认的按钮，外观上更加美观。需要注意的是，必须为其定义 src 属性指定图像的 url 地址。

（9）隐藏域<input type=" hidden" />

隐藏域对用户是不可见的，通常用于后台的程序，初学者了解即可。

（10）文件域<input type="file" />

当定义文件域时，页面中将出现一个文本框和一个“浏览...”按钮，用户可以通过填写文件路径或直接选择文件的方式，将文件提交给后台服务器。

需要说明的是，在实际运用中，常常需要将<input />控件联合<label>标签使用，以扩大控件的选择范围，从而提供更好的用户体验，例如在选择性别时希望单击提示文字“男”或者“女”来选中相应的单选按钮。下面通过一个案例来演示<label>标签在 input 控件中的使用，如例 6-11 所示。

例 6-11　example11.html

```
1  <!doctype html>
2  <html>
3  <head>
4  <meta charset="utf-8">
5  <title>label 标签的使用</title>
6  </head>
7  <body>
8  <form action="#" method="post">
9  <label for="name">姓名：</label>
10 <input type="text" maxlength="6" id="name" /><br /><br />
11 性别：
12 <input type="radio" name="sex" checked="checked" id="man" /><label for="man">男</label>
13 <input type="radio" name="sex" id="woman" /><label for="woman">女</label>
14 </form>
15 </body>
16 </html>
```

在例 6-11 中，使用<label>标签包含表单中的提示信息，并且将 for 属性的值设置为相应表单控件的 id 名称，这样<label>标签标注的内容就绑定到了指定 id 的表单控件上，当单击<label>标签中的内容时，相应的表单控件就会处于选中状态。

运行例 6–11，效果如图 6–32 所示。

图6–32　使用<label>标签

在图 6–32 所示的页面中，单击“姓名:”时，光标会自动移动到姓名输入框中，同样单击“男”或“女”时，相应的单选按钮就会处于选中状态。

案例实现

1. 结构分析

图 6–29 所示的“驾考选择题”页面由两道选择题构成，可以使用<form>表单控制页面整体效果。另外，每道选择题的题目部分可使用<p>标签定义，4 个选项分别使用<input />标签联合<label>标签进行定义。为了方便控制每道题目，可以用<div>标签对每道题的题目和选项进行整体控制。图 6–29 对应的结构如图 6–33 所示。

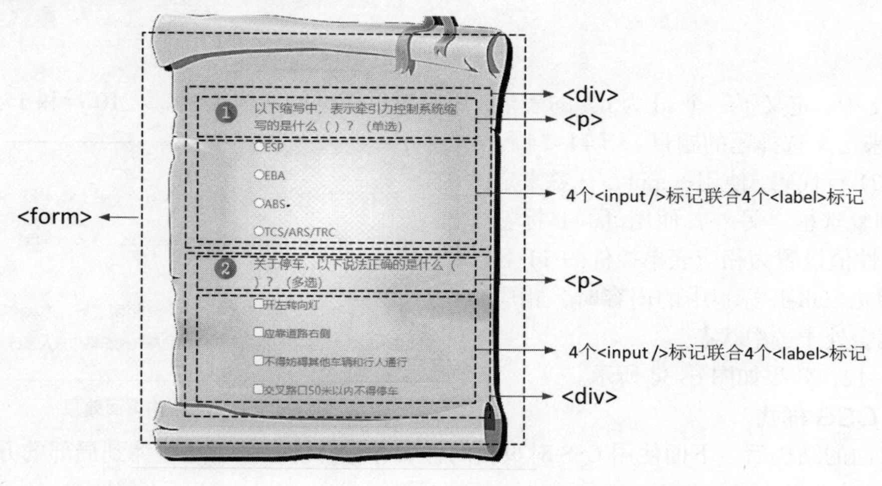

图6–33　结构分析

2. 样式分析

实现图 6–29 所示样式的思路如下。

① 整体控制表单，需要为<form>标签设置宽度、高度、背景图片、文本和内边距样式。

② 控制选择题的题目样式，需要为<p>标签设置宽度、高度、行高、字号和内边距样式。

③ 分别设置选择题题目的背景图像。

④ 控制选项的样式，需要将<label>标签转换为块元素，并为其设置宽度和内边距样式。

⑤ 对第一个<div>标签应用内边距样式，使上下两道题目之间拉开一定的距离。

3. 制作页面结构

根据上面的分析，使用相应的 HTML 标签来搭建网页结构，如例 6–12 所示。

例 6-12　example12.html

```
1  <!doctype html>
2  <html>
3  <head>
4  <meta charset="utf-8">
5  <title>驾考选择题</title>
6  </head>
7  <body>
8  <form action="#" method="post" id="list">
9  <div class="one">
10 <p class="title1">以下表示牵引力控制系统缩写的是什么（ ）？（单选）</p>
11 <label for="choose1"><input type="radio" name="item1" id="choose1"/>ESP</label>
12 <label for="choose2"><input type="radio" name="item1" id="choose2"/>EBA</label>
13 <label for="choose3"><input type="radio" name="item1" id="choose3"/>ABS</label>
14 <labelfor="choose4"><input type="radio" name="item1" id="choose4"/>TCS/ARS/TRC</label>
15 </div>
16 <div>
17 <p class="title2">关于停车，以下说法正确的是什么（ ）？（多选）</p>
18 <label for="choose5"><input type="checkbox" name="item2" id="choose5"/>开左转向灯</label>
19 <label for="choose6"><input type="checkbox" name="item2" id="choose6"/>应靠道路右侧</label>
20 <label for="choose7"><input type="checkbox" name="item2" id="choose7"/>不得妨碍其他车辆和行人通行</label>
21 <label for="choose8"><input type="checkbox" name="item2" id="choose8"/>交叉路口 50 米以内不得停车</label>
22 </div>
23 </form>
24 </body>
25 </html>
```

在例 6-12 中，定义了一个 id 为 list 的表单，用来对页面进行整体控制。第 10 行和 17 行中的<p>标签用来定义选择题的题目。第 11~14 行代码和第 18~21 行代码，使用<input />标签来定义单选按钮和复选框。另外，使用<label>标签并将其 for 属性值设置为相应表单控件的 id 名称，这样当单击<label>标签中的内容时，相应的表单控件就会处于选中状态。

运行例 6-12，效果如图 6-34 所示。

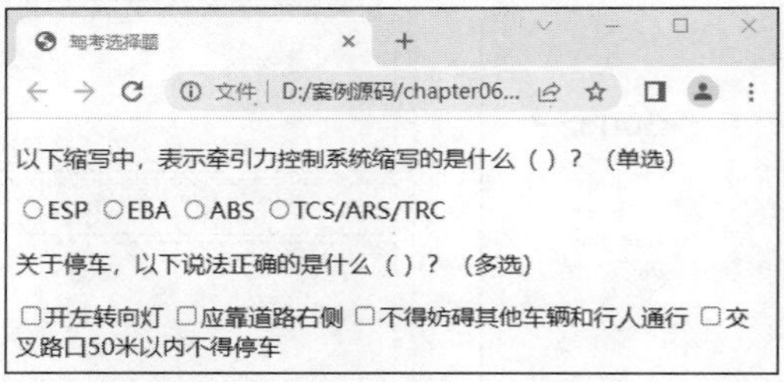

图6-34　HTML结构页面效果

4. 定义 CSS 样式

搭建完页面的结构后，下面使用 CSS 对页面的样式进行修饰。采用从整体到局部的方式实现图 6-29 所示的效果，具体如下。

（1）重置浏览器的默认样式

```
/*重置浏览器的默认样式*/
body,form,p,label,input{margin:0; padding:0;}
```

（2）整体控制界面

```
#list{              /*整体控制表单*/
    width:420px;
    height:474px;
    background:url(images/bg1.png) no-repeat;
    padding:110px 0 0 110px;
    font-size:14px;
    font-family:"微软雅黑";
    color:#7b6c55;
}
```

（3）控制选择题题目

```
p{
    width:260px;
    height:37px;
```

```
    padding-left:50px;
    line-height:23px;
    font-size:16px;
}
```

上面的代码用于控制选择题的题目部分，其中第4行代码“padding-left:50px;”用于使题目的左侧有一定的留白，以放置背景图像。

（4）控制选择题题目的背景图像

```
.title1{background:url(images/num1.png) no-repeat left center;}
.title2{background:url(images/num2.png) no-repeat left center;}
```

上面的代码用于为两道选择题题目设置不同的背景图像。

（5）控制选择题选项

由于每个选项都各自占据一行，需要将< label>标签转换为块元素显示，并设置其宽高及边距属性。CSS代码如下：

```
label{
    display:block;
    width:210px;
    padding:18px 0 0 50px;
}
```

（6）拉开题目间的距离

对第一个<div>标签应用内边距样式，使两道题目之间拉开一定的距离。CSS代码如下：

```
.one{padding-bottom:20px;}
```

至此，完成图6-29所示“驾考选择器”的CSS样式部分。引入CSS样式，刷新例6-12所在的页面，效果如图6-35所示。

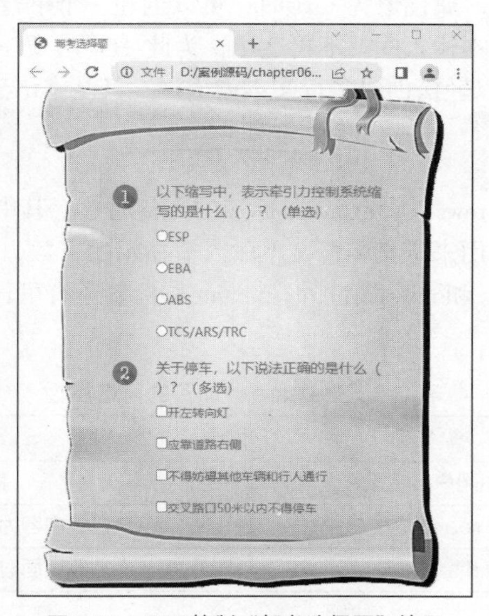

图6-35　CSS控制“驾考选择题”效果

6.4 【案例20】空间日志

案例描述

空间日志是一个日记发布平台，用户可以在这里记录心情随笔、日常见闻和所思所想等。

本节将通过表单元素的 textarea 控件和 select 控件制作一个“空间日志”的发布页面，效果如图 6–36 所示。

图6–36 “空间日志”效果展示

知识引入

1. textarea 控件

当定义 input 控件的 type 属性值为 text 时，可以创建一个单行文本输入框。但是，如果需要输入大量的信息，单行文本输入框就不再适用，为此 HTML 语言提供了<textarea></textarea>标签。通过 textarea 控件可以轻松创建多行文本输入框，其基本语法格式如下：

```
<textarea cols="每行中的字符数" rows="显示的行数">
   文本内容
</textarea>
```

在上述代码中，cols 和 rows 为<textarea>标签的必备属性。其中，cols 用来定义多行文本输入框每行中的字符数，rows 用来定义多行文本输入框显示的行数，它们的取值均为正整数。

需要说明的是，除了 cols 和 rows 属性外，<textarea>标签还有可选属性，分别为 name、readonly 和 disabled，如表 6–6 所示。

表 6-6 <textarea>标签的可选属性

属性	属性值	描述
name	由用户自定义	控件的名称
readonly	readonly	该控件内容为只读（不能编辑修改）
disabled	disabled	第一次加载页面时禁用该控件（显示为灰色）

了解了<textarea>的语法格式和属性后，下面通过一个案例来演示其具体用法，如例 6–13 所示。

例 6-13 example10.html

```
1  <!doctype html>
2  <html>
3  <head>
4  <meta charset="utf-8">
5  <title>textarea 控件</title>
6  </head>
7  <body>
```

```
8  <form action="#" method="post">
9  评论：<br />
10     <textarea cols="60" rows="8">
11 评论的时候，请遵纪守法并注意语言文明，多给文档分享人一些支持。
12 </textarea><br />
13 <input type="submit" value="提交"/>
14 </form>
15 </body>
16 </html>
```

在例 6-13 中，通过<textarea></textarea>标签定义一个多行文本输入框，并对其应用 clos 和 rows 属性来设置多行文本输入框每行中的字符数和显示的行数。定义完多行文本输入框后，通过将 input 控件的 type 属性值设置为 submit，定义了一个提交按钮。同时，为了使网页的格式更加清晰，在代码中的某些部分应用了换行标签
。

运行例 6-13，效果如图 6-37 所示。

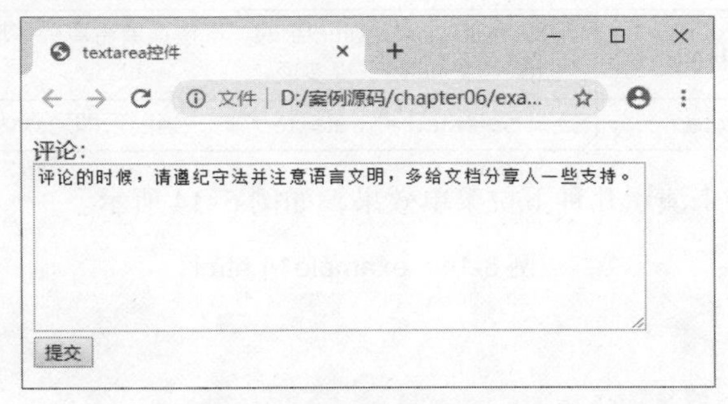

图6-37　textarea元素的应用

在图 6-37 中，出现了一个多行文本输入框，用户可以对其中的内容进行编辑和修改。

注意：

各浏览器对 cols 和 rows 属性的理解不同，当对 textarea 控件应用 cols 和 rows 属性时，多行文本输入框在各浏览器中的显示效果可能会有差异。所以在实际工作中，更常用的方法是使用 CSS 的 width 和 height 属性来定义多行文本输入框的宽度和高度。

2. select 控件

浏览网页时，经常会看到包含多个选项的下拉菜单，例如选择所在的城市、出生年月、兴趣爱好等。图 6-38 为一个下拉菜单，当单击下拉符号"▼"时，会出现一个选择列表，如图 6-39 所示。要想制作这种下拉菜单效果，就需要使用<select>标签。

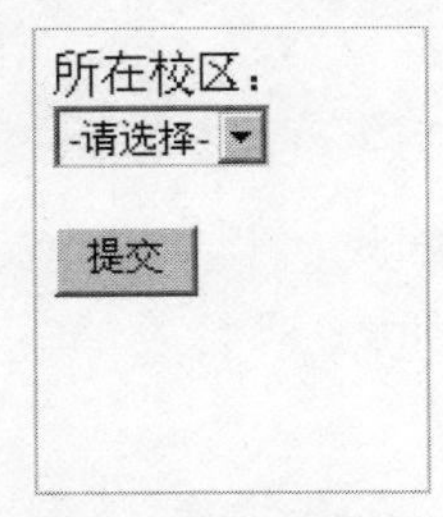

图6-38　下拉菜单

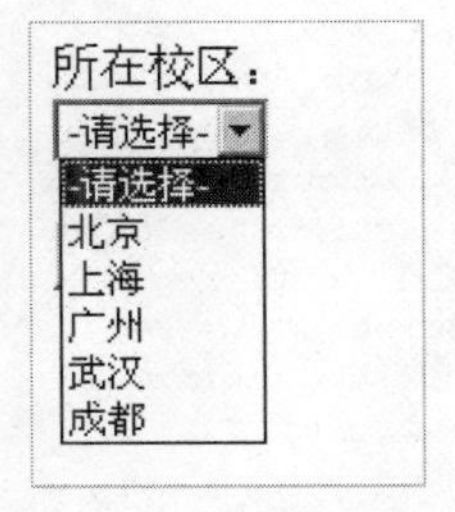

图6-39　下拉菜单的选择列表

使用<select>标签定义下拉菜单的基本语法格式如下：

```
<select>
<option>选项 1</option>
```

```
<option>选项 2</option>
<option>选项 3</option>
    ...
</select>
```

在上面的语法中，<select></select>标签用于在表单中添加一个下拉菜单；<option></option>标签嵌套在<select></select>标签中，用于定义下拉菜单中的具体选项，每对<select></select>中至少应包含一对<option></option>。

需要说明的是，在 HTML5 中，可以为<select>和<option>标签定义属性，以改变下拉菜单的外观显示效果，具体属性如表 6–7 所示。

表 6-7　<select>和<option>标签的常用属性

标签名	常用属性	描述
<select>	size	指定下拉菜单的可见选项数（取值为正整数）
	multiple	定义 multiple="multiple"时，下拉菜单将具有多项选择的功能，方法为按住“Ctrl”键的同时选择多项
<option>	selected	定义 selected =" selected "时，当前项即为默认选中项

下面通过一个案例来演示几种下拉菜单效果，如例 6–14 所示。

例 6-14　example14.html

```
1  <!doctype html>
2  <html>
3  <head>
4  <meta charset="utf-8">
5  <title>select 控件</title>
6  </head>
7  <body>
8  <form action="#" method="post">
9  所在校区：<br />
10 <select><!--最基本的下拉菜单-->
11 <option>-请选择-</option>
12 <option>北京</option>
13 <option>上海</option>
14 <option>广州</option>
15 <option>武汉</option>
16 <option>成都</option>
17 </select><br /><br />
18 特长（单选）:<br />
19 <select>
20 <option>唱歌</option>
21 <option selected="selected">画画</option><!--设置默认选中项-->
22 <option>跳舞</option>
23 </select><br /><br />
24 爱好（多选）:<br />
25 <select multiple="multiple" size="4"><!--设置多选和可见选项数-->
26 <option>读书</option>
27 <option selected="selected">写代码</option><!--设置默认选中项-->
28 <option>旅行</option>
29 <option selected="selected">听音乐</option><!--设置默认选中项-->
30 <option>踢球</option>
31 </select><br /><br />
32 <input type="submit" value="提交"/>
33 </form>
34 </body>
35 </html>
```

在例 6–14 中，通过<select>、<option>标签及相关属性创建了 3 个不同的下拉菜单，其中第 1 个为最简单的下拉菜单，第 2 个为设置了默认选项的单选下拉菜单，第 3 个为设置了两个默认选项的多选下拉菜单。

运行例 6-14，效果如图 6-40 所示。

图 6-40 实现了不同的下拉菜单效果，但是，在实际网页制作过程中，有时候需要对下拉菜单中的选项进行分组，这样当存在很多选项时，要想找到相应的选项就会更加容易。图 6-41 为选项分组后的下拉菜单选项的展示效果。

要想实现图 6-41 所示的效果，可以在下拉菜单中使用<optgroup></optgroup>标签，下面通过一个具体的案例来演示为下拉菜单中的选项分组的方法和效果，如例 6-15 所示。

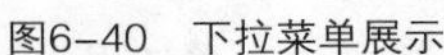
图6-40　下拉菜单展示

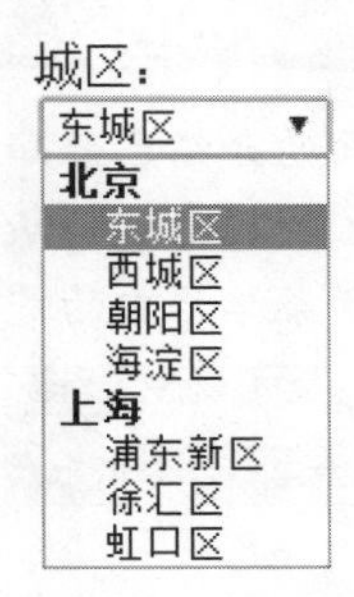

图6-41　选项分组后的下拉菜单选项

例 6-15　example15.html

```
1  <!doctype html>
2  <html>
3  <head>
4  <meta charset="utf-8">
5  <title>为下拉菜单中的选项分组</title>
6  </head>
7  <body>
8  <form action="#" method="post">
9  城区：<br />
10      <select>
11 <optgroup label="北京">
12 <option>东城区</option>
13 <option>西城区</option>
14 <option>朝阳区</option>
15 <option>海淀区</option>
16 </optgroup>
17 <optgroup label="上海">
18 <option>浦东新区</option>
19 <option>徐汇区</option>
20 <option>虹口区</option>
21 </optgroup>
22 </select>
23 </form>
24 </body>
25 </html>
```

在例 6-15 中，<optgroup></optgroup>标签用于定义选项组，必须嵌套在<select></select>标签中，一对<select></select>中通常包含多对<optgroup></optgroup>。在<optgroup>与</optgroup>之间为<option></option>标签定义的具体选项。同时<optgroup>标签有一个必需属性 label，用于定义具体的组名。

运行例 6-15，会出现图 6-42 所示的下拉菜单，当单击下拉符号“▼”时，效果如图 6-43 所示，可以看到下拉菜单中的选项被清晰地分组了。

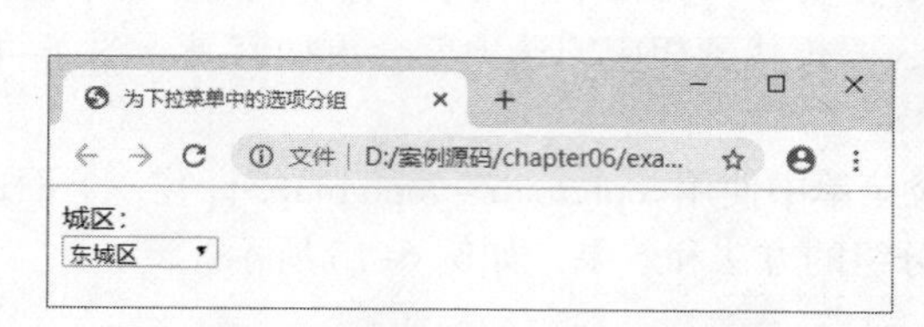

图6-42　选项分组后的下拉菜单1

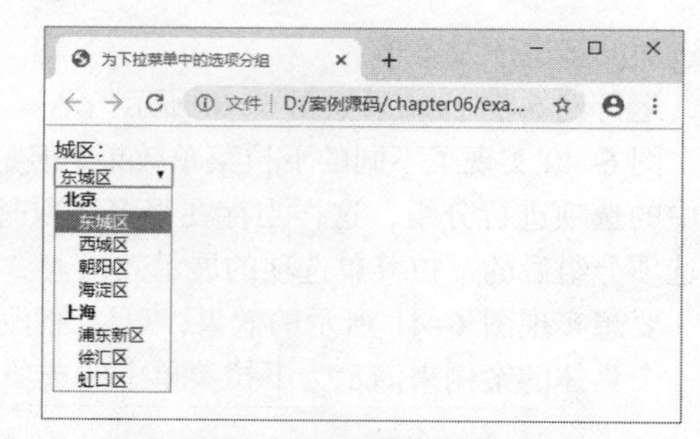

图6-43　选项分组后的下拉菜单2

多学一招：使用Dreamweaver工具生成表单控件

通过前面的介绍已经知道，在 HTML 中有多种表单控件，牢记这些表单控件，对于读者来说比较困难。使用 Dreamweaver 可以轻松生成各种表单控件，具体步骤如下。

（1）选择菜单栏中的“窗口”→“插入”选项，会弹出插入栏，默认效果如图 6-44 所示。

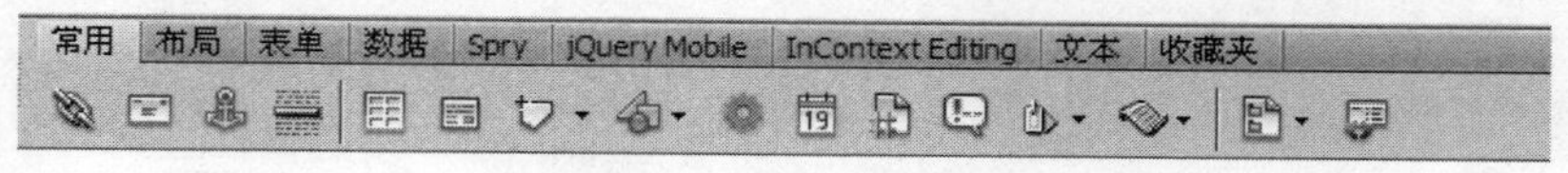

图6-44　插入栏默认效果

（2）单击插入栏上方的“表单”选项，会弹出相应的表单工具组，如图 6-45 所示。

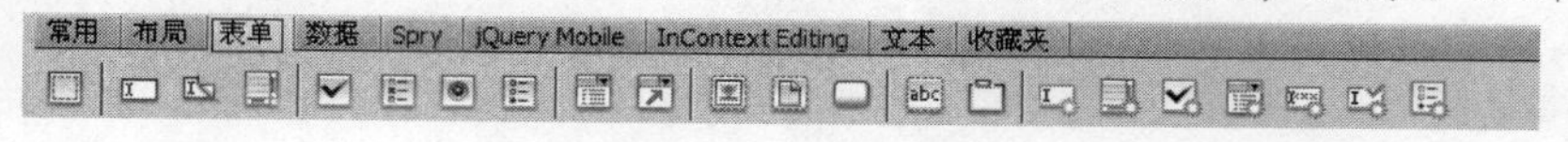

图6-45　表单工具组

（3）单击表单工具组中不同的选项，即可生成不同的表单控件，例如单击“I”按钮时，会生成一个单行文本输入框。

案例实现

1．结构分析

图 6-36 所示的“空间日志”页面可划分为上、中、下 3 个部分，使用 3 个<div>标签进行定义。每个部分都包含一些表单控件，可以用相应的表单元素<input />、<textarea>等进行定义。另外，为了使“空间日志”中的表单数据能够传送给后台服务器，还需要使用<form>标签对“空间日志”页面进行整体控制。图 6-36 对应的结构如图 6-46 所示。

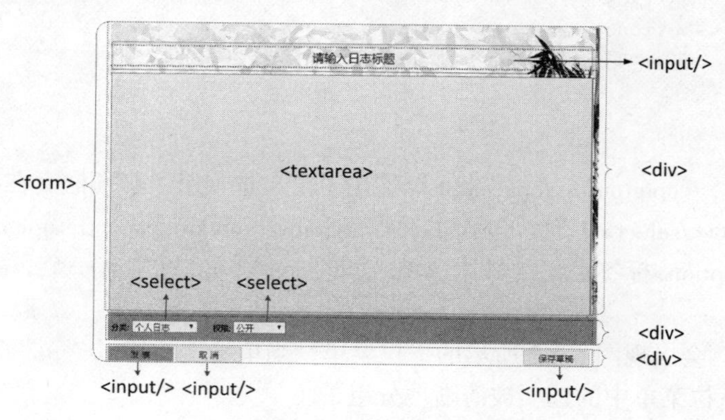

图6-46　结构分析

2. 样式分析

实现图 6-36 所示样式的思路如下。

① 整体控制空间日志界面，对<form>标签设置宽度、外边距样式。

② 整体控制空间日志的标题和内容，对第一个<div>应用高度、内边距和背景颜色样式。

③ 分别控制日志的标题和内容样式，需要设置宽度、高度、边框和文本等样式。

④ 控制日志分类和权限部分。

⑤ 控制日志发表、取消和保存草稿 3 个按钮部分。

3. 制作页面结构

根据上面的分析，使用相应的 HTML 标签来搭建网页结构，如例 6-16 所示。

例 6-16　example16.html

```
1  <!doctype html>
2  <html>
3  <head>
4  <meta charset="utf-8">
5  <title>空间日志</title>
6  </head>
7  <body>
8  <form action="#" method="post" id="list">
9  <div class="content">
10 <input class="title" type="text" value="请输入日志标题" />
11 <textarea class="txt" cols="30" rows="10"></textarea>
12 </div>
13 <div class="choose">
14 <span>分类:</span>
15 <select class="choose1">
16 <option>文章转载</option>
17 <option selected="selected">个人日志</option>
18 <option>游戏人生</option>
19 </select>
20 <span>权限:</span>
21 <select>
22 <option>公开</option>
23 <option>仅好友可见</option>
24 <option>仅个人可见</option>
25 </select>
26 </div>
27 <div class="btn">
28 <input class="btn1" type="submit" value="发表" />
29 <input class="btn2" type="reset" value="取消" />
30 <input class="btn3" type="button" value="保存草稿" />
31 </div>
32 </form>
33 </body>
34 </html>
```

在上面的代码中，使用 3 对<div>标签将“空间日志”页面分为 3 个部分。其中，第 14~19 行、第 20~25 行代码使用<select>标签定义日志“分类”和“权限”的下拉框效果。第 28~30 行代码使用<input />标签定义了日志发表、取消、保存草稿 3 个功能按钮。

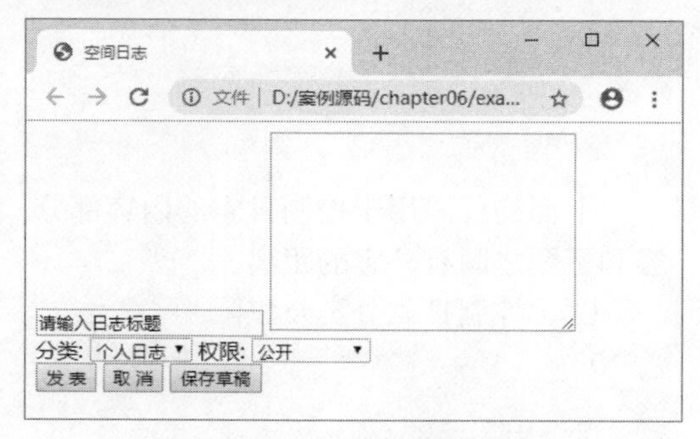

图6-47　HTML结构页面效果

运行例 6-16，效果如图 6-47 所示。

4. 定义 CSS 样式

搭建完页面的结构后，下面使用 CSS 对页面的样式进行修饰。采用从整体到局部的方式实现图 6-36 所示的效果，具体如下。

（1）定义基础样式

```
/*全局控制*/
body{font-family:"微软雅黑";  font-size: 12px;}
/*重置浏览器的默认样式*/
body,form,input,select,textarea{
    margin:0;
    padding:0;
    list-style:none;
    border:none;
    background-color:transparent;    /*背景透明*/
}
```

需要说明的是，上面的最后一行代码“background-color:transparent;”，用于将页面元素的默认背景设置为透明，这样表单元素所在的区域会显示其父元素的背景样式。

（2）整体控制界面

为了使页面水平居中、上下与浏览器边缘有一定的距离，可以对<form>标签应用外边距样式。CSS 代码如下：

```
#list{           /*整体控制界面*/
    width:743px;
    margin:50px auto;
}
```

（3）整体控制日志标题及内容

```
.content{        /*整体控制日志标题及内容*/
    height:418px;
    padding-top:35px;
    background:url(images/bg2.jpg) no-repeat;
}
```

上面的代码用于对日志标题及内容所在的<div>标签进行整体控制，其中第 4 行代码用于为该盒子设置背景图像。

（4）控制日志标题

```
.title{          /*控制日志标题*/
    width:739px;
    height:30px;
    border-top:2px dotted #83775e;
    border-bottom:2px dotted #666;
    text-align:center;
    font-size:18px;
}
```

上面的代码用于控制日志的标题部分，其中第 4~5 行代码用于为日志标题添加上下的点线边框。

（5）控制日志内容

```
.txt{          /*控制日志内容*/
    width:739px;
    height:300px;
    border-top:2px dotted #83775e;
    margin-top:10px;
    font-size:24px;
}
```

上面的代码用于控制日志的内容部分，其中第 5 行代码“margin-top:10px;”用于使日志内容和标题之间有一定的距离。

（6）控制日志分类及权限

```
.choose{        /*整体控制日志分类及权限*/
    height:30px;
    padding:12px 0 0 5px;
```

```
    background-color:#999;
    font-weight:bold;
}
select{          /*控制下拉菜单*/
    width:80px;
    border:1px solid #666;
    background-color:#F5F5F5;
}
.choose1{       /*单独控制第一个下拉菜单*/
    width:100px;
    margin-right:20px;
}
```

（7）控制发表、取消及保存按钮

```
.btn{margin-top:10px;}  /*和上面的模块拉开距离*/
.btn1,.btn2,.btn3{      /*控制三个按钮的宽、高、背景及边框*/
    width:100px;
    height:24px;
    background-color:#eee;
    border:1px solid #ccc;
}
.btn1{background-color:#999;}
.btn3{margin-left:425px;}
```

至此，完成图6-36所示“空间日志”的CSS样式部分。引入CSS样式，刷新例6-16所在的页面，效果如图6-48所示。

图6-48 “空间日志”CSS样式效果

6.5 【案例21】员工档案

案例描述

员工档案用于对员工信息进行统一管理，从而使员工的档案管理更加科学化、信息化。本节将使用表单控件，并通过CSS控制表单样式来制作一个精美的电子员工档案，其效果如图6-49所示。

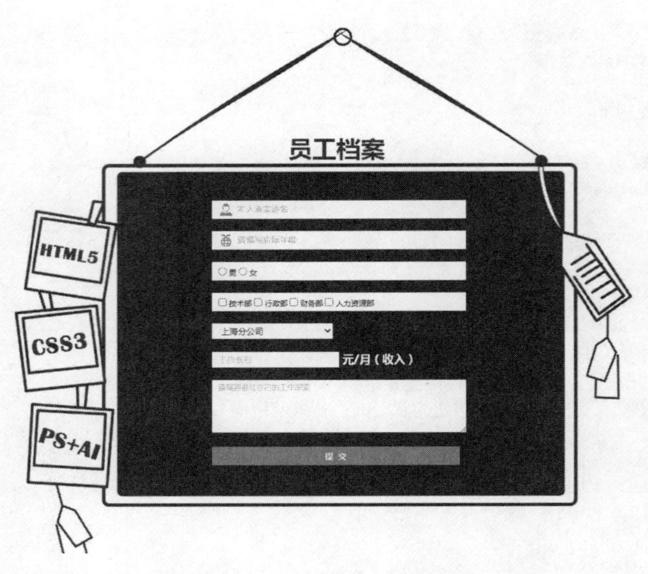

图6-49　“员工档案”效果展示

知识引入

CSS 控制表单样式

使用表单的最终目的是提供更好的用户体验，因此在网页设计时，不仅需要表单具有相应的功能，同时还希望各种表单控件的样式更加美观。使用 CSS 可以轻松地控制表单控件的样式，主要体现在控制表单控件的字体、边框、背景和内边距等。下面通过一个具体的例子来讲解 CSS 对表单样式的控制，其效果如图 6-50 所示。

图6-50　CSS控制表单样式效果图

图 6-50 所示的表单界面可以分为左右两个部分，其中左边为表单中的提示信息，右边为具体的表单控件。HTML 结构代码如例 6-17 所示。

例 6-17　example17.html

```
1  <!doctype html>
2  <html>
3  <head>
4  <meta charset="utf-8">
5  <title>CSS 控制表单样式</title>
6  </head>
7  <body>
8  <form action="#" method="post">
9      <p>
10         <span class="left">账号/号码：</span>
11         <input type="text" value="itcast" class="num" />
12     </p>
13     <p>
14         <span class="left">密码：</span>
15         <input type="password" class="pass" />
16     </p>
17         <input type="button" class="btn" />
18 </form>
19 </body>
20 </html>
```

在例 6-17 中，使用表单对页面进行整体布局，然后添加相应的表单控件，分别用于定义单行文本输入框、密码输入框和普通按钮。

运行例 6-17，效果如图 6-51 所示。

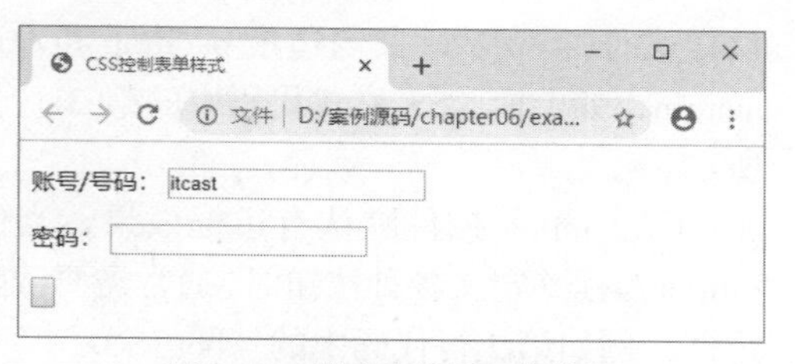

图6-51　搭建表单界面的结构

在图 6-51 中，出现了具有相应功能的表单控件。为了使表单界面更加美观，下面使用 CSS 对其进行修饰，这里使用内嵌式 CSS 样式表，具体代码如下。

```
1  <style type="text/css">
2  body{ font-size:12px; font-family:"宋体";}                /*全局控制*/
3  body,form,input{ padding:0; margin:0; border:0;}      /*重置浏览器的默认样式*/
4  form{
5     width:300px;
6     height:135px;
7     padding-top:15px;
8     margin:50px auto;                        /*使表单在浏览器中居中*/
9     background:#DCF5FA;                      /*为表单添加背景颜色*/
10 }
11 p{
12 width:273px;
13 height:24px;
14 padding-left: 25px;
15 margin-bottom:15px;
16 }
17 span{                                        /*定义左侧的文本*/
18 display:inline-block;
19 width:70px;
20 height:24px;
21 line-height: 24px;
22 text-align: right;                           /*使左侧文本居右对齐*/
23 }
24 .num,.pass{                                  /*设置前两个 input 控件的宽、高、边框、内边距*/
25    width:152px;
26    height:18px;
27    border:1px solid #38a1bf;
28    padding:2px 2px 2px 22px;
29 }
30 .num{                                        /*定义第一个 input 控件的背景、文本颜色*/
31 background:url(images/1.jpg) no-repeat 5px center #FFF;
32 color:#999;
33 }
34 .pass{                                        /*定义第二个 input 控件的背景*/
35 background:url(images/2.jpg) no-repeat 5px center #FFF;
36 }
37 .btn{                                         /*定义 input 按钮控件*/
38 display:inline-block;
39    width:87px; height:24px;
40    margin:10px 0 10px 101px;                   /*使按钮和上面的内容拉开距离*/
41 background:url("images/5.jpg") no-repeat;}  /*定义按钮背景*/
42 </style>
```

保存 HTML 文件，刷新页面，效果如图 6-52 所示。

通过使用 CSS，轻松实现了对表单控件的字体、边框、背景和内边距的控制。在使用 CSS 控制表单样式时，初学者还需要注意以下几个问题。

图6-52　CSS控制表单样式效果展示

（1）由于 form 是块元素，重置浏览器的默认样式时，需要清除其内边距 padding 和外边距 margin，如上面 CSS 样式代码中的第 3 行代码所示。

（2）input 控件默认有边框效果，当使用<input />标签定义各种按钮时，通常需要清除其边框，例如第 3 行代码中的“border:0;”。

（3）通常情况下需要对文本框和密码框设置 2 ~ 3 像素的内边距，以使用户输入的内容不会紧贴输入框，如上面 CSS 样式代码中的第 28 行代码所示。

案例实现

1. 结构分析

图 6-49 所示的“员工档案”由多个表单控件构成。整个页面可以使用一个大盒子<div>进行整体控制，然后通过<form>标签定义表单，并在其中嵌套相应的表单控件。另外，由于表单控件属于行内块元素，不会单独占据一行，可以通过<p>标签嵌套表单控件使其独占一行。图 6-49 对应的结构如图 6-53 所示。

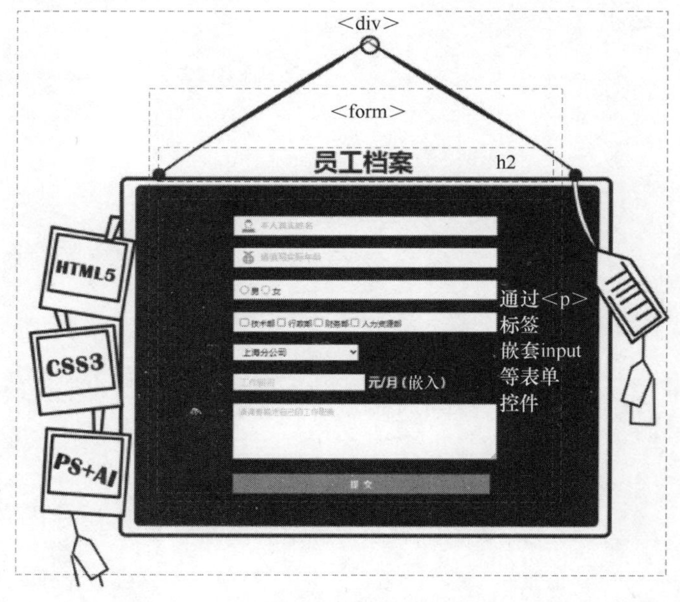

图6-53　结构分析

2. 样式分析

实现图 6-49 所示样式的思路如下。

① 通过最外层的<div>对页面进行整体控制，需要对其设置宽度、高度和背景图像等。

② 通过<form>对表单进行整体控制，需要对其设置宽度和内边距样式。

③ 定义表单标题的样式，主要控制其文本样式和内外边距。

④ 定义各个表单控件的样式，主要控制它们的宽度、高度、文本、背景和边距等。

3. 制作页面结构

根据上面的分析，使用相应的 HTML 标签来搭建网页结构，如例 6-18 所示。

例 6-18　example18.html

```
1  <!doctype html>
2  <html>
3  <head>
4  <meta charset="utf-8">
5  <title>员工档案</title>
6  </head>
7  <body>
8  <div class="all">
9  <form class="list" action="#" method="post">
10 <h2>员工档案</h2>
11 <p>
12      <input type="text" value="本人真实姓名" class="txt" >
13 </p>
14 <p>
15      <input type="text" value="请填写实际年龄" class="age" >
16 </p>
17 <p class="choose">
18 <label><input type="radio" name="sex">男</label>
19 <label><input type="radio" name="sex">女</label>
20 </p>
21 <p class="choose">
22 <label><input type="checkbox" >技术部</label>
23 <label><input type="checkbox" >行政部</label>
24 <label><input type="checkbox" >财务部</label>
25 <label><input type="checkbox" >人力资源部</label>
26 </p>
27 <p>
28 <select class="course">
29 <option>北京分公司</option>
30 <option selected="selected">上海分公司</option>
31 <option>广州分公司</option>
32 </select>
33 </p>
34 <p class="money_box">
35 <input type="text" value="工作薪资" class="money"><span>元/月（收入）</span>
36 </p>
37 <p>
38      <textarea cols="50" rows="5" class="message">请简要描述自己的工作职责</textarea>
39 </p>
40 <p>
41      <input type="submit" class="btn" value="提交">
42 </p>
43 </form>
44 </div>
45 </body>
46 </html>
```

在上面的代码中，使用 class 为 all 的<div>对页面进行整体控制。其中，第 11~16 行代码使用<input />标签定义姓名和年龄文本框，第 17~26 行代码使用<input />标签来定义单选按钮和复选框。另外，在第 28~32 行代码中，使用<select>标签实现选择分公司的下拉菜单效果。第 38 行代码使用<textarea>标签定义一个多行文本输入框。

运行例 6-18，效果如图 6-54 所示。

图6-54　HTML结构页面效果

4. 定义 CSS 样式

搭建完页面的结构后，下面使用 CSS 对页面进行修饰。采用从整体到局部的方式实现图 6-49 所示的效果，具体如下。

（1）定义基础样式

```
/*全局控制*/
```

```
body{font-size:12px;  font-family:"微软雅黑"; }
/*重置浏览器的默认样式*/
body,h2,form,img,input,select,textarea{padding:0; margin:0; list-style:none; border:none;}
```

（2）整体控制页面

```
.all{        /*整体控制页面*/
    width:1024px;
    height:863px;
    margin:0 auto;
    background:url(images/bg3.png) no-repeat;
}
```

在上面的代码中，通过定义最外层<div>的样式，来对页面进行整体控制。其中第 5 行代码用于为页面添加背景图像。

（3）整体控制表单

```
.list{        /*整体控制表单*/
    width:685px;
    padding:180px 0 0 340px;
}
p{margin-top:20px;}
```

在上面的代码中，通过定义表单的宽度、内边距样式来对表单进行整体控制。其中第 5 行代码“p{margin-top:20px;}”用于使各表单控件之间拉开一定的距离。

（4）控制表单标题

```
h2{        /*控制表单标题*/
     font-size:38px;
     color:#26211e;
     margin-bottom:60px;
     padding-left:120px;
}
```

（5）控制姓名、年龄文本框

```
.txt,.age{
     width:360px;
     height:30px;
     line-height:30px;
     padding-left:40px;
    color:#ccc;
}
 .txt{background:#fffurl(images/icon2.png) no-repeat 10px center;}
.age{background:#fffurl(images/icon3.png) no-repeat 10px center;}
```

（6）控制单选按钮和复选框

单选按钮和复选框的样式相同，对应的 CSS 代码如下：

```
.choose{
     width:390px;
     height:25px;
     line-height:25px;
     background-color:#FFF;
     padding:5px 0 0 10px;
}
```

（7）控制薪资和多行文本框

```
.course,.money{
     width:190px;
     height:25px;
     padding-left:10px;
}
.money{color:#ddd;}
.money_box span{
     font-size:18px;
     font-weight:bold;
     color:#fff;
}
```

```
.message{
     width:390px;
     height:80px;
     padding:5px 0 0 10px;
     font-size:12px;
     color:#ccc;
}
```

（8）控制提交按钮

```
.btn{
     width:390px;
     height:30px;
     background-color:#eb6854;
    color:#FFF;
    font-weight:bold;
}
```

至此，完成图 6-49 所示“员工档案”页面的 CSS 样式部分。引入 CSS 样式，刷新例 6-18 所在的页面，效果如图 6-55 所示。

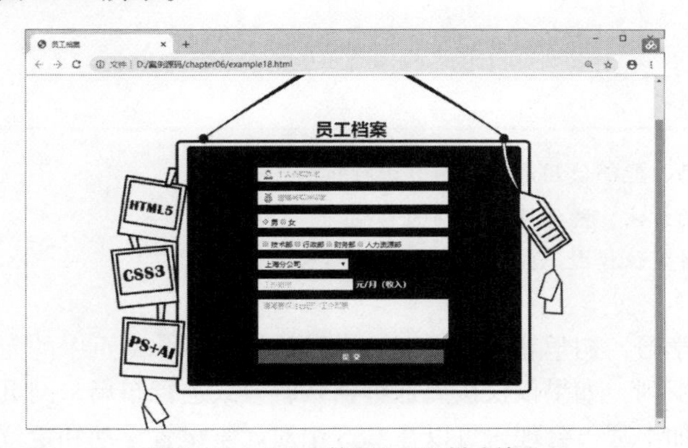

图6-55　“员工档案”CSS样式效果

6.6　动手实践

学习完前面的内容，下面来动手实践一下吧。

请结合给出的素材，运用表单相关标签实现图 6-56 所示的“用户注册页面”。

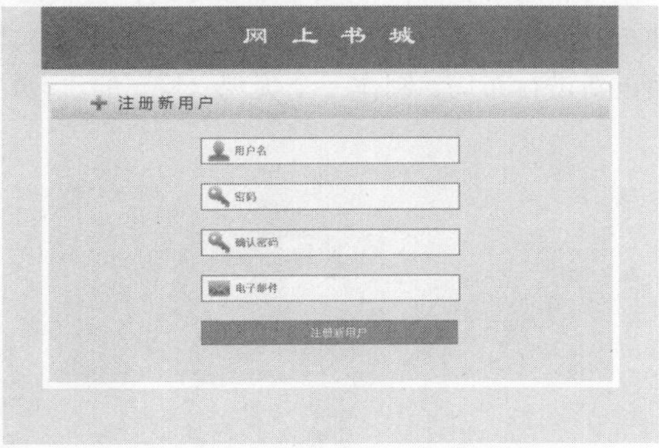

图6-56　“用户注册页面”效果展示

第 7 章

运用浮动和定位布局

学习目标

★ 理解元素的浮动，能够使用浮动对网页进行布局。
★ 熟悉清除浮动的方法，能够清除浮动的影响。
★ 掌握常见的几种定位模式，能够对元素进行精确定位。

通过前面几章的学习，初学者不难发现，在默认情况下，网页中的元素会按照从上到下或从左到右的顺序一一罗列。如果仅仅按照这种默认的方式进行布局，网页会显得单调、混乱。为了使网页的布局更加丰富、合理，可以在 CSS 中对元素设置浮动和定位属性。本章将对元素的浮动和定位进行详细讲解。

7.1 【案例 22】世界杯梦幻阵容

案例描述

初学者在设计一个页面时，通常会按照默认的排版方式，将页面中的元素从上到下一一罗列，如图 7-1 所示。这种布局制作出来的页面看起来呆板、不美观。本节将运用 CSS 中的浮动属性对图 7-1 所示的页面重新进行布局，制作一个美观、整齐的“世界杯梦幻阵容”主题页面，其效果如图 7-2 所示。

图7-1 默认排序

图7-2 “世界杯梦幻阵容”效果展示

知识引入

认识浮动

浮动是指设置了浮动属性的标签会脱离标准文档流（标准文档流是指内容元素排版布局过程中，会自动从左往右、从上往下进行流式排列）的控制，移动到其父标签中指定位置的过程。作为 CSS 的重要属性，浮动被频繁地应用在网页制作中。在 CSS 中，通过 float 属性来定义浮动，定义浮动的基本语法格式如下。

```
选择器{float:属性值;}
```

在上面的语法中，float 的常用属性值有 3 个，具体如表 7-1 所示。

表 7-1　float 的常用属性值

属性值	描述
left	标签向左浮动
right	标签向右浮动
none	标签不浮动（默认值）

了解了 float 属性的属性值及其含义后，下面通过一个案例来学习 float 属性的用法，如例 7-1 所示。

例 7-1　example01.html

```
1  <!doctype html>
2  <html>
3  <head>
4  <meta charset="utf-8">
5  <title>标签的浮动</title>
6  <style type="text/css">
7  .father{                          /*定义父标签的样式*/
8  background:#eee;
9  border:1px dashed #999;
10 }
11 .box01,.box02,.box03{            /*定义 box01、box02、box03 三个盒子的样式*/
12 height:50px;
13 line-height:50px;
14 border:1px dashed #999;
15 margin:15px;
16 padding:0px 10px;
17 }
18 .box01{ background:#FF9;}
19 .box02{ background:#FC6;}
20 .box03{ background:#F90;}
21 p{                               /*定义段落文本的样式*/
22 background:#ccf;
23 border:1px dashed #999;
24 margin:15px;
25 padding:0px 10px;
26 }
27 </style>
28 </head>
29 <body>
30 <div class="father">
31 <div class="box01">box01</div>
32 <div class="box02">box02</div>
33 <div class="box03">box03</div>
```

```
 34 <p>梦想总是在失败后成功。当你回想之前的经历，你会感动不已，因为你的脑海里又浮现出从前的辛酸经历，能想到之前要放弃的想法是多么不对，所以梦想不能放弃！</p>
 35 </div>
 36 </body>
 37 </html>
```

在例 7-1 中，第 31~33 行代码定义了 3 个盒子 box01、box02、box03，第 34 行代码设置了一段文本，并且所有的标签均不应用 float 属性，让它们按照默认方式进行排序。

运行例 7-1，效果如图 7-3 所示。

在图 7-3 中，box01、box02、box03 以及段落文本从上到下一一罗列。可见如果不对标签设置浮动，则该标签及其内部的子标签将按照标准文档流的样式显示。

接下来，在例 7-1 的基础上演示元素的左浮动效果。以 box01 为设置对象，对其应用左浮动样式，具体 CSS 代码如下：

```
.box01 {                        /*定义 box01 左浮动*/
    float:left;
}
```

保存 HTML 文件，刷新页面，效果如图 7-4 所示。

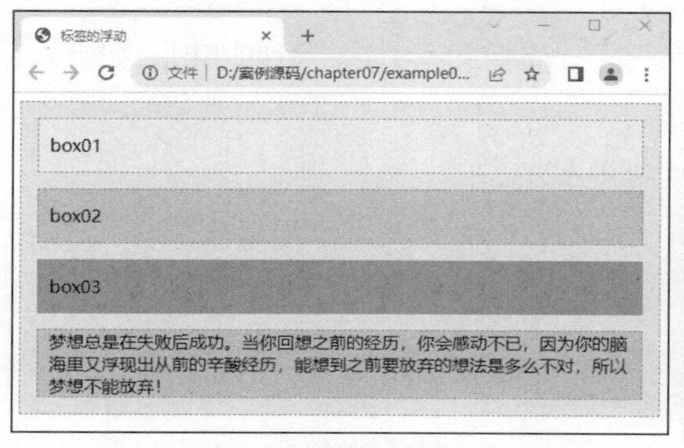

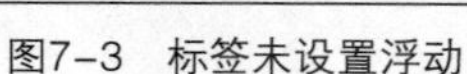
图7-3　标签未设置浮动

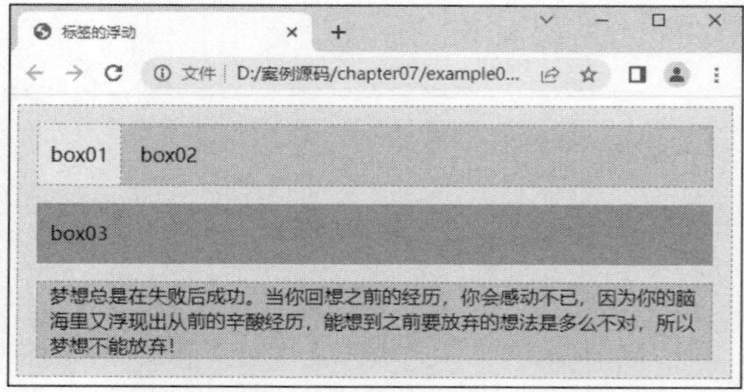

图7-4　box01左浮动效果

通过图 7-4 可以看出，设置左浮动的 box01 漂浮到了 box02 的左侧，也就是说 box01 不再受文档流控制，出现在一个新的层次上。

下面在上述案例的基础上，继续为 box02 设置左浮动，具体 CSS 代码如下：

```
.box01,.box02{                  /*定义 box01、box02 左浮动*/
    float:left;
}
```

保存 HTML 文件，刷新页面，效果如图 7-5 所示。

在图 7-5 中，box01、box02、box03 三个盒子整齐地排列在同一行，可见通过应用“float:left;”样式可以使 box01 和 box02 同时脱离标准文档流的控制向左浮动。

下面在上述案例的基础上，继续为 box03 设置左浮动，具体 CSS 代码如下：

```
.box01,.box02,.box03{           /*定义 box01、box02、box03 左浮动*/
    float:left;
}
```

保存 HTML 文件，刷新页面，效果如图 7-6 所示。

在图 7-6 中，box01、box02、box03 三个盒子排列在同一行，同时，周围的段落文本将环绕盒子，出现了图文混排的效果。

上述案例演示了为元素设置左浮动的效果。需要说明的是，float 的另一个属性值“right”在网页布局时也会经常用到，它与“left”属性值的用法相同但方向相反。应用了“float:right;”

样式的元素将向右侧浮动，初学者要学会举一反三。

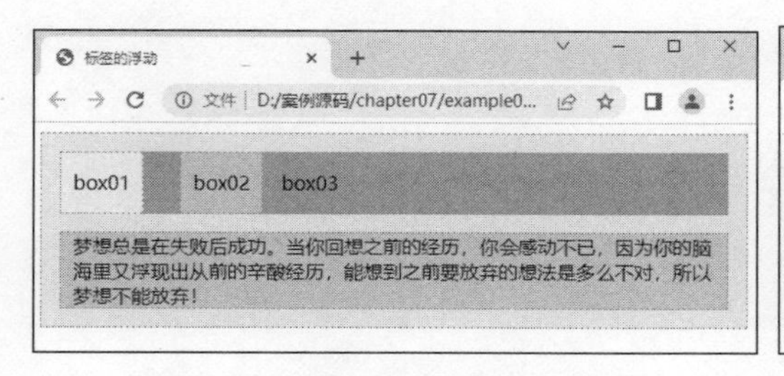

图7-5　box01和box02同时左浮动效果

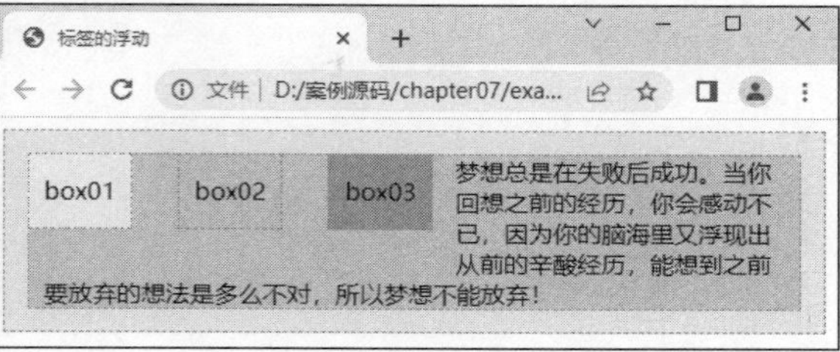

图7-6　box01、box02、box03同时左浮动效果

案例实现

1．结构分析

图 7-2 所示的“世界杯梦幻阵容”主题页面，由世界杯主题和足球明星上下两个部分构成。其中，主题部分的世界杯 LOGO 可以使用<h1>标签定义，主题图片可以通过<div>标签定义。另外，足球明星部分的人物并列排列，可以通过无序列表<ul>进行定义，并在<li>中嵌套<p>标签来控制球星姓名。图 7-2 对应的结构如图 7-7 所示。

图7-7　结构分析

2．样式分析

实现图 7-2 所示样式的思路如下。

① 通过<div>对页面主题部分进行整体控制，需要为其设置宽度、高度和边距样式。

② 分别设置世界杯 LOGO 左浮动，主题内容图片右浮动。

③ 通过<ul>对足球明星部分进行整体控制，并给<li>应用左浮动和右外边距。

④ 设置<p>标签中的文本居中对齐。

3．制作页面结构

根据上面的分析，使用相应的 HTML 标签来搭建网页结构，如例 7-2 所示。

例 7-2　example02.html

```
1  <!doctype html>
2  <html>
3  <head>
4  <meta charset="utf-8">
5  <title>世界杯梦幻阵容</title>
6  </head>
7  <body>
8      <div id="head">
9      <h1>
10     <img src="images/logo.png" width="200px" />
11 </h1>
12 <div class="head_r">
13     <img src="images/title.png" width="320" />
14 </div>
15 </div>
16 <ul id="content">
17     <li>
18             <img src="images/people1.png"  width="150"/>
19 <p>C 罗</p>
20     </li>
21             <li>
22             <img src="images/people2.png"  width="150"/>
23 <p>梅西</p>
24     </li>
25 <li>
26             <img src="images/people3.png"  width="150"/>
27 <p>内马尔</p>
28     </li>
29 <li>
30             <img src="images/people4.png"  width="150"/>
31 <p>里贝里</p>
32     </li>
33 <li>
34             <img src="images/people5.png"  width="150"/>
35 <p>德罗巴</p>
36     </li>
37 </ul>
38 </body>
39 </html>
```

运行例 7-2，效果如图 7-8 所示。

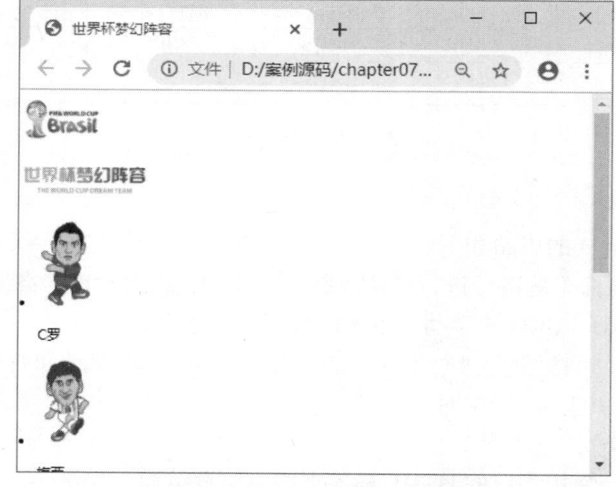

图7-8　HTML结构页面效果图

4. 定义 CSS 样式

搭建完页面的结构后，下面使用 CSS 对页面的样式进行修饰。采用从整体到局部的方式实现图 7–2 所示的效果，具体如下。

（1）定义基础样式

```
/*全局控制*/
body{font-size:12px; color:#333;}
/*重置浏览器的默认样式*/
body,ul,li{ padding:0; margin:0; list-style:none;}
```

（2）控制世界杯主题部分

```
#head{
    width:730px;
    height:150px;
    margin:0 auto;
}
h1{float:left;}          /*设置世界杯 Logo 左浮动*/
.head_r{float:right;}    /*设置主题内容图片右浮动*/
```

（3）控制足球明星部分

```
#content{
    width:800px;
    height:300px;
    margin:0 auto;
}
li{
    float:left;          /*设置每一个列表项左浮动*/
    margin-right:10px;
}
p{text-align:center;}
```

至此，完成图 7–2 所示“世界杯梦幻阵容”主题页面的 CSS 样式部分。刷新例 7–2 实现的页面，效果如图 7–9 所示。

图7–9　CSS控制“世界杯梦幻阵容”效果

7.2 【案例 23】商品专栏

案例描述

由于浮动元素不再占用原文档流中的位置，所以会对页面中其他元素的排版产生影响。如果要避免这种影响，就需要对元素清除浮动。下面将通过清除浮动的方法制作一个“商品专栏”页面，其效果如图 7–10 所示。

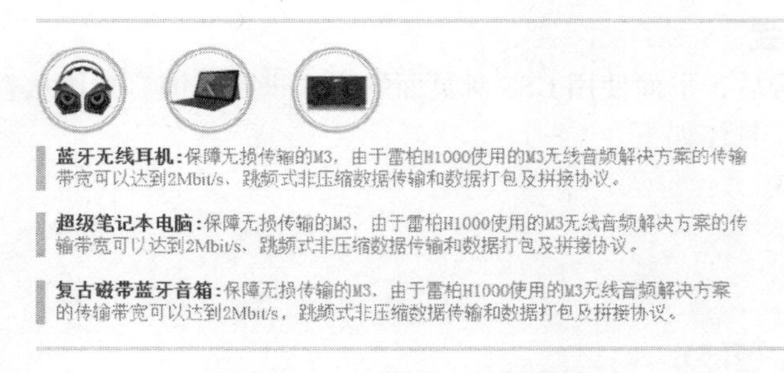

蓝牙无线耳机：保障无损传输的M3，由于雷柏H1000使用的M3无线音频解决方案的传输带宽可以达到2Mbit/s、跳频式非压缩数据传输和数据打包及拼接协议。
超级笔记本电脑：保障无损传输的M3，由于雷柏H1000使用的M3无线音频解决方案的传输带宽可以达到2Mbit/s、跳频式非压缩数据传输和数据打包及拼接协议。
复古磁带蓝牙音箱：保障无损传输的M3，由于雷柏H1000使用的M3无线音频解决方案的传输带宽可以达到2Mbit/s，跳频式非压缩数据传输和数据打包及拼接协议。

图7-10　“商品专栏”效果展示

知识引入

清除浮动

由于浮动标签不再占用原文档流的位置，所以它会对页面中其他标签的排版产生影响。例如，图 7-6 中的段落文本，受到其周围标签浮动的影响，产生了图文混排的效果。这时，如果要避免浮动对段落文本的影响，就需要在<p>标签中清除浮动。在 CSS 中，常用 clear 属性清除浮动。运用 clear 属性清除浮动的基本语法格式如下。

```
选择器{clear:属性值;}
```

上述语法中，clear 的常用属性值有 3 个，具体如表 7-2 所示。

表 7-2　clear 的常用属性值

属性值	描述
left	不允许左侧有浮动标签（清除左侧浮动的影响）
right	不允许右侧有浮动标签（清除右侧浮动的影响）
both	同时清除左右两侧浮动的影响

了解了 clear 属性的 3 个属性值及其含义后，下面通过对例 7-1 中的<p>标签应用 clear 属性，来清除周围浮动标签对段落文本的影响。在<p>标签的 CSS 样式中添加如下代码。

```
clear:left;                    /*清除左浮动*/
```

上面的 CSS 代码用于清除左侧浮动对段落文本的影响。添加“clear:left;”语句后，保存 HTML 文件，刷新页面，效果如图 7-11 所示。

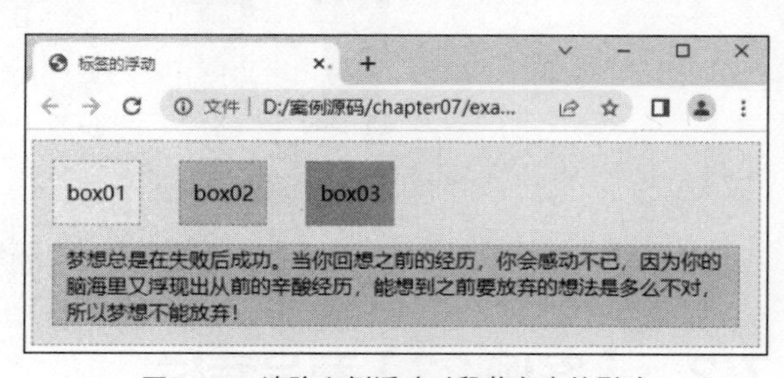

图7-11　清除左侧浮动对段落文本的影响

从图 7-11 可以看出，清除段落文本左侧的浮动后，段落文本会另起一行，位于浮动标签 box01、box02、box03 的下面。

需要注意的是，clear 属性只能清除标签左右两侧浮动的影响。然而在制作网页时，经常会受到一些特殊的浮动影响，例如，对子标签设置浮动时，如果不对其父标签定义高度，则子标签的浮动会对父标签产生影响。下面来看一个例子，具体如例 7-3 所示。

例 7-3　example03.html

```
1  <!doctype html>
2  <html>
3  <head>
```

```
4  <meta charset="utf-8">
5  <title>清除浮动</title>
6  <style type="text/css">
7  .father{                              /*没有给父标签定义高度*/
8      background:#ccc;
9      border:1px dashed #999;
10 }
11 .box01,.box02,.box03{
12     height:50px;
13     line-height:50px;
14     background:#f9c;
15     border:1px dashed #999;
16     margin:15px;
17     padding:0px 10px;
18     float:left;                       /*定义 box01、box02、box03 三个盒子左浮动*/
19 }
20 </style>
21 </head>
22 <body>
23 <div class="father">
24     <div class="box01">box01</div>
25     <div class="box02">box02</div>
26     <div class="box03">box03</div>
27 </div>
28 </body>
29 </html>
```

在例 7–3 中，第 18 行代码为 box01、box02、box03 三个子盒子定义左浮动，第 7~10 行代码用于为父盒子添加样式，但是并未给父盒子设置高度。

运行例 7–3，效果如图 7–12 所示。

图7–12　子标签浮动对父标签的影响

在图 7–12 中，受到子标签浮动的影响，没有设置高度的父标签变成了一条直线，即父标签不能自适应子标签的高度。由于子标签和父标签为嵌套关系，不存在左右位置，所以使用 clear 属性并不能清除子标签浮动对父标签的影响。为了使初学者在以后的工作中能够轻松清除一些特殊的浮动影响，本书总结了常用的 3 种清除浮动的方法，具体介绍如下。

（1）使用空标签清除浮动

在浮动标签之后添加空标签，并对该标签应用“clear:both”样式，可清除标签浮动所产生的影响，这个空标签可以是<div>、<p>、<hr />等任何标签。下面在例 7–3 的基础上，演示使用空标签清除浮动的方法，如例 7–4 所示。

例 7-4　example04.html

```
1  <!doctype html>
2  <html>
3  <head>
4  <meta charset="utf-8">
5  <title>空标签清除浮动</title>
6  <style type="text/css">
7  .father{                              /*不为父标签定义高度*/
8      background:#ccc;
9      border:1px dashed #999;
10 }
11 .box01,.box02,.box03{
12     height:50px;
13     line-height:50px;
14     background:#f9c;
```

```
15      border:1px dashed #999;
16      margin:15px;
17      padding:0px 10px;
18      float:left;                    /*为 box01、box02、box03 三个盒子设置左浮动*/
19 }
20 .box04{ clear:both;}              /*对空标签应用 clear:both;*/
21 </style>
22 </head>
23 <body>
24 <div class="father">
25      <div class="box01">box01</div>
26      <div class="box02">box02</div>
27      <div class="box03">box03</div>
28      <div class="box04"></div><!--在浮动标签后添加空标签-->
29 </div>
30 </body>
31 </html>
```

例 7-4 中，第 28 行代码在浮动标签 box01、box02、box03 之后添加类名为“box04”的空<div>，然后对 box04 应用“clear:both;”样式清除浮动对父标签的影响。

运行例 7-4，效果如图 7-13 所示。

图7-13　空标签清除浮动

在图 7-13 中，父标签又被子标签撑开了，也就是说子标签浮动对父标签的影响已经不存在。需要注意的是，上述方法虽然可以清除浮动，但是增加了毫无意义的结构标签，因此在实际工作中不建议使用。

（2）使用 overflow 属性清除浮动

对标签应用“overflow:hidden;”样式，也可以清除浮动对该标签的影响，这种方式还弥补了空标签清除浮动的不足。下面继续在例 7-3 的基础上，演示使用 overflow 属性清除浮动，如例 7-5 所示。

例 7-5　example05.html

```
1  <!doctype html>
2  <html>
3  <head>
4  <meta charset="utf-8">
5  <title>overflow 属性清除浮动</title>
6  <style type="text/css">
7  .father{                          /*没有给父标签定义高度*/
8       background:#ccc;
9       border:1px dashed #999;
10      overflow:hidden;              /*对父标签应用 overflow:hidden;*/
11 }
12 .box01,.box02,.box03{
13      height:50px;
14      line-height:50px;
15      background:#f9c;
16      border:1px dashed #999;
17      margin:15px;
18      padding:0px 10px;
19      float:left;                   /*定义 box01、box02、box03 三个盒子左浮动*/
20 }
21 </style>
22 </head>
23 <body>
24 <div class="father">
25      <div class="box01">box01</div>
```

```
26      <div class="box02">box02</div>
27      <div class="box03">box03</div>
28 </div>
29 </body>
30 </html>
```

在例 7-5 中，第 10 行代码对父标签应用“overflow:hidden;”样式，来清除子标签浮动对父标签的影响。

运行例 7-5，效果如图 7-14 所示。

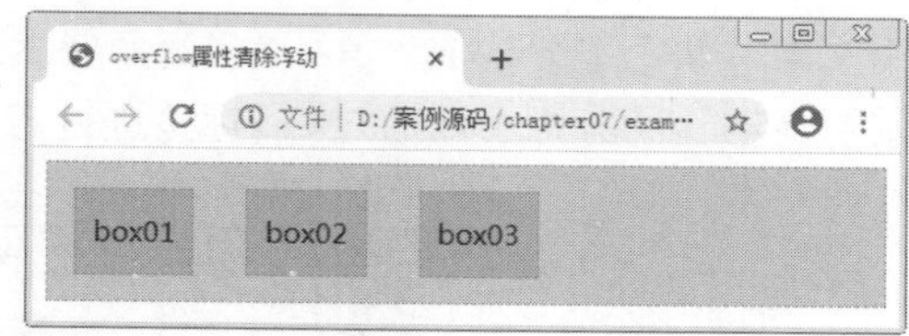

图7-14　overflow属性清除浮动

在图 7-14 中，父标签被子标签撑开了，也就是说子标签浮动对父标签的影响已经不存在。需要注意的是，在使用“overflow:hidden;”样式清除浮动时，一定要将该样式写在被影响的标签中。

（3）使用 after 伪对象清除浮动

使用 after 伪对象也可以清除浮动，但是该方法只适用于 IE8 及以上版本浏览器和其他非 IE 浏览器。使用 after 伪对象清除浮动时有以下注意事项。

- 必须为需要清除浮动的标签伪对象设置“height:0;”样式，否则该标签会比其实际高度高出若干像素。
- 必须在伪对象中设置 content 属性，属性值可以为空，如“content: "";”。

下面通过一个案例演示使用 after 伪对象清除浮动，如例 7-6 所示。

例 7-6　example06.html

```
1  <!doctype html>
2  <html>
3  <head>
4  <meta charset="utf-8">
5  <title>使用 after 伪对象清除浮动</title>
6  <style type="text/css">
7  .father{                              /*没有给父标签定义高度*/
8       background:#ccc;
9       border:1px dashed #999;
10 }
11 .father:after{                        /*对父标签应用 after 伪对象样式*/
12      display:block;
13      clear:both;
14      content:"";
15      visibility:hidden;
16      height:0;
17 }
18 .box01,.box02,.box03{
19      height:50px;
20      line-height:50px;
21      background:#f9c;
22      border:1px dashed #999;
23      margin:15px;
24      padding:0px 10px;
25      float:left;                      /*定义 box01、box02、box03 三个盒子左浮动*/
26 }
27 </style>
28 </head>
29 <body>
30 <div class="father">
31      <div class="box01">box01</div>
32      <div class="box02">box02</div>
33      <div class="box03">box03</div>
34 </div>
35 </body>
36 </html>
```

在例 7-6 中，第 11~17 行代码用于为需要清除浮动的父标签应用 after 伪对象样式。

运行例 7-6，效果如图 7-15 所示。

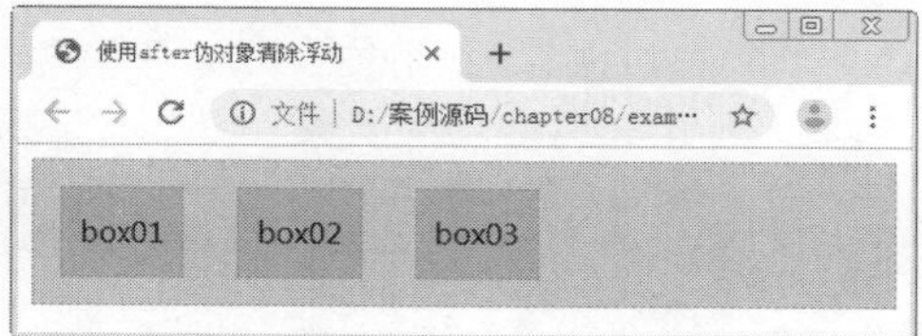

图7-15　使用after伪对象清除浮动

在图 7-15 中，父标签又被子标签撑开了，也就是说子标签浮动对父标签的影响已经不存在。

案例实现

1. 结构分析

图 7-10 所示的“商品专栏”整体上可以看作一个大盒子，由“商品展示图片”和“商品说明文本”两个部分构成。其中，“商品展示图片”部分可以通过 3 个<div>进行定义，而“商品说明文本”部分则可以通过<p>标签进行定义。图 7-10 对应的结构如图 7-16 所示。

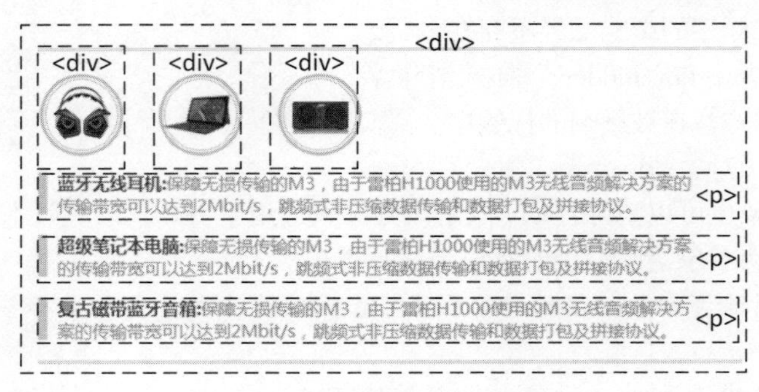

图7-16　结构分析

2. 样式分析

实现图 7-10 所示样式的思路如下。

① 通过最外层的大盒子对页面进行整体控制，需要为其设置宽度、边框和边距等样式。

② 对商品图片所在的 3 个<div>应用左浮动，并设置合适的外边距。

③ 为<p>标签设置宽度、高度和边框样式，并应用边距属性调整文本内容的位置。

④ 清除浮动对段落文本的影响。

3. 制作页面结构

根据上面的分析，使用相应的 HTML 标签来搭建网页结构，如例 7-7 所示。

例 7-7　example07.html

```
 1  <!doctype html>
 2  <html>
 3  <head>
 4  <meta charset="utf-8">
 5  <title>商品专栏</title>
 6  </head>
 7  <body>
 8  <div class="all">
 9  <div class="box">
10      <img src="images/things1.png" />
11  </div>
12  <div class="box">
13      <img src="images/things2.png" />
14  </div>
15  <div class="box">
16      <img src="images/things3.png" />
17  </div>
18  <p>
19      <span>蓝牙无线耳机:</span>保障无损传输的 M3，由于雷柏 H1000 使用的 M3 无线音频解决方案的传输带宽
可以达到 2Mbit/s，跳频式非压缩数据传输和数据打包及拼接协议。
20  </p>
21  <p>
22      <span>超级笔记本电脑:</span>保障无损传输的 M3，由于雷柏 H1000 使用的 M3 无线音频解决方案的传输带
```

```
宽可以达到 2Mbit/s，跳频式非压缩数据传输和数据打包及拼接协议。
23 </p>
24 <p>
25     <span>复古磁带蓝牙音箱:</span>保障无损传输的 M3，由于雷柏 H1000 使用的 M3 无线音频解决方案的传输带宽可以达到 2Mbit/s，跳频式非压缩数据传输和数据打包及拼接协议。
26 </p>
27 </div>
28 </body>
29 </html>
```

运行例 7-7，效果如图 7-17 所示。

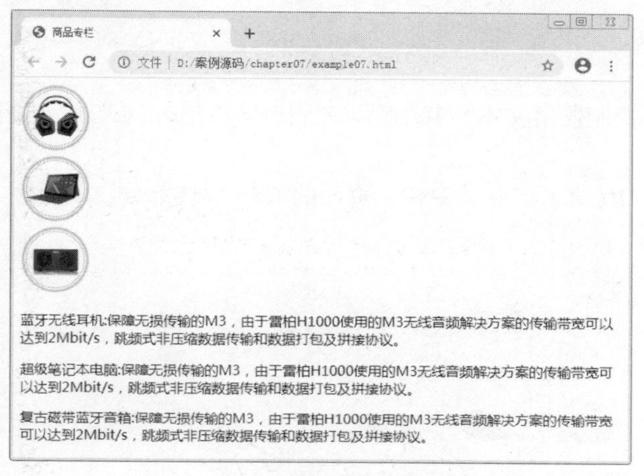

图7-17　HTML结构页面效果图

4. 定义 CSS 样式

搭建完页面的结构后，下面使用 CSS 对页面的样式进行修饰。采用从整体到局部的方式实现图 7-10 所示的效果，具体如下。

（1）定义基础样式

```
/*全局控制*/
body{font-size:16px;}
/*清除浏览器的默认样式*/
body,p,img{padding:0; margin:0; border:0;}
```

（2）整体控制界面

```
1  .all{
2      width:650px;
3      border-top:3px double #ccc;
4      padding-top:20px;
5      border-bottom:3px double #ccc;
6      margin:20px auto;
7  }
```

上面的代码用于对“商品专栏”进行整体控制，其中第 3 行代码和第 5 行代码用于为“商品专栏”设置上、下边框。

（3）控制“商品展示图片”部分

```
1  .box{
2      float:left;
3      margin-right:30px;
4      margin-bottom:10px;
5  }
```

上面的代码用于控制“商品展示图片”部分，其中第 2 行代码“float:left;”用于为商品图片所在的 3 个<div>设置左浮动，使其在同一行显示。

（4）控制“说明文本”部分

```
1  p{
2       width:600px;
3       height:40px;
4       border-left:8px solid #CCC;
5       padding-left:10px;
6       clear:left;/*清除浮动元素的影响*/
7       color:#888;
8       margin-bottom:20px;
9  }
10 span{
11      color:#333;
12      font-weight:bold;
13 }
```

上面的代码用于控制段落文本，其中第 6 行代码“clear:left;”用于清除浮动元素对段落文本的影响。

至此，完成图 7-10 所示“商品专栏”页面的 CSS 样式部分。刷新例 7-7 所实现的页面，效果如图 7-18 所示。

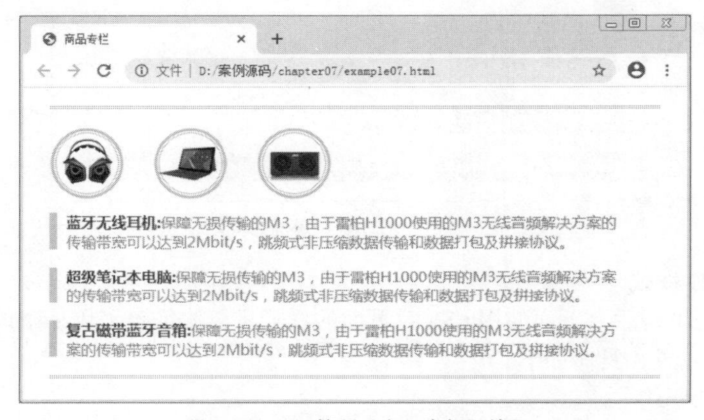

图7-18　CSS控制“商品专栏”效果

7.3 【案例 24】移动端电商界面

案例描述

随着移动互联时代的到来，手机上网已经慢慢融入人们的日常生活中。通过手机不仅可以浏览新闻、网上购物，还可以通信聊天、查询地图等，给人们的生活和工作带来了极大方便。本节将运用 CSS 中的 overflow 属性模拟一款“移动端电商界面”，其效果如图 7-19 所示。

知识引入

overflow 属性

当盒子内的标签超出盒子自身的大小时，内容就会溢出，如图 7-20 所示。

这时如果想要处理溢出内容的显示样式，就需要使用 CSS 的 overflow 属性。overflow 属性用于规定溢出内容的显示状态，其基本语法格式如下。

图7-19　“移动端电商界面”效果展示

overflow属性用于规范元素中溢出内容的显示方式。其常用属性值有visible、hidden、auto和scroll四个，用于定义溢出内容的不同显示方式。overflow属性用于规范元素中溢出内容的显示方式。其常用属性值有visible、hidden、auto和scroll四个，用于定义溢出内容的不同显示方式。overflow属性用于规范元素中溢出内容的显示方式。其常用属性值有visible、hidden、auto和scroll四个，用于定义溢出内容的不同显示方式。

图7-20　内容溢出

```
选择器{overflow:属性值;}
```

在上面的语法中，overflow 的常用属性值有 4 个，具体如表 7-3 所示。

表 7-3　overflow 的常用属性值

属性值	描述
visible	内容不会被修剪，会呈现在标签框之外（默认值）
hidden	溢出内容会被修剪，并且被修剪的内容是不可见的
auto	在需要时产生滚动条，即自适应所要显示的内容
scroll	溢出内容会被修剪，且浏览器会始终显示滚动条

了解了 overflow 属性的几个常用属性值及其含义后，下面通过一个案例来演示它们的具体用法和效果，如例 7-8 所示。

例 7-8　example08.html

```
1  <!doctype html>
2  <html>
3  <head>
4  <meta charset="utf-8">
5  <title>overflow 属性</title>
6  <style type="text/css">
7  div{
8      width:260px;
9      height:176px;
10     background:url(images/bg.png) center center  no-repeat;
11     overflow:visible;    /*溢出内容呈现在标签框之外*/
12 }
13 </style>
14 </head>
15 <body>
16 <div>
17 晨曦浮动着诗意，流水倾泻着悠然。大自然本就是我的乐土。我曾经迷路，被纷扰的世俗淋湿而模糊了双眼。归去来兮！我回归恬淡，每一日便都是晴天。晨曦，从阳光中飘洒而来，唤醒了冬夜的静美和沉睡的花草林木，鸟儿出巢，双双对对唱起欢乐的恋歌，脆声入耳漾心，滑过树梢回荡在闽江两岸。婆娑的垂柳，在晨风中轻舞，恰似你隐约在烟岚中，轻甩长发向我微笑莲步走来。栏杆外的梧桐树傲岸繁茂，紫燕穿梭其间，是不是因为有了凤凰栖息之地呢？
18 </div>
19 </body>
```

```
20 </html>
```

在例 7-8 中，第 11 行代码通过“overflow:visible;”语句，使溢出的内容不会被修剪，呈现在 div 盒子之外。

运行例 7-8，效果如图 7-21 所示。

在图 7-21 中，溢出的内容不会被修剪，呈现在带有背景的 div 盒子之外。

如果希望溢出的内容被修剪，且不可见，可将 overflow 的属性值修改为 hidden。下面在例 7-8 的基础上进行演示，将第 11 行代码更改为如下代码。

```
overflow:hidden;          /*溢出内容被修剪，且不可见*/
```

保存 HTML 文件，刷新页面，效果如图 7-22 所示。

在图 7-22 中，溢出内容会被修剪，并且被修剪的内容是不可见的。

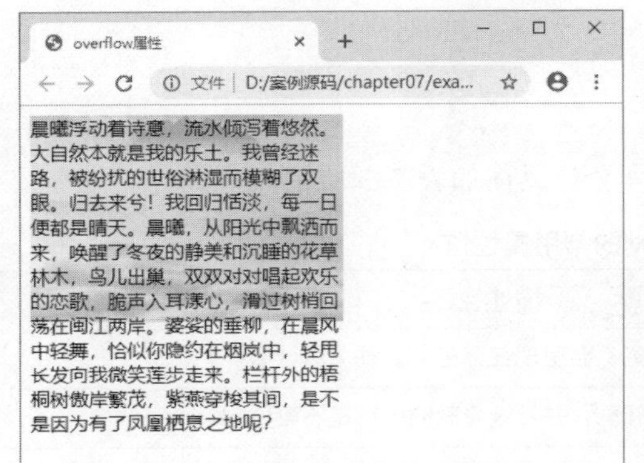

图7-21　“overflow:visible;”效果

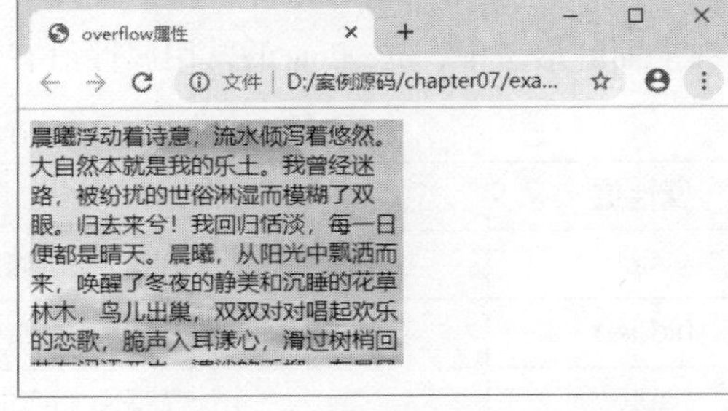

图7-22　“overflow:hidden;”效果

如果希望标签框能够自适应内容，并且在内容溢出时产生滚动条，在内容未溢出时不产生滚动条，可以将 overflow 的属性值设置为 auto。下面继续在例 7-8 的基础上进行演示，将第 11 行代码更改为如下代码。

```
overflow:auto;          /*根据需要产生滚动条*/
```

保存 HTML 文件，刷新页面，效果如图 7-23 所示。

在图 7-23 中，标签框的右侧产生了滚动条，拖动滚动条即可查看溢出的内容。如果将文本内容减少到盒子可全部呈现，那么滚动条会自动消失。

需要说明的是，当定义 overflow 的属性值为 scroll 时，标签框中也会产生滚动条。下面继续在例 7-8 的基础上进行演示，将第 11 行代码更改为如下代码。

```
overflow:scroll;     /*始终显示滚动条*/
```

保存 HTML 文件，刷新页面，效果如图 7-24 所示。

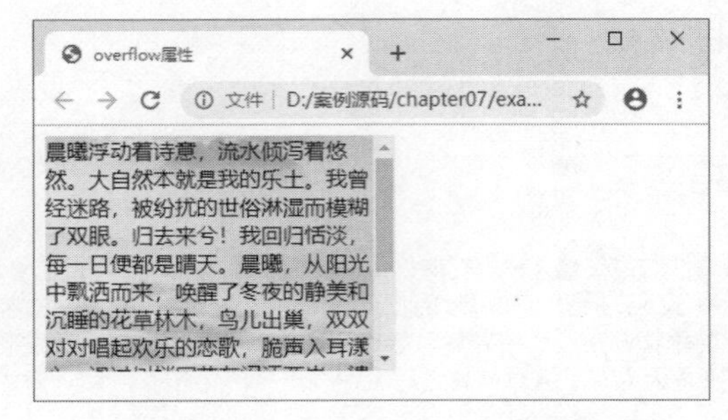

图7-23　“overflow:auto;”效果

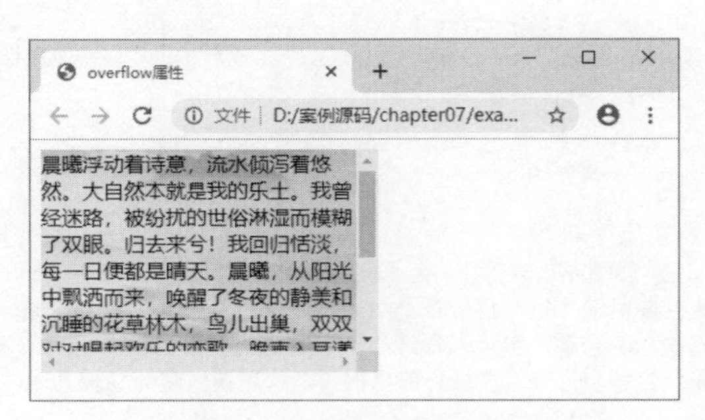

图7-24　“overflow:scroll;”效果

在图 7-24 中，标签框中出现了水平和竖直方向的滚动条。与“overflow: auto;”不同，当定义“overflow: scroll;”时，无论标签是否溢出，标签框中的水平和竖直方向的滚动条都始终存在。

案例实现

1. 结构分析

观察效果图 7-19 可以看出，“移动端电商界面”整体上由一个大盒子控制，使用<div>标签进行定义。其内容显示区域由一个小盒子进行控制，里面的电商界面图片则通过<img />标签来定义。图 7-19 对应的结构如图 7-25 所示。

图7-25　结构分析

2. 样式分析

实现图 7-19 所示样式的思路如下。

① 为最外层的大盒子设置宽度、高度、边距和背景图像。

② 为内容区域的小盒子设置宽度、高度样式，并通过 overflow 属性控制溢出内容的显示方式。

3. 制作页面结构

根据上面的分析，使用相应的 HTML 标签来搭建网页结构，如例 7-9 所示。

例 7-9　example09.html

```
1  <!doctype html>
2  <html>
3  <head>
4  <meta charset="utf-8">
5  <title>移动端电商界面</title>
6  </head>
7  <body>
8  <div class="all">
9  <div class="content">
10 <img src="images/content.png" />
```

```
11 </div>
12 </div>
13 </body>
14 </html>
```

运行例 7-9，效果如图 7-26 所示。

在图 7-26 所示的页面中，图片“content.png”铺满了浏览器界面。这是由于图片“content.png”比较大，且未对其外边盒子的大小和溢出内容进行控制。

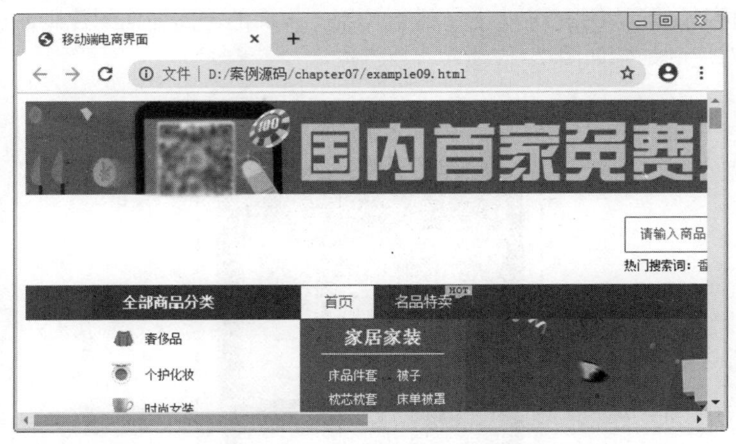

图7-26 HTML结构页面效果图

4. 定义 CSS 样式

搭建完页面的结构后，下面使用 CSS 对页面的样式进行修饰。采用从整体到局部的方式实现图 7-19 所示的效果，具体如下。

（1）定义基础样式

```
/*全局控制*/
body{ font-size:12px;}
/*清除浏览器的默认样式*/
body,img{padding:0; margin:0; border:0;}
```

（2）整体控制界面

```
1 .all{
2     width:346px;
3     height:578px;
4     background:url(images/bg1.png) no-repeat;
5     margin:20px auto;
6     padding:90px 0 0 34px;
7 }
```

上面的代码用于对“移动端电商界面”进行整体控制，其中，第 4 行代码用于将手机外形图像设置为界面背景。

（3）控制内容区域

```
1 .content{
2 width:277px;
3 height:414px;
4 overflow:scroll;        /*控制溢出内容的显示方式*/
5 }
```

上面的代码用于控制“移动端电商界面”的内容区域。其中，第 4 行代码“overflow:scroll;”用于设置溢出内容的显示方式，溢出的内容会被修剪，且元素框中会始终显示滚动条。

至此，完成图 7-19 所示“移动端电商界面”的 CSS 样式部分。刷新例 7-9 实现的页面，效果如图 7-27 所示。

图7-27　CSS控制“移动端电商界面”效果

7.4　【案例 25】违停查询

案例描述

随着城市化进程的推进以及人民生活水平的提高，近几年汽车产业实现了快速发展。但是，汽车在给人们生活带来方便的同时，也带来了很多问题，例如交通拥堵、违章停车等。本节将运用 CSS 中常用的定位方式制作一个“违停查询”界面，其默认效果如图 7-28 所示。当鼠标指针经过某一个“违停坐标”时，其背景图像将会发生变化，图 7-29 为鼠标指针经过第一个“违停坐标”时的效果。

图7-28　“违停查询”界面效果展示

图7-29　鼠标指针经过第一个“违停坐标”效果

知识引入

1. 认识定位属性

制作网页时，如果希望标签内容出现在某个特定的位置，就需要使用定位属性对标签进行精确定位。标签的定位属性主要包括定位模式和边偏移两个部分，下面进行具体介绍如下。

（1）定位模式

在 CSS 中，position 属性用于定义标签的定位模式，使用 position 属性定位标签的基本语法格式如下。

```
选择器{position:属性值;}
```

在上面的语法中，position 的常用属性值有 4 个，分别表示不同的定位模式，具体如表 7-4 所示。

表 7-4 position 的常用属性值

值	描述
static	自动定位（默认定位方式）
relative	相对定位，相对于其原文档流的位置进行定位
absolute	绝对定位，相对于其上一个已经定位的父标签进行定位
fixed	固定定位，相对于浏览器窗口进行定位

（2）边偏移

定位模式（position）仅用于定义标签以哪种方式定位，并不能确定标签的具体位置。在 CSS 中，通过边偏移属性 top、bottom、left 或 right，可以精确定义定位标签的位置，边偏移属性取值为数值或百分比，具体如表 7-5 所示。

表 7-5 边偏移属性

边偏移属性	描述
top	顶端偏移量，定义标签相对于其父标签上边线的距离
bottom	底部偏移量，定义标签相对于其父标签下边线的距离
left	左侧偏移量，定义标签相对于其父标签左边线的距离
right	右侧偏移量，定义标签相对于其父标签右边线的距离

2. 定位类型

标签的定位类型主要包括静态定位、相对定位、绝对定位和固定定位，具体介绍如下。

（1）静态定位

静态定位是标签的默认定位方式，当 position 属性的取值为 static 时，可以将标签定位于静态位置。所谓静态位置就是各标签在 HTML 文档流中默认的位置。

任何标签在默认状态下都会以静态定位来确定自己的位置，所以当没有定义 position 属性时，并不是说明该标签没有自己的位置，它会遵循默认值显示为静态位置。在静态定位状态下，无法通过边偏移属性（top、bottom、left 或 right）来改变标签的位置。

（2）相对定位

相对定位是将标签相对于它在标准文档流中的位置进行定位，当 position 属性的取值为 relative 时，可以对标签进行相对定位。对标签设置相对定位后，可以通过边偏移属性改变标签的位置，但是它在文档流中的位置仍然保留。

为了使初学者更好地理解相对定位，下面通过一个案例来演示对标签设置相对定位的方法和效果，如例 7-10 所示。

例 7-10 example10.html

```
1  <!doctype html>
2  <html>
3  <head>
4  <meta charset="utf-8">
5  <title>标签的定位</title>
```

```
6 <style type="text/css">
7 body{ margin:0px; padding:0px; font-size:18px; font-weight:bold;}
8 .father{
9      margin:10px auto;
10     width:300px;
11     height:300px;
12     padding:10px;
13     background:#ccc;
14     border:1px solid #000;
15 }
16 .child01,.child02,.child03{
17     width:100px;
18     height:50px;
19     line-height:50px;
20     background:#ff0;
21     border:1px solid #000;
22     margin:10px 0px;
23     text-align:center;
24 }
25 .child02{
26     position:relative;          /*相对定位*/
27     left:150px;                 /*距左边线 150px*/
28     top:100px;                  /*距顶部边线 100px*/
29 }
30 </style>
31 </head>
32 <body>
33 <div class="father">
34     <div class="child01">child-01</div>
35     <div class="child02">child-02</div>
36 <div class="child03">child-03</div>
37 </div>
38 </body>
39 </html>
```

在例 7-10 中，第 25~29 行代码用于对 child02 设置相对定位模式，并通过边偏移属性 left 和 top 改变 child02 的位置。

运行例 7-10，效果如图 7-30 所示。

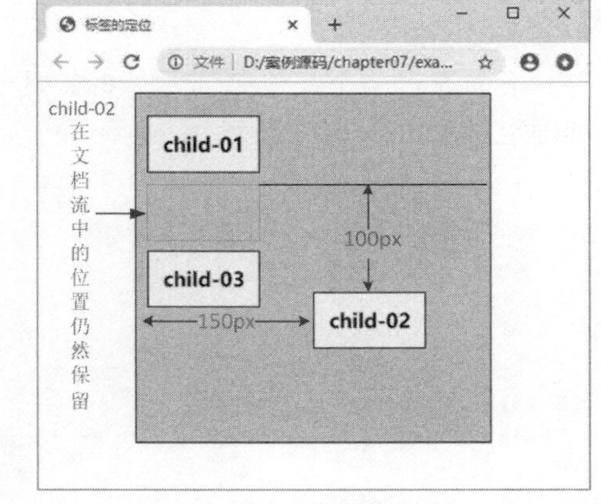

图7-30　相对定位效果

从图 7-30 可以看出，对 child02 设置相对定位后，child02 会相对于其默认位置进行偏移，但是它在文档流中的位置仍然保留。

（3）绝对定位

绝对定位是将标签基于最近的已经定位（绝对、固定或相对定位）的父标签进行定位，若所有父标签都没有定位，设置绝对定位的标签会依据 body 根标签（也可以看作浏览器窗口）进行定位。当 position 属性的取值为 absolute 时，可以将标签的定位模式设置为绝对定位。

为了使初学者更好地理解绝对定位，下面在例 7-10 的基础上，将 child02 的定位模式设置为绝对定位，即将第 25~29 行代码更改为如下代码。

```
.child02{
   position:absolute;         /*绝对定位*/
   left:150px;                /*距左边线 150px*/
   top:100px;                 /*距顶部边线 100px*/
}
```

保存 HTML 文件，刷新页面，效果如图 7-31 所示。

在图 7-31 中，设置为绝对定位的 child02，会依据浏览器窗口进行定位。为 child02 设置绝对定位后，child03 占据了 child02 的位置，也就是说 child02 脱离了标准文档流的控制，同时不再占据标准文档流中的空间。

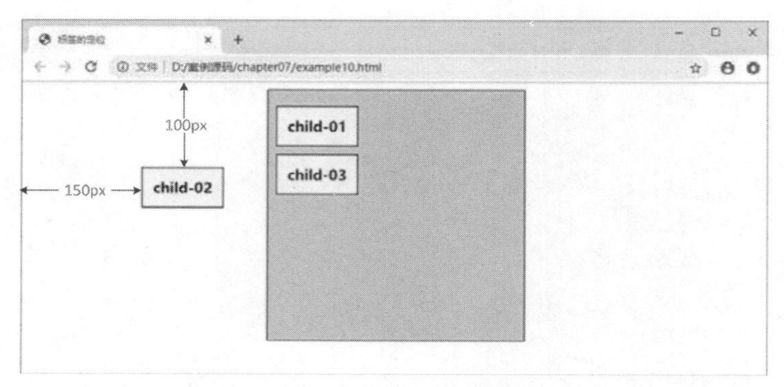

图7-31 绝对定位效果

在上面的案例中，对 child02 设置了绝对定位，当浏览器窗口放大或缩小时，child02 相对于其父标签的位置都将发生变化。图 7-32 为缩小浏览器窗口时的页面效果，很明显 child02 相对于其父标签的位置发生了变化。

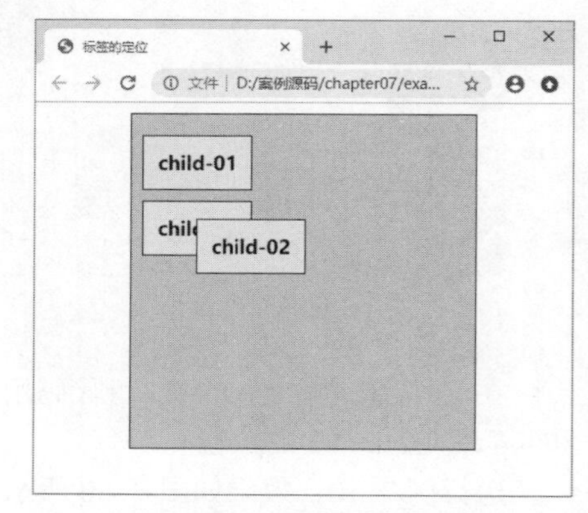

图7-32 缩小浏览器窗口时的页面效果

然而在网页设计中，一般需要子标签相对于其父标签的位置保持不变，也就是让子标签依据其父标签的位置进行绝对定位。

对于上述情况，可以直接将父标签设置为相对定位，但不对其设置偏移量，然后再对子标签应用绝对定位，并通过边偏移属性对其进行精确定位。这样父标签既不会失去其空间，同时还能保证子标签基于父标签准确定位。

下面通过一个案例来演示子标签基于其父标签准确定位，如例 7-11 所示。

例 7-11 example11.html

```
1  <!doctype html>
2  <html>
3  <head>
4  <meta charset="utf-8">
5  <title>子标签相对于父标签定位</title>
6  <style type="text/css">
7  body{ margin:0px; padding:0px; font-size:18px; font-weight:bold;}
8  .father{
9       margin:10px auto;
10      width:300px;
11      height:300px;
12      padding:10px;
13      background:#ccc;
14      border:1px solid #000;
15      position:relative;          /*相对定位，但不设置偏移量*/
16 }
17 .child01,.child02,.child03{
18      width:100px;
19      height:50px;
20      line-height:50px;
21      background:#ff0;
22      border:1px solid #000;
```

```
23     border-radius:50px;
24     margin:10px 0px;
25     text-align:center;
26 }
27 .child02{
28     position:absolute;          /*绝对定位*/
29     left:150px;                /*距左边线 150px*/
30     top:100px;                 /*距顶部边线 100px*/
31 }
32 </style>
33 </head>
34 <body>
35 <div class="father">
36 <div class="child01">child-01</div>
37     <div class="child02">child-02</div>
38 <div class="child03">child-03</div>
39 </div>
40 </body>
41 </html>
```

在例 7-11 中，第 15 行代码用于为父标签设置相对定位，但不为其设置偏移量。第 27~31 行代码用于为子标签 child02 设置绝对定位，并通过偏移属性对其进行精确定位。

运行例 7-11，效果如图 7-33 所示。

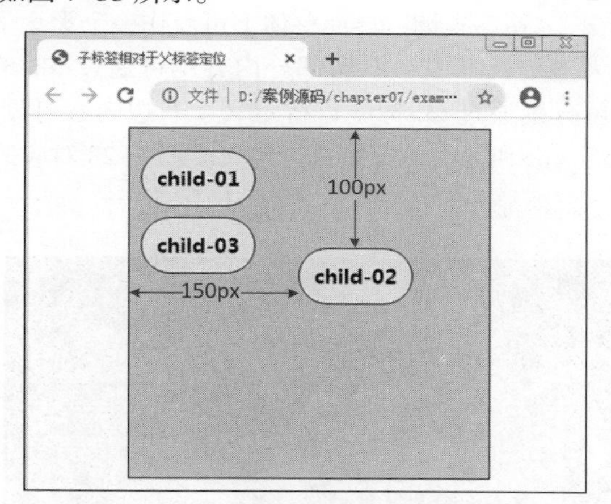

图7-33　子标签相对于父标签绝对定位效果

在图 7-33 中，子标签相对于父标签进行偏移。无论如何缩放浏览器窗口，子标签相对于其父标签的位置都将保持不变。

注意：

① 如果仅为标签设置绝对定位，不设置边偏移，则标签的位置不变，但该标签不再占用标准文档流中的空间，会与上移的后续标签重叠。

② 定义多个边偏移属性时，如果 left 和 right 参数值冲突，以 left 参数值为准；如果 top 和 bottom 参数值冲突，以 top 参数值为准。

（4）固定定位

固定定位是绝对定位的一种特殊形式，它以浏览器窗口作为参照物来定义网页标签。当 position 属性的取值为 fixed 时，即可将标签的定位模式设置为固定定位。

当为标签设置固定定位后，该标签将脱离标准文档流的控制，始终基于浏览器窗口来定义自己的显示位置。不管浏览器滚动条如何滚动，也不管浏览器窗口的大小如何变化，该标签都会始终显示在浏览器窗口的固定位置。

3. z-index 层叠等级属性

当对多个元素同时设置定位时，定位元素之间有可能会发生重叠，如图 7-34 所示。

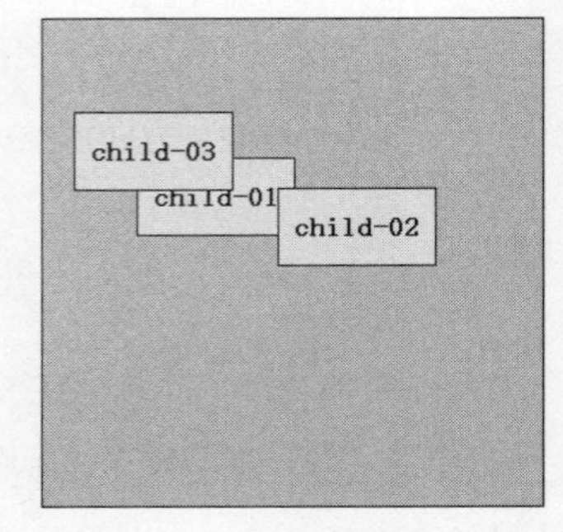

图7-34　定位元素发生重叠

在 CSS 中，要想调整重叠定位元素的堆叠顺序，可以对定位元素应用 z-index 层叠等级属性，其取值可为正整数、负整数和 0。z-index 的默认属性值是 0，取值越大，定位元素在层叠元素中越居上。

注意：

z-index 属性仅对定位元素有效。

案例实现

1. 结构分析

观察图 7-28 可以看出，“违停查询”界面整体上可看作一个大盒子，由左边的地图和右边的内容两个部分构成，大盒子及其左、右两部分内容均可通过<div>标签进行定义。其中，左边 4 个“违停坐标”可分别通过<a>标签进行定义。右边内容可划分为标题、文本和图片 3 个部分，分别使用<h1>、<p>和<img />标签进行定义。图 7-28 对应的结构如图 7-35 所示。

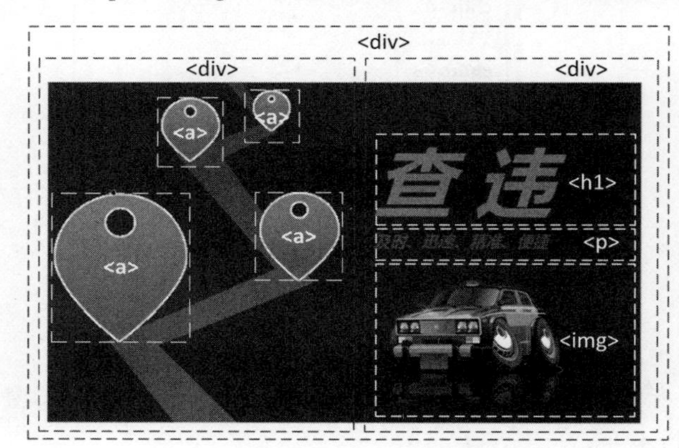

图7-35　结构分析

2. 样式分析

实现图 7-28 所示样式的思路如下。

① 整体控制“违停查询”界面，为最外层的大盒子设置宽度、高度、边距和背景样式。

② 整体控制左边的地图部分，需为其设置宽度、高度和背景样式。另外还需要对其应用“左浮动”及“相对定位”样式。

③ 通过对<a>标签的控制来设置默认的“违停坐标”。

④ 通过链接伪类设置鼠标指针悬浮时“违停坐标”的样式。

⑤ 对右边内容部分所在的盒子应用“右浮动”，并设置其中的文本样式。

3. 制作页面结构

根据上面的分析，使用相应的 HTML 标签来搭建网页结构，如例 7–12 所示。

例 7-12　example12.html

```
1  <!doctype html>
2  <html>
3  <head>
4  <meta charset="utf-8">
5  <title>违停查询</title>
6  </head>
7  <body>
8  <div class="all">
9       <div class="left">
10      <a href="#" class="one"></a>
11 <a href="#" class="two"></a>
12 <a href="#" class="three"></a>
13 <a href="#" class="four"></a>
14 </div>
15 <div class="right">
16      <h2>查违</h2>
17 <p class="txt">及时、迅速、精准、便捷</p>
18 <img src="images/car.png">
19 </div>
20 </div>
21 </body>
22 </html>
```

运行例 7–12，效果如图 7–36 所示。

图7–36　HTML结构页面效果图

4. 定义 CSS 样式

搭建完页面的结构后，下面使用 CSS 对页面进行修饰。采用从整体到局部的方式实现图 7–28 和图 7–29 所示的效果，具体如下。

（1）定义基础样式

```
/*全局控制*/
body{ font-family:"微软雅黑";}
/*重置浏览器的默认样式*/
body,p,h2,img{padding:0; margin:0; border:0;}
/*所有的超链接转换为块元素*/
a{ display:block;}
```

（2）整体控制界面

```
.all{
    width:603px;
    height:400px;
    margin:20px auto;
    background:#1E2D3B;
    padding-right:70px;
}
```

上面的代码用于对“违停查询”界面进行整体控制，其中第 6 行代码“padding-right:70px;”用于为最外层大盒子设置一定的右外边距，这样其右边的内容部分就不会紧贴大盒子边缘。

（3）整体控制左侧地图部分

```
.left{
    width:332px;
    height:400px;
    background:url(images/road.png) no-repeat 70px top;
    float:left;
    position:relative;/*将父元素设置为相对定位*/
}
```

上面的代码用于对左侧的地图部分进行整体控制，其中第 4 行代码用于添加背景图片，第 6 行代码用于将左侧的地图部分设置为“相对定位”。

（4）添加默认的“违停坐标”

```
.one{
    width:158px;
    height:177px;
    background:url(images/icon1.png) no-repeat;
    position:absolute;   /*将子元素设置为绝对定位*/
    left:6px;
    top:130px;
}
.two{
    width:98px;
    height:106px;
    background:url(images/icon3.png) no-repeat;
    position:absolute;   /*将子元素设置为绝对定位*/
    left:233px;
    top:130px;
}
.three{
    width:69px;
    height:78px;
    background:url(images/icon5.png) no-repeat;
    position:absolute;   /*将子元素设置为绝对定位*/
    left:127px;
    top:17px;
}
.four{
    width:45px;
    height:50px;
    background:url(images/icon7.png) no-repeat;
    position:absolute;  /*将子元素设置为绝对定位*/
    left:232px;
    top:8px;
}
```

上面的代码用于添加左侧地图中默认的“违停坐标”，并通过“绝对定位”将各个“违停坐标”定位在适当的位置。

（5）设置鼠标指针移至“违停坐标”时的状态

```
/*鼠标指针悬浮样式*/
.one:hover{ background:url(images/icon2.png) no-repeat;}
.two:hover{ background:url(images/icon4.png) no-repeat;}
.three:hover{ background:url(images/icon6.png) no-repeat;}
.four:hover{ background:url(images/icon8.png) no-repeat;}
```

在上面的代码中，通过链接伪类来实现鼠标指针移至“违停坐标”时其背景图像发生变化的效果。

（6）控制右侧内容部分

```
.right{
    width:224px;
    height:340px;
    padding-top:60px;
    float:right;
    font-style:italic;
```

```
    font-weight:bold;
}
.right h2{
    font-size:88px;
    color:#3f9ade;
}
.right .txt{
    font-size:18px;
    color:#55606b;
    margin-bottom:20px;
}
```

至此，完成图 7-28 所示“违停查询”界面的 CSS 样式部分。引入 CSS 样式，刷新所在的页面，效果如图 7-37 所示。当鼠标指针移至“违停坐标”时，其背景图像会发生变化，如图 7-38 所示。

图7-37　“违停查询”界面CSS样式效果

图7-38　鼠标指针移至“违停坐标”时的效果

7.5 【案例 26】网页布局

案例描述

在网页设计中，如果按照从上到下的默认方式进行排版，网页版面会显得单调、混乱。这时就可以对页面进行布局，将各部分模块有序排列，使网页的版面变得丰富、美观。本节将结合给出的素材，运用浮动和定位的相关知识完成一个三列布局的网页，案例效果如图 7-39 所示。

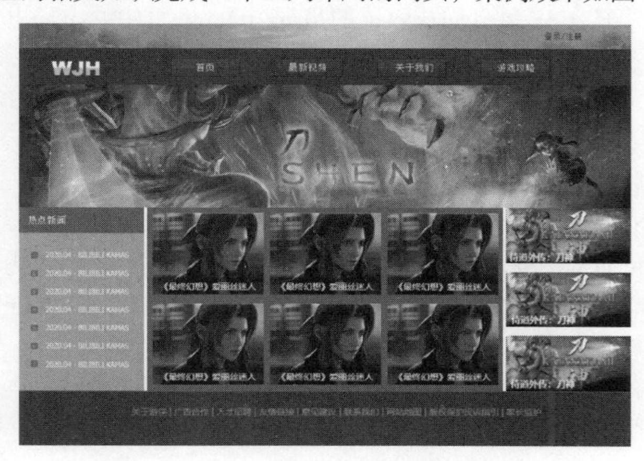

图7-39　“网页布局”效果展示

知识引入

1. 认识布局

读者在阅读报纸时会发现，虽然报纸中的内容很多，但是经过合理的排版，版面依然清晰、易读，例如图 7-40 所示的报纸排版。同样，在制作网页时，也需要对网页进行“排版”。网页的“排版”主要是通过布局来实现的。在网页设计中，布局是指对网页中的模块进行合理的排布，使页面排列清晰、美观易读。

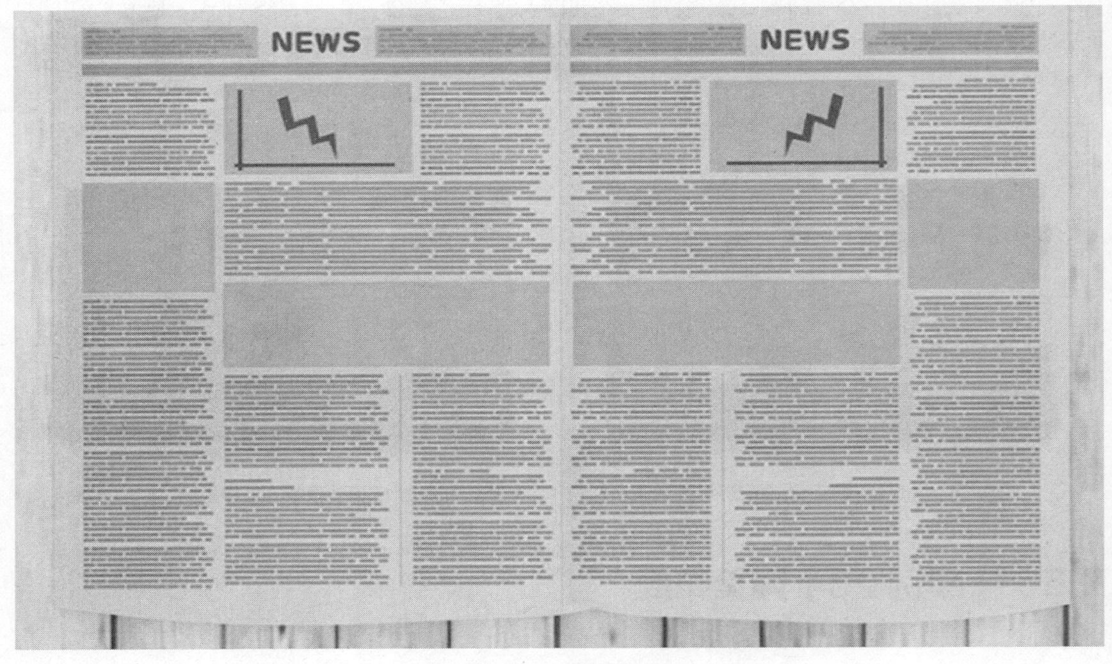

图7-40 报纸排版

网页设计中布局主要依靠 DIV+CSS 技术来实现。说到 DIV 大家肯定非常熟悉，但是在本章它不仅指前面所讲到过的<div>标签，还包括所有能够承载内容的容器标签（例如<p>、<li>等），通过设置浮动和定位属性，对这些容器标签进行排列。在 DIV+CSS 布局技术中，DIV 负责内容区域的分配，CSS 负责样式效果的呈现，因此网页中的布局也常被称作“DIV+CSS”布局。

需要注意的是，为了提高网页制作的效率，布局时通常需要遵循一定的布局流程，具体如下。

（1）确定页面的版心宽度

版心是指页面的有效使用面积，是主要元素以及内容所在的区域，一般在浏览器窗口中水平居中显示。在设计网页时，页面尺寸宽度一般为 1200~1920px。但是为了适配不同分辨率的显示器，一般设计版心宽度为 1000~1200px。例如，屏幕分辨率为 1024 × 768px 的浏览器，在浏览器内有效可视区域宽度为 1000px，所以最好设置版心宽度为 1000px。设计师在设计网站时应尽量适配主流的屏幕分辨率。常见的宽度值为 960px、980px、1000px、1200px 等。图 7-41 为某甜点网站页面的版心和页面宽度。

图7-41 某甜点网站页面的版心示例

（2）分析页面中的模块

在运用 CSS 布局之前，首先要对页面有一个整体的规划，包括页面中有哪些模块，以及模块之间关系（关系分为并列关系和包含关系）。例如，图 7-42 为最简单的页面布局，该页面主要由头部（header）、导航栏（nav）、焦点图（banner）、内容（content）、页面底部（footer）共 5 个部分组成。

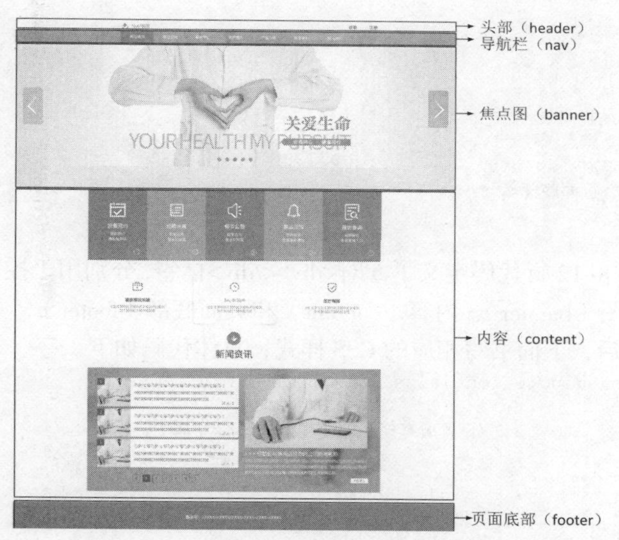

图7-42 页面模块分析

（3）控制网页的各个模块

当分析完页面模块后，就可以运用盒子模型的原理，通过 DIV+CSS 布局来控制网页的各个模块。初学者在制作网页时，一定要养成分析页面布局的习惯，这样可以提高网页制作的效率。

2. 单列布局

单列布局是网页布局的基础，所有复杂的布局都是在此基础上演变而来的。图 7-43 为一个“单列布局”页面的结构示意图。

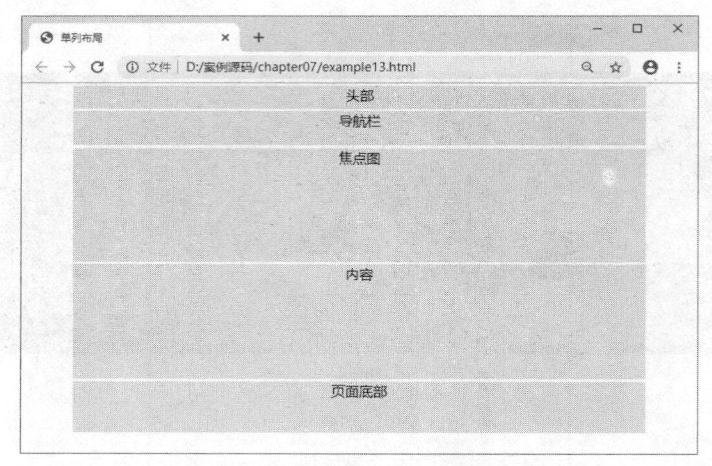

图7-43　“单列布局”页面的结构示意图

从图 7-43 可以看出，单列布局页面从上到下分别为头部、导航栏、焦点图、内容和页面底部，每个模块单独占一行，且宽度与版心相等。

分析完效果图，下面就可以使用相应的 HTML 标签来搭建页面结构，如例 7-13 所示。

例 7-13　example13.html

```
 1 <!doctype html>
 2 <html>
 3 <head>
 4 <meta charset="utf-8">
 5 <title>单列布局</title>
 6 </head>
 7 <body>
 8 <div id="top">头部</div>
 9 <div id="nav">导航栏</div>
10 <div id="banner">焦点图</div>
11 <div id="content">内容</div>
12 <div id="footer">页面底部</div>
13 </body>
14 </html>
```

在例 7-13 中，第 8~12 行代码定义了 5 对<div></div>标签，分别用于控制页面的头部（top）、导航栏（nav）、焦点图（banner）、内容（content）和页面底部（footer）。

搭建完页面结构后，下面书写相应的 CSS 样式，具体代码如下。

```
 1 body{margin:0; padding:0;font-size:24px;text-align:center;}
 2 div{
 3     width:980px;          /*设置所有模块的宽度为 980px、居中显示*/
 4     margin:5px auto;
 5     background:#D2EBFF;
 6 }
 7 #top{height:40px;}       /*分别设置各模块的高度*/
 8 #nav{height:60px;}
 9 #banner{height:200px;}
10 #content{height:200px;}
11 #footer{height:90px;}
```

在上面的 CSS 代码中，第 4 行代码对<div>定义了“margin:5px auto;”样式，该样式表示盒子在浏览器中水平居中，且上下外边距均为 5px。通过“margin:5px auto;”样式既可以使盒子水平居中，又可以使各个盒子之间在垂直方向上有一定的间距。需要说明的是，通常给标签定义 id 或者类名时，都会遵循一些常用的命名规范，具体请参照“网页模块命名规范”小节。

3. 两列布局

单列布局虽然统一、有序，但常常会让人觉得呆板。所以在实际网页制作过程中，通常使用另一种布局方式——两列布局。两列布局和单列布局类似，只是网页内容被分为了左右两个部分，通过这样的分割，打破了单列布局的呆板，让页面看起来更加活跃。图 7-44 为一个“两列布局”页面的结构示意图。

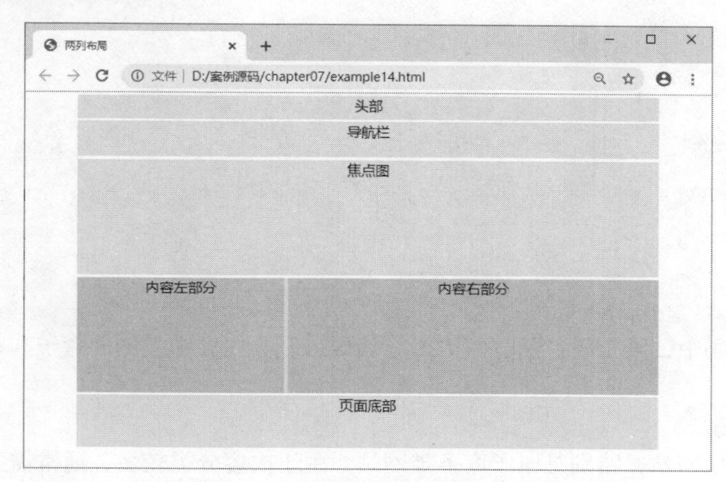

图7-44 “两列布局”页面的结构示意图

在图 7-44 中，内容模块被分为了左右两个部分，实现这一效果的关键是在内容模块所在的大盒子中嵌套两个小盒子，然后对两个小盒子分别设置浮动。

分析完效果图后，下面使用相应的 HTML 标签搭建页面结构，如例 7-14 所示。

例 7-14 example14.html

```
1  <!doctype html>
2  <html>
3  <head>
4  <meta charset="utf-8">
5  <title>两列布局</title>
6  </head>
7  <body>
8  <div id="top">头部</div>
9  <div id="nav">导航栏</div>
10 <div id="banner">焦点图</div>
11 <div id="content">
12     <div class="content_left">内容左部分</div>
13     <div class="content_right">内容右部分</div>
14 </div>
15 <div id="footer">页面底部</div>
16 </body>
17 </html>
```

例 7-14 与例 7-13 的大部分代码相同，不同之处在于，例 7-14 中主体内容所在的盒子中嵌套了类名为“content_left”和“content_right”的两个小盒子，如第 11~14 行代码所示。

搭建完页面结构后，下面书写相应的 CSS 样式。由于网页的内容模块被分为了左右两个部分，所以，只需在例 7-13 样式的基础上，单独控制 class 为“content_left”和“content_right”的两个小盒子的样式即可，具体代码如下。

```
1  body{margin:0; padding:0;font-size:24px;text-align:center;}
2  div{
3      width:980px;           /*设置所有模块的宽度为 980px、居中显示*/
4      margin:5px auto;
```

```
5      background:#D2EBFF;
6  }
7  #top{height:40px;}        /*分别设置各模块的高度*/
8  #nav{height:60px;}
9  #banner{height:200px;}
10 #content{height:200px;}
11 .content_left{            /*左侧内容左浮动*/
12       width:350px;
13       height:200px;
14       background-color:#CCC;
15       float:left;
16       margin:0;
17 }
18 .content_right{           /*右侧内容右浮动*/
19      width:625px;
20      height:200px;
21      background-color:#CCC;
22      float:right;
23      margin:0;
24 }
25 #footer{height:90px;}
```

在上面的代码中，第 15 行代码和第 22 行代码分别为内容中左侧的盒子和右侧的盒子设置了浮动。

4. 三列布局

对于一些大型网站，特别是电子商务类网站，由于内容分类较多，通常需要采用“三列布局”的页面布局方式。其实，这种布局方式是两列布局的演变，只是将主体内容分成了左、中、右 3 个部分。图 7-45 为一个“三列布局”页面的结构示意图。

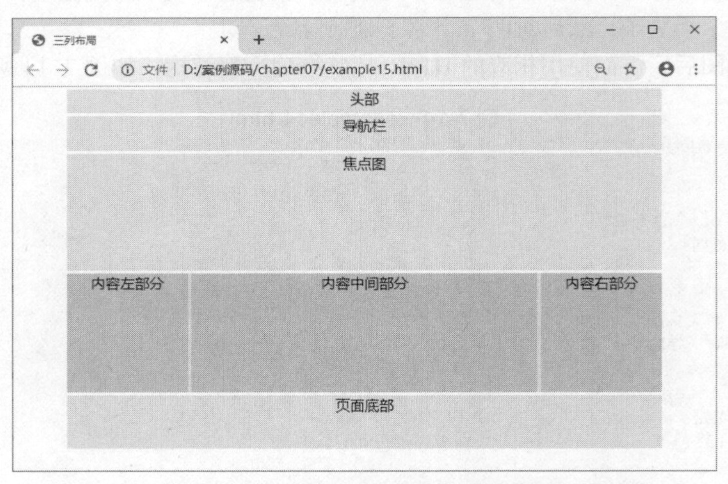

图7-45 “三列布局”页面的结构示意图

在图 7-45 中，内容模块被分为了左中右 3 个部分，实现这一效果的关键是在内容模块所在的大盒子中嵌套 3 个小盒子，然后对 3 个小盒子分别设置浮动。

下面使用相应的 HTML 标签搭建页面结构，如例 7-15 所示。

例 7-15 example15.html

```
1  <!doctype html>
2  <html>
3  <head>
4  <meta charset="utf-8">
5  <title>三列布局</title>
6  </head>
```

```
7  <body>
8  <div id="top">头部</div>
9  <div id="nav">导航栏</div>
10 <div id="banner">焦点图</div>
11 <div id="content">
12 <div class="content_left">内容左部分</div>
13 <div class="content_middle">内容中间部分</div>
14 <div class="content_right">内容右部分</div>
15 </div>
16 <div id="footer">页面底部</div>
17 </body>
18 </html>
```

与例 7-14 对比，本案例的不同之处在于主体内容所在的盒子中增加了类名为“content_middle”的小盒子（第 13 行代码所示）。

搭建完页面结构后，下面书写相应的 CSS 样式。由于内容模块被分为了左中右 3 个部分，所以，只需在例 7-14 样式的基础上，单独控制类名为“content_middle”的小盒子的样式即可，具体代码如下。

```
1  body{margin:0; padding:0;font-size:24px;text-align:center;}
2  div{
3       width:980px;          /*设置所有模块的宽度为 980px、居中显示*/
4       margin:5px auto;
5       background:#D2EBFF;
6  }
7  #top{height:40px;}        /*分别设置各模块的高度*/
8  #nav{height:60px;}
9  #banner{height:200px;}
10 #content{height:200px;}
11 .content_left{                               /*左侧内容左浮动*/
12      width:200px;
13      height:200px;
14      background-color:#CCC;
15     float:left;
16      margin:0;
17 }
18 .content_middle{                             /*中间内容左浮动*/
19      width:570px;
20      height:200px;
21      background-color:#CCC;
22      float:left;
23      margin:0 0 0 5px;
24 }
25 .content_right{                              /*右侧内容右浮动*/
26      width:200px;
27      background-color:#CCC;
28      float:right;
29      height:200px;
30      margin:0;
31 }
32 #footer{height:90px;}
```

本案例的核心在于如何分配左、中、右 3 个盒子的位置。在案例中将类名为“content_left”和“content_middle”的盒子设置为左浮动，类名为“content_right”的盒子设置右浮动，通过 margin 属性设置盒子之间的间隙。

需要说明的是，无论布局类型是单列布局、两列布局或者多列布局，为了网站的美观，网页中的一些模块，例如头部、导航栏、焦点图或页面底部的版权等经常需要通栏显示。将模块设置为通栏后，无论页面放大或缩小，该模块都将横铺于浏览器窗口中。图 7-46 为一个应用“通栏布局”页面的结构示意图。

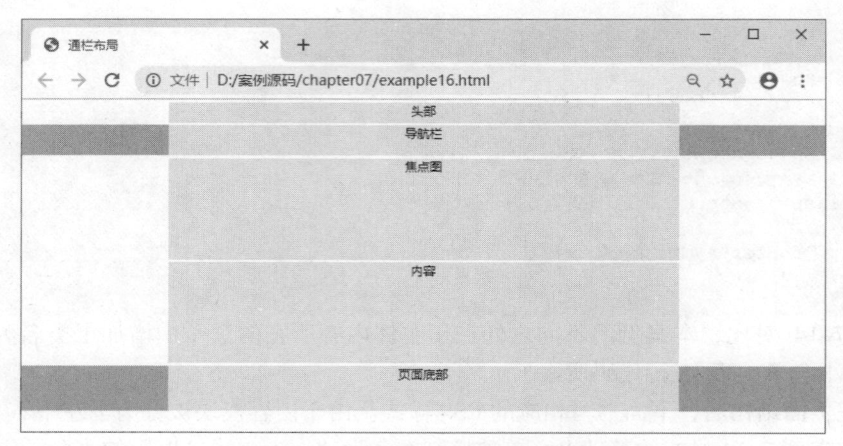

图7-46 “通栏布局”页面的结构示意图

在图 7-46 中，导航栏和页面底部均为通栏模块，它们将始终横铺于浏览器窗口中。通栏布局的关键是在相应模块的外面添加一层 div，并且将外层 div 的宽度设置为 100%。

下面通过一个案例来演示通栏布局的设置技巧，如例 7-16 所示。

例 7-16 example16.html

```
1  <!doctype html>
2  <html>
3  <head>
4  <meta charset="utf-8">
5  <title>通栏布局</title>
6  </head>
7  <body>
8  <div id="top">头部</div>
9  <div id="topbar">
10     <div class="nav">导航栏</div>
11 </div>
12 <div id="banner">焦点图</div>
13 <div id="content">内容</div>
14 <div id="footer">
15     <div class="inner">页面底部</div>
16 </div>
17 </body>
18 </html>
```

在例 7-16 中，第 9~11 行代码定义了类名为“topbar”的一对<div></div>，用于将导航栏模块设置为通栏。第 14~16 行代码定义了一对类名为“footer”的<div></div>，用于将页面底部设置为通栏。

搭建完页面结构后，下面书写相应的 CSS 样式，具体代码如下。

```
1  body{margin:0; padding:0;font-size:24px;text-align:center;}
2  div{
3      width:980px;          /*设置所有模块的宽度为 980px、居中显示*/
4      margin:5px auto;
5      background:#D2EBFF;
6  }
7  #top{height:40px;}        /*分别设置各模块的高度*/
8  #topbar{                  /*通栏显示宽度为 100%，此盒子为 nav 导航栏盒子的父盒子*/
9      width:100%;
10     height:60px;
11     background-color:#3CF;
12 }
13 .nav{height:60px;}
14 #banner{height:200px;}
```

```
15 #content{height:200px;}
16 .inner{height:90px;}
17 #footer{              /*通栏显示宽度为100%，此盒子为inner盒子的父盒子*/
18     width:100%;
19     height:90px;
20     background-color:#3CF;
21 }
```

在上面的CSS代码中，第8~12行代码和第17~21行代码分别用于将“topbar”和“footer”两个父盒子的宽度设置为100%。

需要注意的是，前面所讲的几种布局是网页中的基本布局。在实际工作中，通常需要综合运用这几种基本布局，实现多行多列的布局样式。

注意：

初学者在制作网页时，一定要养成实时测试页面的好习惯，避免完成页面的制作后，出现难以调试的bug或兼容性问题。

5. 网页模块命名规范

网页模块的命名，看似无足轻重，但如果没有统一的命名规范进行必要约束，就会使整个网站的后续工作很难进行。因此网页模块命名规范非常重要，需要引起初学者的足够重视。通常网页模块的命名需要遵循以下几个原则。

- 避免使用中文字符命名（例如id="导航栏"）。
- 不能以数字开头命名（例如id="1nav"）。
- 不能占用关键字（例如id="h3"）。
- 用最少的字母表达最容易理解的意义。

在网页中，常用的命名方式有“驼峰式命名”和“帕斯卡命名”两种，对它们的具体解释如下。

- 驼峰式命名：除了第一个单词外其余单词首字母都要大写，例如partOne。
- 帕斯卡命名：单词之间用“_”连接，例如content_one。

了解了命名原则和命名方式后，下面为列举网页中常用命名，具体如表7-6所示。

表7-6 网页中常用命名

相关模块	命名	相关模块	命名
头部	header	内容	content/container
导航栏	nav	尾	footer
侧栏	sidebar	栏目	column
左边、右边、中间	left right center	登录条	loginbar
标志	logo	广告	banner
页面主体	main	热点	hot
新闻	news	下载	download
子导航	subnav	菜单	menu
子菜单	submenu	搜索	search
友情链接	frIEndlink	版权	copyright
滚动	scroll	标签页	tab
文章列表	list	提示信息	msg

（续表）

相关模块	命名	相关模块	命名
小技巧	tips	栏目标题	title
加入	joinus	指南	guild
服务	service	注册	regsiter
状态	status	投票	vote
合作伙伴	partner		
CSS 文件	**命名**	**CSS 文件**	**命名**
主要样式	master	基本样式	base
模块样式	module	版面样式	layout
主题	themes	专栏	columns
文字	font	表单	forms
打印	print		

案例实现

1. 结构分析

观察图 7-39 可以看出，该网页是一个标准的“三列布局”页面，包括头部、导航栏、焦点图、内容和页面底部共 5 个主要模块，其中内容部分又分为左、中、右 3 个部分。这些模块均可以使用<div>标签进行定义。图 7-39 对应的结构如图 7-47 所示。

图7-47　结构分析

2. 样式分析

实现图 7-39 所示样式的思路如下。

① 定义页面版心，通过一个大的<div>来定义页面版心，版心宽度为 980px，并通过“margin:0 auto;”居中显示。

② 在版心中嵌套 div 盒子，定义页面的主要模块。

③ 在内容部分嵌套 div 盒子，通过浮动将内容分为 3 个部分。

3. 制作页面结构

根据上面的分析，使用相应的 HTML 标签来搭建网页结构，如例 7-17 所示。

例 7-17　example17.html

```
1  <!doctype html>
2  <html>
```

```
3  <head>
4  <meta charset="utf-8">
5  <title>网页布局</title>
6  </head>
7  <body>
8  <div id="top"></div>
9  <div id="nav"></div>
10 <div id="banner"></div>
11 <div id="content">
12 <div class="content_left"></div>
13 <div class="content_middle"></div>
14 <div class="content_right"></div>
15 </div>
16 <div id="footer"></div>
17 </body>
18 </html>
```

运行例 7–17，此时页面不会显示任何效果。

4. 定义 CSS 样式

搭建完页面的结构后，下面使用 CSS 对页面进行修饰，具体代码如下。

```
body{margin:0; padding:0;}
div{
    width:980px;           /*设置所有模块的宽度为 980px、居中显示*/
    margin:0 auto;
}
#top{height:40px; background:url(images/top.jpg)}       /*分别设置各模块的高度*/
#nav{height:60px; background:url(images/nav.jpg)}
#banner{height:200px; background:url(images/banner.jpg)}
#content{height:300px; }
.content_left{                                  /*左侧内容左浮动*/
    width:200px;
    height:300px;
    background-color:#CCC;
    float:left;
    margin:0;
    background:url(images/content_left.jpg)
}
.content_middle{                                /*中间内容左浮动*/
    width:570px;
    height:300px;
    background-color:#CCC;
    float:left;
    margin:0 0 0 5px;
    background:url(images/content_middle.jpg)
}
.content_right{                                 /*右侧内容右浮动*/
    width:200px;
    background-color:#CCC;
    float:right;
    height:300px;
    margin:0;
    background:url(images/content_right.jpg)
}
#footer{
    height:90px;
    background:url(images/footer.jpg)
}
```

将上述 CSS 代码嵌入到页面结构中，保存文件，刷新例 7–17 所在页面，效果如图 7–48 所示。

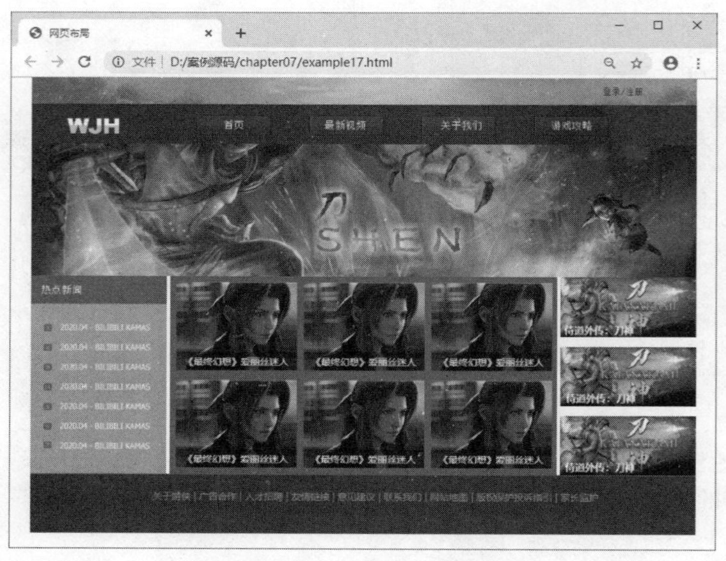

图7-48 “网页布局”CSS样式效果

7.6 动手实践

学习完前面的内容，下面来动手实践一下吧。

请结合给出的素材，运用元素的浮动和定位实现图 7-49 所示的“焦点图”效果。

图7-49 “焦点图”效果展示

第8章 全新的网页视听技术

学习目标

★ 掌握HTML5中音频、视频的嵌入方法，并能够应用到网页制作中。

★ 理解过渡属性，能够控制过渡时间、动画快慢等常见过渡效果。

★ 掌握变形属性，能够制作2D变形、3D变形效果。

★ 掌握动画设置方法，能够熟练制作网页中常见的动画效果。

在网络飞速发展的今天，互动、互联、互通的网页多媒体新生态正在形成。声音、视频、动画已经被越来越广泛地应用到网页设计中。比起静态的图片和文字，音频、视频、动画可以为用户提供更直观、丰富的信息，为浏览者带来全新的感受。本章将对网页中的音频、视频、动画等视听技术做详细讲解。

8.1 【案例27】电影播放界面

案例描述

伴随互联网的发展和传统影视公司的介入，网络电影也飞速发展起来。网络电影摒弃了传统的电影胶片，将数媒技术和网页技术完美地结合起来，给我们耳目一新的体验。本节将运用网页中视频标签制作一个简单的“电影播放界面”，案例效果如图8-1所示。

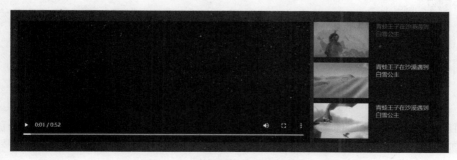

图8-1 “电影播放界面”效果展示

知识引入

1. 音频和视频嵌入技术概述

在全新的视频、音频标签出现之前，W3C 并没有视频和音频嵌入到页面的标准方式，音频、视频内容在大多数情况下都是通过第三方插件或浏览器的应用程序嵌入到页面中的。例如，可以运用 Adobe 的 FlashPlayer 插件将视频和音频嵌入到网页中。图 8-2 为网页中 FlashPlayer 插件的标志。

图8-2 FlashPlayer插件的标志

通过插件或浏览器的应用程序嵌入音频和视频，这种方式不仅需要借助第三方插件，而且实现的代码复杂冗长，图 8-3 为运用插件方式嵌入视频代码的截图。

```
1  <!DOCTYPE html PUBLIC "-//W3C//DTD XHTML 1.0 Transitional//EN"
   "http://www.w3.org/TR/xhtml1/DTD/xhtml1-transitional.dtd">
2  <html xmlns="http://www.w3.org/1999/xhtml">
3  <head>
4  <meta http-equiv="Content-Type" content="text/html; charset=utf-8" />
5  <title>插入视频文件</title>
6  <script src="Scripts/swfobject_modified.js" type="text/javascript"></script>
7  </head>
8  <body>
9  <object classid="clsid:D27CDB6E-AE6D-11cf-96B8-444553540000" width="600" height=
   "256" id="FLVPlayer">
10   <param name="movie" value="FLVPlayer_Progressive.swf" />
11   <param name="quality" value="high" />
12   <param name="wmode" value="opaque" />
13   <param name="scale" value="noscale" />
14   <param name="salign" value="lt" />
15   <param name="FlashVars" value=
   "&amp;MM_ComponentVersion=1&amp;skinName=Clear_Skin_1&amp;streamName=video/pian&amp;
   autoPlay=true&amp;autoRewind=false" />
16   <param name="swfversion" value="8,0,0,0" />
17   <!-- 此 param 标签提示使用 Flash Player 6.0 r65 和更高版本的用户下载最新版本的
   Flash Player。如果您不想让用户看到该提示，请将其删除。 -->
18   <param name="expressinstall" value="Scripts/expressInstall.swf" />
19   <!-- 下一个对象标签用于非 IE 浏览器。所以使用 IECC 将其从 IE 隐藏。 -->
20   <!--[if !IE]>-->
```

图8-3 嵌入视频的脚本代码

从图 8-3 所示的视频嵌入代码截图可以看出，该代码不仅包含 HTML 代码，还包含 JavaScript 代码，整体代码复杂冗长，不利于初学者学习和掌握。那么该如何化繁为简呢？可以运用 HTML5 中新增的<video>标签和<audio>标签来嵌入视频或音频。例如，图 8-4 所示的示例代码就是使用<video>标签嵌入视频的代码，在这段代码中仅需要 1 行代码就可以实现视频的嵌入，让网页的代码结构变得清晰简单。

```
1  <!doctype html>
2  <html>
3  <head>
4  <meta charset="utf-8">
5  <title>在HTML5中嵌入视频</title>
6  </head>
7  <body>
8  <video src="video/pian.mp4" controls="controls">浏览器不支持video标签</video>
9  </body>
10 </html>
```

图8-4 <video>标签嵌入视频

在 HTML5 提供的标签中，<video>标签用于为页面添加视频，<audio>标签用于为页面添加音频。到目前为止，绝大多数的浏览器已经支持 HTML5 中的<video>标签和<audio>标签。各浏览器的支持情况如表 8-1 所示。

表 8-1 各浏览器对<video>和<audio>的支持情况

浏览器	支持版本
IE	9.0 及以上版本
Firefox（火狐浏览器）	3.5 及以上版本
Opera（欧朋浏览器）	10.5 及以上版本
Chrome（谷歌浏览器）	3.0 及以上版本
Safari（苹果浏览器）	3.2 及以上版本

表 8-1 列举了各主流浏览器对<video>和<audio>标签的支持情况。需要注意的是，在不同的浏览器上运用<video>或<audio>标签时，浏览器显示音频、视频界面的样式也略有不同。图 8-5 和图 8-6 分别为视频在 Firefox 浏览器和 Chrome 浏览器中显示的样式。

图8-5 Firefox浏览器视频播放效果

图8-6 Chrome浏览器视频播放效果

对比图 8-5 和图 8-6 可以发现，同样的视频文件在不同的浏览器中，其播放控件的显示样式却不同。例如，调整音量的按钮、全屏播放按钮等。控件显示不同样式是因为每个浏览器对内置视频控件样式的定义不同。

2. 嵌入视频

在 HTML5 中，<video>标签用于定义视频文件，它支持 3 种视频格式，分别为 OGG、WEBM 和 MPEG4。使用<video>标签嵌入视频的基本语法格式如下：

```
<video src="视频文件路径" controls="controls"></video>
```

在上面的语法格式中，src 属性用于设置视频文件的路径，controls 属性用于控制是否显示播放控件，这两个属性是<video>标签的基本属性。需要说明的是，在<video>和</video>之间还可以插入文字，当浏览器不支持<video>标签时，就会在浏览器中显示该文字。

了解了定义视频的基本语法格式后，下面通过一个案例来演示嵌入视频的方法，如例 8-1 所示。

例 8-1 example01.html

```
1  <!doctype html>
2  <html>
3  <head>
4  <meta charset="utf-8">
5  <title>在 HTML5 中嵌入视频</title>
6  </head>
7  <body>
8  <video src="video/pian.mp4" controls="controls">浏览器不支持 video 标签</video>
9  </body>
10 </html>
```

在例 8-1 中，第 8 行代码使用<video>标签来定义视频文件。

运行例 8-1，效果如图 8-7 所示。

图 8-7 显示的是视频未播放的状态，视频界面底部是浏览器默认添加的视频控件，用于控

制视频播放的状态，当单击“▶”按钮时，网页就会播放视频，如图 8-8 所示。

图8-7　嵌入视频　　　　图8-8　播放视频

需要说明的是，还可以在<video>标签中添加其他属性，从而进一步优化视频的播放效果，具体如表 8-2 所示。

表 8-2　<video>标签的常见属性

属性	值	描述
autoplay	autoplay	当页面载入完成后自动播放视频
loop	loop	视频结束时重新开始播放
preload	auto/meta/none	如果出现该属性，则视频在页面加载时进行加载，并预备播放；如果使用 "autoplay"，则忽略该属性
poster	url	当视频缓冲不足时，该属性值链接一个图像，并将该图像按照一定的比例显示出来

了解了表 8-2 所示的<video>标签属性后，下面在例 8-1 的基础上，对<video>标签应用新属性，进一步优化视频播放效果，修改后的代码如下：

```
<video src="video/pian.mp4" controls="controls" autoplay="autoplay" loop="loop">浏览器不支持
video 标签</video>
```

在上面的代码中，为<video>标签增加了“autoplay="autoplay"”和“loop="loop"”两个样式。其中，“autoplay="autoplay"”可以让视频自动播放，“loop="loop"”可以让视频具有循环播放功能。

保存 HTML 文件，刷新页面，效果如图 8-9 所示。

图8-9　自动和循环播放视频

需要注意的是，在 2018 年 1 月 Chrome 浏览器取消了对自动播放功能的支持，也就是说“autoplay”属性是无效的，这时如果想要自动播放视频，就需要为<video>标签添加“muted”属性，从而使嵌入的视频静音播放。

3. 嵌入音频

在 HTML5 中，<audio>标签用于定义音频文件，它支持 3 种音频格式，分别为 OGG、MP3 和 WAV。使用<audio>标签嵌入音频文件的基本语法格式如下：

```
<audio src="音频文件路径" controls="controls"></audio>
```

从上面的基本语法格式可以看出，<audio>标签的语法格式和<video>标签类似，在<audio>标签的语法中 src 属性用于设置音频文件的路径，controls 属性用于为音频提供播放控件。在<audio>和</audio>之间同样可以插入文字，当浏览器不支持<audio>标签时，就会在浏览器中显示该文字。

下面通过一个案例来演示嵌入音频的方法，如例 8-2 所示。

例 8-2　example02.html

```
1  <!doctype html>
2  <html>
3  <head>
4  <meta charset="utf-8">
5  <title>在 HTML5 中嵌入音频</title>
6  </head>
7  <body>
8  <audio src="music/1.mp3" controls="controls">浏览器不支持 audio 标签</audio>
9  </body>
10 </html>
```

在例 8-2 中，第 8 行代码的<audio>标签用于定义音频文件。

运行例 8-2，效果如图 8-10 所示。

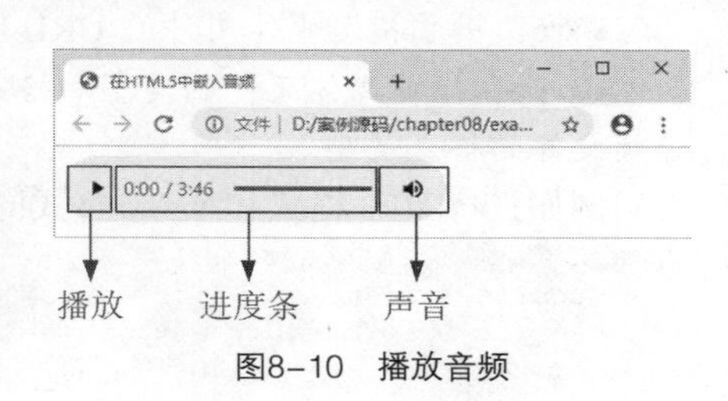

图8-10　播放音频

图 8-10 为谷歌浏览器中默认的音频控件样式，当单击“▶”按钮时，就可以在页面中播放音频文件。需要说明的是，还可以在<audio>标签中添加其他属性，从而进一步优化音频的播放效果，具体如表 8-3 所示。

表 8-3　<audio>标签的常见属性

属性	值	描述
autoplay	autoplay	当页面载入完成后自动播放音频
loop	loop	音频结束时重新开始播放
preload	auto/meta/none	如果出现该属性，则音频在页面加载时进行加载，并预备播放；如果使用 "autoplay"属性，浏览器会忽略 preload 属性

表 8-3 列举的<audio>标签的属性与<video>标签是相同的，这些相同的属性在嵌入音频和视频时是通用的。

4. 浏览器对音频、视频文件的兼容性

虽然 HTML5 支持 OGG、MPEG4 和 WEBM 的视频格式以及 OGG、MP3 和 WAV 的音频格式，但并不是所有的浏览器都支持这些格式，因此在嵌入视频、音频文件格式时，要考虑浏览器的兼容性问题。表 8-4 列举了各种浏览器支持的音频、视频文件格式。

表 8-4　浏览器支持的视频、音频格式

文件格式		IE 9 以上	Firefox 4.0 以上	Opera 10.6 以上	Chrome 6.0 以上	Safari 3.0 以上
视频格式	OGG	×	支持	支持	支持	×
	MPEG4	支持	支持	支持	支持	支持
	WEBM	×	支持	支持	支持	×

（续表）

音频格式	OGG	×	支持	支持	支持	×
	MP3	支持	支持	支持	支持	支持
	WAV	×	支持	支持	支持	支持

从表 8-4 可以看出，除了 MPEG4 和 MP3 格式外，各种浏览器都会有一些不兼容的视频或音频格式。为了保证不同格式的视频、音频能够在各种浏览器中正常播放，往往需要提供多种格式的音频、视频文件供浏览器选择。

在 HTML5 中，运用<source>标签可以为<video>标签或<audio>标签提供多个备用文件。运用<source>标签添加音频的基本语法格式如下：

```
<audio controls="controls">
    <source src="音频文件地址" type="媒体文件类型/格式">
    <source src="音频文件地址" type="媒体文件类型/格式">
    ……
</audio>
```

在上面的语法格式中，可以指定多个<source>标签为浏览器提供备用的音频文件。<source>标签一般设置两个属性——src 和 type，对它们的具体介绍如下。

- src：用于指定媒体文件的 URL 地址。
- type：指定媒体文件的类型和格式。其中类型可以为“video”或“audio”，格式为视频或音频文件的格式类型。

例如，将 MP3 格式和 WAV 格式同时嵌入到页面中，示例代码如下。

```
<audio controls="controls">
    <source src="music/1.mp3" type="audio/mp3">
    <source src="music/1.wav" type="audio/wav">
</audio>
```

<source>标签添加视频的方法和添加音频的方法基本相同，只需要把<audio>标签换成<video>标签即可，其语法格式如下。

```
<video controls="controls">
    <source src="视频文件地址" type="媒体文件类型/格式">
    <source src="视频文件地址" type="媒体文件类型/格式">
    ……
</video>
```

例如，将 MP4 格式和 OGG 格式同时嵌入到页面中，可以书写如下示例代码。

```
<video controls="controls">
    <source src="video/1.ogg" type="video/ogg">
    <source src="video/1.mp4" type="video/mp4">
</video>
```

5. 控制视频宽和高

在网页中嵌入视频时，经常会为<video>标签添加宽和高，给视频预留一定的空间。给视频设置宽、高属性后，浏览器在加载页面时就会预先确定视频的尺寸，为视频保留合适大小的空间，保证页面布局的统一。为<video>标签添加宽、高的方法十分简单，可以运用 width 和 height 属性直接为<video>标签设置宽和高。

下面通过一个案例来演示如何为<video>设置宽度和高度，如例 8-3 所示。

例 8-3　example03.html

```
1  <!doctype html>
2  <html>
3  <head>
4  <meta charset="utf-8">
5  <title>CSS 控制视频的宽和高</title>
6  <style type="text/css">
```

```
7  *{
8      margin:0;
9      padding:0;
10 }
11 div{
12     width:600px;
13     height:300px;
14     border:1px solid #000;
15 }
16 video{
17     width:200px;
18     height:300px;
19     background:#9CCDCD;
20     float:left;
21 }
22 p{
23     width:200px;
24     height:300px;
25     background:#999;
26     float:left;
27 }
28 </style>
29 </head>
30 <body>
31 <div>
32 <p>占位色块</p>
33 <video src="video/pian.mp4" controls="controls">浏览器不支持 video 标签</video>
34 <p>占位色块</p>
35 </div>
36 </body>
37 </html>
```

在例 8-3 中，第 11 ~ 15 行代码设置大盒子的宽度为 600px，高度为 300px。在其内部嵌套一个<video>标签和 2 个<p>标签，设置宽度均为 200px，高度均为 300px，并运用浮动属性让它们排列在一排显示。

运行例 8-3，效果如图 8-11 所示。

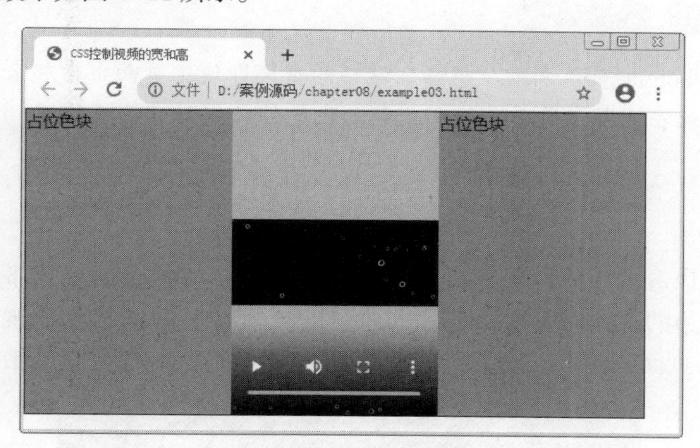

图8-11　定义视频宽和高

从图 8-11 中可以看出，视频和段落文本排成一排，页面布局没有变化。这是因为定义了视频的宽和高，因此浏览器在加载时会为视频预留合适的空间。更改例 8-3 中的代码，删除视频的宽度和高度属性，修改后的代码如下：

```
video{
    background:#F90;
    float:left;
}
```

保存 HTML 文件，刷新页面，效果如图 8-12 所示。

图8-12 删除视频宽和高

从图 8-12 可以看出，视频和其中一个灰色文本模块被挤到了大盒子下面。这是因为未定义视频宽度和高度时，视频会按原始大小显示，此时浏览器因为没有办法控制视频尺寸，只能按照视频默认尺寸加载视频，从而导致页面布局混乱。

注意：

通过 width 和 height 属性来缩放视频，这样的视频即使在页面上看起来很小，但它的原始大小依然没变，因此在实际工作中要运用视频处理软件（例如“格式工厂”）对视频进行压缩。

案例实现

1. 结构分析

观察图 8-1 可以看出，该界面由左、右两个部分构成，其中左边的视频部分可以使用<video>标签进行定义，右边的视频列表可以使用<ul>标签进行定义，里面的 3 个视频列表项可以使用<li>标签进行定义。页面整体可以使用一个大的<div>来定义。图 8-1 对应的结构如图 8-13 所示。

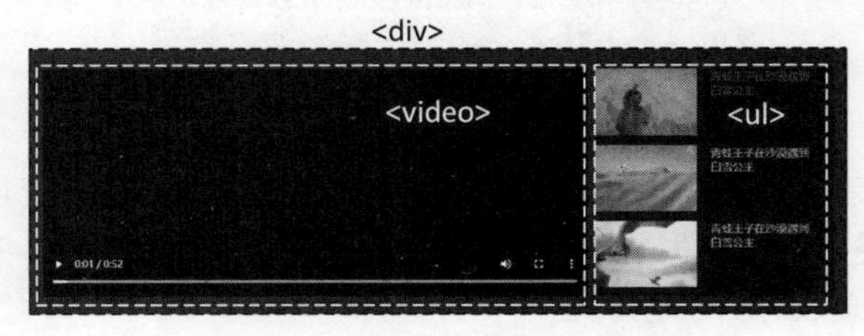

图8-13 结构分析

2. 样式分析

实现图 8-1 所示样式的思路如下。

① 将电影播放页面的总宽度设置为 1200 像素，并通过“margin:0 auto;”使页面居中显示。

② 使用定位属性将左边的视频和右边的视频列表进行绝对定位，使它们左右排列。

③ 设置视频的宽度和高度，并为视频添加播放控件。

3. 制作页面结构

根据上面的分析，使用相应的 HTML 标签来搭建网页结构，如例 8-4 所示。

例 8-4　example04.html

```
1  <!DOCTYPE html>
2  <html lang="en">
3  <head>
4  <meta charset="UTF-8">
5  <title>电影播放界面</title>
6  </head>
7  <body>
8  <div class="box">
9  <video src="video/movie.webm" autoplay controls loop></video>
10 <ul>
11 <li>
12 <img src="images/1.jpg">
13 <p class="col">青蛙王子在沙漠遇到白雪公主</p>
14 </li>
15 <li>
16 <img src="images/2.jpg">
17 <p>青蛙王子在沙漠遇到白雪公主</p>
18 </li>
19 <li>
20 <img src="images/3.jpg">
21 <p>青蛙王子在沙漠遇到白雪公主</p>
22 </li>
23 </ul>
24 </div>
25 </body>
26 </html>
```

运行例 8-4，此时页面不会显示任何效果，如图 8-14 所示。

图8-14　HTML结构页面效果

4. 定义 CSS 样式

搭建完页面的结构后，下面使用 CSS 对页面进行修饰。采用从整体到局部的方式实现图 8-1 所示的样式效果，具体如下。

（1）清除默认样式

```
*{
    list-style: none;
    margin:0;
    padding:0;
}
```

需要注意的是，“*”是通配符选择器，一般只用于演示一个样式简单的页面，如果页面较多或样式较为复杂，通常不建议使用。

（2）设置大<div>的样式

```
.box{
    width:1200px;
    height:400px;
    margin:0 auto;
    border: 1px solid #ccc;
    background: #262625;
    position: relative;
}
```

（3）控制视频和视频列表

```
1  video{
2       width: 800px;
3       position: absolute;
4       left:20px;
5       top:30px;
6  }
7  ul{
8       width:350px;
9       height: 340px;
10      position: absolute;
11      right: 20px;
12      top:30px;
13      background: #171717;
14 }
15 li{
16      width:350px;
17      height:114px;
18 }
19 img{
20      width:150px;
21      float: left;
22 }
23 p{
24      width:150px;
25      padding-right:30px;
26      float: right;
27      color:#ccc;
28 }
29 li .col{color:#1b9821;}
```

至此，完成图 8-1 所示“电影播放界面”的 CSS 样式部分。刷新例 8-4 所在的页面，效果如图 8-15 所示。

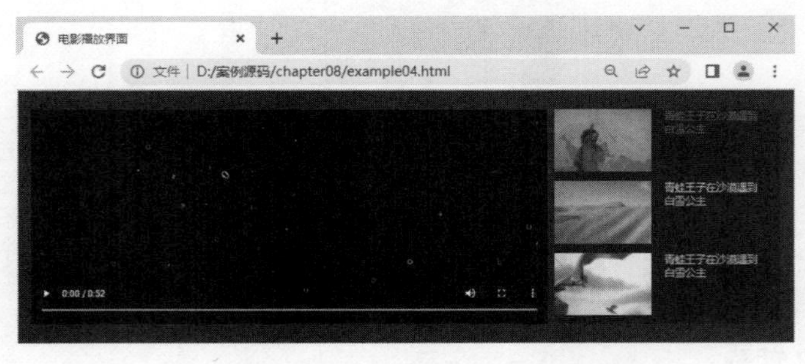

图8-15 “电影播放界面”CSS样式效果

8.2 【案例 28】导航栏悬浮特效

案例描述

CSS 提供了强大的过渡属性（CSS3 属性），它可以在不使用 Flash 动画或者 JavaScript 脚本的情况下，为元素从一种样式转变为另一种样式添加效果，例如渐显、渐隐、速度的变化等。本节将运用过渡属性制作一个绚丽的“导航栏悬浮特效”，案例效果如图 8-16 所示。

图8-16　“导航栏悬浮特效”效果展示

当鼠标指针悬浮至导航栏上时，导航渐渐变成图 8-17 所示的内阴影效果。

图8-17　鼠标指针悬浮效果

知识引入

1. transition-property 属性

transition-property 属性用于设置应用过渡的 CSS 属性。其基本语法格式如下：

```
transition-property: none|all|property;
```

在上面的语法格式中，transition-property 属性的取值包括 none、all 和 property（代指 CSS 属性名），具体说明如表 8-5 所示。

表 8-5　transition-property 属性值

属性值	描述
none	没有属性会获得过渡效果
all	所有属性都将获得过渡效果
property	定义应用过渡效果的 CSS 属性名称，多个名称之间以逗号分隔

下面通过一个案例来演示 transition-property 属性的用法，如例 8-5 所示。

例 8-5　example05.html

```
1  <!doctype html>
2  <html>
3  <head>
4  <meta charset="utf-8">
5  <title>transition-property 属性</title>
6  <style type="text/css">
7  div{
8      width:400px;
9      height:100px;
10     background-color:red;
11     font-weight:bold;
12     color:#FFF;
13     }
14 div:hover{
```

```
15     background-color:blue;
16     transition-property:background-color;     /*指定动画过渡的 CSS 属性*/
17     }
18 </style>
19 </head>
20 <body>
21 <div>使用 transition-property 属性改变元素背景色</div>
22 </body>
23 </html>
```

在例 8–5 中，第 15 和 16 行代码，通过 transition–property 属性指定产生过渡效果的 CSS 属性为 background–color，并设置了鼠标指针移至该区域时背景颜色变为蓝色。

运行例 8–5，默认效果如图 8–18 所示。

当鼠标指针悬浮到图 8–18 所示网页中的<div>区域时，背景色立刻由红色变为蓝色，如图 8–19 所示，而不会产生过渡。这是因为在设置“过渡”效果时，必须使用 transition–duration 属性设置过渡时间，否则不会产生过渡效果。

图8–18 默认红色背景色效果

图8–19 红色背景变为蓝色背景效果

多学一招：浏览器私有前缀

不同内核的浏览器，其私有前缀并不相同。由于 W3C 组织每提出一个新属性，都需要经过一个耗时且复杂的标准制定流程。在标准还未确定时，部分浏览器已经根据最初草案实现了新属性的功能，为了与之后确定的标准进行兼容，各浏览器使用了自己的私有前缀与标准进行区分，当标准确立后，各大浏览器再逐步支持不带前缀的 CSS3 新属性。表 8-6 列举了主流浏览器的私有前缀，具体如表 8-6 所示。

表 8-6 主流浏览器的私有前缀

私有前缀	浏览器
–webkit–	谷歌浏览器
–moz–	火狐浏览器
–ms–	IE 浏览器
–o–	欧朋浏览器

现在，很多新版本的浏览器都可以很好地兼容 CSS3 的新属性，故很多私有前缀可以不写，但为了兼容老版本的浏览器，仍可以使用私有前缀。例如，若想兼容老版本的浏览器，例 8–5 中的 transition–property 属性可以写为：

```
-webkit-transition-property:background-color;  /*Safari and Chrome 浏览器兼容代码*/
-moz-transition-property:background-color;     /*Firefox 浏览器兼容代码*/
-o-transition-property:background-color;       /*Opera 浏览器兼容代码*/
-ms-transition-property:background-color;      /*Opera 浏览器兼容代码*/
```

2. transition–duration 属性

transition–duration 属性用于定义过渡效果持续的时间，其基本语法格式如下：

```
transition-duration:time;
```

在上面的语法格式中，transition-duration 属性默认值为 0，其取值为时间，常用单位是秒（s）或者毫秒（ms）。例如，用下面的示例代码替换例 8-5 的 div:hover 样式。

```
div:hover{
    background-color:blue;
    /*指定动画过渡的 CSS 属性*/
    transition-property:background-color;
    /*指定动画过渡的 CSS 属性*/
    transition-duration:5s;
}
```

在上述示例代码中，使用 transition-duration 属性来定义完成过渡效果需要花费 5s 的时间。运行案例代码，当鼠标指针悬浮到网页中的<div>区域时，盒子的颜色会慢慢变成蓝色。

3. transition-timing-function 属性

transition-timing-function 属性用于规定过渡效果的速度曲线，其基本语法格式如下：

```
transition-timing-function:linear|ease|ease-in|ease-out|ease-in-out|cubic-bezier(n,n,n,n);
```

从上述语法可以看出，transition-timing-function 属性的取值有很多，其中默认值为 ease，常见属性值及说明如表 8-7 所示。

表 8-7　transition-timing-function 常见属性值及说明

属性值	描述
linear	指定以相同速度开始至结束的过渡效果，等同于 cubic-bezier(0,0,1,1)
ease	指定以慢速开始，然后加快，最后慢慢结束的过渡效果，等同于 cubic-bezier (0.25,0.1,0.25,1)
ease-in	指定以慢速开始，然后逐渐加快的过渡效果，等同于 cubic-bezier(0.42,0,1,1)
ease-out	指定以慢速结束的过渡效果，等同于 cubic-bezier(0,0,0.58,1)
ease-in-out	指定以慢速开始和结束的过渡效果，等同于 cubic-bezier(0.42,0,0.58,1)
cubic-bezier(n,n,n,n)	定义用于加速或者减速的贝塞尔曲线的形状，它们的值在 0～1 之间

在表 8-7 中，最后一个属性值"cubic-bezier(n,n,n,n)"中文译为"贝塞尔曲线"，使用贝塞尔曲线可以精确控制速度的变化。但 CSS3 中不要求掌握贝塞尔曲线的核心内容，使用前面几个属性值可以满足大部分动画的要求。

下面通过一个案例来演示 transition-timing-function 属性的用法，如例 8-6 所示。

例 8-6　example06.html

```
1  <!doctype html>
2  <html>
3  <head>
4  <meta charset="utf-8">
5  <title>transition-timing-function 属性</title>
6  <style type="text/css">
7  div{
8      width:424px;
9      height:406px;
10     margin:0 auto;
11     background:url(images/HTML5.png) center center no-repeat;
12     border:5px solid #333;
13     border-radius:0px;
14     }
15 div:hover{
16     border-radius:50%;
17     transition-property:border-radius;  /*指定动画过渡的 CSS 属性*/
18     transition-duration:2s;  /*指定动画过渡的时间*/
19     transition-timing-function:ease-in-out;  /*指定动画过以慢速开始和结束的过渡效果*/
20     }
```

```
21 </style>
22 </head>
23 <body>
24 <div></div>
25 </body>
26 </html>
```

在例 8-6 中，通过 transition-property 属性指定产生过渡效果的 CSS 属性为“border-radius”，并指定过渡动画由方形变为圆形。然后使用 transition-duration 属性定义过渡效果需要花费 2s 的时间，同时使用 transition-timing-function 属性规定过渡效果以慢速开始和结束。

运行例 8-6，当鼠标指针悬浮到网页中的<div>区域时，过渡的动作将会被触发，方形将以慢速开始变化，然后逐渐加速，随后慢速变为圆形，效果如图 8-20 所示。

图8-20 方形逐渐过渡变为圆形效果

4. transition-delay 属性

transition-delay 属性用于规定过渡效果的开始时间，其基本语法格式如下：

```
transition-delay:time;
```

在上面的语法格式中，transition-delay 属性默认值为 0，常用单位是秒（s）或者毫秒（ms）。transition-delay 的属性值可以为正整数、负整数和 0。当设置为负数时，过渡动作会从该时间点开始，之前的动作被截断；当设置为正数时，过渡动作会延迟触发。

下面在例 8-6 的基础上演示 transition-delay 属性的用法，在第 19 行代码后增加如下样式：

```
    transition-delay:2s;    /*指定动画延迟触发*/
```

上述代码使用 transition-delay 属性指定过渡的动作会延迟 2s 触发。

保存例 8-6，刷新页面，当鼠标指针悬浮到网页中的<div>区域时，经过 2s 后过渡的动作会被触发，方形以慢速开始变化，然后逐渐加速，随后慢速变为圆形。

5. transition 属性

transition 属性是一个复合属性，用于在一个属性中设置 transition-property、transition-duration、transition-timing-function、transition-delay 这 4 个过渡属性，其基本语法格式如下：

```
transition: property duration timing-function delay;
```

在使用 transition 属性设置多个过渡效果时，它的各个参数必须按照顺序进行定义，不能颠倒。例如，例 8-6 中设置的 4 个过渡属性可以直接通过如下代码实现：

```
transition:border-radius 5s ease-in-out 2s;
```

注意：

无论是单个属性还是简写属性，使用时都可以实现多个过渡效果。如果使用 transition 简写属性设置多种过渡效果，需要为每个过渡属性集中指定所有的值，并且使用逗号进行分隔。

案例实现

1. 结构分析

在图 8-16 所示的效果图中，可以把整个导航栏看作一个无序列表，每个导航是一个列表项。

因此导航栏可以使用<ul>标签定义，内部的导航可以使用<li>标签定义。图 8–16 对应的结构如图 8–21 所示。

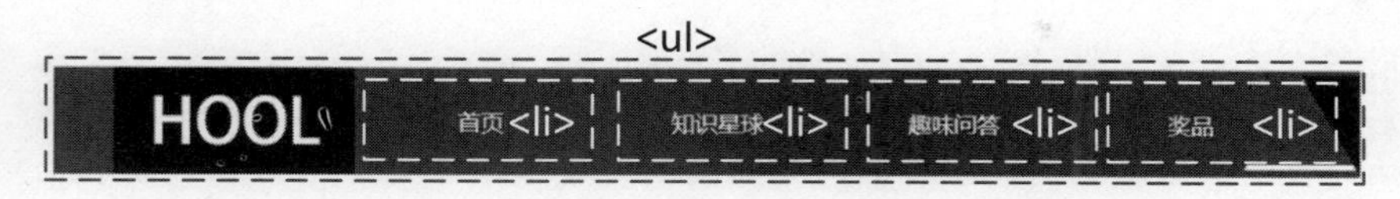

图8–21　结构分析

2. 样式分析

实现图 8–16 所示样式的思路如下。

① 设置导航栏的总宽度，并为导航栏添加背景图片，设置导航栏在界面居中显示。

② 通过浮动属性，让导航以水平方向排列，通过外边距调整导航的间距。

③ 为导航添加鼠标指针悬浮的内阴影效果，并设置过渡动画。

3. 制作页面结构

根据上面的分析，使用相应的 HTML 标签来搭建网页结构，如例 8–7 所示。

例 8-7　example07.html

```
1  <!DOCTYPE html>
2  <html>
3  <head>
4  <meta charset="UTF-8">
5  <title>导航栏悬浮特效</title>
6  </head>
7  <body>
8  <ul>
9  <li>首页</li>
10 <li>知识星球</li>
11 <li>趣味问答</li>
12 <li>奖品</li>
13 </ul>
14 </body>
15 </html>
```

运行例 8–7，效果如图 8–22 所示。

4. 定义 CSS 样式

搭建完页面的结构后，下面使用 CSS 对页面进行修饰，采用整体到局部的方式分步骤设置 CSS 样式。

图8–22　HTML结构页面效果

（1）定义基础样式

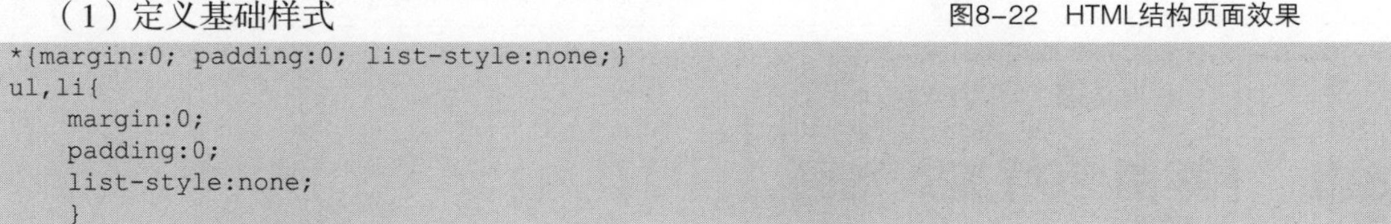

```
*{margin:0; padding:0; list-style:none;}
ul,li{
    margin:0;
    padding:0;
    list-style:none;
    }
```

（2）定义导航栏的样式

```
ul{
    width:700px;
    height:66px;
    margin:30px auto;
    background:url(images/HOOL_bg.jpg) no-repeat;
    padding:10px 0 0 210px;
    }
```

（3）定义导航样式和鼠标指针悬浮效果

```
1  li{
2      width:65px;
3      height:27px;
4      padding:15px 45px;
5      box-shadow:0px 0px 1px 0px #470b12 inset;
6      float:left;
7      margin-left:10px;
8      text-align:center;
9      font:16px/27px "微软雅黑";
10     color:#fff;
11
12     }
13     li:hover{
14         box-shadow:0px 0px 20px 0px #470b12 inset;
15         transition:box-shadow 1s linear;
16         }
```

在上面的代码中，第 5 行代码用于为导航添加默认的阴影效果，第 14 行代码用于设置鼠标指针悬浮后的导航阴影效果，第 15 行代码用于设置阴影的过渡效果。

至此，完成图 8–16 所示“导航栏悬浮特效”的 CSS 样式部分。刷新例 8–7 所在的页面，效果如图 8–23 所示。

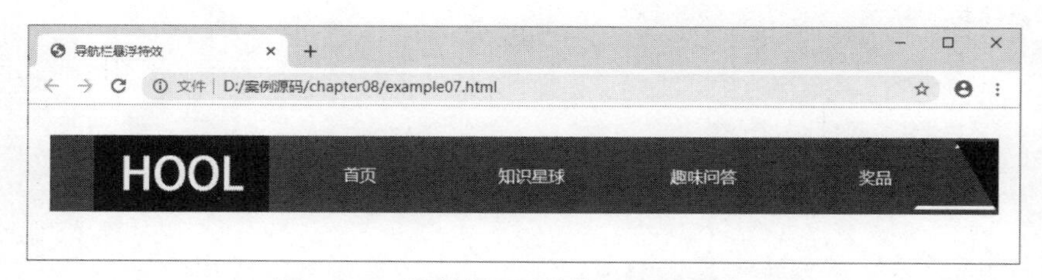

图8–23 “导航栏悬浮特效”CSS样式效果

当鼠标指针悬浮到导航栏上时，效果如图 8–24 所示。

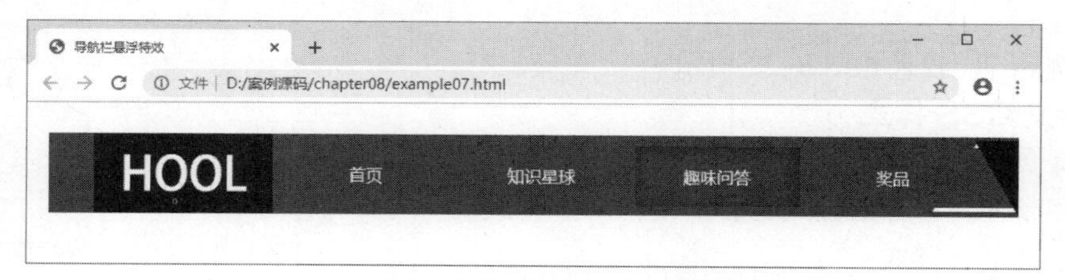

图8–24 鼠标指针悬浮效果

8.3 【案例 29】翻牌动画

案例描述

在 CSS3 中，通过变形可以对元素进行平移、缩放、倾斜和旋转等操作。同时变形可以和过渡属性结合，实现一些绚丽的网页动画效果。本节将运用变形制作一个绚丽的“翻牌动画”，当鼠标指针移至卡牌时，卡牌会实现翻转，案例效果如图 8–25 所示。

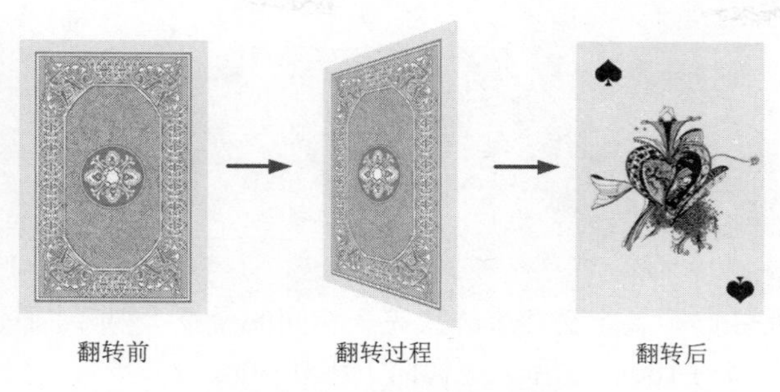

图8-25　“翻牌动画”效果

知识引入

1. 2D 变形

在 CSS3 中，2D 变形主要包括 4 种变形效果，分别是：平移、缩放、倾斜、旋转。在进行 2D 变形时，还可以改变变形对象的中心点，实现不同的变形效果。下面将详细讲解 2D 变形的技巧。

（1）平移

平移是指元素位置的变化，包括水平移动和垂直移动。在 CSS3 中，使用 translate()可以实现元素的平移效果，基本语法格式如下：

```
transform:translate(x-value,y-value);
```

在上述语法中，参数 x-value 和 y-value 分别用于定义水平（*X* 轴）坐标和垂直（*Y* 轴）坐标。参数值常用单位为像素和百分比。当参数值为负数时，表示反方向移动元素（向左和向上移动）。如果省略了第二个参数，则取默认值 0。

在使用 translate()方法移动元素时，坐标点默认为元素中心点，然后根据指定的 *X* 坐标和 *Y* 坐标进行移动，效果如图 8-26 所示。在图 8-26 中，①表示平移前的元素，②表示平移后的元素。

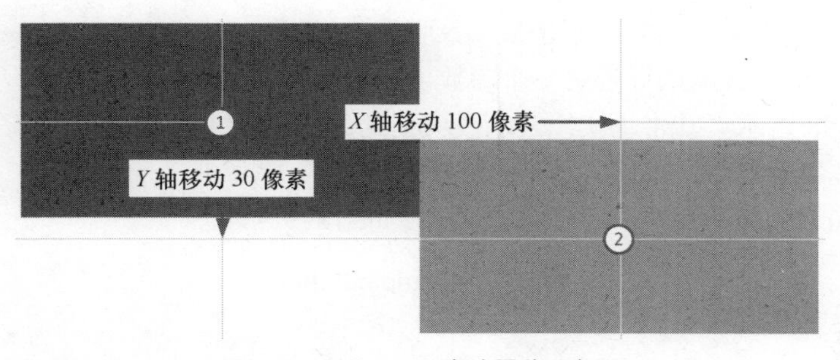

图8-26　translate()方法平移示意图

下面通过一个案例来演示 translate()方法的使用，如例 8-8 所示。

例 8-8　example08.html

```
1  <!doctype html>
2  <html>
3  <head>
4  <meta charset="utf-8">
5  <title>translate()方法</title>
6  <style type="text/css">
7  div{
8      width:100px;
```

```
9        height:50px;
10       background-color:#0CC;
11 }
12 #div2{transform:translate(100px,30px);}
13 </style>
14 </head>
15 <body>
16 <div>盒子 1 未平移</div>
17 <div id="div2">盒子 2 平移</div>
18 </body>
19 </html>
```

在例 8–8 中，使用<div>标签定义两个样式完全相同的盒子。然后，通过 translate()方法将第二个盒子沿 *X* 坐标向右移动 100px，沿 *Y* 坐标向下移动 30px。

运行例 8–8，效果如图 8–27 所示。

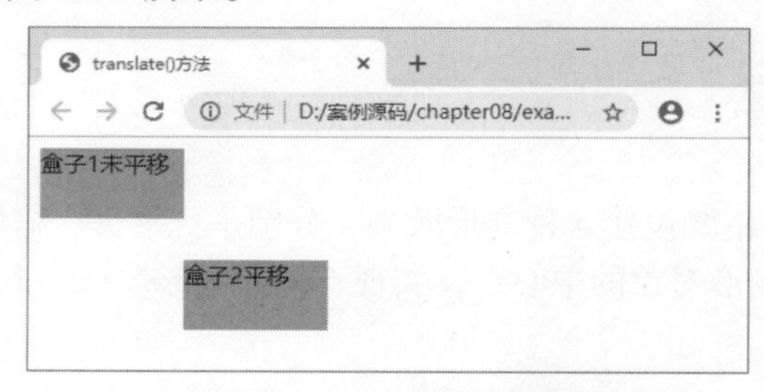

图8–27 translate()方法实现平移效果

注意：

translate()中参数值的单位不可以省略，否则平移命令将不起作用。

（2）缩放

在 CSS3 中，使用 scale()可以实现元素缩放效果，基本语法格式如下：

```
transform:scale(x-value,y-value);
```

在上述语法中，参数 x–value 和 y–value 分别用于定义水平方向（*X* 轴）和垂直方向（*Y* 轴）的缩放倍数。参数值可以为正数、负数和小数，不需要加单位。其中，正数用于放大元素，负数用于翻转缩放元素，小于 1 的小数用于缩小元素。如果第二个参数省略，则第二个参数默认等于第一个参数值。scale()方法缩放示意图如图 8–28 所示。其中，实线表示放大前的元素，虚线表示放大后的元素。

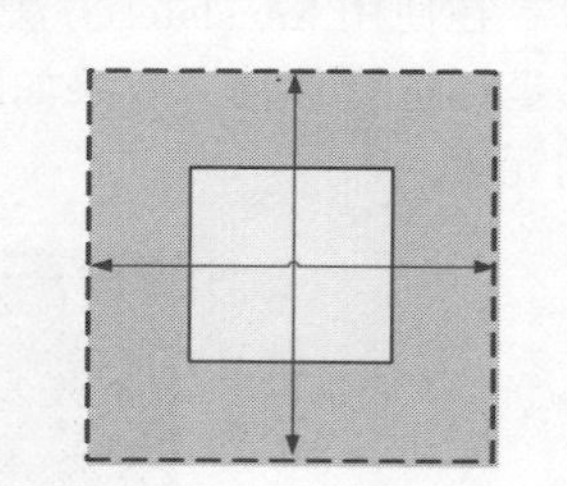

图8–28 scale()方法缩放示意图

下面通过一个案例来演示 scale()方法的使用，如例 8–9 所示。

例 8-9 example09.html

```
1  <!doctype html>
2  <html>
3  <head>
4  <meta charset="utf-8">
5  <title>scale()方法</title>
6  <style type="text/css">
7  div{
8       width:100px;
9       height:50px;
10      background-color:#FF0;
11      border:1px solid black;
12 }
13 #div2{
14      margin:100px;
15      transform:scale(2,3);
16 }
17 </style>
```

```
18 </head>
19 <body>
20 <div>我是原来的元素</div>
21 <div id="div2">我是放大后的元素</div>
22 </body>
23 </html>
```

在例 8-9 中，使用<div>标签定义两个样式相同的盒子。并且通过 scale()方法将第二个<div>的宽度放大 2 倍，高度放大 3 倍。

运行例 8-9，效果如图 8-29 所示。

（3）倾斜

在 CSS3 中，使用 skew()可以实现元素倾斜效果，基本语法格式如下：

```
transform:skew(x-value,y-value);
```

在上述语法中，参数 x-value 和 y-value 分别用于定义水平（*X* 轴）和垂直（*Y* 轴）的倾斜角度。参数值为角度数值，单位为 deg，取值可以为正值或者负值表示不同的倾斜方向。如果省略了第二个参数，则取默认值 0。skew()倾斜示意图如图 8-30 所示。其中实线表示倾斜前的元素，虚线表示倾斜后的元素。

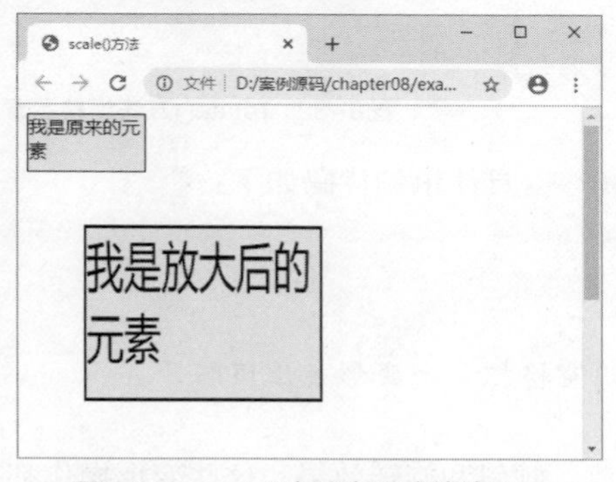

图8-29　scale()方法实现缩放效果

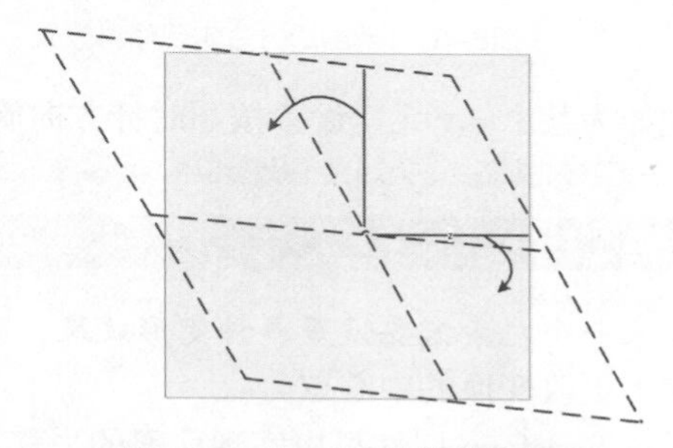

图8-30　skew()方法倾斜示意图

下面通过一个案例来演示 skew()方法的使用，如例 8-10 所示。

例 8-10　example10.html

```
1  <!doctype html>
2  <html>
3  <head>
4  <meta charset="utf-8">
5  <title>skew()方法</title>
6  <style type="text/css">
7  div{
8       width:100px;
9       height:50px;
10      margin:0 auto;
11      background-color:#F90;
12      border:1px solid black;
13 }
14 #div2{transform:skew(30deg,10deg);}
15 </style>
16 </head>
17 <body>
18 <div>我是原来的元素</div>
19 <div id="div2">我是倾斜后的元素</div>
20 </body>
21 </html>
```

在例 8-10 中，使用<div>标签定义了两个样式相同的盒子。并且通过 skew()方法将第二个<div>元素沿 *X* 轴倾斜 30°，沿 *Y* 轴倾斜 10°。

运行例 8–10，效果如图 8–31 所示。

（4）旋转

在 CSS3 中，使用 rotate()可以旋转指定的元素对象，基本语法格式如下：

```
transform:rotate(angle);
```

在上述语法中，参数 angle 表示要旋转的角度值，单位为 deg。如果角度为正数值，则按照顺时针方向旋转，否则按照逆时针方向旋转。rotate()方法旋转示意图如图 8–32 所示。其中实线表示旋转前的元素，虚线表示旋转后的元素。

图8–31 skew()方法实现倾斜效果

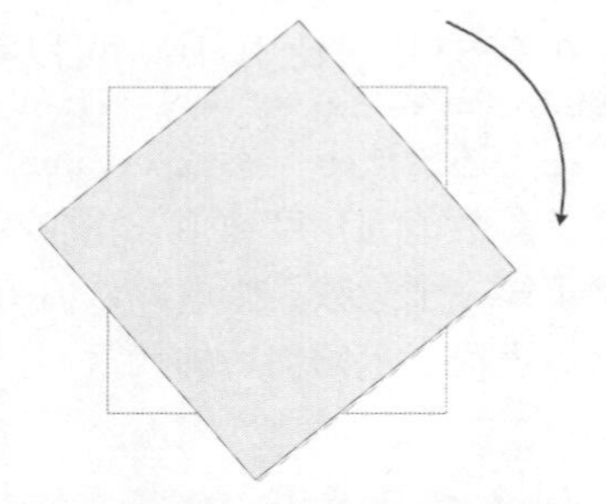

图8–32 rotate()方法旋转示意图

例如为某个 div 元素设置按顺时针方向旋转 30°，具体示例代码如下：

```
div{    transform:rotate(30deg);}
```

注意：

如果一个元素需要设置多种变形效果，可以用空格把多个变形属性值隔开。

（5）更改变换的中心点

通过 transform 属性可以实现元素的平移、缩放、倾斜和旋转效果，这些变形操作都是基于元素的中心点进行的。默认情况下，元素的中心点在 X 轴和 Y 轴的 50%位置。如果需要改变这个中心点，可以使用 transform–origin 属性，其基本语法格式如下：

```
transform-origin: x-axis y-axis z-axis;
```

在上述语法中，transform–origin 属性包含 3 个参数，其默认值分别为 50%、50%、0px。各参数的具体含义如表 8–8 所示。

表 8-8 transform-origin 参数说明

参数	描述
x–axis	定义视图被置于 X 轴的何处，属性值可以是百分比、em、px 等具体的值，也可以是 top、right、bottom、left 和 center 这样的关键词
y–axis	定义视图被置于 Y 轴的何处，属性值可以是百分比、em、px 等具体的值，也可以是 top、right、bottom、left 和 center 这样的关键词
z–axis	定义视图被置于 Z 轴的何处，需要注意的是，该值不能是一个百分比值，否则将会视为无效值，一般为像素单位

在表 8–8 中，参数 x–axis 和 y–axis 表示水平和垂直位置的坐标位置，用于 2D 变形，参数 z–axis 表示空间纵深坐标位置，用于 3D 变形。

下面通过一个案例来演示 transform–origin 属性的使用，如例 8–11 所示。

例 8-11 example11.html

```
1  <!doctype html>
2  <html>
```

```
3  <head>
4  <meta charset="utf-8">
5  <title>transform-origin 属性</title>
6  <style>
7  #div1{
8       position:relative;
9       width: 200px;
10      height: 200px;
11      margin: 100px auto;
12      padding:10px;
13      border: 1px solid black;
14 }
15 #box02{
16      padding:20px;
17      position:absolute;
18      border:1px solid black;
19      background-color: red;
20      transform:rotate(45deg);               /*旋转 45° */
21      transform-origin:20% 40%;              /*更改中心点坐标的位置*/
22 }
23 #box03{
24      padding:20px;
25      position:absolute;
26      border:1px solid black;
27      background-color:#FF0;
28      transform:rotate(45deg);               /*旋转 45° */
29 }
30 </style>
31 </head>
32 <body>
33 <div id="div1">
34 <div id="box02">更改基点位置</div>
35 <div id="box03">未更改基点位置</div>
36 </div>
37 </body>
38 </html>
```

在例 8-11 中，通过 transform 的 rotate()方法将 box02、box03 盒子分别旋转 45° 。然后通过 transform-origin 属性来更改 box02 盒子中心点坐标的位置。

运行例 8-11，效果如图 8-33 所示。

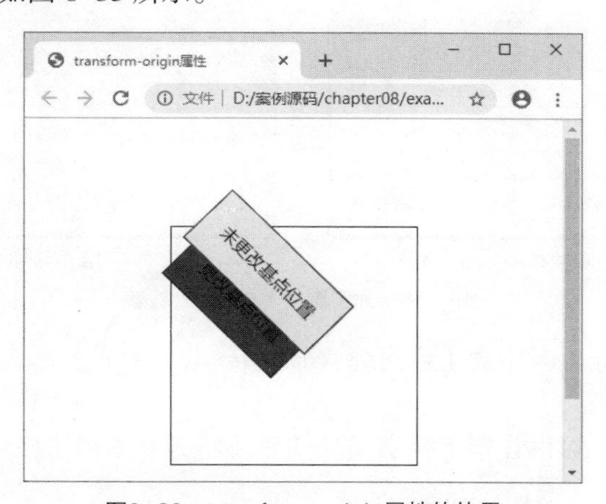

图8-33　transform-origin属性的使用

通过图 8-33 可以看出，box02、box03 盒子的位置产生了错位。两个盒子的初始位置相同，并且旋转角度相同，发生错位的原因是 transform-origin 属性改变了 box02 盒子的中心点位置。

2. 3D 变形

2D 变形是元素在 X 轴和 Y 轴的变化，而 3D 变形是元素围绕 X 轴、Y 轴、Z 轴的变化。相比于平面化 2D 变形，3D 变形更注重于空间位置的变化。下面将对网页中一些常用的 3D 变形效果做具体介绍。

（1）rotateX()

在 CSS3 中，rotateX()可以让指定元素围绕 X 轴旋转，基本语法格式如下：

```
transform:rotateX(a);
```

在上述语法格式中，参数 a 用于定义旋转的角度值，单位为 deg，取值可以是正数也可以是负数。如果值为正，元素将围绕 X 轴顺时针旋转；如果值为负，元素围绕 X 轴逆时针旋转。

下面通过一个案例来演示 rotateX()的使用，如例 8-12 所示。

例 8-12 example12.html

```
1  <!doctype html>
2  <html>
3  <head>
4  <meta charset="utf-8">
5  <title>rotateX()方法</title>
6  <style type="text/css">
7  div{
8       width:250px;
9       height:50px;
10      background-color:#FF0;
11      border:1px solid black;
12 }
13 div:hover{
14      transition:all 1s ease 2s;              /*设置过渡效果*/
15      transform:rotateX(60deg);
16 }
17 </style>
18 </head>
19 <body>
20 <div>元素旋转后的位置</div>
21 </body>
22 </html>
```

在例 8-12 中，第 15 行代码用于设置<div>绕 X 轴顺时针旋转 60°。

运行例 8-12，效果如图 8-34 所示。

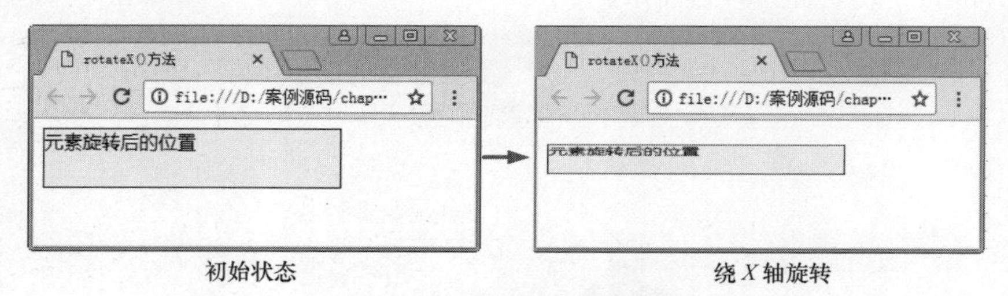

图8-34 元素围绕X轴顺时针旋转

当鼠标指针悬浮于元素时，盒子将围绕 X 轴旋转。

（2）rotateY()

在 CSS3 中，rotateY()可以让指定元素围绕 Y 轴旋转，基本语法格式如下：

```
transform:rotateY(a);
```

在上述语法中，参数 a 与 rotateX(a)中的 a 含义相同，用于定义旋转的角度。如果值为正，元素围绕 Y 轴顺时针旋转；如果值为负，元素围绕 Y 轴逆时针旋转。

下面在例 8-12 的基础上演示元素围绕 Y 轴旋转的效果。将例 8-12 中的第 15 行代码更改为：

```
transform:rotateY(60deg);
```

此时，刷新浏览器页面，元素将围绕 *Y* 轴顺时针旋转 60°，效果如图 8-35 所示。

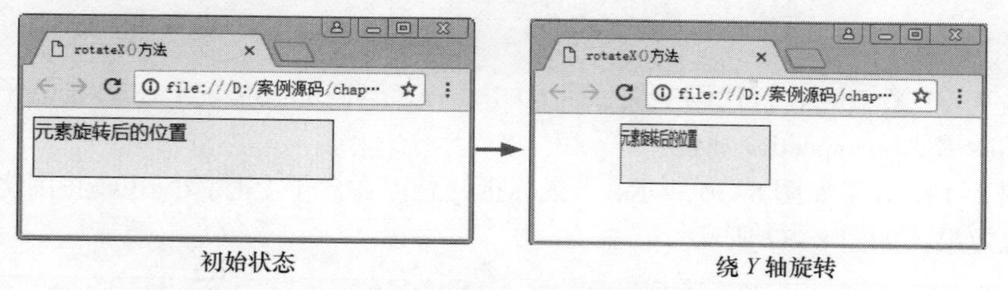

图8-35　元素围绕 *Y* 轴顺时针旋转

注意：

rotateZ()函数和 rotateX()函数、rotateY()函数功能一样，区别在于 rotateZ()函数用于指定一个元素围绕Z轴旋转。如果仅从视觉角度上看，rotateZ()函数让元素顺时针或逆时针旋转，与 rotate() 效果等同，但 rotateZ 不是在 2D 平面上的旋转。

（3）rotated3d()

rotated3d()是 rotateX()、rotateY()和 rotateZ()演变的综合属性，用于设置多个轴的 3D 旋转，例如要同时设置 *X* 轴和 *Y* 轴的旋转，就可以使用 rotated3d()，其基本语法格式如下：

```
rotate3d(x,y,z,angle);
```

在上述语法格式中，x、y、z 可以取值 0 或 1，要沿着某轴转动，就将该轴的值设置为 1，否则设置为 0；Angle 为要旋转的角度。例如，设置元素在 *X* 轴和 *Y* 轴均旋转 45°，示例代码如下：

```
transform:rotate3d(1,1,0,45deg);
```

（4）perspective 属性

perspective 属性对于 3D 变形来说至关重要，该属性主要用于呈现良好的 3D 透视效果。前面示例中设置的 3D 环绕效果并不明显，就是因为没有设置 perspective 属性。perspective 属性可以简单地理解为视距，用于设置透视效果。perspective 属性的透视效果由属性值决定，属性值越小，透视效果越突出。perspective 属性包括两个属性：none 和具有单位的数值（一般单位为像素）。

下面通过一个透视旋转的案例，演示 perspective 属性的使用方法，如例 8-13 所示。

例 8-13　example13.html

```
1  <!doctype html>
2  <html>
3  <head>
4  <meta charset="utf-8">
5  <title>perspective 属性</title>
6  <style type="text/css">
7  div{
8       width:250px;
9       height:50px;
10      border:1px solid #666;
11      perspective:250px;                    /*设置透视效果*/
12      margin:0 auto;
13      }
14 .div1{
15      width:250px;
16      height:50px;
17      background-color:#0CC;
18 }
19 .div1:hover{
20      transition:all 1s ease 2s;
21      transform:rotateX(60deg);
22 }
23 </style>
24 </head>
25 <body>
```

```
26 <div>
27     <div class="div1">元素透视</div>
28 </div>
29 </body>
30 </html>
```

在例 8-13 中第 26~28 行代码定义一个大的<div>，其内部嵌套一个<div>子盒子。第 11 行代码为大<div>添加 perspective 属性。

运行例 8-13，效果如图 8-36 所示，当鼠标指针悬浮在盒子上时，小<div>将围绕 *X* 轴旋转，并出现透视效果，如图 8-37 所示。

图8-36 默认样式

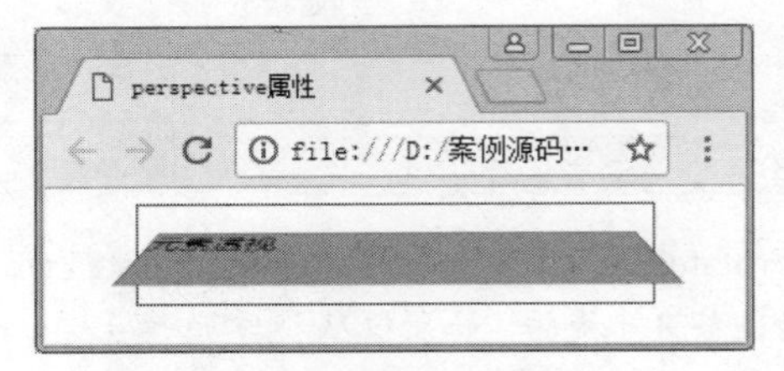

图8-37 鼠标指针悬浮样式

需要说明的是，在 CSS3 中还包含很多转换的属性，通过这些属性可以设置不同的转换效果，表 8-9 列举了一些常见的属性。

表 8-9 转换的常见属性

属性名称	描述	属性值
transform-style	规定被嵌套元素如何在 3D 空间中显示	flat：子元素将不保留其 3D 位置
		preserve-3d 子元素将保留其 3D 位置
backface-visibility	定义元素在不面对屏幕时是否可见	visible：背面是可见的
		Hidden：背面是不可见的

除了前面提到的旋转，3D 变形还包括移动和缩放，运用这些方法可以实现不同的转换效果，具体方法如表 8-10 所示。

表 8-10 转换的方法

方法名称	描述
translate3d(x,y,z)	定义 3D 位移
translateX(x)	定义 3D 位移，仅沿 *X* 轴移动
translateY(y)	定义 3D 位移，仅沿 *Y* 轴移动
translateZ(z)	定义 3D 位移，仅沿 *Z* 轴移动
scale3d(x,y,z)	定义 3D 缩放
scaleX(x)	定义 3D 缩放，仅沿 *X* 轴方向缩放
scaleY(y)	定义 3D 缩放，仅沿 *Y* 轴方向缩放
scaleZ(z)	定义 3D 缩放，仅沿 *Z* 轴方向缩放

下面通过一个综合案例演示 3D 变形属性和方法的使用，如例 8-14 所示。

例 8-14 example11.html

```
1  <!doctype html>
2  <html>
3  <head>
4  <meta charset="utf-8">
5  <title>translate3D () 方法</title>
```

```
6  <style type="text/css">
7  div{
8       width:200px;
9       height:200px;
10      border:2px solid #000;
11      position:relative;
12      transition:all 1s ease 0s;            /*设置过渡效果*/
13      transform-style:preserve-3d;          /*规定被嵌套元素如何在 3D 空间中显示*/
14 }
15 img{
16      position:absolute;
17      top:0;
18      left:0;
19      transform:translateZ(100px);
20 }
21 .no2{
22      transform:rotateX(90deg) translateZ(100px);
23 }
24 div:hover{
25      transform:rotateX(-90deg);            /*设置旋转角度*/
26 }
27 div:visited{
28      transform:rotateX(-90deg);            /*设置旋转角度*/
29      transition:all 1s ease 0s;             /*设置过渡效果*/
30      transform-style:preserve-3d;          /*规定被嵌套元素如何在 3D 空间中显示*/
31 }
32 </style>
33 </head>
34 <body>
35 <div>
36      <img class="no1" src="images/1.png" alt="1">
37      <img class="no2" src="images/2.png" alt="2">
38 </div>
39 </body>
40 </html>
```

在例 8–14 中，第 13 行代码通过 transform-style 属性规定元素在 3D 空间中的显示方式；同时在整个案例中分别针对<div>和<img>设置不同的旋转轴和旋转角度。

运行例 8–14，鼠标指针悬浮和移出时的动画效果如图 8–38 所示。

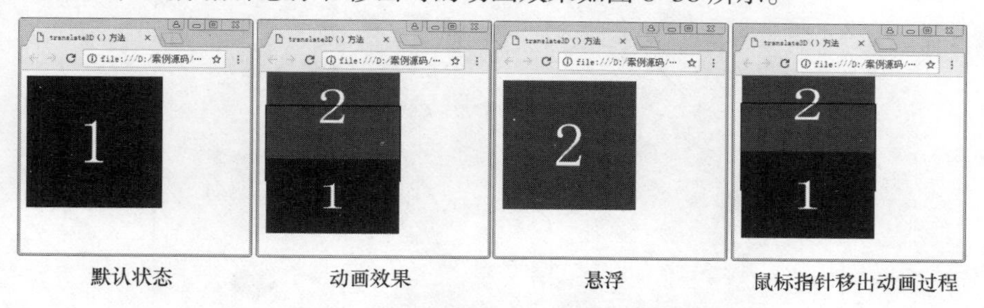

图8–38　鼠标指针悬浮和移出时的动画效果

案例实现

1．结构分析

图 8–25 所示的翻牌动画由两张图片构成。一张图片是正面，另一张图片是反面，这两张图片可以嵌套在一个大的盒子中。其中，图片可以使用<img>标签定义，盒子可以使用<div>标签来定义。图 8–25 对应的结构如图 8–39 所示。

图8–39　结构分析

2．样式分析

实现图 8–25 所示样式的思路如下。

① 为定义的大盒子设置可容纳一张图片的宽度和高度，并设置相对定位属性。

② 为大盒子中的两张图片设置绝对定位属性，使两张图片重叠在一起。

③ 设置正面图片围绕 *Y* 轴旋转到 180° ，通过“backface-visibility:hidden;”属性，隐藏图片。

④ 当鼠标指针移至图片时，设置正面图片围绕 *Y* 轴旋转到 0° ，反面图片围绕 *Y* 轴旋转 –180° ，实现从右侧翻转的效果。

3. 制作页面结构

根据上面的分析，使用相应的 HTML 标签来搭建网页结构，如例 8–15 所示。

例 8-15 example15.html

```
1  <!DOCTYPE html>
2  <html>
3  <head>
4  <meta charset="UTF-8">
5  <title>翻牌动画</title>
6  </head>
7  <body>
8  <div>
9       <img class="ka01" src="images/ka01.png"/>
10 <img class="ka02" src="images/ka02.png"/>
11 </div>
12 </body>
13 </html>
```

运行例 8–15，效果如图 8–40 所示。

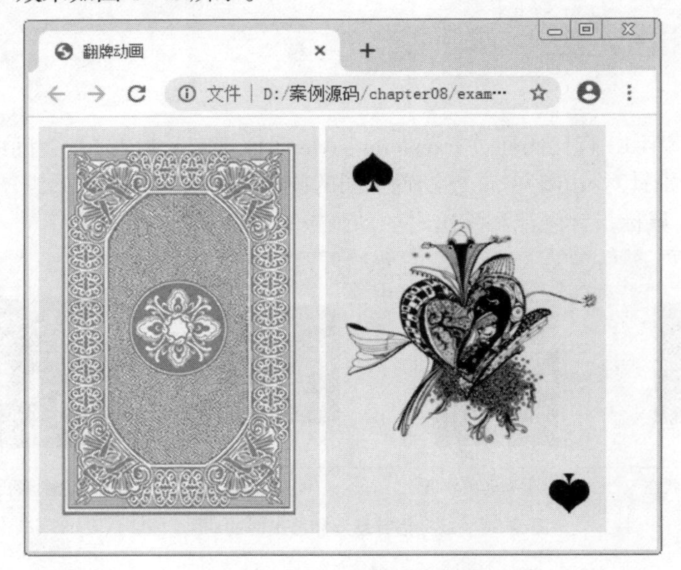

图8–40 HTML结构页面效果

4. 定义 CSS 样式

搭建完页面的结构后，下面使用 CSS 对页面进行修饰，具体 CSS 样式代码如下。

```
1  *{margin:0; padding:0; outline:none;}
2  div{
3       width:223px;
4       height:333px;
5       margin:50px auto;
6       position:relative;
7       perspective:400px;
8       }
9  img{
10      position:absolute;
11      top:0;
12      left:0;
```

```
13      backface-visibility:hidden;
14      transition:all 1s linear 0s;
15      }
16 .ka02{transform:rotateY(180deg);}
17 div:hover .ka02{transform:rotateY(0deg);}
18 div:hover .ka01{transform:rotateY(-180deg);}
```

在上面的代码中，第 7 行代码用于设置翻转式的透视效果，第 13 行代码用于设置图片背面不可见，第 14 行代码用于设置翻转式的过渡动画，第 16~18 行代码用于设置图片的翻转角度。

至此，完成图 8-25 所示“翻牌动画”的 CSS 样式部分。刷新例 8-15 所在的页面，效果如图 8-41 所示。当鼠标指针移至卡牌时，卡牌会从右侧翻转显示正面。

图8-41 添加CSS样式的效果

8.4 【案例 30】宝石旋转

案例描述

过渡和变形只能设置元素的变换过程，并不能对过程中的某一环节进行精确控制，例如过渡和变形实现的动态效果不能够重复播放。为了实现更加丰富的动画效果，CSS3 提供了 animation 属性，使用 animation 属性可以定义复杂的动画效果。本节将通过宝石旋转案例演示设置动画的技巧。案例效果截图如图 8-42 所示。

图8-42 “宝石旋转”效果

知识引入

1. @keyframes 规则

@keyframes 规则用于创建动画，animation 属性只有配合@keyframes 规则才能实现动画效果，因此在学习 animation 属性之前，首先要学习@keyframes 规则，@keyframes 规则的语法格式如下：

```
@keyframes animationname {
keyframes-selector{css-styles;}
}
```

在上面的语法格式中，@keyframes 属性包含的参数具体含义如下。

- animationname：表示当前动画的名称（也就是后面讲解的 animation-name 属性定义的名称），它将作为引用时的唯一标识，因此不能为空。
- keyframes-selector：关键帧选择器，即指定当前关键帧要应用到整个动画过程中的位置，值可以是一个百分比、from 或者 to。其中，from 和 0%效果相同，表示动画的开始；to 和 100%效果相同，表示动画的结束。当两个位置应用同一个效果时，这两个位置使用英文逗号隔开，写在一起即可，例如“20%,80%{opacity:0.5;}”。
- css-styles：定义执行到当前关键帧时对应的动画状态，由 CSS 样式属性进行定义，多个属性之间用分号分隔，不能为空。

例如，使用@keyframes 属性可以定义一个淡入动画，示例代码如下：

```
@keyframes appear
{
    0%{opacity:0;}        /*动画开始时的状态，完全透明*/
    100%{opacity:1;}      /*动画结束时的状态，完全不透明*/
}
```

上述代码创建了一个名为 apper 的动画，该动画在开始时 opacity 为 0（透明），动画结束时 opacity 为 1（不透明）。该动画效果还可以使用等效代码来实现，具体如下：

```
@keyframes appear
{
    from{opacity:0;}        /*动画开始时的状态，完全透明*/
    to{opacity:1;}          /*动画结束时的状态，完全不透明*/
}
```

另外，如果需要创建一个淡入淡出的动画效果，可以通过如下代码实现：

```
@keyframes appear
{
    from,to{opacity:0;}        /*动画开始和结束时的状态，完全透明*/
    20%,80%{opacity:1;}        /*动画的中间状态，完全不透明*/
}
```

在上述代码中，为了实现淡入淡出的效果，需要定义动画开始和结束时元素不可见，然后渐渐淡入，在动画的 20%处变得可见，然后动画效果持续到 80%处，再慢慢淡出。

注意：

IE 9 以及更早版本的浏览器不支持@keyframes 规则或 animation 属性。

2. animation-name 属性

animation-name 属性用于定义要应用的动画名称，该动画名称会被@keyframes 规则引用，其基本语法格式如下：

```
animation-name:keyframename|none;
```

在上述语法中，animation-name 属性初始值为 none，适用于所有块元素和行内元素。keyframename 参数用于规定需要绑定到@keyframes 规则的名称，如果值为 none，则表示不应用任何动画。

3. animation-duration 属性

animation-duration 属性用于定义完成整个动画效果所需要的时间，其基本语法格式如下：

```
animation-duration: time;
```

在上述语法中，animation-duration 属性初始值为 0。time 参数是以秒（s）或者毫秒（ms）为单位的时间。当设置为 0 时，表示没有任何动画效果。当取值为负数时，会被视为 0。

下面通过一个小人奔跑的案例来演示 animation-name 和 animation-duration 属性的用法，如例 8-16 所示。

例 8-16　example16.html

```
1  <!doctype html>
2  <html>
3  <head>
4  <meta charset="utf-8">
5  <title>animation-duration 属性</title>
6  <style type="text/css">
7  img{
8       width:200px;
9       animation-name:mymove;            /*定义动画名称*/
10      animation-duration:10s;            /*定义动画时间*/
11      }
12 @keyframesmymove{
13      from {transform:translate(0) rotateY(180deg);}
14      50% {transform:translate(1000px) rotateY(180deg);}
15      51% {transform:translate(1000px) rotateY(0deg);}
16      to {transform:translate(0) rotateY(0deg);}
17      }
18 </style>
19 </head>
20 <body>
21 <img src="images/people.gif" >
22 </body>
23 </html>
```

在例 8-16 中，第 9 行代码使用 animation-name 属性定义要应用的动画名称，第 10 行代码使用 animation-duration 属性定义完成整个动画效果所需要的时间，第 13~16 行代码使用 form、to 和百分比指定当前关键帧要应用的动画效果。

运行例 8-16，小人会从左到右进行一次折返跑，效果如图 8-43 所示。

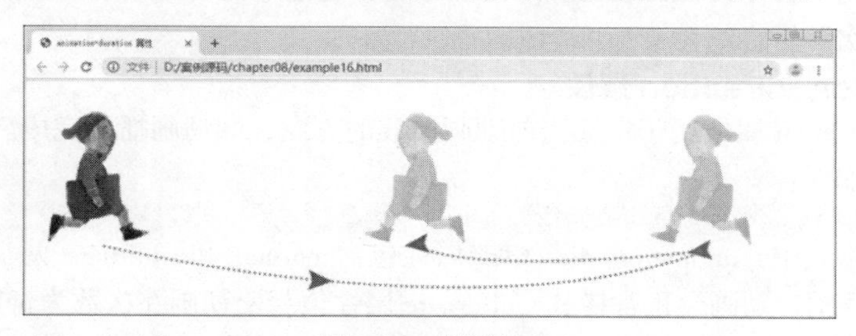

图8-43　动画效果

需要说明的是，还可以通过定位属性设置元素位置的移动，效果和平移效果一致。

4. animation-timing-function 属性

animation-timing-function 用来规定动画的速度曲线，可以定义使用哪种方式来执行动画速率。animation-timing-function 属性的语法格式如下：

```
animation-timing-function:value;
```

在上述语法中，animation-timing-function 的默认属性值为 ease。另外，animation-timing-function 还包括 linear、ease-in、ease-out、ease-in-out、cubic-bezier(n,n,n,n)等常用属性值，具体如表 8-11 所示。

表 8-11　animation-timing-function 的常用属性值

属性值	描述
linear	动画从头到尾的速度是相同的
ease	默认属性值，动画以低速开始，然后加快，在结束前变慢
ease-in	动画以低速开始
ease-out	动画以低速结束
ease-in-out	动画以低速开始和结束
cubic-bezier(n,n,n,n)	在 cubic-bezier 函数中自己的值，取值范围一般是从 0～1 的数值

例如想让元素匀速运动，可以为元素添加以下示例代码：

```
animation-timing-function:linear; /*定义匀速运动*/
```

5. animation-delay 属性

animation-delay属性用于定义执行动画效果延迟的时间，即规定动画从什么时候开始，其基本语法格式如下：

```
animation-delay:time;
```

在上述语法中，参数 time 用于定义动画开始前等待的时间，其单位是秒或者毫秒，默认属性值为 0。animation-delay 属性适用于所有的块元素和行内元素。

例如，让添加动画的元素在 2 秒后播放动画效果，可以在该元素中添加如下代码：

```
animation-delay:2s;
```

此时，刷新浏览器页面，动画开始前将会延迟 2 秒的时间，然后才开始执行动画。需要说明的是，animation-delay 属性也可以设置负值，当设置为负值后，动画会跳过该时间播放。

6. animation-iteration-count 属性

animation-iteration-count 属性用于定义动画的播放次数，其基本语法如下：

```
animation-iteration-count: number |infinite;
```

在上述语法格式中，animation-iteration-count 属性初始值为 1。如果属性值为数字（number），则表示播放动画的次数，即动画循环播放多少次；如果是 infinite，则指定动画循环播放。例如下面的示例代码：

```
animation-iteration-count:3;
```

在上面的代码中，使用 animation-iteration-count 属性定义动画效果需要播放 3 次，动画效果将连续播放 3 次后停止。

7. animation-direction 属性

animation-direction 属性用于定义当前动画播放的方向，即动画播放完成后是否逆向交替循环。其基本语法如下：

```
animation-direction: normal|alternate;
```

在上述语法格式中，animation-direction 属性包括 normal 和 alternate 两个属性值。其中，normal 为默认属性值，动画会正常播放，alternate 属性值会使动画在次数为奇数时（如 1、3、5 等）正常播放，而在次数为偶数时（如 2、4、6 等）逆向播放。因此要想使 animation-direction 属性生效，首先要定义 animation-iteration-count 属性（播放次数），只有动画播放次数大于等于 2 时，animation-direction 属性才会生效。

下面通过一个小球滚动案例来演示 animation-direction 属性的用法，如例 8-17 所示。

例 8-17　example17.html

```
1  <!doctype html>
2  <html>
3  <head>
4  <meta charset="utf-8">
5  <title>animation-duration 属性</title>
6  <style type="text/css">
7  div{
8       width:200px;
9       height:150px;
10      border-radius:50%;
11      background:#F60;
12      animation-name:mymove;          /*定义动画名称*/
13      animation-duration:8s;          /*定义动画时间*/
14      animation-iteration-count:2;  /*定义动画播放次数*/
15      animation-direction:alternate;/*动画逆向播放*/
16      }
17 @keyframes mymove{
```

```
18      from {transform:translate(0) rotateZ(0deg);}
19      to {transform:translate(1000px) rotateZ(1080deg);}
20 </style>
21 </head>
22 <body>
23 <div></div>
24 </body>
25 </html>
```

在例 8-17 中，第 14～15 行代码设置了动画的播放次数和逆向播放，此时图形第 2 次的动画效果就会逆向播放。

运行例 8-17，效果如图 8-44 所示。

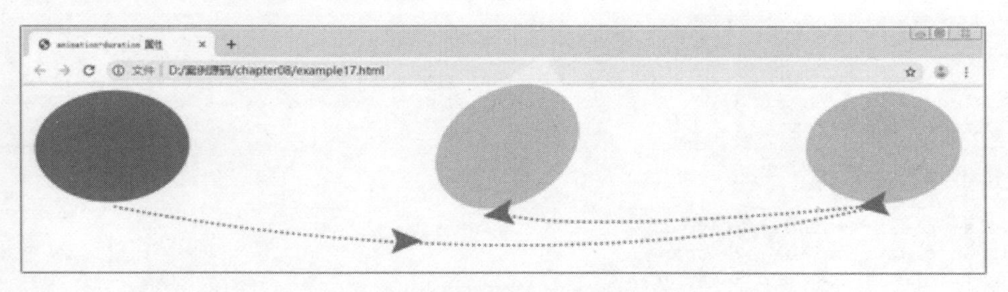

图8-44　逆向动画效果

8. animation 属性

animation 属性是一个简写属性，用于在一个属性中设置 animation-name、animation-duration、animation-timing-function、animation-delay、animation-iteration-count 和 animation-direction 共 6 个动画属性。其基本语法格式如下：

```
animation: animation-name animation-duration animation-timing-function animation-delay
animation-iteration-count animation-direction;
```

在上述语法中，使用 animation 属性时必须指定 animation-name 和 animation-duration 属性，否则动画效果将不会播放。下面的示例代码是一个简写后的动画效果代码。

```
animation:mymove 5s linear 2s 3 alternate;
```

上述代码也可以拆解为：

```
animation-name:mymove;                  /*定义动画名称*/
animation-duration:5s;                  /*定义动画时间*/
animation-timing-function:linear;       /*定义动画速率*/
animation-delay:2s;                     /*定义动画延迟时间*/
animation-iteration-count:3;            /*定义动画播放次数*/
animation-direction:alternate;          /*定义动画逆向播放*/
```

案例实现

1. 结构分析

宝石旋转案例的结构比较简单，主要由背景、外圆环、内圆环、宝石、光这 5 个部分组成。其中，背景可以使用一个<div>标签来定义，内部的外圆环、内圆环、宝石和光可以在<div>标签内部嵌套 4 个<span>标签来定义，具体结构如图 8-45 所示。

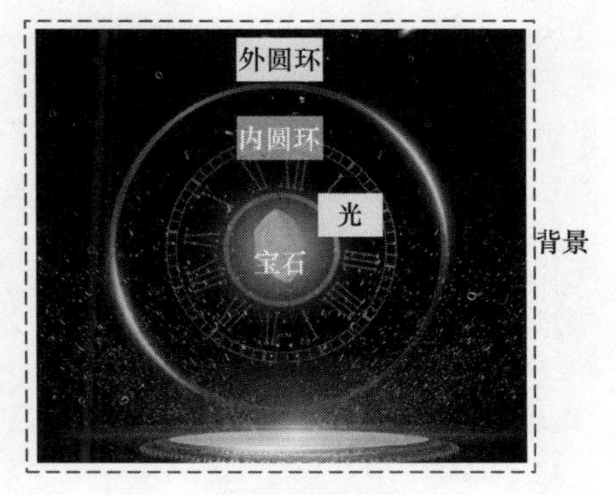

图8-45　结构分析

2. 样式分析

制作宝石旋转案例时，可以根据不同的结构定义相应的样式，具体思路如下。

① 设置背景样式，需要为背景设置宽度、高度、背景图像，并设置相对定位属性。
② 设置外圆环样式，主要为外圆环设置绝对定位和顺时针旋转动画。
③ 设置内圆环样式，主要为内圆环设置绝对定位和逆时针旋转动画。
④ 设置宝石样式，主要为宝石设置绝对定位和缩放动画。
⑤ 设置光的样式，可以定义一个小盒子，设置一个阴影放大的动画，实现发光效果。

3. 制作页面结构

根据上面的分析，使用相应的 HTML 标签来搭建网页结构，如例 8-18 所示。

例 8-18　example18.html

```
 1 <!doctype html>
 2 <html>
 3 <head>
 4 <meta charset="utf-8">
 5 <title>宝石旋转</title>
 6 </head>
 7 <body>
 8     <div>
 9 <span class="waihuan"></span>
10 <span class="neihuan"></span>
11     <span class="shitou"></span>
12     <span class="guang"></span>
13 </div>
14 </body>
15 </html>
```

运行例 8-18，由于没有添加内容和样式，此时页面没有任何效果。

4. 定义 CSS 样式

搭建完页面的结构后，下面使用 CSS 对页面进行修饰。采用从整体到局部的方式实现宝石旋转案例的样式效果，具体如下。

（1）清楚默认样式

```
*{margin:0; padding:0; list-style:none;}
```

（2）设置背景样式

```
div{
    width:592px;
    height:534px;
    position:relative;
    background:url(images/mofa.png) no-repeat;
    }
```

（3）设置外圆环样式

```
 1 .waihuan{
 2     display:inline-block;
 3     width:503px;
 4     height:477px;
 5     background:url(images/waihuan.png) no-repeat;
 6     position:absolute;
 7     left:8%;
 8     top:7%;
 9     animation:xuanzhuan1 10s linear 0s infinite ;
10     }
11 @keyframes xuanzhuan1{
12     from{
13         transform:rotate(0);
14     }
15     to{
16         transform:rotate(360deg);
17     }
18 }
```

在上面的代码中，第 11~18 行代码用于设置动画顺时针旋转 360° 。

（4）设置内圆环样式

```
1  .neihuan{
2      display:inline-block;
3      width:274px;
4      height:274px;
5      background:url(images/neihuan.png) no-repeat;
6      position:absolute;
7      left:27%;
8      top:25%;
9      animation:xuanzhuan2 30s linear 0s infinite ;
10     }
11 @keyframes xuanzhuan2{
12     from{
13         transform:rotate(360deg);
14     }
15     to{
16         transform:rotate(0);
17     }
18 }
```

在上面的代码中，第 11~18 行代码用于设置动画逆时针旋转 360° 。

（5）设置宝石样式

```
1  .shitou{
2      display:inline-block;
3      width:142px;
4      height:220px;
5      background:url(images/shitou.png) no-repeat;
6      position:absolute;
7      left:45%;
8      top:42%;
9      animation:fangda 1s linear 0s infinite alternate;
10     }
11 @keyframes fangda{
12     from{
13         transform:scale(1);
14     }
15     to{
16         transform:scale(1.03);
17     }
18 }
```

在上面的代码中，第 11~18 行代码用于设置魔法石放大到 1.03 倍。

（6）设置光的样式

```
1  .guang{
2      display:inline-block;
3      width: 1px;
4      height:1px;
5      border-radius:50%;
6      animation:faguang 1s linear 0s infinite alternate;
7      position:absolute;
8      left:50%;
9      top:50%;
10 }
11 @keyframes faguang{
12     from{
13         box-shadow: 0px 0px 30px 30px #ff6c00;
14     }
15     to{
16         box-shadow: 0px 0px 60px 60px #feb002;
17     }
18 }
```

在上面的代码中，第 11~18 行代码用于设置光的阴影大小变化的动画。

至此，完成“宝石旋转”的 CSS 样式部分。刷新例 8-18 所在的页面，此时页面中的宝石会展现出样式分析的动画效果。

8.5 动手实践

学习完前面的内容，下面来动手实践一下吧。

请结合给出的素材，运用 animation 属性，实现“风车转动”的动画效果。其效果如图 8-46 所示。

图8-46 “风车转动”效果展示

第 9 章

简单的JavaScript

学习目标

★ 了解什么是JavaScript。

★ 掌握JavaScript 的特点和引入方式。

★ 掌握JavaScript 基本语法，能够编写简单的 JavaScript 程序。

★ 掌握JavaScript 中变量的用法，能够声明变量并为变量赋值。

★ 掌握函数的知识，能够声明和调用函数。

通过前面章节的学习，相应大家已经能够运用 HTML 和 CSS 技术来搭建各式各样的网页了。但是无论使用 HTML 和 CSS 制作的网页多么漂亮，最多实现的也只是一些小的动画效果，如果想要网页实现真正的动态交互效果（如焦点图切换、下拉菜单等），还需要使用 JavaScript 技术。本章将对 JavaScript 的知识做详细讲解。

9.1 【案例 31】身份验证

案例描述

在浏览网页时，既可以看到静态的文本、图像，也可以看到浮动的动画以及弹出的对话框等。要想实现页面上这些动态的、可交互的网页效果就需要使用 JavaScript 语言。本节将运用 JavaScript 常用的输出语句，制作一个“身份验证”的交互案例，其效果如图 9-1 所示。

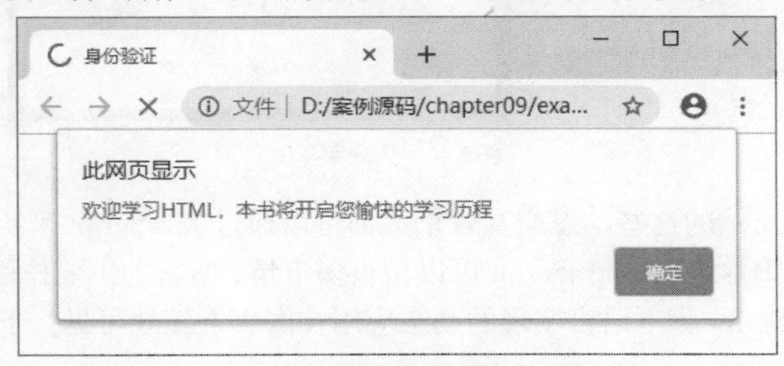

图9-1　“身份验证”案例效果1

当单击“确定”按钮，会弹出一个输入姓名的提示框，效果如图 9-2 所示。

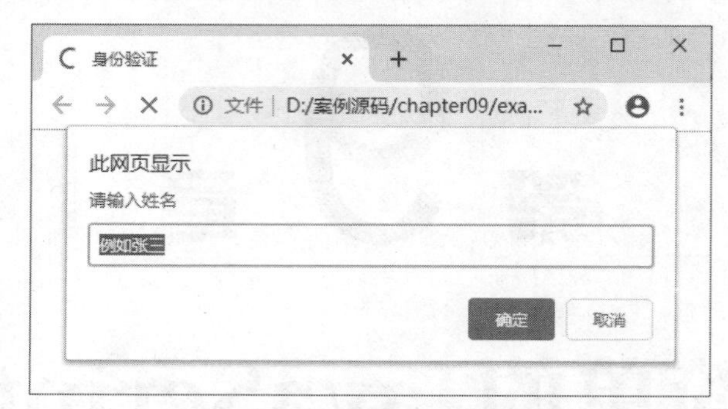

图9-2　“身份验证”案例效果2

知识引入

1. 认识 JavaScript

说起 JavaScript，其实大家并不陌生，在我们浏览的网页中或多或少都有 JavaScript 的影子。例如，浏览网页的焦点图时，每隔一段时间，焦点图就会自动切换（如图 9-3 所示）；当单击网站导航时会弹出一个列表菜单（如图 9-4 所示）。

图9-3　焦点图自动切换

图9-4　列表菜单

图 9-3 和图 9-4 所示的这些动态交互效果，都可以通过 JavaScript 来实现。

作为一门独立的脚本语言，JavaScript 可以做很多事情，但它的主要作用还是在 Web 上创建网页特效。使用 JavaScript 脚本语言实现的动态应用在网页上随处可见。下面介绍 JavaScript 的几种常见应用。

（1）验证用户输入的内容

使用 JavaScript 可以在客户端对用户输入的内容进行验证。例如，在用户注册页面，用户需要输入相应的注册信息，例如手机号、昵称和密码等，如图 9-5 所示。如果用户在注册信息文本框中输入的信息不符合注册要求，或在“确认密码”和“密码”文本框中输入的信息不同，将弹出相应的提示信息（一些简单的提示信息可以使用 HTML5 表单验证），如图 9-6 所示。

图9-5　用户注册页面

图9-6　弹出提示信息

（2）网页动态效果

使用 JavaScript 脚本语言可以实现网页中一些动态效果，例如在页面中可以实现焦点图切换效果，如图 9-7 所示。

（3）窗口的应用

在与网页进行某些交互操作时，页面经常会弹出一些提示框，告诉用户该如何操作，如图 9-8 所示，这些提示框可以通过 JavaScript 来实现。

图9-7　焦点图切换效果

图9-8　提示框

（4）文字特效

使用 JavaScript 脚本语言可以制作多种特效文字，例如文字掉落效果，如图 9-9 所示。

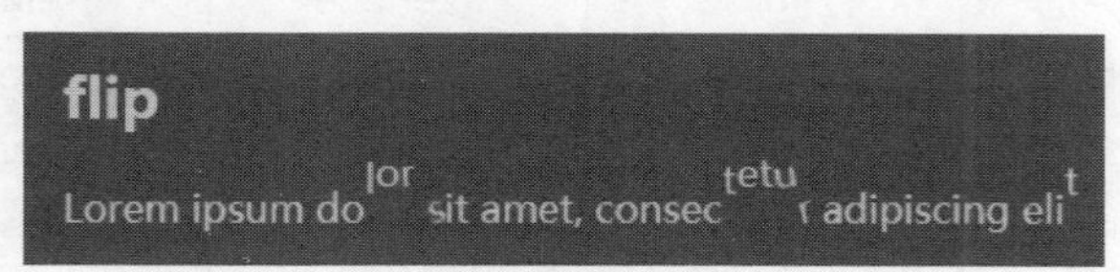

图9-9　文字掉落效果

图 9-9 只是动态效果的一张截图，当运用 JavaScript 实现效果后，文字会有一个从上到下掉落的变化。

2. JavaScript 的语法规则

每一种计算机语言都有自己的语法规则，只有遵循语法规则，才能编写出符合要求的代码。在使用 JavaScript 语言时，需要遵循一定的语法规则，例如执行顺序、大小写和注释规范等，下面将对 JavaScript 的语法规则做具体介绍。

（1）按从上到下的顺序执行

JavaScript 程序按照在 HTML 文档中的排列顺序逐行执行。如果代码（例如函数、全局变量等）需要在整个 HTML 文件中使用，最好将这些代码放在 HTML 文件的<head></head>标签中。

（2）区分大小写字母

JavaScript 严格区分字母大小写。也就是说，在输入关键字、函数名、变量和其他标识符时，都必须采用正确的大小写形式。例如，变量 username 与变量 userName 是两个不同的变量。

（3）每行结尾的分号可有可无

JavaScript 语言并不要求必须以分号“;”作为语句的结束标志。如果语句的结束处没有分号，JavaScript 会自动将该行代码的结尾作为整个语句的结束。

例如，下面两行示例代码，虽然第 1 行代码结尾没有写分号，但也是正确的。

```
alert("您好，欢迎学习 JavaScript！")
alert("您好，欢迎学习 JavaScript！");
```

注意：

书写 JavaScript 代码时，为了保证代码的严谨性、准确性，最好在每行代码的结尾处加上分号。

（4）注释规范

使用 JavaScript 时，为了使代码易于阅读，需要为 JavaScript 代码添加一些注释。JavaScript 代码注释和 CSS 代码注释方式相同，也分为单行注释和多行注释，示例代码如下：

```
//我是单行注释
/*
我是多行注释 1
我是多行注释 2
我是多行注释 3
*/
```

3. 关键字

JavaScript 关键字，又被称为“保留字”（Reserved Words），是指在 JavaScript 语言中被事先定义好并赋予特殊含义的单词。但是，JavaScript 关键字不能作为变量名和函数名使用，否则会使 JavaScript 在载入过程中出现编译错误。JavaScript 的常用关键字如表 9-1 所示。

表 9-1　JavaScript 的常用关键字

abstract	continue	finally	instanceof	private	this
boolean	default	float	int	public	throw
break	do	for	interface	return	typeof
byte	double	function	long	short	true
case	else	goto	native	static	var
catch	extends	implements	new	super	void
char	false	import	null	switch	while
class	final	in	package	synchronized	with

4. JavaScript 的引入方式

JavaScript 脚本文件的引入方式与 CSS 样式文件类似。在 HTML 文档中引入 JavaScript 文件主要有 3 种方式，即行内式、嵌入式、外链式。下面将对 JavaScript 的 3 种引入方式做详细讲解。

（1）行内式

行内式是将 JavaScript 代码作为 HTML 标签的属性值使用。例如，单击“test”时，弹出一个警告框提示“Happy”，具体示例如下：

```
<a href="javascript:alert('Happy');"> test </a>
```

JavaScript 还可以写在 HTML 标签的事件属性中，事件是 JavaScript 中的一种机制。例如，单击网页中的一个按钮时，就会触发按钮的单击事件，具体示例如下：

```
<input type="button"onclick="alert('Happy');" value="test" >
```

上述代码实现了单击“test”按钮时，弹出一个警告框提示“Happy”。

（2）嵌入式

在 HTML 中运用<script>标签及其相关属性可以嵌入 JavaScript 脚本代码。嵌入 JavaScript 代码的基本格式如下：

```
<script type="text/javascript">
JavaScript 语句;
</script>
```

上述语法格式中，type 是<script>标签的常用属性，用来指定 HTML 中使用的脚本语言类型。type="text/JavaScript"就是为了告诉浏览器，里面的文本为 JavaScript 脚本代码。但是随着 Web 技术的发展（HTML5 的普及、浏览器性能的提升），嵌入 JavaScript 脚本代码基本格式又有了新的写法，具体如下：

```
<script>
JavaScript 语句;
</script>
```

在上面的语法格式中，省略了 type="text/JavaScript"，这是因为新版本的浏览器一般将嵌入的脚本语言默认为 JavaScript，因此在编写 JavaScript 代码时可以省略 type 属性。

JavaScript 可以放在 HTML 中的任何位置，但放置的地方会对 JavaScript 脚本代码的执行顺序有一定影响。在实际运用中一般将 JavaScript 脚本代码放置在<head></head>标签之间或者</body>之前，两者的差异如下。

- *放置在<head></head>标签之间*

放置在<head></head>标签之间的 JavaScript 脚本代码会在页面加载完成之前就被优先载入。但是当通过 JavaScript 脚本代码控制 body 中的元素时，由于 body 的元素还未载入，此时会产生报错。因此一般都需要绑定一个监听事件，通过事件触发执行 JavaScript 脚本代码。例如下面的示例代码，这里只需要了解即可。

```
  windows.onload=function(){
     //这里放入执行代码
  }
```

- *放置在</body>标签之前*

放置在</body>标签之前的 JavaScript 脚本代码会在页面加载完成之后载入并执行，这样网页就不会报错，但这种方式不适用于一些只加载暂时不执行的 JavaScript 脚本代码。

下面展示的就是一段嵌入了 JavaScript 的示例代码。

```
<!doctype html>
<html>
<head>
<meta charset="utf-8">
<title>嵌入式</title>
```

```
</head>
<body>
<script type=" text/javascript">
    alert("我是 JavaScript 脚本代码！")
</script>
</body>
</html>
```

在上面的示例代码中，<script>标签中嵌入了 JavaScript 脚本代码。

（3）外链式

外链式是将所有的 JavaScript 代码放在一个或多个以“.js”为扩展名的外部 JavaScript 文件中，通过 src 属性将这些 JavaScript 文件链接到 HTML 文档中，其基本语法格式如下：

```
<script type="text/Javascript" src="脚本文件路径">
</script>
```

上述格式中，src 是<script>标签的属性，用于指定外部脚本文件的路径。同样的，在外链式的语法格式中，也可以省略 type 属性，将外链式的语法简写为：

```
<script src="脚本文件路径 ">
</script>
```

需要注意的是，调用外部 JavaScript 文件时，外部的 JavaScript 文件中可以直接书写 JavaScript 脚本代码，不需要写<script>引入标签。

在实际开发中，当需要编写大量、逻辑复杂的 JavaScript 代码时，推荐使用外链式方式。相比嵌入式方式，外链式方式的优势可以总结为以下两点。

- *利于后期修改和维护*

嵌入式方式会导致 HTML 与 JavaScript 代码混合在一起，不利于代码的修改和维护，外链式方式会将 HTML、CSS、JavaScript 三部分代码分离开来，利于后期的修改和维护。

- *减轻文件体积、加快页面加载速度*

嵌入式方式会将使用的 JavaScript 代码全部嵌入到 HTML 页面中，这就会增加 HTML 文件的体积，影响网页本身的加载速度，而外链式方式可以利用浏览器缓存，将需要多次用到的 JavaScript 脚本代码重复利用，既减轻了文件的体积，也加快了页面的加载速度。例如，在多个页面中引入了相同的.js 文件时，打开第 1 个页面后，浏览器就将.js 文件缓存下来，下次打开其他引用该.js 文件的页面时，浏览器就不用重新加载.js 文件了。

5. alert()方法

alert()方法用于弹出一个警告框，确保用户可以看到某些提示信息。利用 alert()可以很方便地输出一个结果，因此 alert()常用于测试程序。例如下面的示例代码。

```
alert("程序错误");
```

在网页中运行上述代码，效果如图 9-10 所示。

6. prompt()方法

prompt()方法用于弹出一个提示框，可以显示和提示用户输入信息，其语法格式如下。

```
prompt(内容 1, 内容 2);
```

在上面的语法格式中，prompt()方法的括号中可以输入两种内容，两段内容之间用英文逗号隔开。其中“内容 1”是在提示框中显示的提示文字。“内容 2”是默认的输入文本。例如下面的示例代码。

```
prompt('请输入姓名','例如张三')
```

在网页中运行上述代码，效果如图 9-11 所示。

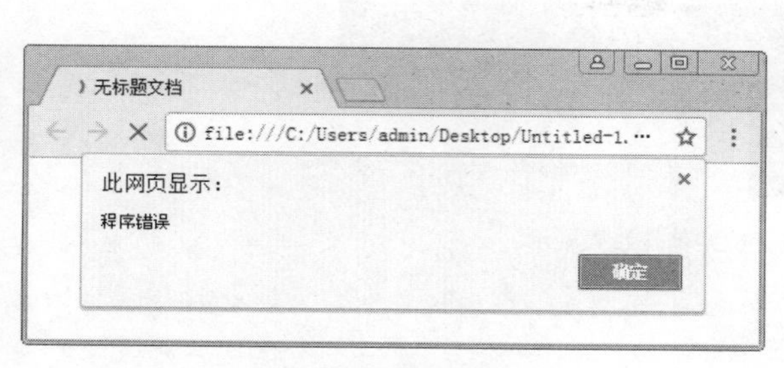

图9-10　警告框

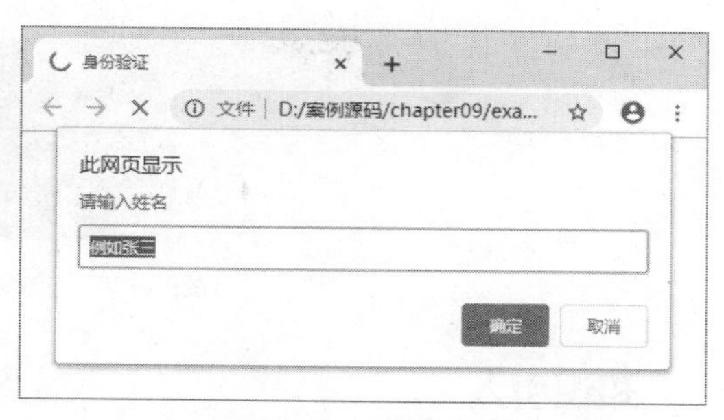

图9-11　提示框

如果用户单击提示框中的“取消”按钮，则返回 null；单击“确认”按钮，则返回输入字段当前显示的文本。

案例实现

1. 案例分析

通过图 9-1 和图 9-2 可以看出，“身份验证”案例比较简单，由一个 alert()方法和一个 prompt()方法构成。直接按照效果图输入相应的文字组内容，并将最后的 JavaScript 代码嵌入到 HTML 结构中。

2. 案例实现

下面根据上面的分析，完成“身份验证”案例的制作，如例 9-1 所示。

例 9-1　example01.html

```
1  <!doctype html>
2  <html>
3  <head>
4  <meta charset="utf-8">
5  <title>身份验证</title>
6  <script type="text/javascript">
7  alert('欢迎学习 HTML，本书将开启您愉快的学习历程');
8  prompt('请输入姓名','例如张三')
9  </script>
10 </head>
11 <body>
12 </body>
13 </html>
```

在上面的代码中，第 6~9 行为嵌入在 HTML 中的 JavaScript 代码，其中第 7 行代码用于设置警示框，第 8 行代码用于设置提示框。

运行例 9-1，即可实现图 9-1 和图 9-2 所示的样式效果。

9.2　【案例 32】商城下拉菜单

案例描述

下拉菜单是网页中一种常用的效果。使用下拉菜单不仅可以使网站结构清晰，方便用户查找相关网页，而且可以节约页面空间。本节将运用 JavaScript 的相关知识制作一个商城下拉菜单，效果如图 9-12 所示。当鼠标指针移至“数码家电”选项时，会弹出一个下拉菜单，效果如图 9-13 所示。当鼠标指针移出后，下拉菜单会消失。

图9-12　“商城下拉菜单”效果展示1

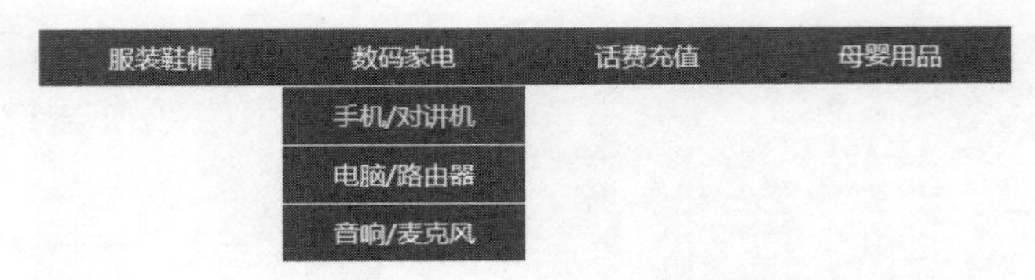

图9-13　“商城下拉菜单”效果展示2

知识引入

1. DOM 简介

网页文档在浏览器上进行解析时会自动转换为一个模型，这个模型就是 DOM（Document Object Model）。DOM 也称文档对象模型，通过该模型可以使用 JavaScript 脚本代码对网页文档的内容进行增加、删除、修改、查找的操作。图 9-14 为一个网页文档。

浏览器进行解析时，会按照层级关系构建文档对象模型，可以用一个树状层级结构来表示图 9-14 的网页文档，如图 9-15 所示。

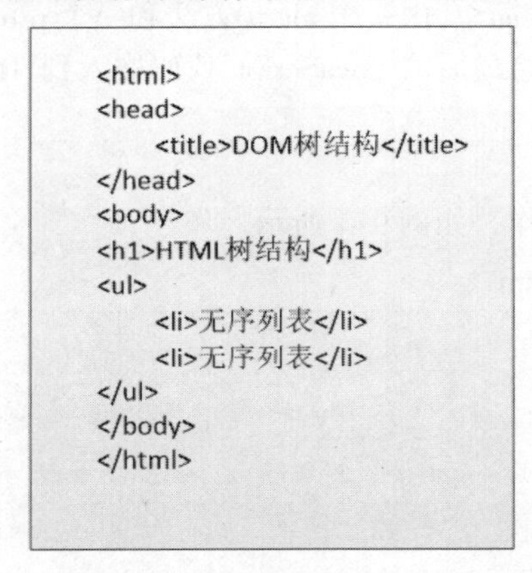

```
<html>
<head>
    <title>DOM树结构</title>
</head>
<body>
<h1>HTML树结构</h1>
<ul>
    <li>无序列表</li>
    <li>无序列表</li>
</ul>
</body>
</html>
```

图9-14　网页文档

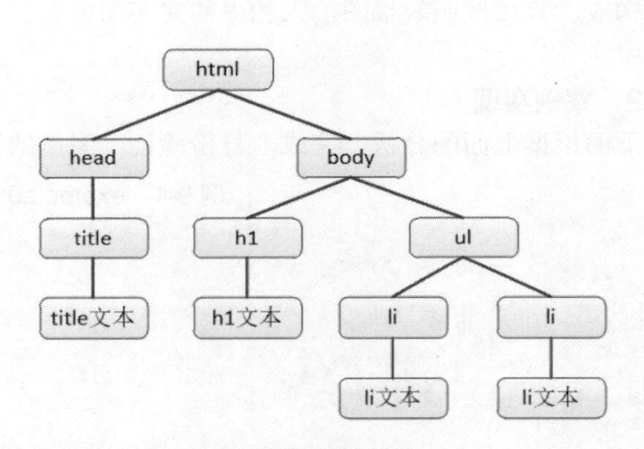

图9-15　树状层级结构

在图 9-15 所示的树状层级结构中，把每一个层级模块称之为一个“节点”（HTML 文档中的所有内容都是节点），因此这个树状的层级结构也被称为“节点树”，即图 9-15 中“html”“head”“body”“li”等都表示节点。当获取节点后，就可以使用 JavaScript 控制与这个节点对应的网页文档标签。

需要说明的是，根据节点层级关系的不同，可以把节点分为根节点、父节点、子节点和兄弟节点，具体介绍如下。

- 根节点：位于节点树的最顶层，每个节点树有一个根节点，例如图 9-15 中的“html”就是根节点。
- 父节点：某个节点的上一级节点，统称为父节点。例如图 9-15 中“ul”是两个“li”的父节点。
- 子节点：某个节点的下一级节点，统称为子节点。例如图 9-15 中“li”是“ul”的子节点。
- 兄弟节点：具有相同父节点的两个节点，被称为兄弟节点。

2. 对象

说起对象，一些 JavaScript 初学者可能会感到陌生，但是如果把对象放在计算机领域外的生活中，对象意味着什么呢？其实在生活中，我们接触到的形形色色的事物都是对象。例如，网页可以看作一个对象，它既包含背景色、布局等属性，也包含打开、跳转、关闭等使用方法，可见对象就是属性和方法的集合。作为一个实体，对象包含属性和方法两个要素，具体解释如下。

- 属性：用来描述对象特性的数据。
- 方法：用来操作对象的若干动作。

在 JavaScript 中，通过访问或设置对象的属性，调用对象的方法，就可以对对象进行各种操作。在程序中若要调用对象的属性或方法，则需要在对象后面加上一个点“.”，然后再加上属性名或方法名。例如下面的示例代码：

```
screen.width      //调用对象属性
Math.sqrt(x)      //调用对象方法
```

上述代码中，第 1 行代码用于调用对象的属性，表示通过 screen 对象的 width 属性获取宽度。第 2 行代码用于调用对象的方法，表示通过 Math 对象的 sqrt()方法获取 x 的平方根。

在 JavaScript 中有若干对象，这里介绍网页制作中最常用的 document 对象。document 表示文档对象，包含了大量的属性和方法，代表整个 HTML 文档。每一个载入浏览器的 HTML 文档都会成为 document 对象，只有通过 document 对象，才能获取某个 HTML 文档中的对象。

3. 访问节点

要想控制某个节点，首先要查找到这个节点，这个查找过程就是访问节点。表 9-2 列举了访问节点的常用方法，具体如下。

表 9-2 访问节点的常用方法

类型	方法	说明
访问节点	getElementById()	获取拥有指定 id 的节点
	getElementsByName()	获取带有指定 name 属性名称的节点
	getElementsByTagName()	获取带有指定标签名的节点
	getElementsByClassName()	获取指定 class 的节点（不支持 IE6~IE8 浏览器）

从表 9-1 中可以看出，使用不同方法可以访问 HTML 文档中指定 id、name、class 或标签名的元素。例如想要访问 id 名为“box”的节点，可以书写下面的代码样式。

```
document.getElementById('box')
```

4. 设置节点样式

style 对象可以用来设置节点的样式，通过 style 对象可以动态调用节点的内嵌样式，从而获得所需要的效果。style 对象应用的基本语法格式如下。

```
对象.style.属性='属性值';
```

在上面的语法格式中，对象是指要设置样式的节点名字，和 style 之间用“.”连接。属性值需要加引号，可以为单引号或双引号（一般常用单引号）。style 对象的属性和 CSS 的样式属性用法基本相似，但部分属性的拼写不同。例如，设置背景颜色的代码。

```
#test{width:200px;}          //CSS 样式设置宽度
#test{background-color:#000;}//CSS 样式设置背景颜色
test.style.width='200px';//style 对象属性设置宽度
test.style.backgroundColor='#000';//style 对象属性设置背景颜色
```

通过上面的示例代码可以看出，对于宽度属性 style 对象和 CSS 样式一致，但背景颜色属性二者写法不同，CSS 中带有“-”的样式（如 background-color）在 style 属性操作中需要修改为“驼峰式”（如 backgroundColor），即将第 2 个及后续单词的首字母改为大写形式。更多差异化的属性在选用时可查阅 https://www.w3school.com.cn。

多学一招：添加class属性设置节点样式

在 JavaScript中，通过设置元素的 class 属性可以更改某个节点的样式。节点的“className”

属性用于为节点指定更新的类名。下面通过一个案例进行具体演示，如例 9-2 所示。

例 9-2 example02.html

```
1  <!doctype html>
2  <html>
3  <head>
4  <meta charset="utf-8">
5  <title>为节点指定类名</title>
6  <style type="text/css">
7  .box{width:100px; height:100px; background:#FC0;}
8  </style>
9  </head>
10 <body>
11 <div id="test"></div>
12 <script type="text/javascript">
13 document.getElementById('test').className='box';
14 </script>
15 </body>
16 </html>
```

在例 9-2 中，第 7 行代码定义了一个类名为“.box”的 CSS 样式；第 13 行代码通过 JavaScript 脚本代码为 div 盒子添加一个“.box”的类名。

运行例 9-2，效果如图 9-16 所示。

图9-16 样式效果

5. 变量

当一个数据需要多次使用时，可以利用变量将数据保存起来。变量是指程序中一个已经命名的存储单元，它的主要作用就是为数据操作提供存放信息的容器。下面将对变量的命名、变量的声明与赋值进行讲解。

（1）变量的命名

在 JavaScript 中，可以使用字母、数字和一些符号来命名变量。在命名变量时需要注意以下原则。

- 必须以字母或下画线开头，中间可以是数字、字母或下画线。例如，number、_it123 均为合法的变量名，而 88shout、&num 为非法变量名。
- 变量名不能包含空格、加号、减号等符号。
- 不能使用 JavaScript 中的关键字（指在 JavaScript 脚本语言中被事先定义好并赋予特殊含义的单词字符）作为变量名，例如 var int。
- JavaScript 的变量名严格区分大小写，例如 UserName 与 username 代表两个不同的变量。

（2）变量的声明与赋值

在 JavaScript 中使用“var”关键字声明变量，这种直接使用 var 声明变量的方法，被称为“显式声明变量”，显式声明变量的基本语法格式如下：

```
var 变量名;
```

为了让初学者掌握声明变量的方法，通过以下代码进行演示。

```
1  var sales;
2  var hits, hot, NEWS;
3  var room_101, room102;
4  var $name, $age;
```

在上面的示例代码中，利用关键字 var 声明变量。其中第 2 ~ 4 行变量名之间用逗号“,”隔开，实现一条语句同时声明多个变量的目的。

可以在声明变量的同时为变量赋值，也可以在声明完成之后，为变量赋值，例如下面的示例代码。

```
1  var unit, room;                    // 声明变量
2  var unit = 3;                      // 为变量赋值
3  var room = 1001;                   // 为变量赋值
4  var fname = 'Tom', age = 12;       // 声明变量的同时赋值
```

在上面的示例代码中，均通过关键字 var 声明变量。其中第 1 行代码同时声明了"unit""room"两个变量，第 2、3 行代码为这两个变量进行赋值，第 4 行声明了"fname""age"两个变量，并在声明变量的同时为它们赋值。

需要说明的是，在声明变量时，也可以省略关键字 var，通过赋值的方式声明变量，这种方式称为"隐式声明变量"。例如，下面的示例代码。

```
flag = false;             // 声明变量 flag 并为其赋值 false
a = 1, b = 2;             // 声明变量 a 和 b 并分别为其赋值为 1 和 2
```

在上面的示例代码中，直接省略掉 var，通过赋值的方式声明变量。需要注意的是。由于 JavaScript 采用的是动态编译，程序运行时不容易发现代码中的错误，所以本书仍然推荐读者使用显式声明变量的方法。

注意：

如果重复声明的变量已经有一个初始值，那么再次声明就相当于对变量的重新赋值。

6. 函数

在 JavaScript 程序中，经常会遇到功能需要多次重复操作的情况，这时就需要重复书写相同的代码，这样不仅增加了开发人员的工作量，而且增加了代码后期维护的困难。为此，JavaScript 提供了函数，它可以将程序中烦琐的代码模块化，提高程序的可读性，并且便于后期维护。下面将对函数的相关知识进行讲解。

（1）函数的定义

在 JavaScript 程序设计中，为了使代码更为简洁并可以重复使用，通常会将某段实现特定功能的代码定义成一个函数。所谓的函数就是在计算机程序中由多条语句组成的逻辑单元。在 JavaScript 中，函数使用关键字 function 来定义，其语法格式如下：

```
    function 函数名 ([参数1,参数2,……]) {
    函数体
}
```

从上述语法格式可以看出，函数由关键字"function""函数名""参数"和"函数体"4 个部分来定义，对它们的解释如下。

- function：在声明函数时必须使用的关键字。
- 函数名：创建函数的名称，使用者自行定义，函数名是唯一的。
- 参数：外界传递给函数的值，它是可选的，因此可以为空。当有多个参数时，各参数用","分隔。
- 函数体：函数定义的主体，专门用于实现特定的功能。

了解了函数定义的语法格式后，下面通过程序来定义一个函数，如例 9-3 所示

例 9-3　example03.html

```
1  <!doctype html>
2  <html>
3  <head>
4  <meta charset="utf-8">
5  <title>定义函数</title>
6  <script type="text/javascript">
```

```
7     function hello(){
8       alert("你好，欢迎学习函数！");
9     }
10 </script>
11 </head>
12 <body>
13 </body>
14 </html>
```

在例 9–3 中，<head></head>标签之间定义了一个简单的函数“hello()”，它没有定义参数，并且函数体中仅使用 alert()方法做一个警告框。但是，此时运行页面，没有任何效果。因为当用 function 定义一个函数时，其效果只是相当于用一个函数名标识了一段代码，这段代码的执行需要一个被称为“函数调用”的机制来激活。

（2）函数的调用

函数定义后并不会自动执行，而是需要在特定的位置调用函数。函数的调用非常简单，只需引用函数名，并传入相应的参数即可。函数调用的语法格式如下：

```
函数名称([参数 1,参数 2,……])
```

在上述语法格式中，“[参数 1，参数 2...]”是可选的，用于表示参数列表，其值可以是一个或多个。例如调用例 9–3 中的函数，可以在第 9 行和第 10 行之间添加如下代码。

```
hello();
```

此时运行案例代码，效果如图 9–17 所示。页面弹出函数定义的警告框。

图9–17　函数的调用

（3）函数中变量的作用域

函数中的变量需要先定义后使用，但这并不意味着定义变量后就可以随时使用。变量需要在它的作用范围内才可以被使用，这个作用范围称为变量的作用域。变量的作用域取决于这个变量是哪一种变量，在 JavaScript 中，变量一般分为全局变量和局部变量，具体解释如下。

- 全局变量：定义在所有函数外，作用于整个程序的变量。
- 局部变量：定义在函数体内，作用于函数体的变量。

为了让大家进一步了解全局变量和局部变量的用法，下面通过一个警告框案例进行具体演示，如例 9–4 所示。

例 9-4　example04.html

```
1  <!doctype html>
2  <html>
3  <head>
4  <meta charset="utf-8">
5  <title>变量的作用域</title>
6  <script type="text/javascript">
7       function send1(){
8            var a="欢迎来到"   //该变量在函数内声明，只作用于该函数体
9            var b="芭提雅";   //该变量在函数内声明，只作用于该函数体
10           alert(a+b);
11      }
12      function send2(){
13           var c="曼谷";   //该变量在函数内声明，只作用于该函数体
14           alert(a+c);
15      }
16 </script>
17 </head>
```

```
18 <body>
19 <script type="text/javascript">
20   send1();
21   send2();
22 </script>
23 </body>
24 </html>
```

在例 9-4 中，定义了两个函数“send1()”和“send2()”。其中变量 a 和变量 b 属于函数“send1()”的局部变量，变量 c 属于函数“send2()”的局部变量。其中，第 7 ~ 11 行代码用于弹出“欢迎来到芭提雅”的警告框。第 12 ~ 15 行代码用于弹出“欢迎来到曼谷”的警告框。

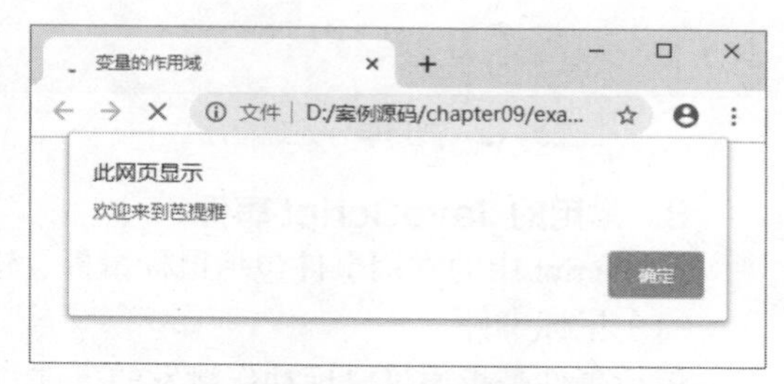

图9-18　警告框效果1

运行例 9-4，如图 9-18 所示。

在图 9-18 所示的案例效果中单击“确定”按钮，并没有弹出预期的第 2 个警告框。这是因为变量 a 属于局部变量，只能对“send1()”函数起作用。此时可以将变量 a 放到例 9-3 的第 6 行代码和第 7 行代码之间，此时变量 a 属于全局变量对整个程序起作用。示例代码如下。

```
<script type="text/javascript">
    var a="欢迎来到"   //该变量在函数外声明，作用于整个程序
    function send1(){
         var b="芭提雅";
         alert(a+b);
    }
```

此时保存并刷新例 9-4 所在的页面，两个警告框均可正常显示。

7. 事件和事件调用

事件是指可以被 JavaScript 侦测到的交互行为，例如在网页中滑动或单击鼠标、滚动屏幕、敲击键盘等。当发生事件后，可以利用 JavaScript 编程来执行一些特定的代码，从而实现网页的交互效果。

当事件发生后，要想事件处理程序能够启动，就需要调用事件处理程序。在 JavaScript 中调用事件处理程序，首先需要获得处理对象的引用，然后将要执行的处理函数赋值给对应的事件。为了便于初学者的理解和掌握，下面通过一个案例进行具体演示，如例 9-5 所示。

例 9-5　example05.html

```
1  <!doctype html>
2  <html>
3  <head>
4  <meta charset="utf-8">
5  <title>事件和事件调用</title>
6  </head>
7  <body>
8  <button id="save">单击按钮</button>
9  <script type="text/javascript">
10     var btn=document.getElementById("save");
11     btn.onclick=function(){
12          alert("轻松学习 JavaScript 事件");
13     }
14 </script>
15 </body>
16 </html>
```

在例 9-5 中，第 10~13 行代码为调用程序的示例代码。其中第 11 行代码的 onclick 是鼠标单击事件，关于鼠标单击事件，将会在后面的知识中详细讲解，这里了解即可。

运行例 9–5，运行结果如图 9–19 所示。

单击图 9–19 所示的“单击按钮”，将弹出图 9–20 所示的警示框。

图9–19　调用事件处理程序1

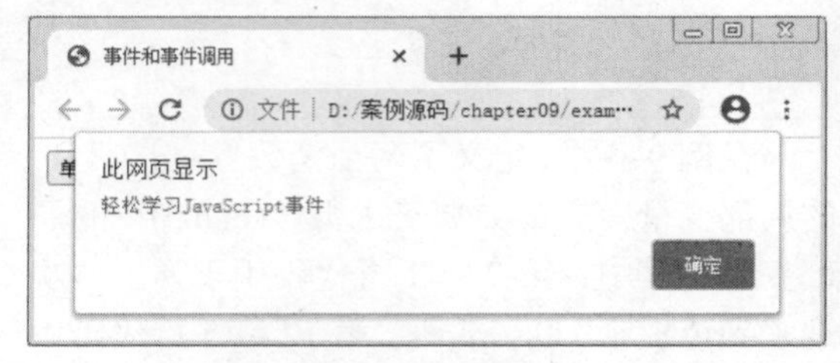

图9–20　弹出警告框

8. 常用的 JavaScript 事件

JavaScript 中的常用事件包括鼠标事件、键盘事件、表单事件和页面事件，具体介绍如下。

（1）鼠标事件

鼠标事件是指通过鼠标动作触发的事件，鼠标事件有很多，下面列举几个常用的鼠标事件，如表 9–3 所示。

表 9-3　JavaScript 中常用的鼠标事件

事件	事件说明
onclick	鼠标单击时触发此事件
ondblclick	鼠标双击时触发此事件
onmousedown	鼠标按下时触发此事件
onmouseup	鼠标弹起时触发的事件
onmouseover	鼠标移动到某个设置了此事件的元素上时触发此事件
onmousemove	鼠标移动时触发此事件
onmouseout	鼠标从某个设置了此事件的元素上离开时触发此事件

（2）键盘事件

键盘事件是指用户在使用键盘时触发的事件。例如，用户在 Word 中按“Enter”键实现换行，就是一个键盘事件。下面列举几个常用的键盘事件，如表 9–4 所示。

表 9-4　JavaScript 中常用的键盘事件

事件	事件说明
onkeydown	当键盘上的某个按键被按下时触发此事件
onkeyup	当键盘上的某个按键被按下后弹起时触发此事件
onkeypress	当输入有效的字符按键时触发此事件

（3）表单事件

表单事件是指对 Web 表单操作时发生的事件。例如，表单提交前对表单的验证，表单重置时的确认操作等。下面列举几个常用的表单事件，如表 9–5 所示。

表 9-5　JavaScript 中常用的表单事件

事件	事件说明
onblur	当前元素失去焦点时触发此事件
onchange	当前元素失去焦点并且元素内容发生改变时触发此事件
onfocus	当某个元素获得焦点时触发此事件
onreset	当表单被重置时触发此事件
onsubmit	当表单被提交时触发此事件

（4）页面事件

页面事件可以改变 JavaScript 代码的执行时间。表 9-6 中列举了常用的页面事件，具体如下。

表 9-6　JavaScript 中常用的页面事件

事件	事件说明
onload	当页面加载完成时触发此事件
onunload	当页面卸载时触发此事件

案例实现

1. 结构分析

图 9-13 所示的下拉菜单效果，由两个部分组成，分别为上面的导航栏和下面的菜单。其中，上面的导航栏可以使用<ul>定义，内部设置 4 个<li>列表项，各列表项的文字使用<a>标签嵌套。下面的菜单同样可以使用<ul>定义。这个<ul>嵌套在“数码家电”这个<li>的结构中。图 9-13 对应的结构如图 9-21 所示。

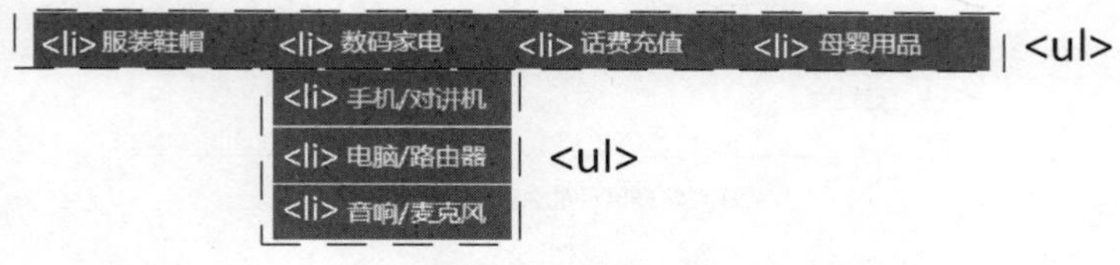

图9-21　结构分析

2. 样式分析

商城下拉菜单的样式比较简单，只需要为导航栏和菜单设置背景颜色、鼠标悬浮效果和浮动。

3. JavaScript 效果分析

商城下拉菜单案例需要借助 JavaScript 中的鼠标移入和鼠标离开事件来实现，具体可以分为以下几个步骤。

① 定义变量，获取导航中“数码家电”选项栏的 id。

② 定义变量，获取下面菜单的 id。

③ 添加鼠标移入事件和移出事件。

④ 通过 style 对象的 display 属性设置下面菜单的隐藏或显示。

4. 制作页面结构

根据上面的分析，使用相应的 HTML 标签来搭建网页结构，如例 9-6 所示。

例 9-6　example06.html

```
1  <!doctype html>
2  <html>
3  <head>
4  <meta charset="utf-8">
5  <title>商城下拉菜单</title>
6  </head>
7  <body>
8  <ul id="bg">
9       <li><a href="#">服装鞋帽</a></li>
10 <li id="btn">
11 <a href="#">数码家电</a>
12 <ul id="dis">
13 <li><a href="#">手机/对讲机</a></li>
14 <li><a href="#">电脑/路由器</a></li>
15 <li><a href="#">音响/麦克风</a></li>
16 </ul>
17 </li>
18 <li><a href="#">话费充值</a></li>
19 <li><a href="#">母婴用品</a></li>
20 </ul>
21 </body>
22 </html>
```

在例 9-6 中，第 12~16 行代码用于定义鼠标移入时的菜单。

运行例 9-6，效果如图 9-22 所示。

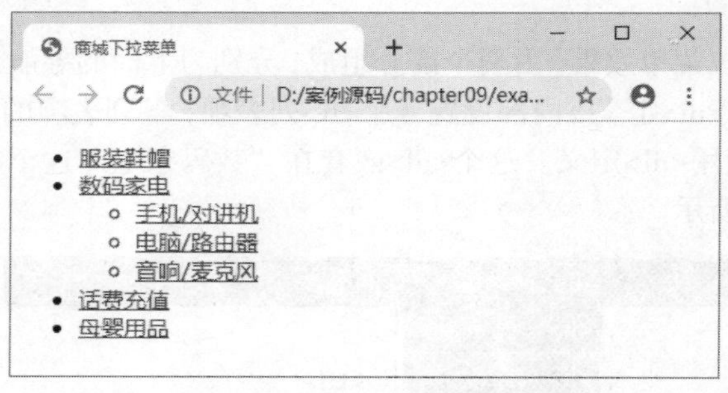

图9-22　HTML结构页面效果

5. 定义 CSS 样式

搭建完页面的结构后，下面通过 CSS 对页面的样式进行修饰，具体的 CSS 代码如下。

```
*{margin:0; padding:0; list-style:none; border:none; color:#fff;}
a:hover{color:#FF3;}
a:link,a:visited{text-decoration:none;}
#bg{
    width:600px;
    margin:30px auto;
}
a{
    width:150px;
    height:36px;
    display:inline-block;
    text-align:center;
    line-height:36px;
    background:#06F;
    }
li{float:left;}
#dis li{clear:left; margin-top:1px;}
```

此时，刷新例 9-6 所在的页面，效果如图 9-23 所示。

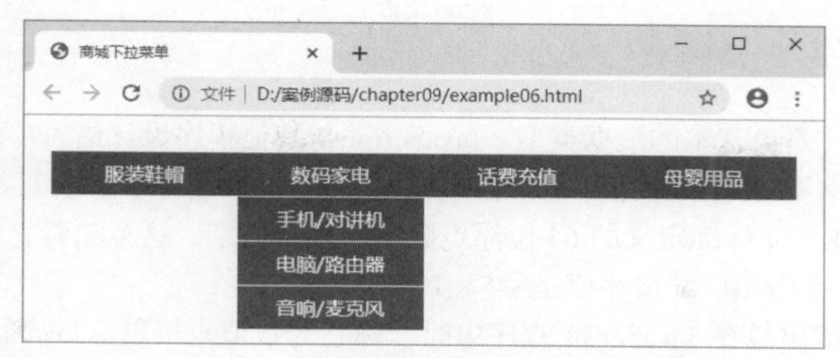

图9-23　“商城下拉菜单”CSS样式页面效果

6. 添加 JavaScript 特效

搭建完页面的结构并添加完 CSS 样式后，下面通过 JavaScript 控制下拉菜单的显示和隐藏，具体代码如下。

```
1  <script type="text/javascript">
2       var btn=document.getElementById('btn');
3       var dis=document.getElementById('dis');
4       btn.onmouseover=function(){
5           dis.style.display='block';
6       }
7       btn.onmouseout=function(){
8           dis.style.display='none';
9       }
10 </script>
```

在上面的代码中，第 4~6 行代码用于控制鼠标移入显示下拉菜单。第 7~8 行代码用于控制鼠标移出隐藏下拉菜单。至此完成“商城下拉菜单”的效果。

9.3 【案例 33】限时秒杀

案例描述

限时秒杀是指商家在某一限定的活动时间里，通过大幅度降低活动商品价格的方式，吸引更多的消费者参与，以达到营销的目的。作为一种有效的促销手段，限时秒杀已经被越来越多的网络商家所使用。本节将带领大家制作一款电商网站“限时秒杀”页面，其效果如图 9-24 所示。当秒杀结束后，页面中的倒计时会变成结束提示语，如图 9-25 所示。

图9-24　“限时秒杀”案例效果

图9-25　“秒杀结束”案例效果

知识引入

1. 数据类型

每一种计算机语言都有自己支持的数据类型。在 JavaScript 脚本语言中采用的是弱类型的方式，即一个数据可以不事先声明，而是在使用或赋值时再说明其数据类型。下面具体介绍

JavaScript 脚本中的几种数据类型。

（1）数值型

数字（number）是最基本的数据类型。JavaScript 与其他程序设计语言（例如 C 和 Java）的不同之处在于它并不区分整型数值和浮点型数值。在 JavaScript 中，所有数字都是数值型。JavaScript 采用 IEEE 754 标准定义的 64 位浮点数形式表示数字，这意味着它能表示的最大值是 $\pm 1.7976931348623157 \times 10^{308}$，最小值是 $\pm 5 \times 10^{-324}$。

当一个数字直接出现在 JavaScript 程序中时，称它为数值直接量。JavaScript 支持的数值直接量主要包括整型数据、十六进制和八进制数据、浮点型数据。例如：

```
整型数据：123
十六进制：0x5C
八进制：023
浮点型数据：3.14（即小数）
```

（2）字符串型

字符串（string）是由 Unicode 字符、数字、标点符号等组成的序列，它是 JavaScript 用来表示文本的数据类型。程序中的字符串型数据包含在单引号或双引号中，由单引号定界的字符串中可以包含双引号，由双引号定界的字符串中也可以包含单引号，具体示例如下。

- 单引号括起来的一个或多个字符，示例代码如下：

```
'啊'
'传智播客网页平面设计学院'
```

- 双引号括起来的一个或多个字符，示例代码如下：

```
"快"
"我要学习 JavaScript"
```

- 单引号定界的字符串中可以包含双引号，示例代码如下：

```
'name="myname"'
```

- 双引号定界的字符串中可以包含单引号，示例代码如下：

```
"You can call me'Tom'!"
```

（3）布尔型

数值型数据类型和字符串型数据类型的值有无穷多个，但布尔型数据类型只有两个值，分别由“true”和“false”表示。一个布尔值代表一个“真值”，它说明某个事物是真还是假。

在 JavaScript 程序中，布尔值通常用来比较所得的结果。例如：

```
n==1
```

这行代码测试了变量 n 的值是否与数值 1 相等。如果相等，比较的结果就是布尔值 true，否则结果就是 false。

布尔值通常用于 JavaScript 的控制结构，例如 JavaScript 的 if...else 语句就是在布尔值为 true 时执行一个动作，而在布尔值为 false 时执行另一个动作。示例如下：

```
if (n==1)
  m=n+1;
else
  n=n+1;
```

上述代码检测了 n 是否等于 1。如果相等，则 m=n+1，否则 n=n+1。

关于 if...else 语句，将在后面详细介绍。

（4）特殊数据类型

除了上面介绍的几种数据类型，JavaScript 还包括一些特殊类型的数据，如转义字符、未定义值等，具体介绍如下。

- 转义字符

以反斜杠开头的不可显示的特殊字符通常称为控制字符，也被称为转义字符。通过转义字符，可以在字符串中添加不可显示的特殊字符，还可以避免引号匹配引起的混乱问题。JavaScript

常用的转义字符如表 9–7 所示。

表 9-7　JavaScript 常用的转义字符

转义字符	描述	转义字符	描述
\b	退格	\v	跳格（Tab、水平）
\n	回车换行	\r	换行
\t	Tab 符号	\\	反斜杠
\f	换页	\ooo	八进制整数，范围 000~777
\'	单引号	\xHH	十六进制整数，范围 00~FF
\"	双引号	\uhhhh	十六进制编码的 Unicode 字符

- 未定义值

未定义类型的变量是 undefined，表示变量还没有赋值，或者赋予一个不存在的属性值（如 var a=String.notProperty;）。

此外，JavaScript 中还有一种特殊类型的数字常量 NaN，即“非数字”。当程序由于某种原因计算错误后，将产生一个没有意义的数字，此时 JavaScript 返回的数值就是 NaN。

- 空值（null）

JavaScript 中的关键字 null 是一个特殊的值，它表示空值，用于定义空的或不存在的引用。在程序中，如果引用一个没有定义的变量，则返回一个 null 值。需要注意的是，null 不等于空字符串（""）和 0。

由此可见，null 与 undefined 的区别是，null 表示一个变量被赋予了一个空值，而 undefined 则表示该变量尚未被赋值。

2. 运算符

在数学计算中，可以使用加减乘除符号来进行数字的运算。同样，在程序中如果想执行特定的程序代码运算也需要使用相应的符号，这个符号就是运算符。运算符是程序执行特定算术或逻辑操作的符号，用于执行程序代码运算。JavaScript 中的运算符主要包括算术运算符、比较运算符、赋值运算符、逻辑运算符和条件运算符，具体介绍如下。

（1）算术运算符

算术运算符用于连接运算表达式，主要包括加（+）、减（–）、乘（*）、除（/）、取模（%）、自增（++）、自减（– –）等运算符，常用的算术运算符如表 9–8 所示。

表 9-8　常用的算术运算符

算术运算符	描述
+	加运算符
–	减运算符
*	乘运算符
/	除运算符
++	自增运算符，该运算符有 i++(在使用 i 之后，使 i 的值加 1)和++i（在使用 i 之前，先使 i 的值加 1）两种
– –	自减运算符，该运算符有 i––(在使用 i 之后，使 i 的值减 1)和––i（在使用 i 之前，先使 i 的值减 1）两种

了解了表 9–8 所示的常用的算术运算符后，下面使用算术运算符来完成一个简单的计算，

如例 9–7 所示。

例 9-7 example07.html

```
1  <!doctype html>
2  <html>
3  <head>
4  <meta charset="utf-8">
5  <title>算数运算符</title>
6  </head>
7  <body>
8  <pre>
9  <script type="text/javascript">
10     var list,rate=0.05,paid=105,tax;
11     list=paid/(1+rate);
12     tax=paid-list;
13     document.writeln("标价="+list);
14     document.writeln("税钱="+tax);
15 </script>
16 </pre>
17 </body>
18 </html>
```

在例 9–7 中有一个新的方法“writeln();”，该方法和“write();”经常用于直接输出 JavaScript 语句。不同的是，“writeln();”方法会多输出一个换行符。另外，上述代码中的<pre>标签用来定义预格式化文本，即文本原有的格式会被保留，如换行、空格等，从而保证输出文本中的换行符能够起作用。

运行例 9–7，效果如图 9–26 所示。

图9–26 算数运算符

（2）比较运算符

比较运算符常用于逻辑语句中，用于判断变量或值是否相等。其运算过程需要首先对操作数进行比较，然后返回一个布尔值 true 或 false。常用的比较运算符如表 9–9 所示。

表 9-9 常用的比较运算符

比较运算符	描述
<	小于
>	大于
<=	小于等于
>=	大于等于
= =	等于，只根据表面值进行判断，不涉及数据类型，例如“27” = =27 的值为 true
= = =	绝对等于，同时根据表面值和数据类型进行判断，例如“27” = = =27 的值为 false
!=	不等于，只根据表面值进行判断，不涉及数据类型，例如“27” !=27 的值为 false
!= =	不绝对等于，同时根据表面值和数据类型进行判断，例如“27” != =27 的值为 true

了解了比较运算符后，下面对其用法进行演示，如例 9–8 所示。

例 9-8　example08.html

```
1  <!doctype html>
2  <html>
3  <head>
4  <meta charset="utf-8">
5  <title>比较运算符</title>
6  </head>
7  <body>
8  <pre>
9  <script type="text/javascript">
10     var a=2,b=3,c="2",result;
11     document.writeln("a=2,b=3,c='2'");
12     document.write("a&lt;b= ");result=a<b;document.writeln(result);
13     document.write("a&lt;=b= ");result=a<=b;document.writeln(result);
14     document.write("a&gt;b= ");result=a>b;document.writeln(result);
15     document.write("a&gt;=b= ");result=a>=b;document.writeln(result);
16     document.write("a==c= ");result=a==c;document.writeln(result);
17     document.write("a===c= ");result=a===c;document.writeln(result);
18    document.write("a!=c= ");result=a!=c;document.writeln(result);
19    document.write("a!==c= ");result=a!==c;document.writeln(result);
20 </script>
21 </pre>
22 </body>
23 </html>
```

在例 9-8 中，“<”表示小于符号“<”，而“>”表示大于符号“>”，是 HTML 中的特殊字符。

运行例 9-8，效果如图 9-27 所示。

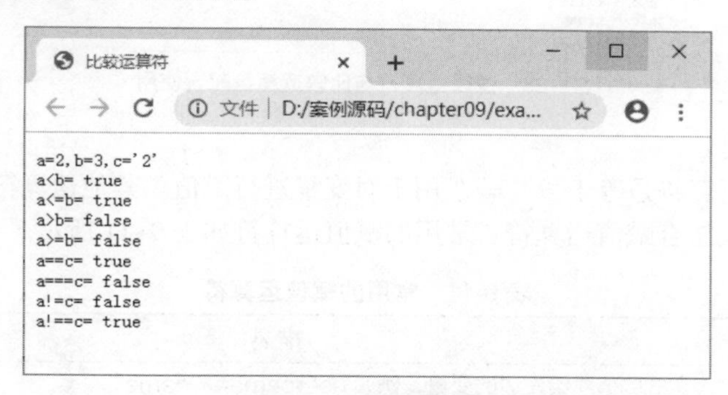

图9-27　比较运算符

（3）逻辑运算符

逻辑运算符是根据表达式的值来返回真值或是假值。JavaScript 支持的常用的逻辑运算符如表 9-10 所示。

表 9-10　常用的逻辑运算符

<table>
<tr><th>逻辑运算符</th><th>描述</th></tr>
<tr><td>&&</td><td>逻辑与，只有当两个操作数 a、b 的值都为 true 时，a&&b 的值才为 true，否则为 false</td></tr>
<tr><td>||</td><td>逻辑或，只有当两个操作数 a、b 的值都为 false 时，a||b 的值才为 false，否则为 true</td></tr>
<tr><td>!</td><td>逻辑非，!true 的值为 false，而!false 的值为 true</td></tr>
</table>

了解了逻辑运算符和比较运算符后，下面来对它们进行演示，如例 9-9 所示。

例 9-9　example09.html

```
1  <!doctype html>
2  <html>
```

```
3  <head>
4  <meta charset="utf-8">
5  <title>逻辑运算符</title>
6  </head>
7  <body>
8  <pre>
9  <script type="text/javascript">
10     var a=2,b=3,result;
11     document.writeln("a=2,b=3");
12     document.write("a&lt;b&&a&lt;=b= ");result=a<b&&a<=b;document.writeln(result);
13     document.write("a&lt;b&&a&gt;b= ");result=a<b&&a>b;document.writeln(result);
14     document.write("a&lt;b||a&gt;b= ");result=a<b||a>b;document.writeln(result);
15     document.write("a&gt;b&&a&gt;=b= ");result=a>b||a>=b;document.writeln(result);
16     document.write("!(a&lt;b)= ");result=!(a<b);document.writeln(result);
17     document.write("!(a&gt;b)= ");result=!(a>b);document.writeln(result);
18 </script>
19 </pre>
20 </body>
21 </html>
```

运行例 9-9，效果如图 9-28 所示。

图9-28　逻辑运算符与比较运算符配合使用

（4）赋值运算符

最基本的赋值运算符是等于号“=”，用于对变量进行赋值。其他运算符可以与赋值运算符“=”联合使用，构成组合赋值运算符。常用的赋值运算符如表 9-11 所示。

表 9-11　常用的赋值运算符

赋值运算符	描述
=	将右边表达式的值赋给左边的变量，例如 username=“name”
+ =	将运算符左边的变量加上右边表达式的值赋给左边的变量，例如 a+=b 相当于 a=a+b
− =	将运算符左边的变量减去右边表达式的值赋给左边的变量，例如 a−=b 相当于 a=a−b
*=	将运算符左边的变量乘以右边表达式的值赋给左边的变量，例如 a*=b 相当于 a=a*b
/ =	将运算符左边的变量除以右边表达式的值赋给左边的变量，例如 a/=b 相当于 a=a/b
% =	将运算符左边的变量用右边表达式的值求模，并将结果赋给左边的变量，例如 a%=b 相当于 a=a%b

了解了赋值运算符后，下面对它们的用法进行演示，如例 9-10 所示。

例 9-10　example10.html

```
1  <!doctype html>
2  <html>
3  <head>
4  <meta charset="utf-8">
5  <title>赋值运算符</title>
6  </head>
7  <body>
```

```
8  <pre>
9  <script type="text/javascript">
10     var a=3,b=2;
11     document.writeln("a=3,b=2");
12     document.write("a+=b= ");a+=b;document.writeln(a);
13     document.write("a-=b= ");a-=b;document.writeln(a);
14     document.write("a*=b= ");a*=b;document.writeln(a);
15     document.write("a/=b= ");a/=b;document.writeln(a);
16     document.write("a%=b= ");a%=b;document.writeln(a);
17 </script>
18 </pre>
19 </body>
20 </html>
```

在例 9-10 中，变量 a 的值不断随赋值语句发生变化，而 b 的值始终不变。

运行例 9-10，效果如图 9-29 所示。

图9-29　赋值运算符

（5）条件运算符

条件运算符是 JavaScript 中的一种特殊的三目运算符，其语法格式如下：

```
操作数？结果 1：结果 2
```

若操作数的值为 true，则整个表达式的结果为“结果 1”，否则为“结果 2”。

下面通过一段代码来对条件运算符的使用进行演示，如例 9-11 所示。

例 9-11　example11.html

```
1  <!doctype html>
2  <html>
3  <head>
4  <meta charset="utf-8">
5  <title>条件运算符</title>
6  </head>
7  <body>
8  <pre>
9  <script type="text/javascript">
10   var a=5;
11   var b=5;
12   alert((a==b)?true:false);
13 </script>
14 </pre>
15 </body>
16 </html>
```

在例 9-11 中，首先定义两个变量 a 和 b，初始化它们的值都为 5，然后判断两个变量是否相等，如果相等返回“true”，否则返回“flase”。

运行例 9-11，效果如图 9-30 所示。

图9-30　条件运算符

3. 运算符优先级

JavaScript 运算符均有明确的优先级与结合性，优先级较高的运算符将先于优先级较低的运算符进行运算。结合性则是指具有同等优先级的运算符将按照怎样的顺序进行运算，结合性有向左结合和向右结合两种。例如，表达式 a+b+c，向左结合就是先计算 a+b，即（a+b）+c；而向右结合就是先计算 b+c，即 a+(b+c)。JavaScript 运算符的优先级与结合性如表 9-12 所示。

表 9-12　JavaScript 运算符的优先级与结合性

<table>
<tr><th>优先级</th><th>结合性</th><th>运算符</th></tr>
<tr><td>最高</td><td>向左</td><td>.、[ ]、( )</td></tr>
<tr><td rowspan="14">由高到低依次排列</td><td>向右</td><td>++、--、-、!、delete、new、typeof、void</td></tr>
<tr><td>向左</td><td>*、/、%</td></tr>
<tr><td>向左</td><td>+、-</td></tr>
<tr><td>向左</td><td><<、>>、>>></td></tr>
<tr><td>向左</td><td><、<=、>、>=、in、instanceof</td></tr>
<tr><td>向左</td><td>= =、!=、= = =、!= = =</td></tr>
<tr><td>向左</td><td>&</td></tr>
<tr><td>向左</td><td>^</td></tr>
<tr><td>向左</td><td>|</td></tr>
<tr><td>向左</td><td>&&</td></tr>
<tr><td>向左</td><td>||</td></tr>
<tr><td>向右</td><td>?:</td></tr>
<tr><td>向右</td><td>=</td></tr>
<tr><td>向右</td><td>*=、/=、%=、+=、-=、<<=、>>=、>>>=、&=、^=、|=</td></tr>
<tr><td>最低</td><td>向左</td><td>,</td></tr>
</table>

下面演示如何使用运算符来改变运算优先级，如例 9-12 所示。

例 9-12　example12.html

```
1  <!doctype html>
2  <html>
3  <head>
4  <meta charset="utf-8">
5  <title>运算符优先级</title>
6  </head>
7  <body>
8  <script type="text/javascript">
9       var a=1+2*3;
10      var b=(1+2)*3;
11      alert("a="+a+"\nb="+b);
12 </script>
13 </body>
14 </html>
```

运行例 9-12，效果如图 9-31 所示。

图9-31　运算符优先级

通过图 9-31 可以看出，表达式 a=1+2*3 的结果为 7，因为乘法的优先级高于加法的优先级，将优先执行乘法运算。但是，当使用括号后，括号内的表达式将被优先执行，所以表达式 b=（1+2）*3 的结果为 9。

多学一招：认识表达式

表达式是一个语句集合，像一个组一样，计算结果是一个单一的值，该值的数据类型可以是 boolean、number、string、function 或者 object。表达式可以是一个数字或者变量，也可以是由许多变量以及运算符连接在一起组成的式子。

在定义完变量后，可以对其进行赋值、更改、计算等一系列操作，这一过程需要通过表达式来完成。例如，表达式 x=7 是将值 7 赋给变量 x，整个表达式的计算结果为 7，因此在一行代码中使用此类表达式是合法的。一旦将 7 赋值给 x 的工作完成，则 x 也将是一个合法的表达式。除了赋值运算符，还有许多可以形成一个表达式的其他运算符，如算术运算符、字符串运算符、逻辑运算符等。

4. 条件语句

所谓条件语句就是对语句中不同条件的值进行判断，进而根据不同的条件执行不同的语句。条件语句主要有两类：一类是 if 判断语句；另一类是 switch 多分支语句。下面对这两种类型的条件语句进行详细讲解。

（1）if 语句

if 条件语句是最基本、最常用的条件控制语句。通过判断条件表达式的值为 true 或者 false，来确定是否执行某一条语句。它主要包括单向判断语句、双向判断语句和多向判断语句，具体讲解如下。

- 单向判断语句

单向判断语句是结构最简单的条件语句，如果程序中存在绝对不执行某些指令的情况，就可以使用单向判断语句，其语法格式如下：

```
if（执行条件）{
    执行语句
}
```

在上面的语法结构中，if 可以理解为“如果”，小括号“()”内用于指定 if 语句中的执行条件，大括号“{}”内用于指定满足执行条件后需要执行的语句。单向判断语句的执行流程如图 9-32 所示。

了解了单向判断语句的基本语法和执行流程后，下面对其用法进行演示，如例 9-13 所示。

例 9-13　example13.html

```
1  <!doctype html>
2  <html>
3  <head>
4  <meta charset="utf-8">
5  <title>单向判断语句</title>
6  </head>
7  <body>
8  <script type="text/javascript">
9      var num1=100;   //定义并赋值变量 num1
10     var num2=200;   //定义并赋值变量 num2
11     if(num1>num2)
12     {
13     alert('成立');  //如果条件成立则弹出“成立”
14     }
15     alert('对不起，条件不成立');  //如果条件不成立则弹出不成立的提示信息
```

```
16 </script>
17 </body>
18 </html>
```

在例 9-13 中，首先定义了两个变量 num1 和 num2，并对它们赋值。然后应用单向判断语句指定执行条件“num1>num2”。如果条件成立则弹出“成立”提示信息，否则弹出“对不起，条件不成立”的提示信息。

运行例 9-13，效果如图 9-33 所示。

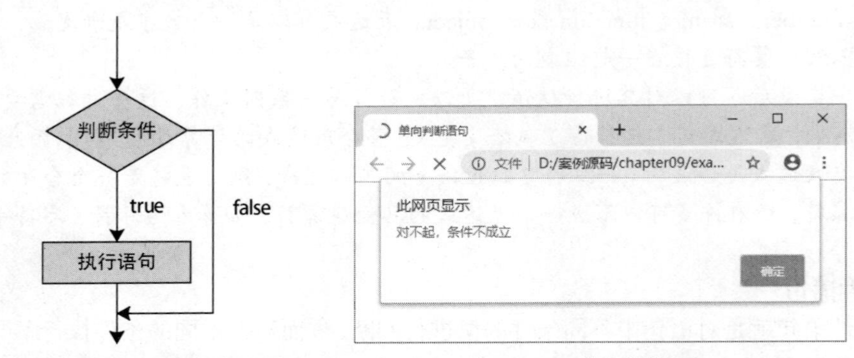

图9-32　单向判断语句执行流程　　　　图9-33　单向判断语句

- 双向判断语句

双向判断语句是 if 条件语句的基础形式，只是在单向判断语句基础上增加了一个从句，其基本语法格式如下：

```
if（执行条件）{
执行语句 1
}else{
执行语句 2
}
```

双向判断语句的语法格式与单向判断语句类似，只是在其基础上增加了一个 else 从句。表示如果条件成立则执行“语句 1”，否则，则执行“语句 2”。

双向判断语句的执行流程如图 9-34 所示。

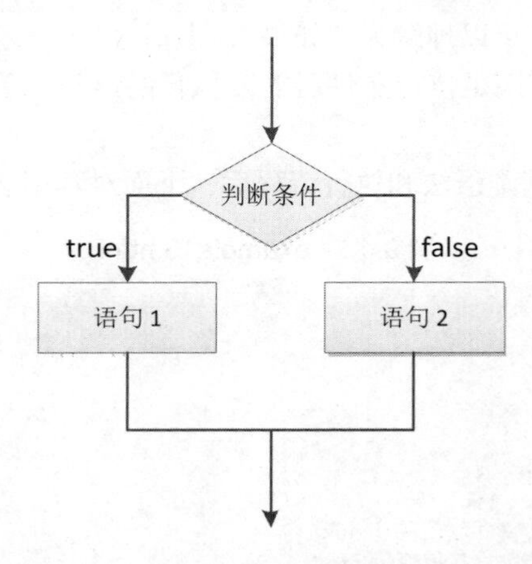

图9-34　双向判断语句执行流程

了解了双向判断语句的基本语法和执行流程后，下面对其用法进行演示，如例 9-14 所示。

例 9-14　example14.html

```
1  <!doctype html>
2  <html>
3  <head>
4  <meta charset="utf-8">
5  <title>双向判断语句</title>
6  </head>
7  <body>
8  <script type="text/javascript">
9   var num1=100;
10  var num2=200;
11  if(num1>num2){
12      alert('成立');  //如果条件成立则弹出“成立”
13  }
14  else{
15      alert('对不起，条件不成立');  //如果条件不成立则弹出不成立的提示信息
16  }
17  alert('演示完成');  //无论成立与否最后弹出“演示完成”
18 </script>
19 </body>
20 </html>
```

在例 9-14 中，首先定义了两个变量 num1 和 num2，并对它们赋值。然后应用双向判断语句执行条件“num1>num2”，如果条件成立则弹出“成立”提示信息，否则弹出“对不起，条件不成立”的提示信息。最后，弹出“演示完成”对话框。

运行例 9-14，效果如图 9-35 所示。单击“确定”按钮，效果如图 9-36 所示。

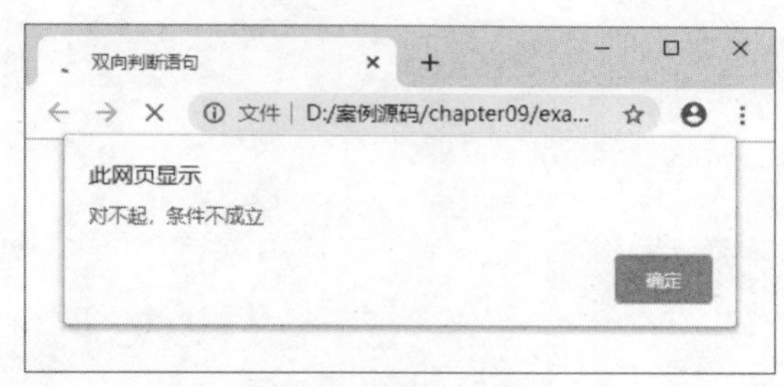

图9-35　双向判断语句1

图9-36　双向判断语句2

- 多向判断语句

多向判断语句是根据表达式的结果判断一个条件，然后根据返回值做进一步的判断，其基本语法格式如下：

```
if (执行条件 1) {
执行语句 1
}
else if (执行条件 2) {
执行语句 2
}
else if (执行条件 3) {
执行语句 3
}
......
```

在多向判断语句的语法中，通过 else if 语句可以对多个条件进行判断，并且根据判断的结果执行相关的语句。多向判断语句的执行流程如图 9-37 所示。

了解了多向判断语句的基本语法和执行流程后，下面对其用法进行演示，如例 9-15 所示。

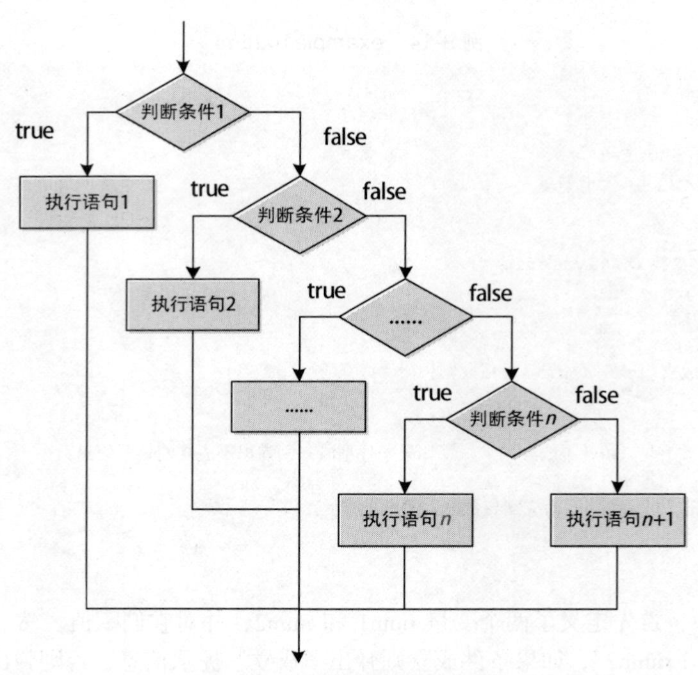

图9-37　多向判断语句执行流程

例 9-15　example15.html

```
1  <!doctype html>
2  <html>
3  <head>
4  <meta charset="utf-8">
5  <title>多向判断语句</title>
6  </head>
7  <body>
8  <script type="text/javascript">
9       var car = '房车'; //定义了一个变量，并对其赋值
10      if(car == '跑车') //判断如果赋值为跑车，则弹出下面内容
11      {
12          alert('奖品:跑车');
13      }
14      else if(car == '马车') //判断如果赋值为马车，则弹出下面内容
15      {
16          alert('奖品：马车');
17      }
18      else if(car == '房车') //判断如果赋值为房车，则弹出下面内容
19      {
20          alert('奖品：房车');
21      }
22 </script>
23 </body>
24 </html>
```

在例 9-15 中，首先定义了一个变量 car，并对其赋值，然后使用多向判断语句指定了 3 个执行条件，最后根据执行条件依次进行判断，如果条件不成立则略过，如果条件成立，则执行大括号内的执行语句。

运行例 9-15，效果如图 9-38 所示。

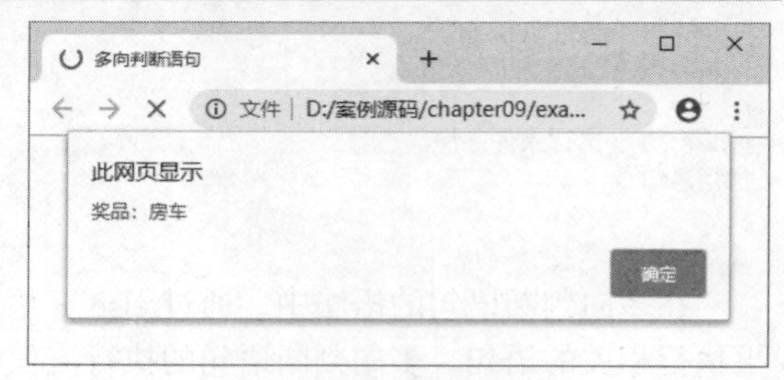

图9-38　多向判断语句

（2）switch 语句

switch 条件语句是典型的多路分支语句，

其作用与 if 语句类似，但比 if 语句更具有可读性和灵活性。另外，switch 语句允许在找不到匹配条件的情况下执行默认的一组语句。其基本语法格式如下：

```
switch (表达式){
    case 目标值1:
         执行语句1
         break;
    case 目标值2:
         执行语句2
         break;
    ......
    case 目标值n:
         执行语句n
         break;
    default:
         执行语句n+1
         break;
}
```

在上面的语法结构中，switch 语句将表达式的值与每个 case 中的目标值进行匹配，如果找到了匹配的值，就执行 case 后对应的执行语句，如果没找到任何匹配的值，就执行 default 后的执行语句。关于 break 关键字，初学者只需要知道 break 的作用是跳出 switch 语句即可。

了解了 switch 语句的基本语法后，下面对其用法进行演示，如例 9-16 所示。

例 9-16　example16.html

```
1  <!doctype html>
2  <html>
3  <head>
4  <meta charset="utf-8">
5  <title>switch条件语句</title>
6  </head>
7  <body>
8  <script type="text/javascript">
9   var name="王丽";     //定义了一个变量，并对其赋值
10  switch (name) {     //应用 switch 语句获取变量值
11      case "小明":     //判断变量值与 case 目标值是否匹配
12           document.write("第一名：小明:657分"); //如匹配则输出相应的名次成绩
13           break;  //跳出循环
14      case "小丽":
15           document.write("第二名：小丽:621分");
16           break;
17      case "小乔":
18           document.write("第三名：小乔:590分");
19           break;
20      default:
21           alert("只限前三名分数查询");  //如判断都不匹配则弹出该执行语句
22           break;
23  }
24 </script>
25 </body>
26 </html>
```

在例 9-16 中，首先定义了一个变量 name 并对其赋值，然后应用 switch 条件语句获取变量值。接着，判断变量值与 case 目标值是否匹配，如果匹配则输出相应的执行语句并跳出循环，否则继续判断下一个 case 语句。如果变量值与 case 目标值均不匹配，则执行 default 中的执行语句。

运行例 9-16，效果如图 9-39 所示。

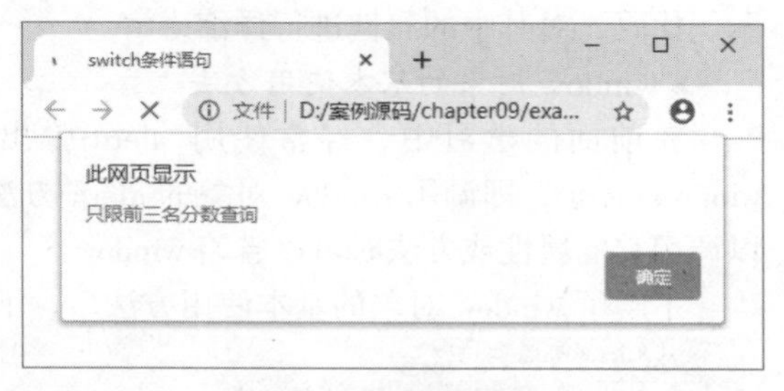

图9-39　switch条件语句

5. BOM 简介

BOM（Browser Object Model，浏览器对象

模型）用来获取或设置浏览器的属性、行为。例如，新建窗口、获取屏幕分辨率等。BOM 提供了一系列对象用于与浏览器窗口进行交互，主要包括 window（窗口）、navigator（浏览器程序）、screen（屏幕）、location（地址）、history（历史）等对象。其中，window 对象是浏览器的窗口，它是整个 BOM 的核心，位于 BOM 对象的最顶层。BOM 对象的层次结构如图 9-40 所示。

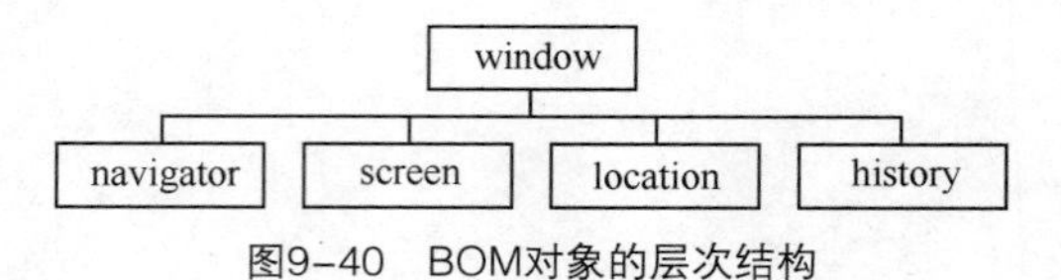

图9-40　BOM对象的层次结构

为了便于初学者的理解，下面对几个常用的 BOM 对象进行具体讲解。

（1）window 对象

window 对象表示整个浏览器窗口，用于获取浏览器窗口的大小、位置或设置定时器等。window 对象的常用属性和方法如表 9-13 所示。

表 9-13　window 对象的常用属性和方法

属性/方法	说明
document、history、location、navigator、screen	返回相应对象的引用，例如 document 属性返回 document 对象的引用
parent、self、top	分别返回父窗口、当前窗口和最顶层窗口的对象引用
screenLeft、screenTop、screenX、screenY	返回窗口的左上角在屏幕上的 X、Y 坐标。Firefox 不支持 screenLeft、screenTop，IE8 及更早的 IE 版本不支持 screenX、screenY
innerWidth、innerHeight	分别返回窗口文档显示区域的宽度和高度
outerWidth、outerHeight	分别返回窗口的外部宽度和高度
closed	返回当前窗口是否已被关闭的布尔值
opener	返回对创建此窗口的窗口引用
open()、close()	打开或关闭浏览器窗口
alert()、confirm()、prompt()	分别表示弹出警告框、确认框、用户输入框
moveBy()、moveTo()	以窗口左上角为基准移动窗口，moveBy()是按偏移量移动，moveTo()是移动到指定的屏幕坐标
scrollBy()、scrollTo()	scrollBy()是按偏移量滚动内容，scrollTo()是滚动到指定的坐标
setTimeout()、clearTimeout()	设置或清除普通定时器
setInterval()、clearInterval()	设置或清除周期定时器

表 9-13 中列举了 window 对象的常用属性和方法，对初学者来说比较难以理解，下面通过示例代码，对其中的属性进行详细讲解。

- window 对象的基本使用方法

在前面的学习中，经常使用 alert()弹出一个警告提示框，实际上完整的写法应该是 window.alert()，即调用 window 对象的 alert()方法。但是，因为 window 对象是最顶层的对象，所以调用它的属性或方法时可以省略 window。

了解了 window 对象的基本使用方法后，下面通过一段示例代码做具体演示：

```
//获取文档显示区域宽度
var width = window.innerWidth;
//获取文档显示区域高度（省略 window）
```

```
var height = innerHeight;
//调用 alert 输出
window.alert(width+"*"+height);
//调用 alert 输出（省略 window）
alert(width+"*"+height);
```

上述代码输出了文档显示区域的宽度和高度。当浏览器的窗口大小改变时，输出的数值就会发生改变。

- 打开和关闭窗口

在 window 对象中，window.open()方法用于打开新窗口，window.close()方法用于关闭窗口。具体示例代码如下：

```
//弹出新窗口
var newWin = window.open("new.html");
//关闭新窗口
newWin.close();
//关闭本窗口
window.close();
```

上述代码中，window.open("new.html")表示打开一个新窗口，并使新窗口访问 new.html。该方法返回了新窗口的对象引用，因此可以通过调用新窗口对象的 close()方法关闭新窗口。

- setTimeout()定时器的使用

setTimeout()定时器可以实现延时操作，即延时一段时间后执行指定的代码。示例代码如下：

```
//定义 show 函数
function show(){
    alert("2 秒已经过去了");
}
//2 秒后调用 show 函数
setTimeout(show,2000);
```

上述代码实现了当网页打开后，停留 2 秒就会弹出 alert()提示框。setTimeout(show,2000)的第一个参数表示要执行的代码，第二个参数表示要延时的毫秒值。

当需要清除定时器时，可以使用 clearTimeout()方法。示例代码如下：

```
function showA(){
    alert("定时器 A");
}
function showB(){
    alert("定时器 B");
}
//设置定时器 t1，2 秒后调用 showA 函数
var t1 = setTimeout(showA,2000);
//设置定时器 t2，2 秒后调用 showB 函数
var t2 = setTimeout(showB,2000);
//清除定时器 t1
clearTimeout(t1);
```

上述代码设置了两个定时器：t1 和 t2，如果没有清除定时器，则两个定时器都会执行，如果清除了定时器 t1，则只有定时器 t2 可以执行。在代码中，setTimeout()的返回值是该定时器的 ID 值，当清除定时器时，将 ID 值传入 clearTimeout()的参数中即可。

- setInterval()定时器的使用

setInterval()定时器用于周期性执行脚本，即每隔一段时间执行指定的代码，通常用于在网页上显示时钟、实现网页动画、制作漂浮广告等。需要注意的是，如果不使用 clearInterval()清除定时器，该方法会一直循环执行，直到页面关闭。

（2）screen 对象

screen 对象用于获取用户计算机的屏幕信息，例如屏幕分辨率、颜色位数等。screen 对象的常用属性如表 9-14 所示。

表 9-14 screen 对象的常用属性

属性	说明
width、height	屏幕的宽度和高度
availWidth、availHeight	屏幕的可用宽度和可用高度（不包括 Windows 任务栏）
colorDepth	屏幕的颜色位数

表 9-14 中列举了 screen 对象的常用属性。在使用时，可以通过“screen”或“window.screen”表示该对象。下面通过一段示例代码，对 screen 对象的使用方法做具体演示。

```
//获取屏幕分辨率
var width = screen.width;
var height = screen.height;
//判断屏幕分辨率
if(width<800 || height<600){
    alert("您的屏幕分辨率不足 800×600，不适合浏览本页面");
}
```

上述代码实现了当用户的屏幕分辨率低于 800 × 600 时，弹出警告框以提醒用户。

（3）location 对象

location 对象用于获取和设置当前网页的 URL 地址，其常用的属性和方法如表 9-15 所示。

表 9-15 location 对象的常用属性和方法

属性/方法	说明
hash	获取或设置 URL 中的锚点，例如“#top”
host	获取或设置 URL 中的主机名，例如“itcast.cn”
port	获取或设置 URL 中的端口号，例如“80”
href	获取或设置整个 URL，例如“http://www.itcast.cn/1.html”
pathname	获取或设置 URL 的路径部分，例如“/1.html”
protocol	获取或设置 URL 的协议，例如“http:”
search	获取或设置 URL 地址中的 GET 请求部分，例如“?name=haha&age=20”
reload()	重新加载当前文档

表 9-15 中列举了 location 对象的常用属性。在使用时，可以通过“location”或“window.location”表示该对象。下面演示 location 对象常用的几个使用方法，具体如下。

- 跳转到新地址

```
location.href="http://www.itcast.cn";
```

当上述代码执行后，当前页面将会跳转到“http://www.itcast.cn”这个 URL 地址。

- 进入到指定的锚点

```
location.hash="#down";
```

当上述代码执行后，如果用户当前的 URL 地址为“http://test.com/index.html”，则代码执行后 URL 地址变为“http://test.com/index.html#down”。

- 检测协议并提示用户

```
if(location.protocol=="http:"){
    if(confirm("您在使用不安全的 http 协议，是否切换到更安全的 https 协议？")){
        location.href="https://www.123.com"
    }
}
```

上述代码实现了当页面打开后自动判断当前的协议。当用户以 http 协议访问时，会弹出一个提示框提醒用户是否切换到 https 协议。

（4）history 对象

history 对象最初的设计与浏览器的历史记录有关，但出于隐私方面的考虑，该对象不再允许获取用户访问过的 URL 历史。history 对象的主要作用是控制浏览器的前进和后退，其常用方法如表 9–16 所示。

表 9-16　history 对象的常用方法

属性/方法	说明
back()	加载历史记录中的前一个 URL（相当于后退）
forward()	加载历史记录中的后一个 URL（相当于前进）
go()	加载历史记录中的某个页面

表 9–16 列举了 history 对象的常用属性。在使用时，可以通过“history”或“window.history”表示该对象。下面通过一段示例代码，对 history 对象的使用方法做具体演示。

```
history.back();    //后退
history.go(-1);//后退 1 页
history.forward(); //前进
history.go(1);//前进 1 页
history.go(0);//重新载入当前页，相当于 location.reload()
```

上述代码实现了浏览器前进与后退的控制。其中，history.go(–1)与 history.back()的作用相同，history.go(1)与 history.forward()的作用相同。

6. Date 对象

Date 对象主要提供获取和设置日期与时间的方法，其常用方法如表 9–17 所示。

表 9-17　Date 对象的常用方法

方法	说明
getYear()	返回日期的年份，是 2 位或 4 位整数
setYear(x)	设置年份值 x
getFullYear()	返回日期的完整年份。例如：2013
setFullYear(x)	设置完整的年份值 x
getMonth()	返回日期的月份值，介于 0～11，分别表示 1 月，2 月，…，12 月
setMonth(x)	设置月份值 x
getDate()	返回日期的日期值，介于 1～31
setDate(x)	设置日期值 x
getDay()	返回值是一个处于 0～6 之间的整数，代表一周中的某一天（即 0 表示星期天，1 表示星期一，依次类推）
getHours()	返回时间的小时值，介于 0～23
setHours(x)	设置小时值 x
getMinutes()	返回时间的分钟值，介于 0～59
setMinutes(x)	设置分钟值 x
getSeconds()	返回时间的秒数值，介于 0～59
setSeconds(x)	设置秒数值 x
getMilliseconds()	返回时间的毫秒数值，介于 0～999
setMilliseconds(x)	设置毫秒数值 x
getTime()	返回 1970 年 1 月 1 日至今的毫秒数，负数代表 1970 年之前的日期

（续表）

方法	说明
setTime(x)	使用毫秒数 x 设置日期和时间
toLocaleString()	根据本地时间格式，把 Date 对象转换为字符串
toLocaleTimeString()	根据本地时间格式，把 Date 对象的时间部分转换为字符串
toLocaleDateString()	根据本地时间格式，把 Date 对象的日期部分转换为字符串
toGMTString()	返回时间对应的格林尼治标准时间的字符串

要想使用 Date 对象，必须先使用关键字 new 创建它，其中创建 Date 对象的常见方式有如下 3 种。

- 不带参数，其创建方式如下所示：

```
var d = new Date();
```

在上述代码中，创建了一个含有系统当前日期和时间的 Date 对象。

- 创建一个指定日期的 Date 对象，其创建方式如下所示：

```
var d = new Date(2020,0,1);
```

在上述代码中，创建了一个日期是 2020 年 1 月 1 日的 Date 对象，而且这个对象中的小时、分钟、秒、毫秒值都为 0。需要注意的是，月份值是从 0 ~ 11，即 0 表示 1 月。

- 创建一个指定时间的 Date 对象，其创建方式如下所示：

```
var d = new Date(2020,0,1,10,20,30,50);
```

在上述代码中，创建一个包含确切日期和时间的 Date 对象，即 2020 年 1 月 1 日 10 点 20 分 30 秒 50 毫秒。

7. 数据类型转换

在 JavaScript 中，变量可以赋予任何类型的值。但是运算符对数据类型是有要求的，如果运算符发现，运算子的类型与预期不符，就需要转换类型。JavaScript 数据类型转换主要包括隐式类型转换和显式类型转换两种，对它们的具体解释如下。

（1）隐式类型转换

隐式类型转换是指程序运行时，系统会根据当前的需要，自动将数据从一种类型转换为另一种类型。例如，向“alert()”方法中传入任何类型的数据，最终都会被转换为字符串型。

了解了什么是隐式类型转换，下面通过一段示例代码做具体演示。

```
<script type="text/jscript">
    var age=prompt("请输入年龄:","0");//输入年龄数值
    if(age<=0)//判断输入的年龄值是否小于 0，age 转换为数值型
    {
        alert("您输入的年龄不合法");
    }
    else{
        alert("您的年龄为"+age+"岁");
    }
</script>
```

在上述示例代码中，用户输入的数字以字符串的形式保存在变量 age 中，然后将 age 取值与数字 0 进行大小比较，此时 age 会自动转换为数值型，这个过程就是隐式类型转换。最后根据对 age 取值的判断结果，来显示相应的信息。

（2）显式类型转换

显式类型转换和隐式类型转换相对，其转换过程需要手动转换到目标类型。

为了便于初学记者的理解，下面通过一段示例代码对显式类型转换做具体演示。

```
<script type="text/jscript">
    var xiaoqiao="175.5 厘米";
```

```
    xiaoqiao=parseInt(xiaoqiao);//将解析的字符串转换为整数
    if(xiaoqiao===175){//对变量值进行判断
        alert("小乔身高为: "+xiaoqiao+"厘米");//复合条件则输出解析后的身高
        }
    else{
        alert("小乔身高不符合标准");
    }
</script>
```

在上述示例代码中，首先设置了一个字符串表示身高，然后通过 parseInt 解析字符串并返回一个整数，得到身高数值。最后根据返回值进行判断，弹出相应的提示框。

案例实现

1. 结构分析

观察图 9–24、图 9–25 可以看出，该“限时秒杀”页面主要由背景图片和秒杀计时两个部分组成。其中，背景图片可以通过对外层<div>添加背景来设置，秒杀计时部分通过 3 个<span>标签进行定义。由于秒杀结束后，会有一个提示语，还需要在<span>标签之后定义一个<div>（默认隐藏）。图 9–24 对应的结构如图 9–41 所示。

图9–41　“限时秒杀”结构分析

2. 样式分析

实现图 9–24 和图 9–25 所示样式的思路如下。

① 为外层大<div>添加样式，需要对其设置宽度、高度、背景图片和相对定位。

② 为控制时间的<span>标签添加样式，需要对其设置宽度、高度、相对定位和字体等样式。

③ 为控制秒杀结束的<div>添加样式，需要对其设置宽度、高度、绝对定位和层叠等级，使其完全覆盖秒杀计时部分。

3. JavaScript 效果分析

通过 JavaScript 实现限时秒杀效果的思路如下：

① 通过 getTime()方法获取当前时间和秒杀结束时间，并计算出剩余的小时、分钟和秒数。

② 分别判断小时、分钟和秒数并对它们进行处理，继而判断秒杀是否结束。

③ 通过 setInterval()设置倒计时，使秒杀时间动态显示。

4. 制作页面结构

根据上面的分析，使用相应的 HTML 标签来搭建网页结构，如例 9–17 所示。

例 9-17　example17.html

```
 1  <!doctype html>
 2  <html>
 3  <head>
 4  <meta charset="utf-8">
 5  <title>限时秒杀</title>
 6  </head>
 7  <body onload="fresh()">
 8  <div class="img-box"><!--设置秒杀时间块-->
 9       <span id="hour"></span>
10  <span id="minute"></span>
11       <span id="second"></span>
12       <div id="bot-box"></div><!--设置限时秒杀结束块-->
13  </div>
14  </body>
15  </html>
```

由于所搭建的结构中没有任何内容，此时保存并运行例 9–17，页面中不会显示任何效果。

5. 定义 CSS 样式

搭建完页面的结构后，下面使用 CSS 中的相关样式对页面重新布局，具体代码如下。

（1）定义基础样式

首先定义页面的统一样式，CSS 代码如下：

```
/*全局控制*/
body{font-size:20px; color:#fff; font-family: microsoft yahei,arial;}
/*清除浏览器默认样式*/
img{list-style:none; outline:none;}
```

（2）设置限时秒杀样式

```
.img-box{
position:relative;
background:url(images/flash_sale.png);
width:702px;
height:378px;
margin:0 auto;
}
.img-box span{
position:relative;
text-align:center;
line-height:26px;
margin:4px 0 0;
}
.img-box #hour{
left:50.6%;
top:68.35%
}
.img-box #minute{
left:55.2%;
top:68.35%;
}
.img-box #second{
left:59.6%;
top:68.35%;
}
```

（3）设置秒杀结束样式

```
#bot-box{
position:absolute;
z-index:1;
top:250px;
display:none;
width:702px;
height:51px;
line-height:40px;
text-align:center;
color:#666;
font-size:28px;
}
```

至此，完成图 9-24 所示电商网站“限时秒杀”的 CSS 样式部分。刷新例 9-17 所在的页面，效果如图 9-42 所示。

图9-42 “限时秒杀”CSS样式效果

6. 添加 JavaScript 效果

页面布局和样式设计完成后，下面通过 JavaScript 代码实现显示秒杀时间效果，具体代码如下：

```
 1  function fresh()
 2  {
 3      //设置秒杀结束时间
 4      var endtime=new Date("2020/4/24,16:07:10");
 5      //获取当前时间
 6      var nowtime = new Date();
 7      //计算剩余秒杀时间，单位为秒
 8      var leftsecond=parseInt((endtime.getTime()-nowtime.getTime())/1000);
 9      h=parseInt(leftsecond/3600);//计算剩余小时
10      m=parseInt((leftsecond/60)%60); //计算剩余分钟
11      s=parseInt(leftsecond%60); //计算剩余秒
12      if(h<10) h= "0"+h;
13      if(m<10 && m>=0) m= "0"+m; else if(m<0) m="00";
14      if(s<10 && s>=0) s= "0"+s; else if(s<0) s="00";
15      document.getElementById("hour").innerHTML=h;
16      document.getElementById("minute").innerHTML=m;
17      document.getElementById("second").innerHTML=s;
18      //判断秒杀是否结束，结束则输出相应提示信息
19      if(leftsecond<=0){
20          document.getElementById("bot-box").style.display="block";
21
   document.getElementById("bot-box").style.background="url(images/flash_end.png)
no-repeat";
22          document.getElementById("bot-box").innerHTML="秒杀已结束";
23          clearInterval(sh);
24      }
25  }
26  //设计倒计时
27  var sh=setInterval(fresh,1000);
```

在上面的JavaScript代码中，通过getTime()方法分别获取秒杀结束时间与当前时间的毫秒数，并将其相减转换成秒杀剩余的秒数，其中第 9~11 行代码计算秒杀剩余的小时、分钟和秒数，然后在第 12~17 行代码中分别判断小时、分钟和秒数并对其分别进行处理，继而判断秒杀是否结束，最后通过 setInterval()设置倒计时，使秒杀时间动态显示。

将第 4 行代码的秒杀结束时间设为一个大于当前的时间，保存并刷新页面，可以得到图 9-43 所示的效果。

当图 9-43 所示的剩余时间自减为 0 时，页面会自动变为图 9-44 所示的效果，即秒杀活动结束。

图9-43 JavaScript秒杀计时效果

图9-44 JavaScript秒杀结束效果

9.4 【案例 34】Tab 栏切换效果

案例描述

在网站建设中，当网页模块的内容较多时，为了节省空间，往往需要通过一块固定的空间展示多块内容，这时就需要使用 Tab 栏。Tab 栏在网页设计中使用得非常普遍，用户可以通过标签在多个内容区块间进行切换。本节将通过实例，带领大家制作一个 Tab 栏切换效果，如图 9-45 所示。

当鼠标指针滑过 Tab 栏的“网页设计”“前端开发”等项目时，该项会变为当前选中项，并且下面的项目内容也会发生相应改变，如图 9-46 所示。

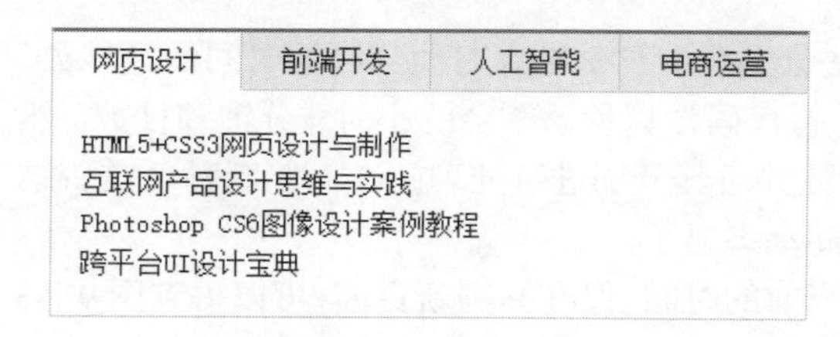

图9-45 Tab栏切换前

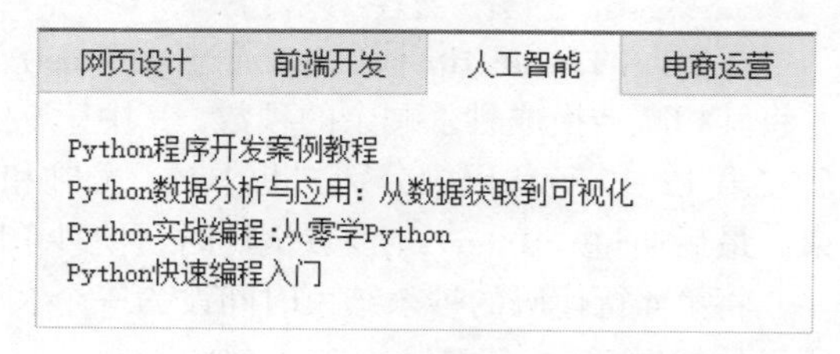

图9-46 Tab栏鼠标指针悬浮状态

未对 Tab 栏进行操作时，Tab 栏会在一定的时间段按照从左到右的顺序自动切换。

知识引入

1. 循环控制语句

在实际生活中经常会将同一件事情重复做很多次。例如，在做眼保健操的第四节轮刮眼眶时，会重复刮眼眶的动作；打乒乓球时，会重复挥拍的动作等。在 JavaScript 中有一种特殊的语句叫作循环控制语句，它可以实现将一段代码重复执行。

循环控制语句分为 while 循环语句、do...while 循环语句和 for 循环语句 3 种，对它们的具体解释如下。

（1）while 循环语句

while 语句是最基本的循环语句，其基本语法格式如下：

```
while(循环条件){
循环体语句;
}
```

在上面的语法结构中，{}中的执行语句被称作循环体，循环体是否执行取决于循环条件。当循环条件为 true 时，就会执行循环体。循环体执行完毕时会继续判断循环条件，如条件仍为 true 则会继续执行，直到循环条件为 false 时，整个循环过程才会结束。while 循环语句的执行流程如图 9-47 所示。

了解了 while 循环语句的基本语法和执行流程后，下面演示其具体用法，如例 9-18 所示。

例 9-18　example18.html

```
1  <!doctype html>
2  <html>
3  <head>
4  <meta charset="utf-8">
5  <title>while 循环语句</title>
6  </head>
7  <body>
8  <script type="text/javascript">
9       var a = 1;                              //定义一个变量 a，设置初始值为 1
10      while(a < 5){                           //指定循环条件
11           document.write("轻松学习 JavaScript 课程。<br />");
12           a++;                               //变量 a 进行自增
13      }
14 </script>
15 </body>
16 </html>
```

在例 9-18 中，首先定义了一个变量“a”，设置变量的初始值为 1，然后指定循环条件“a<5”，当 a 的赋值小于 5 时，就会输出大括号中的执行语句，并让变量 a 进行自增，当 a 的取值大于等于 5 时，循环结束。

运行例 9-18，运行结果如图 9-48 所示。

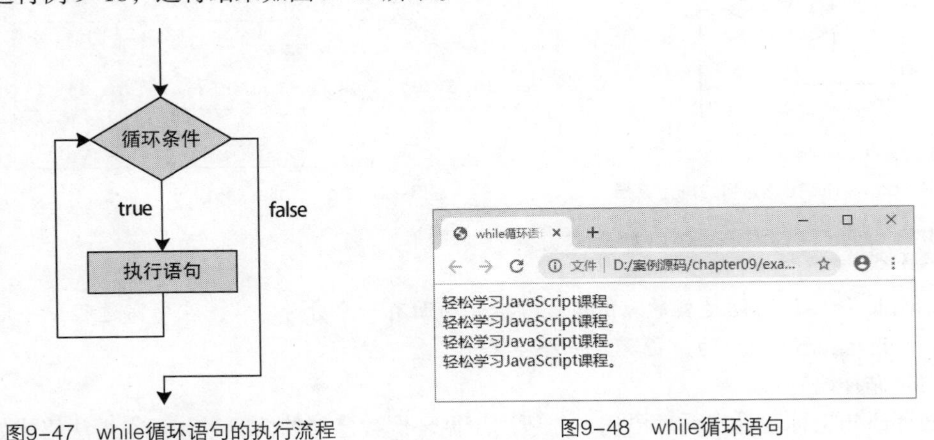

图9-47　while循环语句的执行流程

图9-48　while循环语句

（2）do...while 循环语句

do...while 循环语句也称为后测试循环语句，它也是利用一个条件来控制是否要继续执行该语句，其基本语法格式如下：

```
do{
        循环体语句;
} while(循环条件);
```

在上面的语法结构中，关键字 do 后面{}中的执行语句是循环体。do...while 循环语句将循环条件放在了循环体的后面。这也就意味着，循环体会无条件执行一次，然后再根据循环条件来决定是否继续执行。do...while 循环语句的执行流程如图 9-49 所示。

了解了 do…while 循环语句的基本语法和执行流程，下面来演示其具体用法，如例 9-19 所示。

例 9-19 example19.html

```
1  <!doctype html>
2  <html>
3  <head>
4  <meta charset="utf-8">
5  <title>do...while 循环语句</title>
6  </head>
7  <body>
8  <script type="text/javascript">
9       var a = 100;                          //定义一个变量 a，设置初始值为 100
10      do{
11           a++;                              //变量 a 进行自增
12           document.write(a);                //指定执行语句
13      }while(a < 10);                       //指定循环条件
14 </script>
15 </body>
16 </html>
```

在例 9-19 中，首先定义了一个变量 a，设置初始值为 100，然后让变量 a 进行自增，并指定“执行语句”，最后根据循环条件进行判断，如果循环条件不成立，则循环体只会执行一次。

运行 9-19，运行结果如图 9-50 所示。

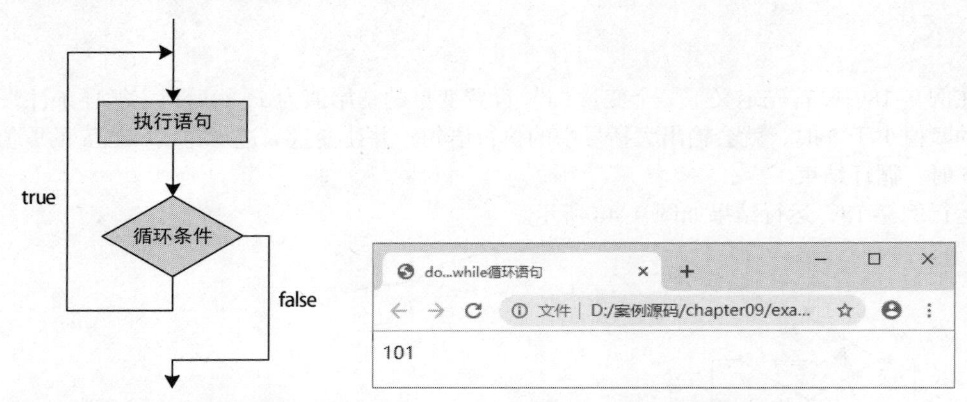

图9-49 do…while循环语句的执行流程

图9-50 do…while循环语句

注意：

do…while 循环语句结尾处的 while 语句括号后面有一个分号“;”，在书写过程中一定不要漏掉，否则 JavaScript 会认为该循环是一个空语句。

（3）for 循环语句

for 循环语句也称为计次循环语句，一般用于循环次数已知的情况，其基本语法格式如下：

```
for（初始化表达式；循环条件；操作表达式）{
    循环体语句；
}
```

在上面的语法结构中，for 关键字后面()中包括了三部分内容：初始化表达式、循环条件和操作表达式，它们之间用“;”分隔，{}中的执行语句为循环体。

下面分别用①表示初始化表达式、②表示循环条件、③表示操作表达式、④表示循环体，通过序号来具体分析 for 循环的执行流程。

```
for（① ; ② ; ③）{
    ④
}
第一步，执行①
第二步，执行②，如果判断结果为 true，执行第三步，如果判断结果为 false，执行第五步
```

```
第三步，执行④
第四步，执行③，然后重复执行第二步
第五步，退出循环
```

了解了 for 循环语句的基本语法和执行流程后，下面通过一个计算 100 以内所有奇数和的案例演示其具体用法，如例 9-20 所示。

例 9-20　example20.html

```
1  <!doctype html>
2  <html>
3  <head>
4  <meta charset="utf-8">
5  <title>for 循环语句</title>
6  </head>
7  <body>
8  <script type="text/javascript">
9      var sum = 0                          //定义变量 sum，用于记住累加的和
10     for(var i = 1; i < 100; i+=2){       //i 的值以加 2 的方式自增
11         sum=sum+i;                       //实现 sum 与 i 的累加
12     }
13     alert("100 以内所有奇数和："+sum);    //输出计算结果
14 </script>
15 </body>
16 </html>
```

在例 9-20 中，首先定义变量 sum，用于记住累加的和，然后设置 for 循环的初始化表达式为“var i=1”，循环条件为“i<100”，并让变量 i 以加 2 的方式自增，这样就可以得到 100 以内的所有奇数。最后通过“sum=sum+i”累加求和，并输出计算结果。

运行例 9-20，运行结果如图 9-51 所示。

图9-51　for循环语句

2. 跳转语句

跳转语句用于实现循环执行过程中程序流程的跳转，在 JavaScript 中，跳转语句包括 break 语句和 continue 语句，对它们的具体讲解如下。

（1）break 语句

在 switch 条件语句和循环语句中都可以使用 break 语句，当它出现在 switch 条件语句中时，作用是终止某个 case 并跳出 switch 结构。break 语句的基本语法格式如下：

```
break;
```

了解了 break 语句的基本语法格式后，下面通过自然数的求和来演示其具体用法，如例 9-21 所示。

例 9-21　example21.html

```
1  <!doctype html>
2  <html>
3  <head>
4  <meta charset="utf-8">
5  <title>break 语句</title>
6  </head>
7  <body>
8  <script type="text/javascript">
9      var sum = 0
10     for(var i = 0; i < 100; i++){
11        sum=sum+i;
12        if(sum>10)break;          //如果自然数之和大于 10 则跳出循环
13     }
14     alert("求 0-99 的自然数之和："+sum);
```

```
15 </script>
16 </body>
17 </html>
```

在上述代码中，通过“sum=sum+i”对和值进行累加，当自然数之和大于 10 时，通过“if(sum>10)break;”自动跳出循环，因此显示不了最终的结果。

运行例 9-21，运行结果如图 9-52 所示。

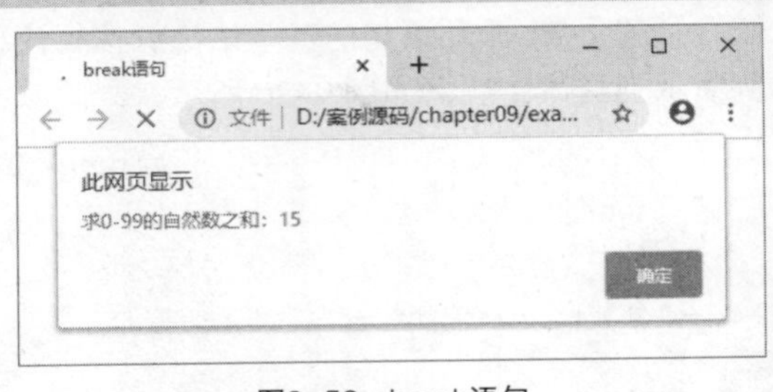

图9-52　break语句

（2）continue 语句

continue 语句的作用是终止本次循环，执行下一次循环，其基本语法格式如下：

```
continue;
```

了解了 continue 语句的基本语法格式后，下面通过数字的输出来演示其具体用法，如例 9-22 所示。

例 9-22　example22.html

```
1  <!doctype html>
2  <html>
3  <head>
4  <meta charset="utf-8">
5  <title>continue 语句</title>
6  </head>
7  <body>
8  <script type="text/javascript">
9  for(var i=1;i<10;i++){              //应用 for 循环判断，如果 i<10 就执行 i++
10      if(i==3||i==5)                  //应用 if 语句判断，如果 i 值等于 3、5 就跳出该次循环
11      continue;
12      document.write(i+"<br />")
13 }
14 </script>
15 </body>
16 </html>
```

在 9-22 中，首先应用 for 循环判断，如果 i<10 就执行 i++，然后应用 if 语句判断，如果 i 值等于 3、5 就通过 continue 语句跳出本次循环。

运行例 9-22，运行结果如图 9-53 所示。

图9-53　continue语句

注意：

continue 语句只是结束本次循环，而不终止整个循环的执行。而 break 语句则是结束整个循环过程，不再判断执行循环的条件是否成立。

3．数组

数组的作用与变量类似，也是用于存储的容器。但不同的是，变量是一个容器，而数组由多个容器按照既定顺序组成，可以将数组理解为一组变量。本节将对数组的相关知识进行讲解。

（1）创建数组

在 JavaScript 中创建数组有两种常见的方式，一种是使用“new Array()”创建数组，另一种是使用“[ ]”字面量来创建数组，具体示例代码如下。

```
//“new Array()”创建数组
var arr1 = new Array();      // 空数组
var arr2 = new Array('苹果', '橘子', '香蕉', '桃子');  // 含有 4 个元素
// 使用“[]”字面量（字面量指固定值的表示方法，例如数字、字符串）来创建数组
var arr1 = [];       // 空数组
```

```
var arr2 = ['苹果', '橘子', '香蕉', '桃子'];   // 含有 4 个元素
```

上述代码演示了如何创建空数组，以及如何创建含有 4 个元素的数组。在数组中可以存放任意类型的元素，示例代码如下。

```
// 在数组中保存各种常见的数据类型
var arr1 = [123, 'abc', true, null, undefined];
// 在数组中保存数组
var arr2 = [1, [21, 22], 3];
```

（2）访问数组

在数组中，每个元素都有索引（或称为下标），数组中的元素使用索引来进行访问。数组中的索引是一个数字，从 0 开始，如图 9-54 所示。

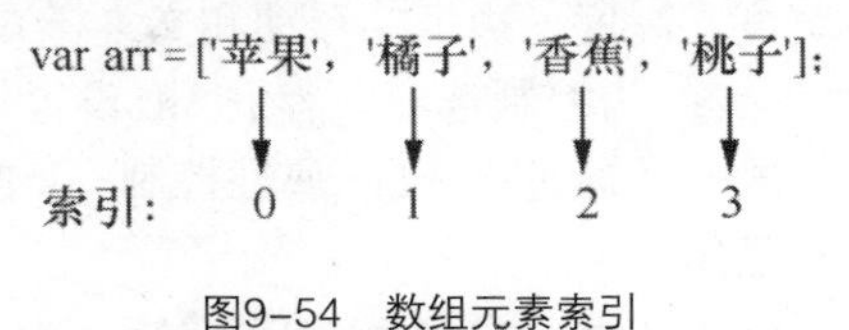

图9-54　数组元素索引

例如下面是一段输出数组元素的代码，示例如下。

```
var arr = ['苹果', '橘子', '香蕉', '桃子'];
document.writeln(arr[0]);  // 输出结果：苹果
document.writeln(arr[1]);  // 输出结果：橘子
document.writeln(arr[2]);  // 输出结果：香蕉
document.writeln(arr[3]);  // 输出结果：桃子
document.writeln(arr[4]);  // 输出结果：undefined
```

在上面的示例代码中，最后一行代码用于输出第 5 个元素，但由于只有 4 个元素，因此输出结果为“undefined”，即不存在该数组元素。

示例代码对应的结果如图 9-55 所示。

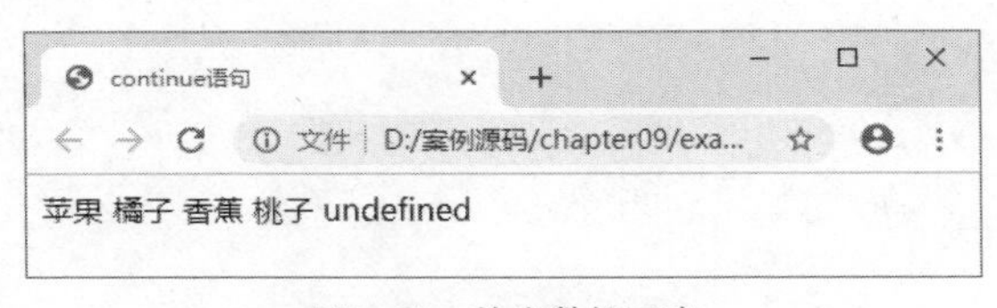

图9-55　输出数组元素

（3）遍历数组

在实际开发中，经常需要对数组进行遍历，也就是将数组中的元素全部访问一遍，这时可以利用 for 循环来实现，在 for 循环中让索引从 0 开始自增。例如，一个数组中保存了所有学生的考试分数，现需要计算平均分（保留 2 位小数），具体代码如下。

```
1  var arr = [80, 75, 69, 95, 92, 88, 76];
2  var sum = 0;
3  for (var i = 0; i < 7; i++) {
4  sum += arr[i];    // 累加求和
5  }
6  var avg = sum / 7;   // 计算平均分
7  console.log(avg.toFixed(2));  // 输出结果：82.14
```

在上述代码中，第 4 行的 arr[i]用来访问数组中索引为 i 的元素，i 的值会从 0 一直加到 6，这样就把数组中所有的元素都访问了一遍。

以上方式还存在一个问题，就是当数组的元素比较多时，计算数组元素的个数不太方便，这时候可以利用“数组名.length”来快速获取数组长度。

下面修改计算学生成绩平均分的代码，使用 arr.length 获取数组长度。用下面的代码替换第 6 行代码。

```
var avg = sum / arr.length;
```

案例实现

1. 结构分析

图 9-45 所示的 Tab 栏由上面的“标题”和下面的“内容”两个部分组成。其中，标题部分有 4 个子选项，可通过<div>的嵌套进行定义；内容部分排序不分先后，可通过<ul>进行定义。另外，为了方便整体控制，可以在页面外加一个大的<div>。图 9-45 对应的结构如图 9-56 所示。

2. 样式分析

实现图 9-45 所示样式的思路如下。

① 通过最外层的大盒子对 Tab 栏进行整体控制，需要对其设置宽度及边框样式。

② 为控制 Tab 栏选项的 4 个<div>设置宽度、高度、边框、浮动和文本样式。

③ 为控制选项内容的 ul 设置外边距样式，并通过 display 属性控制<ul>的隐藏和显示。

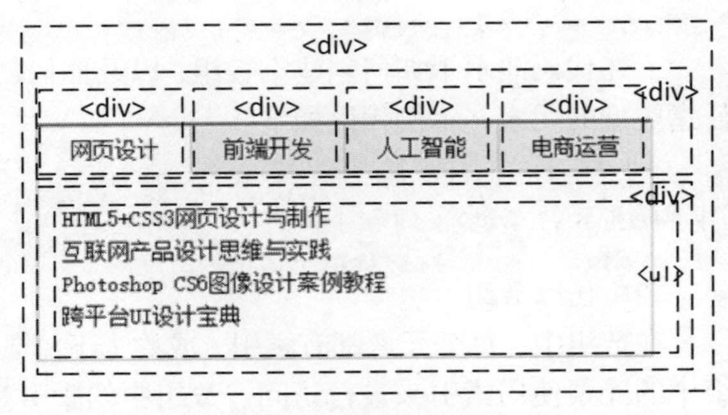

图9-56 结构分析

3. JavaScript 效果分析

通过 JavaScript 实现 Tab 栏切换效果的思路如下。

① 通过 window.onload 加载事件为每个标签元素添加鼠标指针悬浮事件。

② 运用定时器周期函数，实现 Tab 栏的自动切换。

4. 制作页面结构

根据上面的分析，使用相应的 HTML 标签来搭建网页结构，如例 9-23 所示。

例 9-23 example23.html

```
1  <!doctype html>
2  <html>
3  <head>
4  <meta charset="utf-8">
5  <title>Tab 栏切换</title>
6  </head>
7  <body>
8      <div class="tab-box">
9          <div class="tab-head" id="tab-head">
10             <div class="tab-head-div current">网页设计</div>
11             <div class="tab-head-div">前端开发</div>
12             <div class="tab-head-div">人工智能</div>
13             <div class="tab-head-div tab-head-r">电商运营</div>
14         </div>
15         <div class="tab-body" id="tab-body">
16             <ul class="tab-body-ul current">
17                 <li>HTML5+CSS3 网页设计与制作</li>
18                 <li>互联网产品设计思维与实践</li>
19                 <li>Photoshop CS6 图像设计案例教程</li>
20                 <li>跨平台 UI 设计宝典</li>
21             </ul>
22             <ul class="tab-body-ul">
23                 <li>JavaScript+jQuery 交互式 Web 前端开发</li>
24                 <li>Vue.js 前端开发实战</li>
25                 <li>微信小程序开发实战</li>
26                 <li>JavaScript 前端开发案例教程</li>
27             </ul>
28             <ul class="tab-body-ul">
29                 <li>Python 程序开发案例教程</li>
30                 <li>Python 数据分析与应用：从数据获取到可视化</li>
31                 <li>Python 实战编程:从零学 Python</li>
32                 <li>Python 快速编程入门</li>
33             </ul>
34             <ul class="tab-body-ul">
35                 <li>数据分析思维与可视化</li>
36                 <li>淘宝天猫店美工设计实操：配色、布局、修图、装修</li>
37                 <li>淘宝天猫店一本通：开店、装修、运营、推广</li>
38                 <li>网络营销文案策划</li>
39             </ul>
```

```
40          </div>
41      </div>
42 </body>
43 </html>
```

在例 9-23 中，第 16 行代码为类名为“tab-body-ul”的无序列表又添加了一个类名“current”，用于单独实现该无序列表下的内容显示。

运行例 9-23，效果如图 9-57 所示。

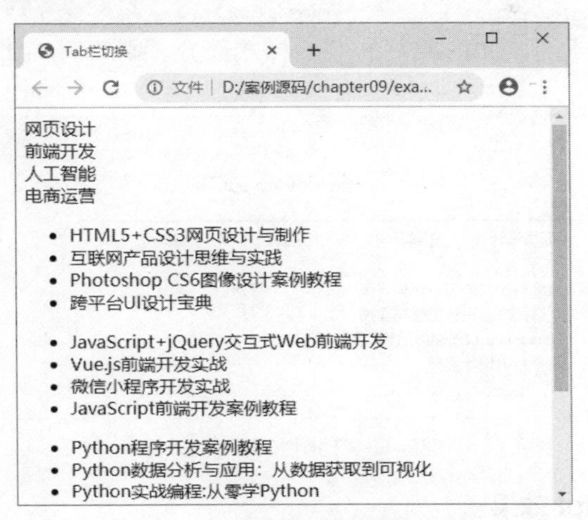

图9-57　HTML结构页面效果图

5. 定义 CSS 样式

搭建完页面的结构后，下面使用 CSS 对页面进行修饰，具体样式代码如下。

（1）定义基础样式

首先定义页面的统一样式。CSS 代码如下：

```
/*全局控制*/
body{ font-size:14px; font-family:"宋体";}
/*清除浏览器默认样式*/
body,ul,li{list-style:none; margin:0; padding:0; }
```

（2）为整体控制 Tab 栏的大盒子添加样式

```
.tab-box{
width:383px;
margin:10px;
border:1px solid #ccc;
border-top:2px solid #206F96;
}
```

（3）设置 Tab 栏选项样式

```
.tab-head{height:31px;}
.tab-head-div{
width:95px;
height:30px;
float:left;
border-bottom:1px solid #ccc;
border-right:1px solid #ccc;
background:#eee;
line-height:30px;
text-align:center;
cursor:pointer;
}
.tab-head .current{
background:#fff;
border-bottom:1px solid #fff;
```

```
}
.tab-head-r{border-right:0;}
```

（4）设置 Tab 栏选项内容样式

```
.tab-body-ul{
display:none;
margin:20px 10px;
}
.tab-body-ul li{margin:5px;}
.tab-body .current{display:block;}       /*使类名为 current 的盒子显示*/
```

至此，完成图 9-45 所示“Tab 栏”的 CSS 样式部分。刷新例 9-23 所在的页面，效果如图 9-58 所示。

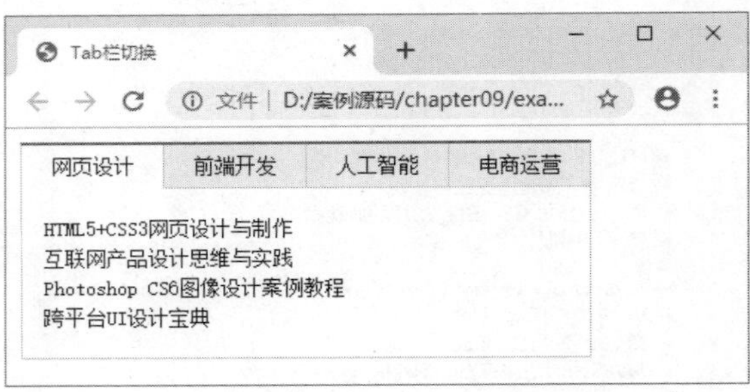

图9-58 Tab栏CSS样式效果

6. 添加 JavaScript 效果

页面布局和样式设计完成后，下面通过 JavaScript 代码实现 Tab 栏切换效果，具体代码如下。

```
1  //加载事件
2  window.onload = function(){
3      //获取所有 tab-head-div
4      var head_divs = document.getElementById("tab-head").getElementsByTagName("div");
5      //保存当前焦点元素的索引
6      var current_index=0;
7      //启动定时器
8      var timer = window.setInterval(autoChange, 5000);
9
10     //遍历元素
11     for(var i=0;i<head_divs.length;i++){
12         //添加鼠标滑过事件
13         head_divs[i].onmouseover = function(){
14             clearInterval(timer);
15             if(i != current_index){
16                 head_divs[current_index].style.backgroundColor = '';
17                 head_divs[current_index].style.borderBottom = '';
18             }
19             //获取所有 tab-body-ul
20             var body_uls = document.getElementById("tab-body").getElementsByTagName("ul");
21             //遍历元素
22             for(var i=0;i<body_uls.length;i++){
23                 //将所有元素设为隐藏
24                 body_uls[i].className = body_uls[i].className.replace(" current","");
25                 head_divs[i].className = head_divs[i].className.replace(" current","");
26                 //将当前索引对应的元素设为显示
27                 if(head_divs[i] == this){
28                     this.className += " current";
29                     body_uls[i].className += " current";
30                 }
31             }
32         }
33         //鼠标移出事件
34         head_divs[i].onmouseout = function(){
35             //启动定时器，恢复自动切换
36             timer = setInterval(autoChange,5000);
37         }
```

```
38      }
39      //定时器周期函数-Tab栏自动切换
40      function autoChange(){
41          //自增索引
42          ++current_index;
43          //当索引自增达到上限时，索引归0
44          if (current_index == head_divs.length) {
45              current_index=0;
46          }
47          //当前的背景颜色和边框颜色
48          for(var i=0;i<head_divs.length;i++){
49              if(i == current_index){
50                  head_divs[i].style.backgroundColor = '#fff';
51                  head_divs[i].style.borderBottom = '1px solid #fff';
52              }else{
53                  head_divs[i].style.backgroundColor = '';
54                  head_divs[i].style.borderBottom = '';
55              }
56          }
57          //获取所有tab-body-ul
58          var body_uls = document.getElementById("tab-body").getElementsByTagName("ul");
59          //遍历元素
60          for(var i=0;i<body_uls.length;i++){
61              //将所有元素设为隐藏
62              body_uls[i].className = body_uls[i].className.replace(" current","");
63              head_divs[i].className = head_divs[i].className.replace(" current","");
64              //将当前索引对应的元素设为显示
65              if(head_divs[i] == head_divs[current_index]){
66                  this.className += " current";
67                  body_uls[i].className += " current";
68              }
69          }
70
71      }
72  }
```

至此，完成图 9-45 所示 Tab 栏切换效果。刷新例 9-23 所在的页面，静置鼠标，Tab 栏会在一定的时间段按照从左到右的顺序自动切换。

9.5 动手实践

学习完前面的内容，下面来动手实践一下吧。

请结合给出的素材，实现图 9-59 所示的“焦点图轮播”效果，具体要求如下。

（1）当页面加载完成后，每 2 秒自动切换一张图片。

（2）切换图片时，其对应按钮的样式同步变换——背景颜色变为红色。

（3）当鼠标悬停在某个按钮上时，显示该按钮对应的图片且轮播停止。

图9-59　“焦点图轮播”效果展示

第10章

实战开发——好趣艺术设计部落首页面

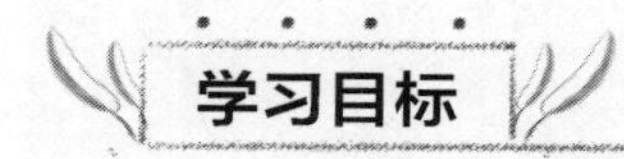

★ 掌握站点的建立，能够建立规范的站点。

★ 了解切图工具，能够运用切片裁切效果图。

★ 完成首页面的制作，并能够实现简单的JavaScript特效。

在深入学习了前面9章的知识后，相信初学者已经熟练掌握了HTML相关标签、CSS样式属性、排版布局和一些简单的JavaScript特效技巧。为了及时有效地巩固所学的知识，本章将运用前9章所学的基础知识开发一个网站项目——“好趣艺术设计部落首页面”，其效果如图10-1所示。

图10-1 “好趣艺术设计首页面”效果展示

10.1　准备工作

作为一个网页制作人员，当拿到一个页面的效果图时，首先要做的就是准备工作，主要包括切片、建站、效果图分析等。本节将对网页制作的相关准备工作进行详细讲解。

1. 建立站点

“站点”对于制作维护一个网站来说很重要，它能够帮助我们系统地管理网站文件。一个网站，通常由 HTML 网页文件、图片、CSS 样式表、JavaScript 脚本文件等构成。简单地说，建立站点就是定义一个存放网站中零散文件的文件夹。这样，可以形成清晰的站点组织结构图，方便增减站内文件夹和文档等，这对于网站本身的上传维护、内容的扩充和移植都有着重要的影响。下面将详细讲解建立站点的步骤。

（1）创建网站根目录

在电脑本地磁盘任意盘符下创建网站根目录。这里在 D 盘“案例源码”文件夹内，新建一个文件夹作为网站根目录，命名为“chapter10”，如图 10-2 所示。

（2）在根目录下新建文件

打开网站根目录 chapter10，在根目录下新建 css、images、javascript 和 video 文件夹，分别用于存放网站所需的 CSS 样式表、图片文件、JavaScript 脚本文件和视频文件，如图 10-3 所示。

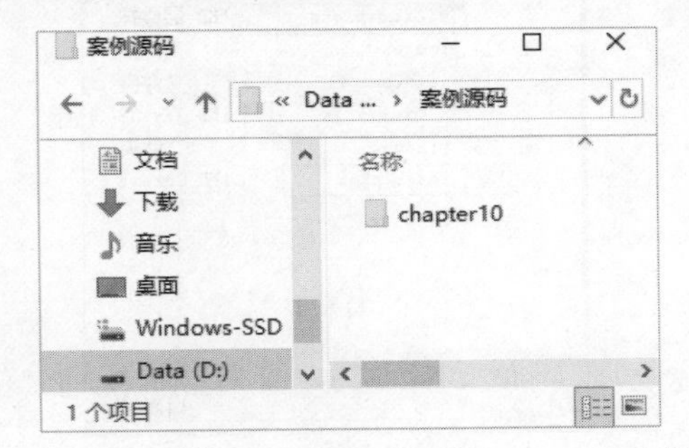

图10-2　建立根目录

图10-3　CSS样式表、图片、脚本文件和视频文件的文件夹

（3）新建站点

打开 Dreamweaver 工具，在菜单栏中选择“站点→新建站点”选项，在弹出的对话框中输入站点名称。然后，浏览并选择站点根目录的存储位置，如图 10-4 所示。

需要注意的是，站点名称既可以使用中文也可以使用英文，但名称一定要有很高的辨识度。例如，本项目开发的是“好趣艺术设计部落首页面”，所以最好将站点名称设为“好趣站点”。

（4）站点建立完成

单击图 10-4 所示对话框中的“保存”按钮，这时，在 Dreamweaver 工具面板组中可查看到站点的信息，表示站点创建成功，如图 10-5 所示。

2. 站点初始化设置

下面开始创建网站页面文件。首先，在网站根目录文件夹下创建 HTML 文件，命名为 index.html。然后，在 CSS 文件夹内创建对应的样式表文件，命名为 index.css。最后，在 JavaScript 文件夹内创建脚本代码文件，命名为 index.js。

页面创建完成后，网站形成了清晰的组织结构关系，站点根目录文件夹结构如图 10-6 所示。

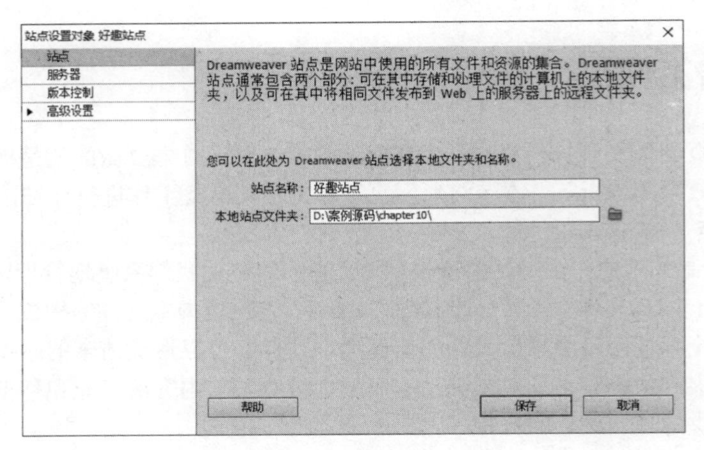

图10–4　新建站点

图10–5　站点信息

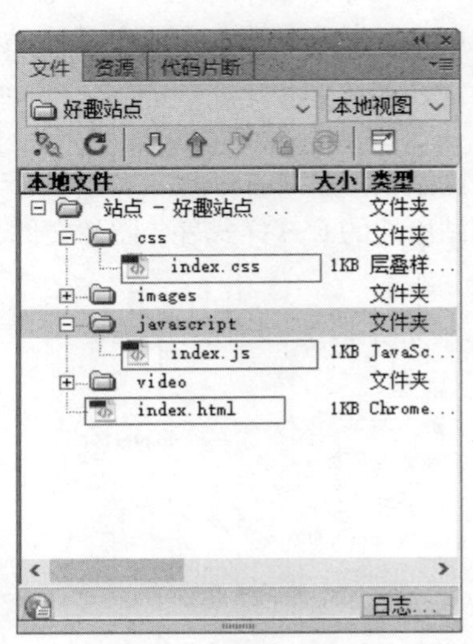

图10–6　站点根目录文件夹结构图

3. 切片

为了提高浏览器的加载速度，或是满足一些版面设计的特殊要求，通常需要把效果图中有用的部分剪切下来作为网页制作时的素材，这个过程被称为“切图”。切图的目的是把设计效果图转化成网页代码。常用的切图工具主要有 Photoshop 和 Fireworks。下面以 Adobe Fireworks CS6 的切片工具为例，分步骤讲解切图技术，具体如下。

Step01. 选择切片工具

打开 Fireworks 工具，并导入素材。选择工具箱中的“切片”工具，如图 10–7 所示。

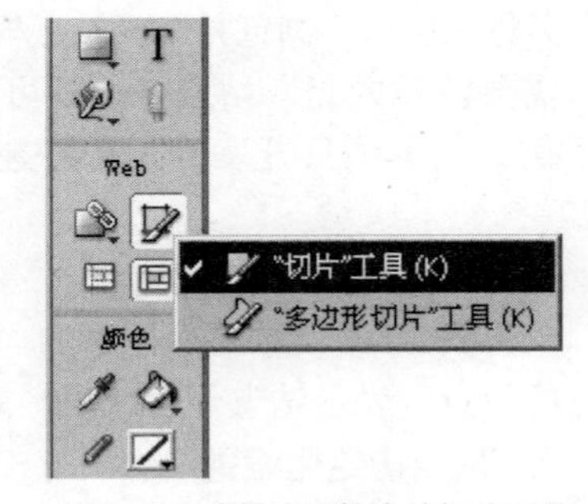

图10–7　选择工具箱中的切片工具

Step02. 绘制切片区域

按住鼠标左键拖曳，根据网页需要在图像上绘制切片区域，如图 10–8 所示。

图10-8　绘制切片区域

Step03.　导出切片

绘制完成后，在菜单栏上选择“文件→导出”选项，如图 10-9 所示。

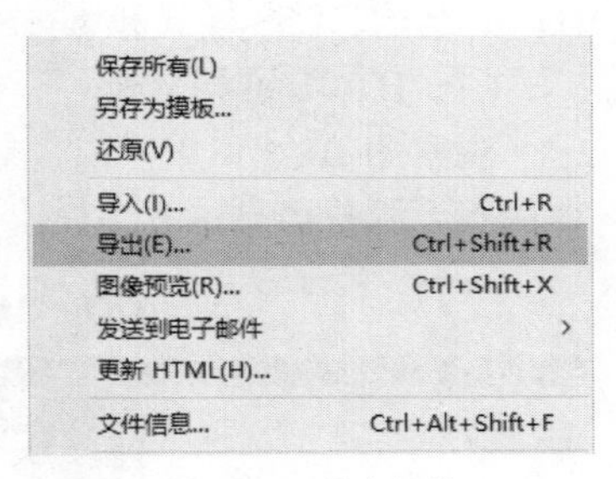

图10-9　导出切片

在弹出的对话框中，重命名文件，并在“导出”选项中，选择“仅图像”。然后单击“保存”按钮，选择需要存储图片的文件夹，如图 10-10 所示。

Step04.　存储图片

导出后的图片存储在站点根目录的 images 文件夹内，切图后的素材如图 10-11 所示。

如图 10-11 所示，文件夹内的图片就是通过切片技术切出的页面图片素材。

需要说明的是，可以运用 CSS 精灵技术将页面中的所有小图标整合到一张图中，命名为 icon_bg.gif，如图 10-12 所示。CSS 精灵是一种处理网页背景图像的方式，它将一个页面涉及的所有零星背景图像都集中到一张大图中去，通过背景图定位的方式展示图标，可提高页面的加载速度。

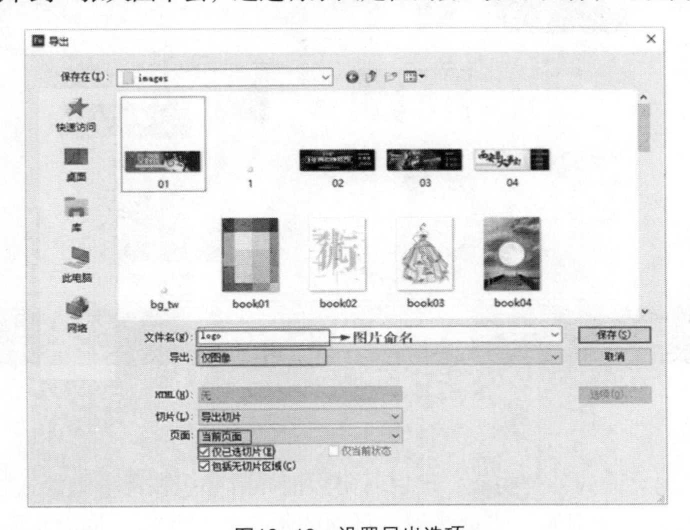

图10-10　设置导出选项

图10-11 切图后的素材　　　　图10-12 CSS精灵图

4. 效果图分析

只有熟悉页面的结构和版式，才能更高效地完成网页的布局和排版。下面对首页效果图的HTML 结构、CSS 样式和 JavaScript 特效进行分析，具体如下。

（1）HTML 结构分析

观察图 10-1 可以看出，整个页面大致可以分为头部、导航、banner 焦点图、通知公告、主体内容、版权信息这 6 个模块，具体结构如图 10-13 所示。

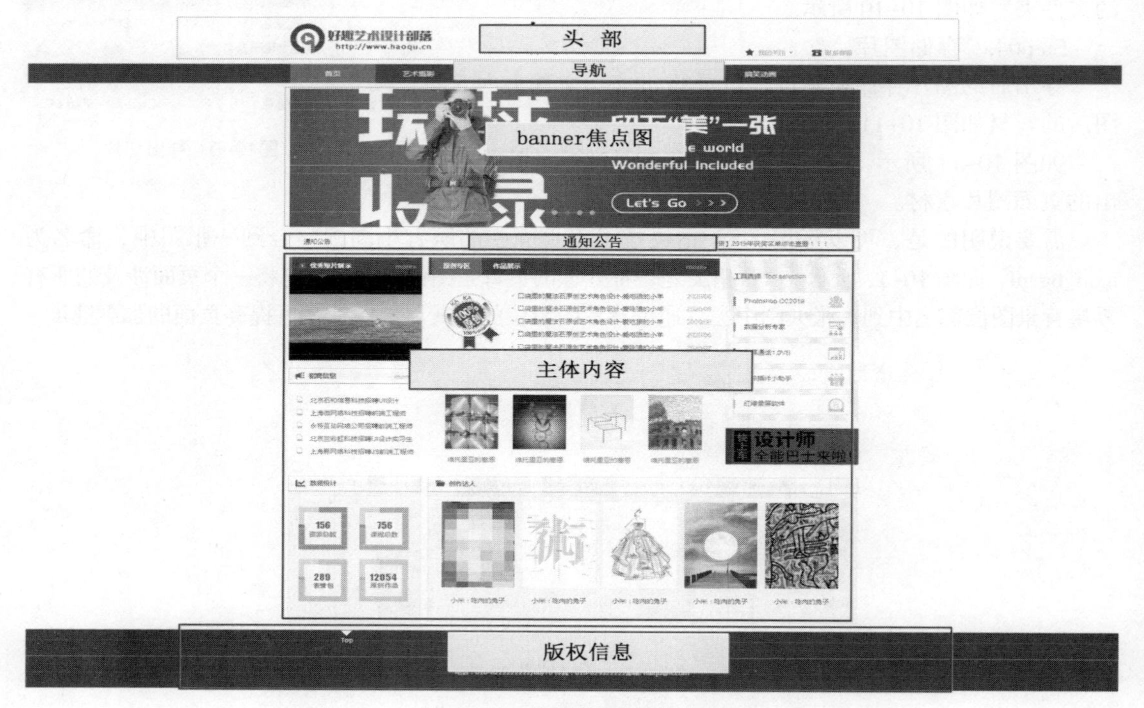

图10-13 首页效果图结构分析

（2）CSS 样式分析

仔细观察效果图页面的各个模块，可以看出页面导航和版权信息模块通栏显示，其他模块的宽度均为 1000px 且居中显示。也就是说，页面的版心为 1000px。同时页面上一些共性样式，可以提前定义，以减少代码冗余。例如，超链接状态、内容字体样式等。

（3）JavaScript 特效分析

在该页面中，分别在头部、banner 焦点图和主体内容部分添加了 JavaScript 特效，具体如下。

- 头部

当鼠标指针移至头部的“我的关注”时，会弹出一个下拉菜单，如图 10-14 所示。

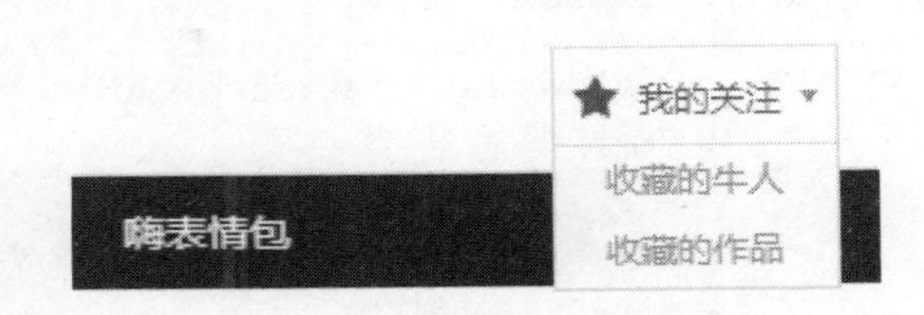

图10-14 下拉菜单效果展示

- banner 焦点图

banner 焦点图可实现自动轮播，当鼠标指针移动到轮播按钮时停止轮播，并显示当前轮播按钮所对应的焦点图，同时按钮的样式也发生改变。当鼠标指针移出时继续执行自动轮播效果。例如，鼠标指针移至第三个圆点按钮时的效果如图 10-15 所示。

图10-15 焦点图轮播效果展示

- 主体内容

主体内容部分主要实现 Tab 栏切换效果，当鼠标指针移至某个标题栏时显示相对应的内容信息，并改变当前标题栏的背景样式。例如，鼠标指针移至“作品展示”时，效果如图 10-16 所示。

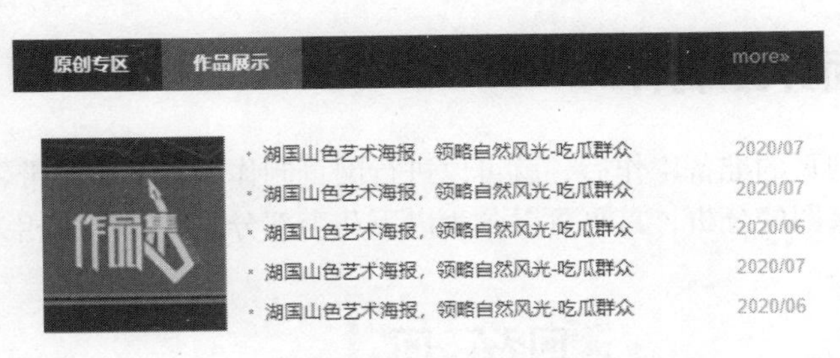

图10-16 Tab栏切换效果展示

5. 页面布局

页面布局对于优化网站的外观来说非常重要，它是为了使网站页面结构更加清晰、有条理，而对页面进行的“排版”。下面将对好趣艺术设计部落首页面进行整体布局，具体代码如下。

```
1  <!doctype html>
2  <html>
3  <head>
4  <meta charset="utf-8">
5  <meta name="keywords" content="设计、艺术、摄影、动画" />
6  <meta name="description" content="国内最大的艺术设计摄影交流平台">
7  <link href="css/index.css" rel="stylesheet" type="text/css">
8  <script type="text/javascript" src="javascript/index.js"></script><title>好趣首页</title>
9  </head>
10 <body>
11 </head>
12 <body>
13 <!--top begin-->
14     <div class="top"></div>
```

```
15 <!--top end-->
16 <!--nav begin-->
17      <div class="nav"></div>
18 <!--nav end-->
19 <!--banner begin-->
20      <div class="banner"></div>
21 <!--banner end-->
22 <!--stages begin-->
23      <div class="stages"></div>
24 <!--stages end-->
25 <!--content begin-->
26      <div class="content"></div>
27 <!--content end-->
28 <!--footer begin-->
29      <div class="footer"></div>
30 <!--footer begin-->
31 </body>
32 </html>
33 </body>
34 </html>
```

6. 定义公共样式

为了清除各浏览器的默认样式，使网页在各浏览器中显示的效果一致，在完成页面布局后，首先要做的就是对 CSS 样式进行初始化并声明一些通用的样式。打开样式文件 index.css，编写通用样式，具体如下。

```
/*重置浏览器的默认样式*/
body, ul, li, ol, dl, dd, dt, p, h1, h2, h3, h4, h5, h6, form, img{margin:0; padding:0; border:0; list-style:none;}
/*全局控制*/
body{font-family:Arial, Helvetica, sans-serif,"宋体"; font-size:12px;}
/*未点击和点击后的样式*/
a:link,a:visited{color:#222;text-decoration:none;}
/*鼠标移至时的样式*/
a:hover{color:#ee3350;}
```

10.2 首页面详细制作

当完成了制作网页的准备工作后，就可以进行网页制作了。下面将带领大家完成首页面的制作。根据首页效果图的分析，首页可以分为以下几个部分进行制作（相关文档的电子版可通过封底二维码下载）。

1. 制作头部和导航

扫码二维码查看

1. 制作头部和导航

2. banner 和通知公告

扫码二维码查看

2. banner 和通知公告

3. 主体内容区域

扫码二维码查看

3. 主体内容区域

4. 底部版权区域

扫码二维码查看

10.3　动手实践

学习完前面的内容，下面来动手实践一下吧。

请结合给出的素材，实现图 10-17 所示的焦点图轮播和无缝滚动效果，具体要求如下。

（1）页面加载完成后，上方的焦点图，每 2 秒自动切换一次。

（2）当鼠标指针悬停在新闻上时，自动切换至与该新闻对应的图片，且轮播停止。

（3）页面加载完成后，下方的校园环境图片可以无缝滚动。

（4）当鼠标指针停留在校园环境中的任意图片上时，滚动停止。

图10-17　焦点图轮播和无缝滚动效果